W0259954

M. Rudolph · H. Schaefer

Elektrothermische Verfahren

Grundlagen, Technologien, Anwendungen

Mit 188 Abbildungen

Springer-Verlag
Berlin Heidelberg NewYork
London Paris Toyko Hong Kong 1989

Dr.-Ing. Manfred Rudolph
Akademischer Oberrat
Dr.-Ing. Helmut Schaefer
Universitätsprofessor

Lehrstuhl für Energiewirtschaft und Kraftwerkstechnik
Technische Universität München

ISBN-13:978-3-540-51064-2 e-ISBN-13:978-3-642-47581-8
DOI: 10.1007/978-3-642-47581-8

CIP-Titelaufnahme der Deutschen Bibliothek
Rudolph, Manfred:
Elektrothermische Verfahren : Grundlagen, Technologien, Anwendungen / M. Rudolph ; H. Schaefer.
Berlin ; Heidelberg ; NewYork ; London ; Paris ; Tokyo : Springer, 1989

NE: Schaefer, Helmut:

2362/3020-543210 Gedruckt auf säurefreiem Papier

Vorwort

Elektrische Energie kann auf sehr verschiedene Art in Wärme umgewandelt werden. Für die Erzeugung von Prozeßwärme ergibt sich daraus eine Vielzahl von Technologien, die sich generell durch sehr gute Meß-, Steuer-, Regel- und Dosierbarkeit auszeichnen und dabei vielfach spezielle anwendungstechnische Eigenschaften aufweisen. Ein an den jeweiligen Zweck angepaßter Einsatz dieser Technologien kann in vielen Fällen zu besseren Verfahren und Produkten führen und eröffnet neue Möglichkeiten der Einsparung von Rohstoffen und Energie.

Im Gegensatz zu manchen heute bereitwillig kolportierten Meinungen ist es oft sehr wohl sinnvoll, elektrische Energie für die Wärmeerzeugung einzusetzen. Gerade im Hinblick auf die entscheidende Bedeutung, die einer rationellen Energieanwendung für den möglichen Einsatz regenerativer Energiequellen zukommt, fällt der Elektrowärmetechnik und ihrer Weiterentwicklung bei kreativer Ausschöpfung des Innovationspotentials eine wichtige Rolle zu.

Elektrowärmetechnik ist ein ausgesprochen vielgestaltiges Fachgebiet. Neben den physikalischen Sachverhalten insbesondere auf dem Gebiet der Elektrotechnik sind die verschiedensten Bereiche von Wärmetechnik, Werkstoffwissenschaften, Verfahrens- und Fertigungstechnik involviert. Das macht die Beschäftigung mit diesem Fachgebiet reizvoll, aber auch anspruchsvoll.

Das vorliegende Lehrbuch gründet sich auf mehr als zehnjährige Erfahrung mit der einschlägigen Vorlesung an der TU München. Das oft kritische und auch manches unkritische Hinterfragen seitens unserer Hörer hat uns immer wieder einen Schritt weitergebracht bei unserem Versuch, eine methodisch und didaktisch geschlossene Darstellung des Gesamtgebietes der Elektroprozeßwärme zu erreichen. Das Ergebnis ist sicherlich ebenso wenig vollständig wie vollkommen. Besonders bemüht jedoch haben wir uns um zwei Ziele:

- Erläuterungen und Erklärungen von Fakten und Gesetzmäßigkeiten, die das Verständnis auch beim nicht speziell in der Materie beheimateten Leser fördern;
- Darlegung des heutigen Standes aller Elektrowärmetechnologien unter Berücksichtigung neuester Ergebnisse.

Das Buch wendet sich zum einen an die Studierenden der einschlägigen Fachdisziplinen, es soll aber auch eine Informationsbasis darstellen für den Ingenieur, der Anlagen bzw. Komponenten der Elektrowärmetechnik baut oder anwendet oder der mit Fragen der Energieversorgung befaßt ist.

Unser Dank gilt an dieser Stelle den vielen Fachleuten, die unsere Arbeit durch Anregungen und Hinweise unterstützt und uns Unterlagen zur Verfügung gestellt haben.

München, im Februar 1989 M. Rudolph · H. Schaefer

Inhaltsverzeichnis

Formelzeichen

Symbol	Einheit	Benennung
A	m^2	Fläche, Querschnitt
a	m^2/s	Temperaturleitzahl
B	J	Anergie
B	T	Magnetische Induktion
b	m	Breite
C	F	Elektrische Kapazität
C_S	$W/(m^2 K^4)$	Technische Strahlungskonstante des Schwarzen Körpers
c	J/(kg K)	Spezifische Wärmekapazität
c_0	m/s	Lichtgeschwindigkeit
D	m	Abstand
D	C/m^2	Elektrische Verschiebung
d	m	Abstand, Dicke, Durchmesser
E	V/m	Elektrische Feldstärke
E	J	Energie, atomares Energieniveau
E	J	Exergie
E	V	Übertragungsspannung
e	C	Elektrische Elementarladung
F	N	Kraft
f	Hz	Frequenz
f	N/m^3	Volumenkraft
G	J	Freie Enthalpie
g	m/s^2	Fallbeschleunigung
g	1	Nutzungsgrad
H	A/m	Magnetische Feldstärke
H	J	Enthalpie
H_{Ch}	J	Chemisches Energiepotential
h	m	Höhe
h	J/kg	Spezifische Enthalpie

Symbol	Einheit	Benennung
h	J s	PLANCKsches Wirkungsquantum
I	A	Elektrische Stromstärke
I_S	W/m^3	Strahlungsintensität
i	A	Momentanwert des elektrischen Stromes
J	A/m^2	Elektrische Stromdichte
J_V	A/m^2	Verschiebungsstromdichte
k	m^{-1}	Auslöschungsgrad
k	J/K	BOLTZMANN – Konstante
k	1	Induktiver Kopplungsgrad
k	DM/kWh	Spezifische Stromkosten
k	$W/(m^2\,K)$	Wärmedurchgangszahl
L	H	Induktivität
L_h	H	Hauptinduktivität
L_σ	H	Streuinduktivität
l	m	Länge
m	kg	Masse
m_Q	kg/C	Elektrochemisches Äquivalent
N	$(m^3)^{-1}$	Besetzungszahl, Ladungsträgerdichte je Volumeneinheit
N	1	Windungszahl
n	1	Anzahl paralleler Heizleiterstränge
P	W	Leistung
p	Pa	Druck
p	W/m^3	Leistungsintensität, Wärmequellendichte
p_A	DM/kWh	Arbeitspreis
p_P	DM/kW	Leistungspreis
Q	C	Elektrische Ladung
Q	J	Wärmemenge
R	Ω	Elektrischer Widerstand
R	m	Kugelradius
R	1	Rückstreukoeffizient
R_m	H^{-1}	Magnetischer Widerstand
r	m	Radius
r	1	Reflexionsfaktor
S	W/m^2	Elektromagnetische Strahlungsleistungsdichte (POYNTING – Vektor)
S	J/K	Entropie
S	VA	Scheinleistung

Symbol	Einheit	Benennung
s	m	Weglänge
s	1	Welligkeitsfaktor
T_E	s	Erwärmungsdauer
T_m	h/a	Jahresbenutzungsdauer
T	K	Thermodynamische Temperatur
t	s	Zeit
U	J	Innere Energie
U	V	Elektrische Spannung
u	V	Momentanwert der elektrischen Spannung
u	1	Relativer Wassergehalt
$\ddot{u}$	1	Übersetzungsverhältnis
V	m^3	Volumen
v	m/s	Geschwindigkeit
W	J	Arbeit, Energie
W_t	J	Technische Arbeit
w	J/m^3	Energiedichte
w	J/kg	Spezifischer Energieverbrauch
X	Ω	Reaktanz
x,y,z	m	Strecke, Ortskoordinate
$\underline{Z}$	Ω	Komplexe Impedanz
z	1	Anzahl von Elementarladungen je Ladungsträger
α	m^{-1}	Dämpfungsmaß der elektromagnetischen Welle
α	rad	Neigungswinkel von Feldvektoren
α	$W/(m^2\,K)$	Wärmeübergangszahl
δ	rad	Dielektrischer Verlustwinkel
δ	m	Eindringmaß der elektromagnetischen Welle
δ	μm	Eindringtiefe des Elektronenstrahls
ε	1	Emissionsgrad
ε	F/m	Permittivität
ε_0	F/m	Elektrische Feldkonstante
ε_r	1	Permittivitätszahl
$\underline{\varepsilon}_r^*$	1	Komplexe Permittivitätszahl für Wechselstrom
ε_r'	1	Realteil der komplexen Permittivitätszahl
ε_r''	1	Dielektrischer Verlustwert (Imaginärteil der komplexen Permittivitätszahl
ε_{res}	1	Resultierende relative Strahlungszahl

Symbol	Einheit	Benennung
η	1	Wirkungsgrad
η_i	1	Stromausbeute
Θ	A	Elektrische Durchflutung
ϑ	°C	Temperatur
$\varkappa$	S/m	Elektrische Leitfähigkeit
$\underline{\varkappa}^*$	S/m	Komplexe elektrische Leitfähigkeit für Wechselstrom
λ	W/(m K)	Wärmeleitfähigkeit
λ	m	Wellenlänge
μ	$(\mathrm{V\,s})^{-1}$	Beweglichkeit von Ladungsträgern
μ	H/m	Permeabilität
μ_0	H/m	Magnetische Feldkonstante
μ_r	1	Permeabilitätszahl
ϱ	$\mathrm{kg/m^3}$	Dichte
ϱ	$\mathrm{C/m^3}$	Raumladungsdichte
σ	1	Induktiver Streugrad
τ	s	Zeitspanne
τ_m	s	Relaxationszeit
Φ	W	Wärmestrom, Strahlungsleistung
Φ	Wb	Magnetischer Fluß
Φ_h	Wb	Magnetischer Hauptfluß
Φ_σ	Wb	Magnetischer Streufluß
φ	Wb	Momentanwert des magnetischen Flusses
φ	rad	Phasenwinkel
φ	$\mathrm{W/m^2}$	Wärmestromdichte, Strahlungsleistungsdichte
ω	$\mathrm{s^{-1}}$	Kreisfrequenz

Einführung

1 Prozeßwärmeerzeugung als Aufgabenstellung

1.1 Der Bedarf an Nutzenergien und seine Deckung

Jeglicher Energiebedarf hat seinen Ursprung in dem Bedürfnis nach einer "Energiedienstleistung", das in vielerlei Gestalt auftreten kann, z.B. als Wunsch, einen Aufenthaltsraum wärmer oder auch heller zu machen, Wasser zu kochen oder Lasten zu bewegen.
Zur direkten Erfüllung dieser Bedürfnisse dient die *Nutzenergie*. Dabei handelt es sich im wesentlichen um die Energieformen

- Wärme für Raumheizung, Warmwasserbereitung und thermische Prozesse einschließlich Kühlung,
- mechanische Energie, oft auch "Kraft" genannt, für stationäre Antriebe und Transportaufgaben,
- Licht für Beleuchtungszwecke sowie
- Nutzelektrizität für elektrolytische und galvanische Prozesse und für die Informations- und Kommunikationstechnik.

Für manche Energiedienstleistungen liegt es aufgrund physikalischer Gesetze fest, wieviel Nutzenergie man mindestens benötigt, z.B für das Erwärmen einer bestimmten Stoffmenge auf eine bestimmte Temperatur. Für andere Energiedienstleistungen läßt sich der Nutzenergiebedarf theoretisch beliebig verkleinern, z.B. für Warmhaltevorgänge wie die Raumheizung durch unendlich hohe Wärmedämmung und Unterbinden jeglichen Luftaustausches. Damit wird aber schon deutlich, daß auch in diesen Fällen die Reduzierung des Nutzenergiebedarfes an praktische Grenzen stößt.

Durch die Art der gewünschten Energiedienstleistung ist in der Regel auch die dafür nötige Nutzenergieform bestimmt. Es gibt jedoch Fälle, z.B. beim Trocknen, in denen ein und derselbe Zweck durch unterschiedliche

Nutzenergieformen bewirkt werden kann. Die Höhe des Nutzenergiebedarfes kann bei solchen Alternativen sehr unterschiedlich sein. So ist der Bedarf an Verdampfungswärme zur thermischen Trocknung eines feuchten Gutes rund hundertmal so groß, als wenn man zur Entfernung der gleichen Wassermenge mittels mechanischer Trocknung (z.B. Auspressen) die Adhäsionskräfte überwindet. Allerdings sind die Wahlmöglichkeiten, wo sie überhaupt bestehen, durch technische Randbedingungen in der Regel stark eingeschränkt.

Die Nutzenergien sind meist so, wie sie benötigt werden, nicht zu beziehen. Sie müssen vielmehr vom Verbraucher so erzeugt werden, daß sie am Ort und zum Zeitpunkt des Bedarfes in der notwendigen Menge und Qualität zur Verfügung stehen. Hierfür ist erforderlich:

- Energie in Form von Endenergie (Brennstoffe, elektrische Energie, Fernwärme), aus regenerativen Energiequellen (z.B. Solarstrahlung, Windenergie, Wärme aus der Außenluft) oder Abfallenergie (z.B. Klärgas oder Abwärme aus technischen Prozessen);
- geeignete Energiewandler (z.B. Heizungskessel, Motor, Lampe) für die jeweils erforderlichen Vorgänge der Energieumwandlung;
- Einrichtungen zur Verteilung, Speicherung, Messung, Steuerung usw., um die Nutzenergie in der erforderlichen Menge und Qualität zum Zeitpunkt und am Ort des Bedarfs verfügbar zu machen.

Quantifizierungen auf der Stufe der Nutzenergie sind mit vielerlei Schwierigkeiten verbunden. Das beginnt schon bei der subjektiven Einschätzung von Wert und Gehalt der verschiedenen Nutzenergieformen. Aus der sinnlichen Wahrnehmung heraus werden i.a. Licht und Kraft (eigentlich: mechanische Energie) höher bewertet als die nicht unmittelbar quantitativ erfahrbare Wärme. Deshalb ruft es auch immer wieder Überraschung hervor, wenn man das Energieäquivalent von 1 kWh in den verschiedenen Nutzenergiebereichen vergleicht:

- *Licht:* Ist eine 65 W - Universalweiß - Leuchtstofflampe rd. 60 Stunden in Betrieb, so hat sie 1 kWh in Form von sichtbarem Licht abgegeben.
- *Kraft:* 1 kWh als potentielle Energie entspricht dem Anheben von drei Mittelklasse - PKW auf die Spitze der Münchner Frauentürme (oder von 1600 vollen Bierkästen vom Keller in den dritten Stock).
- *Wärme:* 1 kWh erwärmt knapp 30 l Wasser von 10 auf 40 °C. Das reicht zum Duschen für 2 bis 3 Minuten.

Wollte man ermitteln, wieviel von den einzelnen Nutzenergiearten in einer Volkswirtschaft jährlich verbraucht werden, so wäre hierzu eine solche Vielzahl von Einzelannahmen und Abschätzungen zu treffen, daß das Ergebnis wegen

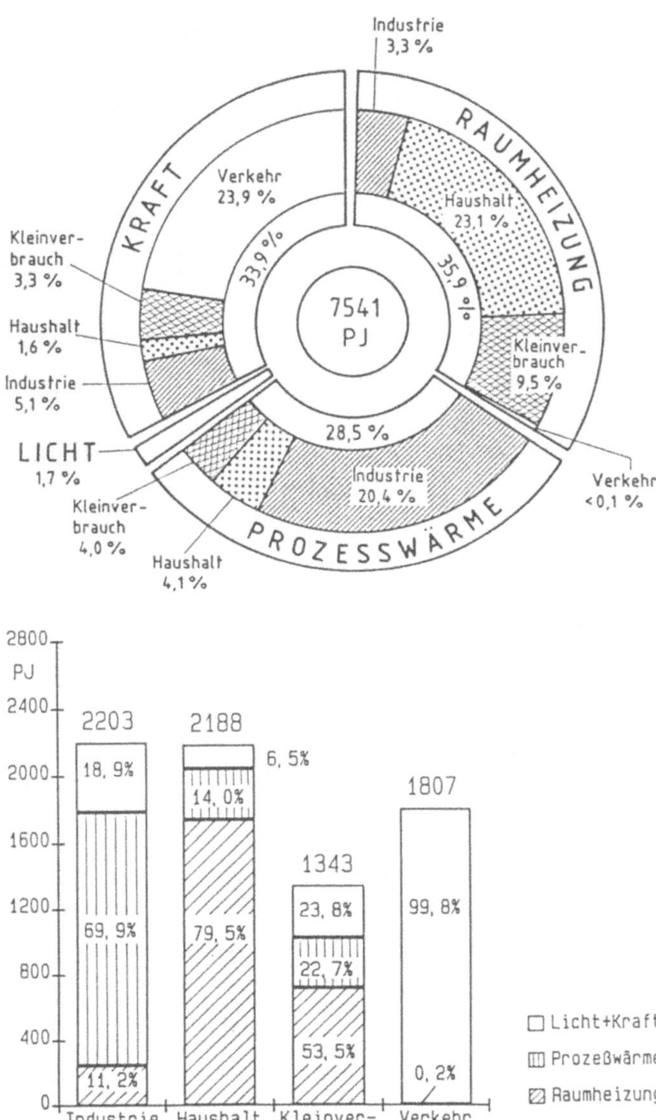

Bild 1.1 Aufteilung des Endenergiebedarfs auf Verbrauchersektoren

seiner Unsicherheit wenig aussagekräftig wäre. Für die Praxis ist es ohnehin wichtiger zu ermitteln, wie sich der Endenergieverbrauch auf die einzelnen Bedarfsarten aufteilt. Derartige Abschätzungen und Hochrechnungen werden seit einer Reihe von Jahren vom VDEW – AA "Marktforschung – Elektrizitätsanwendung" unter Mitwirkung des Lehrstuhls für Energiewirtschaft und Kraftwerkstechnik der TU München durchgeführt. *Bild 1.1* gibt eine solche

Aufteilung für die Bundesrepublik wieder, wobei auch noch nach den Endverbrauchssektoren Industrie, Haushalt, Kleinverbrauch (d.h. Handel, Gewerbe und Handwerk, Landwirtschaft sowie öffentliche Einrichtungen) und Verkehr unterschieden wird. Rd 36 % des gesamten Endenergieverbrauchs wurden 1986 für die Raumheizung aufgewendet, rd. 29 % für Prozeßwärmeerzeugung. Insgesamt beansprucht also die Nutzenergieart "Wärme" knapp zwei Drittel unseres Endenergieverbrauchs und dominiert in dieser Hinsicht deutlich über die Nutzenergien "Kraft" und "Licht".

Elektrische Energie ist die einzige Form der Endenergie, die zur Erzeugung aller Nutzenergien in nennenswertem Umfang Verwendung findet. Zur Beleuchtung ist sie praktisch konkurrenzlos. Auch zur stationären Kraftbedarfsdeckung werden in der Regel elektrische Antriebe eingesetzt. Anders ist es im Traktionsbereich, wo abgesehen von elektrischen Bahnen fast ausschließlich Verbrennungsmotoren zum Einsatz kommen. Für die Raumheizung liegen die Anteile der elektrischen Energie bei rd. 2 % im Bereich der Industrie und bei etwa 6 % in den Sektoren Haushalt und Kleinverbrauch. Bei der Deckung des Prozeßwärmebedarfs spielt die elektrische Energie eine wichtige Rolle: Etwa 9 % der für Prozeßwärme in der Industrie eingesetzten Endenergie entfallen auf elektrische Energie, im Kleinverbrauch sind es rd. 23 % und im Haushalt 42 %.

Eine Abschätzung darüber, wie sich der Stromverbrauch der einzelnen Endverbrauchersektoren in der Bundesrepublik auf die wesentlichen Anwendungsbereiche aufteilt, ist für das Jahr 1986 in *Bild 1.2* wiedergegeben. Rd. 28 % des gesamten Stromverbrauchs werden für Prozeßwärmeerzeugung benötigt. In ihrer mengenmäßigen Bedeutung liegen die elektrothermischen Prozesse damit weit vor der elektrischen Beleuchtung (10 %) und der elektrischen Raumheizung (rd. 11 %).

Einer der größten Posten ist mit 45 TWh die Elektrowärme in der Industrie. Hierin sind allerdings auch die sehr energieintensiven Elektrolyseprozesse zur Aluminium- und zur Chlorgewinnung enthalten, die zusammen nahezu die Hälfte dieses Anteils ausmachen. Rd. 4 TWh entfallen auf die Lichtbogenöfen zur Elektrostahlerzeugung und jeweils etwa zwischen 0,5 und 1 TWh auf die Herstellung von Acetylen, Kalciumkarbid, Siliciumkarbid, Phosphor, Elektrographit, Zink, Ferrochrom sowie Eisen- und Stahlguß. Der Rest von ungefähr 10 TWh verteilt sich auf sämtliche Branchen und Wärmeanwendungen.

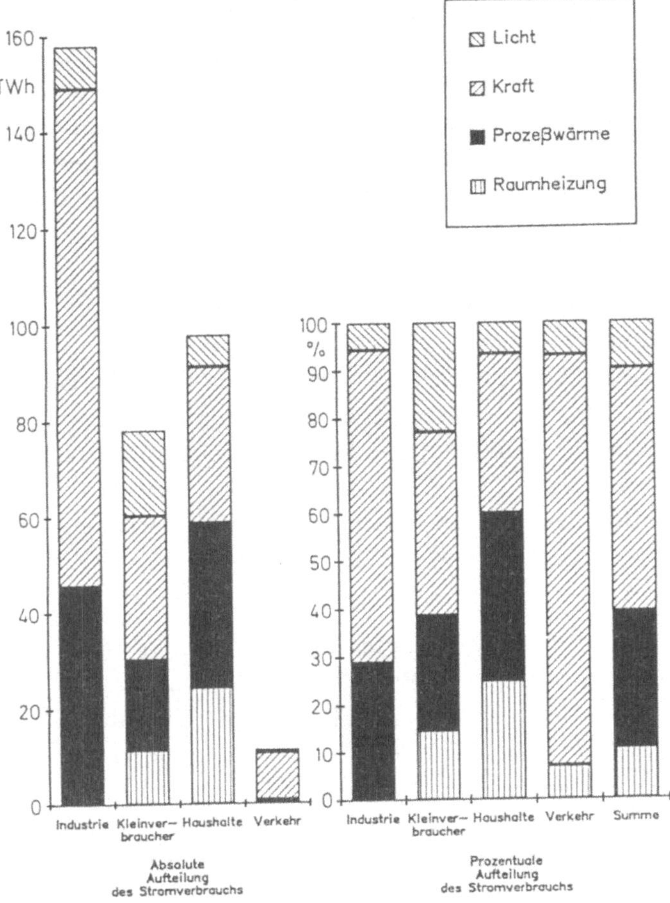

Bild 1.2 Aufteilung des Stromverbrauchs (Bundesrepublik Deutschland 1986)

Bei der Elektrowärme in den Sektoren Kleinverbrauch (19 TWh) und Haushalt (34 TWh) dominiert hingegen die Erwärmung von Wasser. Darunter fällt zum einen die zentrale oder dezentrale Bereitung von Brauchwarmwasser, zum anderen aber auch die an einen bestimmten Prozeß gebundene Wasser- bzw. Laugenerwärmung z.B. in Spül- und Waschmaschinen. Auch die elektrische Speisenerwärmung spielt eine wesentliche Rolle; allein in den privaten Haushalten werden hierfür rd. 8 TWh verbraucht.

1.2 Ziele und Arten von Wärmeprozessen

Die Energiedienstleistung bei einem Wärmeprozeß besteht darin, ein bestimmtes stoffliches Objekt zu erwärmen bzw. warmzuhalten und dadurch an oder in diesem Objekt eine gewünschte Veränderung herbeizuführen. Diese gewünschte Veränderung kann bestehen in:

- der Temperaturerhöhung bzw. Temperaturhaltung selbst,
- einer Änderung des Phasenzustandes (Schmelzen, Verdampfen),
- einer Änderung des Materialgefüges (z.B. Kristallstruktur, Körnung)
- einer Änderung der Materialzusammensetzung durch Diffusionsvorgänge, deren Geschwindigkeit mit höherer Temperatur stark zunimmt,
- einer chemischen Reaktion, die durch eine höhere Temperatur in ihrem Ablauf wesentlich beschleunigt werden kann bzw. wegen der Temperaturabhängigkeit des chemischen Gleichgewichts überhaupt erst zustande kommt.

In vielen Anwendungsfällen werden mehrere dieser Ziele zugleich verfolgt. Für die Elektrowärme sind hauptsächlich folgende Bereiche von Bedeutung:

- *Schmelzen:* Das Überführen in die flüssige Phase und Überhitzen von Metallen (bei Stahl etwa auf 1500 bis 1700 °C) dient zum einen dem Vergießen in eine gewünschte Form, zum anderen kann die Schmelze auch von gasförmigen und festen Verunreinigungen und unerwünschten Begleitelementen gereinigt, durch Beigaben in ihrer Zusammensetzung verändert sowie durch Umwälzen vergleichmäßigt werden (Aufbauschmelzen, Umschmelzen).
- *Erwärmen von Metallen zum anschließenden Warmumformen* (Walzen, Schmieden, Pressen); der Temperaturbereich liegt bei unlegiertem Stahl zwischen etwa 850 und 1250 °C.
- *Wärmebehandlung von Metallen* zur Erzielung bestimmter Materialeigenschaften durch Änderung der Gefügestruktur und teilweise auch der Zusammensetzung. Die wichtigsten Verfahrensgruppen für Stahl sind:
  - Glühen: Erwärmen auf eine Temperatur im Bereich zwischen etwa 500 und 1300 °C, je nach Stahlsorte und Art der Glühbehandlung; sodann Halten dieser Temperatur über eine bestimmte Glühdauer; danach meist langsame Abkühlung auf Raumtemperatur.
  - Härten: Erwärmung (u.U. mit stufenweisem Zwischenhalt) auf Härtetemperatur, die je nach Stahlsorte etwa zwischen 780 und 1300 °C liegt. Danach Abschrecken, so daß die *kritische Abkühlungsgeschwindigkeit* überschritten wird, welche die Martensitbildung ermöglicht. Sollen

nur einzelne Zonen des Werkstücks gehärtet werden (z.B. Oberflächenhärtung), so ist die Erwärmung auf diese Zonen zu beschränken.

  - Anlassen: Langsames Erwärmen auf eine Temperatur zwischen 380 und 680 °C, um die beim Härten erzeugte Sprödigkeit zu beseitigen.

- *Schweißen* (hauptsächlich von Eisenmetallen): Lokale Erwärmung bis zum Schmelzfluß an den zu verbindenden Stellen mit oder ohne Einschmelzen von Zusatzwerkstoffen (Schmelzschweißen) oder lokale Erwärmung unter gleichzeitigem Aneinanderdrücken der zu verbindenden Stellen (Preßschweißen).
- *Löten:* Verbinden von Nichteisenmetallen durch Vernetzen mit einem zu schmelzenden Zusatzmetall. Je nach der Schmelztemperatur dieses Zusatzmetalls unterscheidet man zwischen Weichlöten (260 bis 450 °C) und Hartlöten (über 450 °C).
- *Trennen* von Metallen oder Kunststoffen durch thermisch abtragende Bearbeitungsverfahren. Hierbei werden an der Bearbeitungsstelle Partikel geschmolzen, z.T. auch verdampft und damit Arbeitsverfahren wie Bohren, Senken, Schleifen und Schneiden ermöglicht.
- *Gewinnung von Grundstoffen* wie Al, SiC, CaC_2, hauptsächlich auf dem Weg über endotherme Reduktionsreaktionen bei hohen Temperaturen.
- *Trocknen* bzw. *Aushärten* von organischen und anorganischen Substanzen durch Verdampfen von Wasser bzw. Binde- oder Lösungsmittel.
- *Brennen* von keramischem Material: Bei Temperaturen im Bereich von 900 bis 2000 °C erfährt das Material eine Verfestigung durch Zusammenbacken (*Sinterung*).
- *Aufwärmen, Garen* und *Konservieren* von Lebensmitteln.
- *Erwärmung von Wasser, Laugen etc.* für Wasch- und Spülvorgänge oder Körperpflege.

1.3 Anforderungen an eine Prozeßwärmeanlage

Die Anlage muß grundsätzlich in der Lage sein, eine bestimmte Menge eines Gutes in einer gewissen Zeit auf eine vorgegebene Temperatur zu bringen oder auf einer solchen zu halten, wobei gewünschte Zustandsänderungen herbeizuführen, unerwünschte dagegen möglichst zu vermeiden sind. Die hierfür aufzubringende *Nutzleistung* P_{Nutz} ist folgendermaßen bestimmt:

$$P_{Nutz} = m_G \, \Delta h_G / T_E \,, \tag{1.1}$$

wobei

m_G: in der Anlage befindliche Menge des zu erwärmenden Gutes,

Δh_G: Erhöhung der spezifischen Gutsenthalpie zwischen Anfangs- und Endzustand (normalerweise in Form einer Erwärmung um eine Aufwärmspanne $\Delta \vartheta$),

T_E: Zeitspanne, in der diese Enthalpieerhöhung (Erwärmung) bewirkt wird.

Für Aufbau und Arbeitsweise von Prozeßwärmeanlagen gibt es zwei unterschiedliche Prinzipien:

- *Standerwärmung:* Die Anlage wird zu einem Anfangszeitpunkt mit einer gewissen Chargenmenge m_G befüllt, die anschließend erwärmt wird. Nach der Erwärmungszeit T_E kann die Anlage entleert und anschließend wieder befüllt werden. Man spricht hierbei auch von einem diskontinuierlichen oder *batch* - Prozeß.
- *Durchlauferwärmung:* Eine Gutsmenge m_G wird zwischen dem Eingang und dem Ausgang der Anlage stetig transportiert. T_E ist dann die Verweilzeit in der Anlage. Am Ausgang wird laufend ein Massendurchsatz m_G / T_E entnommen und dafür in gleicher Größe am Eingang zugeführt. Man spricht hierbei auch von einem kontinuierlichen oder *Fließprozeß*.

Die Menge des Gutes, das erwärmt werden soll, ist bestimmend für die Anlagengröße. Bei ihrer Festlegung sollten voraussehbare Steigerungen des Durchsatzes berücksichtigt werden, aber andererseits bedacht werden, daß überdimensionierte Anlagen energetisch und ökonomisch ungünstig sind.

Die Höhe der Solltemperatur und damit die Aufwärmspanne $\Delta \vartheta$ bzw. Enthalpieerhöhung Δh_G ist von der Art des Prozesses abhängig. Oft soll zusätzlich auch ein bestimmtes örtliches Temperaturprofil erreicht werden. Die zulässigen Toleranzen, innerhalb derer die Temperaturen eingehalten werden müssen, liegen meist nicht unverrückbar fest, sondern ergeben sich durch Abwägen verschiedener Gesichtspunkte. Je enger die Toleranzen gesteckt werden, desto größer ist der dafür erforderliche anlagen- und regelungstechnische Aufwand. Läßt man größere Temperaturtoleranzen zu, so kann sich die Produktqualität verschlechtern, was sich z.B. in einer erhöhten Ausschußrate oder in der Notwendigkeit vermehrten Nacharbeitens niederschlagen kann, oder man nimmt höheren Energieverbrauch durch unnötig hohe Erwärmung in Kauf.

Der zeitliche Ablauf eines Erwärmungsvorganges liegt vielfach aus technologischen Gründen fest. Das kann sich sowohl auf den Anstieg der Temperaturen in der Erwärmungsphase als auch auf die Haltezeiten und auch auf den Abkühlverlauf beziehen. Für die realisierbare Erwärmungsgeschwindigkeit des Gutes $\Delta\vartheta/T_E$ als Mittelwert über die gesamte Aufwärmspanne setzt bei gegebener Befüllung die maximale Nutzleistung der Anlage gemäß Gl. (1.1) eine obere Grenze. Lokal bzw. kurzzeitig sind auch höhere Temperaturanstiege $d\vartheta/dt$ möglich. Diese sind in der Regel begrenzt durch

- die möglichen Übertemperaturen der wärmeabgebenden Anlagenteile oder
- die für das Gut maximal zulässige Leistungszufuhr je Oberflächeneinheit (Leistungsdichte dP/dA), um unerwünschte Erscheinungen einer ungleichmäßigen Erwärmung oder örtlichen Überhitzung (und damit z.B. das Schmelzen von Kanten, auszuschließen.

Es gibt auch Fälle – z.B. bei der Wärmebehandlung von Metallen oder bei der Konservierung von Lebensmitteln – in denen ein komplementärer Zusammenhang zwischen Temperaturen und Zeiten innerhalb eines gewissen Bereiches besteht, so daß sich also durch das Übergehen auf höhere Temperaturen die Behandlungszeit verkürzen läßt und umgekehrt. Oft ist ein Erwärmungsprozeß mit anderen technischen Abläufen verkettet, woraus zeitliche Vorgaben resultieren können.

Der Zustand des zu erwärmenden Gutes kann durch eine Reihe von Maßnahmen beeinflußt werden:

- Geeignete Umhüllungsflächen des Ofeninnenraums (z.B. basische Ofenfutter in Induktionstiegelöfen zum Stahlschmelzen),
- Ofenatmosphären bestimmter Zusammensetzung (z.B. reduzierende Schutzgase) und unter bestimmtem Druck (auch: Vakuum);
- Beigabe von Reagenzien bzw. Katalysatoren zum Ablauf gewünschter Reaktionen.

Jede Prozeßwärmeanlage muß sich zusätzlich zur Erfüllung ihrer unmittelbaren Aufgabe auch noch in ein Umfeld einfügen. Wie gut sie das kann, ist anhand folgender Kriterien zu beurteilen:

- Zuverlässigkeit (die Anlage soll nach Möglichkeit stets funktionsfähig sein, wenn sie gebraucht wird);
- Anpassungsfähigkeit:
  - örtlich (möglichst geringer Platzbedarf durch kompakte Bauweise, gegebenenfalls Mobilität durch geringen Aufwand bei örtlichen Umsetzungen),
  - zeitlich (z.B. schnelle Betriebsbereitschaft durch kurze Anheizzeit, keine technische Beschränkung hinsichtlich der Häufigkeit und der Zeitpunkte des An- und Abfahrens),

  - mengenmäßig (Flexibilität bei unterschiedlich anfallender Menge und Beschaffenheit des zu erwärmenden Gutes).
  - technologisch (Flexibilität zur Erfüllung unterschiedlicher Erwärmungsaufgaben)
- Anwenderfreundlichkeit (leichte, bequeme Bedienung und Wartung, Sicherstellung einer betrieblich und energetisch günstigen Fahrweise, auch: Automatisierbarkeit);
- Umweltfreundlichkeit hinsichtlich Lärm- und Hitzebelästigung, Menge und Zusammensetzung von Abgasen, Staubanfall.

1.4 Der Energiebedarf einer wärmetechnischen Anlage

Prinzipiell teilt sich die einer Anlage zuzuführende Energiemenge W_{zu} auf in die Aktivenergie W_A und die Summe der Verlustenergien $\sum W_V$.

Die *Aktivenergie* ist derjenige Betrag an Nutzenergie, der die zweckgemäße Veränderung physikalischer, chemischer oder sonstiger Zustände bewirkt. Im Falle eines thermischen Prozesses entspricht also die Aktivenergie den Enthalpieerhöhungen aller Stoffmengen, die im Sinne der Zielsetzung des Prozesses erwärmt werden sollen.

Hierunter fallen z.B. nicht u.U. notwendige Gefäße, Stützmaterialien u.ä., auch wenn deren Erwärmung sich technisch nicht vermeiden läßt. Sollen Güter nur partiell bzw. lokal erwärmt werden, wie beim Oberflächenhärten, Schweißen, Löten und thermischen Abtragen, so zählen hier nur die entsprechenden Teilmengen des bearbeiteten Materials.

Die Enthalpiezunahme der betreffenden Stoffmengen kann dabei folgende Bestandteile enthalten:
- fühlbare Wärme infolge Temperaturerhöhung,
- Schmelz- bzw. Verdampfungswärme bei entsprechender Änderung des Aggregatzustandes,
- Bildungsenthalpie zum Ablauf endothermer chemischer Reaktionen.

Laufen bei einem Prozeß exotherme chemische Reaktionen ab, so vermindert die dabei freigesetzte Bildungswärme nicht die Aktivenergie. Vielmehr ist diese Wärme nach ihrem Freiwerden als dem Prozeß zugeführte Energie zu betrachten, durch welche sich die von außen zuzuführende Energie verringert.

Es handelt sich in diesem Fall also um eine prozeßinterne Energierückgewinnung.

Nach Ablauf des thermischen Prozesses werden die fühlbare Wärme sowie ggfs. Schmelz- bzw. Verdampfungswärme des Erwärmungsgutes im Zuge der Wiederabkühlung – ggfs. mit Wiedererstarren bzw. Kondensation – freigesetzt. Dies geschieht meist außerhalb der Anlage. Es gibt jedoch Fälle, in denen das Gut noch innerhalb der Anlage abgekühlt und dabei die Aktivenergie durch Wärmerückgewinnung teilweise wiederverwendet wird. So wird z.B. in Tunnelöfen zum Brennen keramischer Erzeugnisse das Gut vor dem Auslaufen durch gegenströmende Luft abgekühlt. Die so erhitzte Luft dient dann zum Vorwärmen des Gutes nach seinem Eintritt in den Ofen.

Die Anteile der Aktivenergie, welche für Bildungsenthalpien aufgebracht worden sind, bleiben normalerweise in Form chemischer Energiepotentiale in den Reaktionsprodukten.

Die *Verluste* treten hauptsächlich in folgenden Formen auf:

- Verluste durch Abstrahlung und Konvektion während der Betriebszeit der Anlage (i.a. Oberflächenverluste)
- Verluste infolge Erwärmung von Fluid-Stoffströmen, welche die Anlage während ihrer Betriebszeit durchsetzen (z.B. Abgasverluste bei brennstoffbeheizten Anlagen, Fortluftverluste bei Trocknern, Kühlwasserströme etc.)
- Verluste infolge zusätzlicher Erwärmung von Stoffmassen wie Ofenbauteilen, Gefäßen, Stützmaterialien u.a., die durch nachfolgende Abkühlung die gespeicherte Wärme an die Umgebung verlieren.
- Verluste durch übermäßige Energiezufuhr an die eigentlich zu erwärmenden Stoffe, über die erforderliche Aktivenergie hinaus.

Der letzte Posten betrifft nicht nur eine zu starke Erwärmung z.B. infolge einer unzureichenden Steuerung bzw. Regelung, sondern auch eine unnötige Materialerwärmung bei Gütern, die nur partiell bzw. lokal erwärmt werden sollen (z.B. beim Oberflächenhärten, Schweißen, Löten und thermischen Abtragen). Die örtlich dosierte Energiezufuhr kommt bei Technologien wie induktiver Hochfrequenzerwärmung, Elektronenstrahl- oder Laserstrahlerwärmung vorteilhaft zum Tragen. Auch die dielektrische Trocknung bietet die Möglichkeit, den Energieeintrag selektiv auf die wasserhaltigen Partien zu konzentrieren. Hierbei tritt auch noch ein Selbstregeleffekt auf: Mit fortschreitender Trocknung geht die Leistungsaufnahme des Trocknungsgutes von selbst zurück.

Die Arten der auftretenden Energieverluste und ihre Rolle innerhalb der Energiebilanz können sehr unterschiedlich sein, abhängig von:

- der Art des Prozesses und seinen Parametern,
- Art bzw. Funktionsweise, Größe und technischem Zustand der Anlage sowie ihrer Auslastung,
- dem zeitlichen Ablauf des Anlageneinsatzes, den gefahrenen Betriebszuständen und der Art der Steuerung und Bedienung der Anlage,
- den Umwelteinflüssen wie z.B. Umgebungstemperaturen.

Das Zusammenwirken dieser Faktoren bestimmt das energetische Betriebsverhalten der Anlage.

Sind sämtliche Zustandsgrößen der Anlage und somit die in ihren einzelnen Teilen gespeicherten Energien zeitlich konstant, so bezeichnet man dies als stationären Zustand. Beschränkt man die Betrachtung zunächst auf Zeiten, in denen sich die Anlage in einem stationären Zustand befindet, so läßt sich ihr energetisches Betriebsverhalten im wesentlichen durch zwei Kenngrößen beschreiben:

- Der *Umwandlungswirkungsgrad* für die Umwandlung der in der Anlage eingesetzten Energie in die benötigte Nutzenergieform Wärme. Bei brennstoffbeheizten Anlagen ist dies im wesentlichen der feuerungstechnische Wirkungsgrad η_f, der durch die fühlbaren und latenten Verluste der Verbrennungsabgase bestimmt ist. Bei Elektrowärmeanlagen handelt es sich entsprechend um den elektrischen Wirkungsgrad η_{el}, der je nach Anlagentechnik durch Versorgungsverluste (Gleichrichtung bzw. Erzeugung der Arbeitsfrequenz) und Übertragungsverluste (z.B. OHMsche Verluste in Hochstrom – Zuleitungen und Induktoren) bestimmt ist.
- Der *thermische Wirkungsgrad* η_{th} sagt aus, welcher Anteil der erzeugten Wärme, als Aktivenergie zur Enthalpieerhöhung des zu erwärmenden Gutes beiträgt. Der andere Teil geht über die Außenwandung der Anlage verloren. Von Einfluß hierauf ist neben der Größe und Wärmedämmung der Anlage auch die Höhe der Heizleistung, die dem Erwärmungsgut zugeführt werden kann. Hier wirken sich die hohen Leistungsdichten elektrothermischer Technologien durchweg günstig auf den Energieverbrauch aus.

Der *Gesamtwirkungsgrad* der Anlage ergibt sich als Produkt aus Umwandlungswirkungsgrad und thermischem Wirkungsgrad:

$$\eta = \eta_{el} \, \eta_{th} \, . \tag{1.2}$$

Somit stellt der Gesamtwirkungsgrad das Verhältnis aus Aktivenergie und zugeführter Energie im stationären Betrieb dar:

$$\eta = \frac{W_A}{W_{zu,stat}} \ . \tag{1.3}$$

In der energetischen Kennlinie für den stationären Betrieb einer Anlage drückt sich der meist in guter Näherung lineare Zusammenhang zwischen der zugeführten Energie und dem Lastgrad aus, mit dem die Anlage betrieben wird. Schlüsselt man die zugeführte Energie nach Art einer Energiebilanz auf, so wird die Abhängigkeit der Aktivenergie und der verschiedenen Verlustposten vom Lastgrad sichtbar. Der Lastgrad kann durch die Gutsmenge bestimmt sein, die je Zeiteinheit in der Anlage verarbeitet wird oder durch den gewünschten Nutzeffekt wie z.B. die verdampfte Wassermenge bei Trocknern.

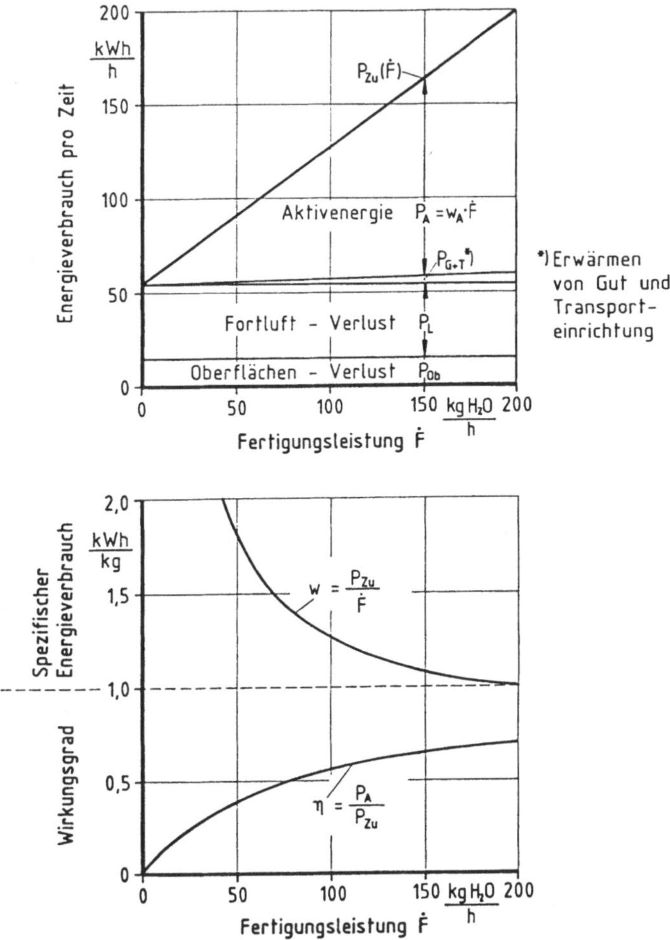

Bild 1.3 Elektrischer Durchlauftrockner im stationären Betrieb

Als Beispiel ist in *Bild 1.3* (oberes Diagramm) die energetische Kennlinie eines elektrisch beheizten Konvektionstrockners im stationären Betrieb gezeigt [73]. Im unteren Diagramm ist dargestellt, wie mit steigender Kapazitätsauslastung der Wirkungsgrad steigt und der spezifische Energieverbrauch sinkt.

Zum Energieverbrauch unter stationären Betriebsbedingungen, $W_{zu,stat}$, kommt für Anfahr-, Lastwechsel- und Auslaufzeiten besonders bei wärmetechnischen Anlagen ein instationärer Zusatzverbrauch W_{Zus} hinzu. Er dient im wesentlichen zur Aufheizung wärmespeichernder Anlagenteile und deckt damit auch die Auskühlverluste der Anlage.

Bezieht man die instationären Zustände einer Anlage mit in die Betrachtung ein, so wird ihr energetisches Betriebsverhalten nicht mehr durch Wirkungsgrade, sondern durch Nutzungsgrade gekennzeichnet. Der *Gesamtnutzungsgrad*

$$g = \frac{W_A}{W_{zu,stat} + W_{Zus}} \tag{1.4}$$

ist folglich in der Praxis stets kleiner als der entsprechende Gesamtwirkungsgrad η.

Die untere Grenze für die Größe des Nutzungsgrades bei wärmetechnischen Anlagen ist der Wert Null; dieser wird bei reinen Warmhaltevorgängen erreicht, da hierbei keine Aktivenergie aufzubringen ist und somit der Energieverbrauch ausschließlich der Verlustdeckung dient. Werte über Eins kann der Nutzungsgrad nur annehmen, wenn in erheblichem Umfang eine anlageninterne Wärmerückgewinnung stattfindet.

2 Elektrowärmetechnik im Überblick

2.1 Systematische Einteilung

Der Elektrowärmetechnik werden hier grundsätzlich alle diejenigen Technologien zugeordnet, bei denen die Nutzenergie Wärme durch Umwandlungsvorgänge aus elektrischer Energie erzeugt wird.

Dies schließt auch Fälle ein, bei denen die Nutzwärmeerzeugung mit anderen Aufgaben gekoppelt ist. So ist z.B. bei der Schmelzflußelektrolyse die Erzeugung von Nutzelektrizität nicht zu trennen von der Wärmeerzeugung zur Aufrechterhaltung der erforderlichen Prozeßtemperaturen.

Nicht betrachtet werden dagegen Technologien, die auf dem Prinzip der Wärmepumpe beruhen, also Wärme über einen thermodynamischen Kreisprozeß erzeugen. Der Einsatz elektrischer Energie zum Antrieb des Verdichters einer "elektrischen Wärmepumpe" stellt nämlich einen Vorschaltprozeß zur Erzeugung derjenigen mechanischen Energie dar, die dann in den Kreisprozeß eingeht.

Schwierig ist die definitorische Abgrenzung solcher elektrophysikalischer Effekte, aufgrund derer ein elektrischer Stromfluß die Bildung eines Temperaturgefälles bewirkt (PELTIER-, THOMSON-, ETTINGSHAUSEN-Effekt). Da aber eine praktische Bedeutung dieser Effekte im Rahmen der thermischen Prozeßtechnik nicht absehbar ist, werden sie hier auch nicht weiter behandelt.

Hinsichtlich des Ortes und der Art der Umwandlung von elektrischer Energie in Wärme läßt sich eine Systematik aufstellen, die in *Tafel 2.1* in vereinfachter Form dargestellt ist.

Ein wesentliches Unterscheidungsmerkmal liegt im Ort der Umwandlung:

- Bei der *unmittelbaren Erwärmung* wird dem zu erwärmenden Objekt elektrische Energie zugeführt in Form eines elektrischen Stromes oder eines

Tafel 2.1 Systematische Einteilung der Elektrowärmetechnologien

Technologie	Klassifizierung Unmittelbar	Mittelbar	Hauptsächliche Art der Energie - zufuhr ans Gut	Anwendungs - beispiel
Widerstands - erwärmung	X		Elektrischer Strom	Konduktive Stangenerwärmung
		X	Konvektion Wärmestrahlung Wärmeleitung	Heißluftofen Infrarotofen Kochplatte
Induktive Erwärmung	X		Elektromagn. Wechselfeld	Induktionsofen mit keramischem Tiegel
	x	X	Konvektion	Induktionsofen mit Stahltiegel
Dielektrische Erwärmung	X		Elektromagn. HF - Feld	Mikrowellenofen
Lichtbogen - erwärmung	X		Lichtbogenstrom	Gasreaktionsofen
	x	X	Wärmestrahlung (Konvektion)	Lichtbogen - Stahlschmelzofen
Plasmastrahl - erwärmung	x	X	Konvektion	Plasmaschweiß - brenner
Elektronenstrahl - erwärmung	X		Beschuß mit Elektronen	Elektronenstrahl - schmelzofen
Laserstrahl - erwärmung		X	Licht - bzw. Wärmestrahlung	Schneiden mit Laser

elektromagnetischen Feldes. Die Umwandlung in Wärme erfolgt im Inneren des zu erwärmenden Stoffes.

- Bei der *mittelbaren* Erwärmung wird die elektrische Energie außerhalb des zu erwärmenden Objektes in Wärme umgewandelt. Diese wird dann über Konvektion, Wärmestrahlung oder Wärmeleitung, oft auch in Kombinationen dieser Vorgänge, auf das Gut übertragen.

Es gibt auch Mischformen (z.B. bei der Lichtbogenerwärmung), bei denen sowohl unmittelbare als auch mittelbare Erwärmung stattfindet.

Die physikalischen Mechanismen der Energieumwandlung und der Energieeinbringung ins Erwärmungsgut können sehr verschiedenartig sein. Folgende Technologien lassen sich unterscheiden:

- *Widerstandserwärmung*: Erzeugung JOULEscher Wärme in einem Widerstand, der galvanisch in einen Stromkreis eingebunden ist. Dieser Widerstand kann das zu erwärmende Objekt selbst sein (unmittelbare Widerstandserwärmung, teilweise auch als *konduktive Erwärmung* bezeichnet) oder ein Widerstands-Heizleiter, von dem aus die Wärme durch Wärmeleitung, Konvektion bzw. Wärmestrahlung auf das zu erwärmende Objekt übertragen wird (mittelbare Widerstandserwärmung). Auch die elektrische *Infraroterwärmung* zählt somit zur mittelbaren Widerstandserwärmung. In vielen Fällen treten die Mechanismen der Wärmeübertragung in Kombination miteinander auf.
- *Induktive Erwärmung*: Erzeugung JOULEscher Wärme durch induzierte Wirbelströme (induktive Erwärmung ohne Eisenkern) oder Kreisströme (induktive Erwärmung mit Eisenkern). Meist wird der elektrische Strom praktisch ausschließlich in dem zu erwärmenden Objekt induziert, das dann elektrisch leitend sein muß. Befindet sich das Erwärmungsgut jedoch in einem elektrisch leitenden Gefäß, so wird der Strom zum größten Teil oder auch – im Falle eines elektrisch nichtleitenden Einsatzes – vollständig im Gefäß induziert. Von dort wird die Wärme an den meist flüssigen Einsatz überwiegend konvektiv übertragen.
- *Dielektrische Erwärmung*: Erzeugung von Wärme durch Verschiebungsströme in einem elektrisch nichtleitenden Körper, hervorgerufen durch Einwirkung eines hochfrequenten elektromagnetischen Feldes auf elektrisch polarisierte Moleküle. Je nach Feldtyp und Frequenz unterscheidet man zwischen der Hochfrequenzerwärmung im Kondensatorfeld und der Mikrowellenerwärmung im Strahlungsfeld von fortschreitenden oder stehenden elektromagnetischen Wellen.
- *Lichtbogenerwärmung*: Wärmeerzeugung durch Stromfluß in einem ionisierten Gaskanal (Bogenentladung). Ist das Gas identisch mit dem zu erwärmen-

den Gut (Gasreaktionsofen), so handelt es sich um eine unmittelbare Erwärmung. In allen anderen Fällen findet mittelbar eine Wärmeübertragung vom Lichtbogen auf das zu erwärmende Objekt statt, und zwar meist in erster Linie durch Strahlung, bei direktem Kontakt auch durch Konvektion. Mündet der Lichtbogen auf das Erwärmungsgut, so wird im Inneren desselben auch konduktiv Wärme erzeugt.

- *Plasmastrahlerwärmung*: Erzeugung eines sehr heißen Strahls von ionisiertem Plasma durch Bogenentladung oder auch durch induktive Energieeinkopplung. Beim Auftreffen auf das zu erwärmende Objekt überträgt der Plasmastrahl Wärme hauptsächlich durch Konvektion.
- *Elektronenstrahlerwärmung*: Wärmeerzeugung durch Aufprall beschleunigter freier Elektronen auf ein zu erwärmendes Objekt.
- *Laserstrahlerwärmung*: Erzeugung einer monochromatischen Licht- bzw. Infrarotstrahlung durch elektrisch angeregte kohärente Quantenemission.

Der Bereich der *Arbeitsfrequenzen* bzw. der Frequenzen für die elektromagnetische Energieübertragung auf das zu erwärmende Gut ist sehr weitgespannt, wie aus *Bild 2.1* zu ersehen ist [74]. Widerstandserwärmung und Lichtbogenerwärmung sind auch mit der Arbeitsfrequenz Null – also mit Gleichstrom – möglich, da die Wärmeerzeugung hierbei nicht auf elektromagnetischen Wechselwirkungen beruht. Häufig wird dafür jedoch die Netzfrequenz verwendet, da es dann keiner Frequenzumwandlung bedarf. In manchen Anwendungsfällen ist auch auf die Vermeidung elektrochemischer Vorgänge zu achten.

Induktive Erwärmung ist wegen der frequenzabhängigen Wirksamkeit des Induktionsgesetzes nur mit Wechselstrom durchführbar. Die verwendeten Frequenzen umfassen den Bereich zwischen der Netzfrequenz und etwa 1 MHz. Welche Frequenz man für einen Anwendungsfall wählt, wird in erster Linie durch den angestrebten Grad an Feldverdrängung der elektromagnetischen Wellen in dem zu erwärmenden Körper bestimmt.

Im Frequenzbereich oberhalb etwa 3 MHz kann auch in elektrisch nichtleitenden Stoffen, welche elektrisch polarisierte Moleküle enthalten, in nennenswertem Maße Wärme erzeugt werden. Dieses Gebiet der dielektrischen Erwärmung reicht bis in die Nähe jener Frequenzgrenze, bis zu der elektromagnetische Wellen noch als elektrische Energie gelten.

Ab einer Frequenz von etwa $8 \cdot 10^{11}$ Hz (das entspricht einer atmosphärischen Wellenlänge von 375 μm) nehmen die elektromagnetischen Wellen dagegen den Charakter der *Temperaturstrahlung* an. Deshalb ist die elektrische Infrarot-

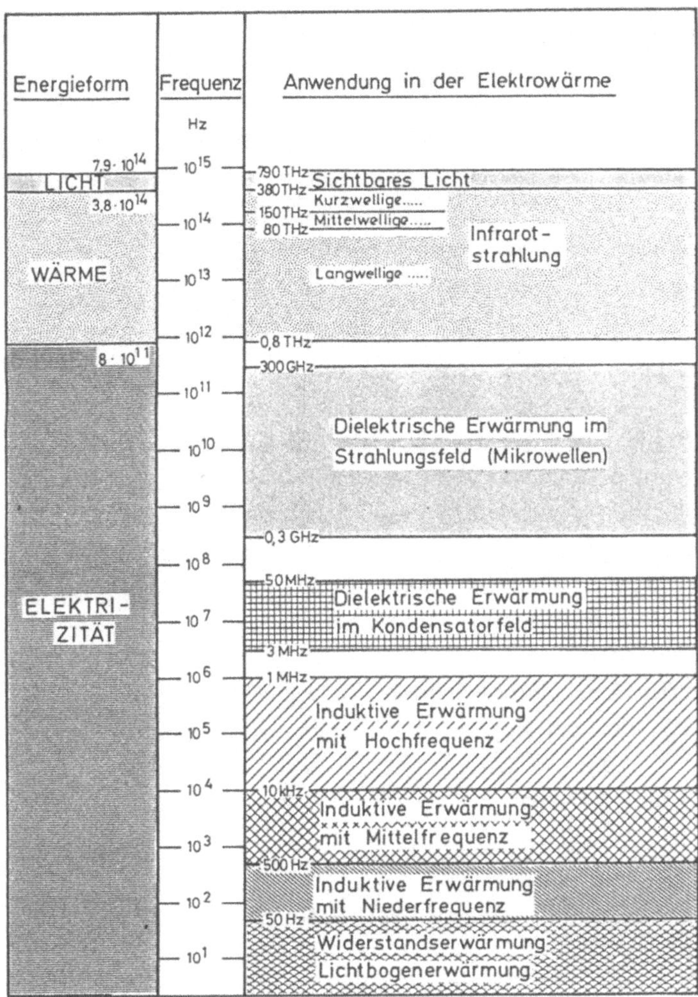

Bild 2.1 Frequenzbereiche elektromagnetischer Schwingungen

erwärmung, deren Spektrum z.T. bis in den anschließenden Bereich des sichtbaren Lichtes hineinreicht, als mittelbare Widerstandserwärmung zu bezeichnen. Aber auch in anderen Fällen der mittelbaren Widerstandserwärmung wird ein mehr oder weniger großer Teil der in den Heizleitern erzeugten Wärme auf das Erwärmungsgut abgestrahlt. Auch die Frequenz der Laserstrahlung liegt, je nach dem verwendeten laseraktiven Medium, im infraroten oder im sichtbaren Spektralbereich.

2.2 Technische Eigenschaften

Physikalische Besonderheiten der elektrischen Energie sind der Grund dafür, daß sich die Elektrowärmetechnologien durch eine Reihe spezieller Eigenschaften auszeichnen gegenüber anderen Erwärmungstechnologien, die auf der Verwendung von Brennstoffen zur Wärmeerzeugung beruhen.

2.2.1 Erreichbare Temperaturen

Von der Thermodynamik her sind die mit elektrischer Energie erreichbaren Temperaturen nach oben unbegrenzt. In der praktischen Anwendung ergeben sich Begrenzungen hauptsächlich durch die Temperaturfestigkeit der verwendeten Werkstoffe (wie Auskleidungen und Heizleiter). So sind z.B. bei mittelbarer Widerstandserwärmung Temperaturen über 2000 °C erreichbar, während bei unmittelbarer Widerstandserwärmung und Lichtbogenerwärmung weit höhere Temperaturen (3000 °C und mehr) erzielt werden können. Aus diesem Grund wurden mit Hilfe der Elektrowärme hauptsächlich im Bereich der Grundstoffindustrie Prozesse erschlossen, die bei Einsatz von Brennstoffen praktisch überhaupt nicht oder nur unter großen Schwierigkeiten durchführbar wären (z.B. Graphitherstellung, CaC_2 – Gewinnung).

2.2.2 Zeitliche Dosierbarkeit der Leistungszufuhr

Wird das zu erwärmende Gut aus einem wärmeabgebenden Massenstrom beheizt (z.B. Verbrennungsgase oder Dampf) so ist dessen Temperatur bestimmend für die übertragbare Wärmeleistung. Will man diese Leistung durch Änderung der Temperatur des Massenstroms steuern, so ist dies aus feuerungs – und wärmetechnischen Gründen nur mit Totzeiten und relativ kleinen Leistungsgradienten möglich. Hinzu kommt, daß die Wärmeübertragung auf das Gut mit steigender Gutstemperatur abnimmt. Im Verlauf der Erwärmung eines Gutes nimmt also auch die übertragbare Leistung ab, wenn nicht die Temperatur des wärmeabgebenden Massenstromes entsprechend gesteigert wird. Diese Möglichkeit entfällt aber meist schon deshalb, weil die praktisch erreichbaren Verbrennungstemperaturen begrenzt sind.

Bei fast allen Elektrowärmetechnologien wirkt sich die Erwärmung des Gutes auf die übertragbare Wärmeleistung weniger stark aus, als es bei Technologien mit massegebundener Energiezufuhr der Fall ist. Bei den unmittelbaren Erwärmungsverfahren ist ein solcher Einfluß nur in dem Maße gegeben, wie sich mit der Temperatur die relevanten Stoffgrößen ändern (z.B. elektrische Leitfähigkeit, Permeabilität oder Permittivität). Bei den mittelbaren Verfahren der Widerstands- und Lichtbogenerwärmung ist die Wärmeübertragung ans Gut zwar direkt von dessen Temperatur abhängig, jedoch tritt dieser Effekt wegen der gegenüber brennstoffbeheizten Anlagen möglichen höheren Temperaturen von Heizleiter bzw. Bogenplasma weniger stark in Erscheinung.

Die elektrische Leistungszufuhr kann meist durch Änderung der Arbeitsspannung gesteuert werden. Diese technisch relativ einfache Steuerung ist ihrer Natur nach trägheitslos, also ohne Totzeit und praktisch mit beliebigen Gradienten möglich. Da zudem elektrische Größen wie Spannung, Strom, Leistung und Arbeit zuverlässig und exakt und dabei mit geringem Aufwand meßtechnisch erfaßbar sind, kann der zeitliche Ablauf eines elektrothermischen Prozesses genauer und dabei einfacher reproduziert werden als bei Einsatz von Brennstoffen. Damit wird eine Automatisierung solcher Prozesse sehr erleichtert bzw. erst ermöglicht. Ferner liegt die Qualität der elektrisch erwärmten Produkte oft in engeren Toleranzen.

2.2.3 Örtliche Temperaturverteilung

Bild 2.2 zeigt einige Temperaturprofile, wie sie sich charakteristischerweise in festen Körpern bei Anwendung unterschiedlicher elektrischer Erwärmungsverfahren ergeben. Dargestellt sind jeweils qualitativ die örtlichen Temperaturverläufe zu zwei verschiedenen Zeitpunkten (1) und (2), d.h. nach unterschiedlicher Erwärmungszeit.

Bei der mittelbaren elektrischen Erwärmung findet ebenso wie bei einer Erwärmung über Wärmeträger oder Verbrennungsgase immer eine Wärmeübertragung von außen auf die Oberfläche des zu erwärmenden Gutes statt, meist über Strahlung und Konvektion. Ist das Gut ein fester Körper, so wird die Energie durch Wärmeleitung ins Innere weiterbefördert. Deshalb fällt die Temperaturverteilung stets von der Oberfläche aus zur Gutsmitte hin ab, so daß die ideale Durchwärmung auf eine exakt gleichmäßige Temperatur nicht möglich ist. Will man die Kerntemperatur sehr nahe an die Oberflächentemperatur herankommen lassen, so erfordert dies lange Erwärmungszeiten (davon ein Großteil mit geringer Wärmeleistung), falls man nicht die Randzonen des Werkstücks über die vorgesehene Temperatur hinaus erwärmen will. Letzteres ist oft nicht statthaft, weil sonst unerwünschte Gefügeveränderungen des Mate-

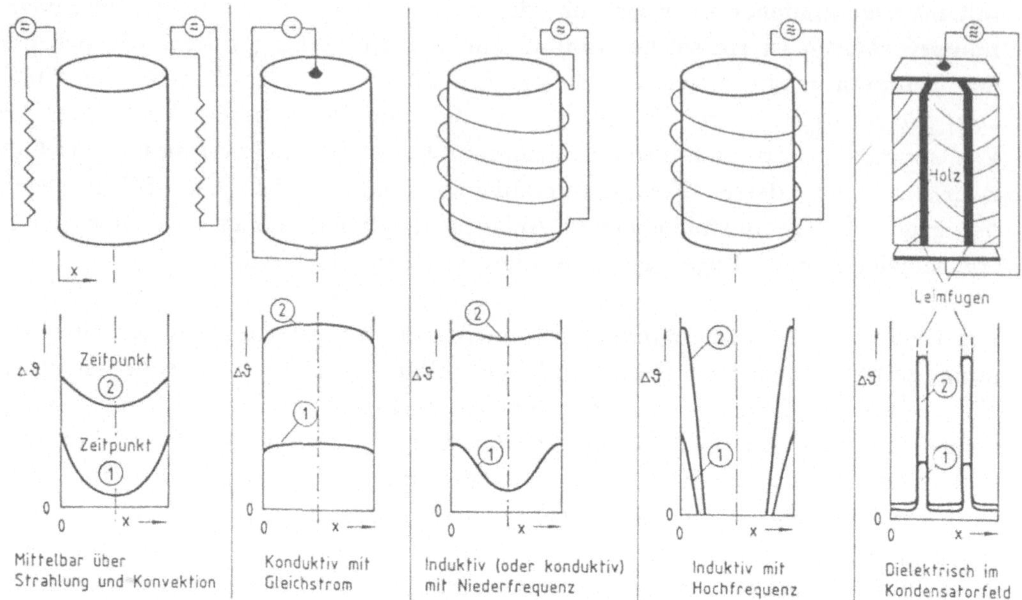

Bild 2.2 Temperaturprofile elektrischer Erwärmungsverfahren nach unterschiedlicher Einwirkungsdauer

rials in den Randzonen auftreten können (z.B. Randentkohlung). Die erreichbare Gleichmäßigkeit der Durchwärmung ist in starkem Maße abhängig von der Dicke des zu erwärmenden Werkstücks sowie von seiner Temperaturleitzahl. Handelt es sich beim zu erwärmenden Gut um ein Fluid, so stellt sich im Zuge der Erwärmung meist eine natürliche Umwälzung ein, so daß hier auch bei Wärmezufuhr von außen eine gleichmäßige Durchwärmung möglich ist.

Bei der unmittelbaren elektrischen Erwärmung findet dagegen eine Wärmeerzeugung im Inneren des zu erwärmenden Stoffes selbst statt. Die je Volumeneinheit wirksame Wärmeleistung (auch als Wärmequellendichte oder Leistungsintensität bezeichnet) kann dabei sehr unterschiedliche örtliche Verteilungsprofile aufweisen. Durch gleichmäßigen Wärmeeintrag im gesamten Gutsvolumen (z.B. bei konduktiver Erwärmung mit Gleichstrom) ist es sogar möglich, die Kerntemperaturen über die Temperaturen an der Oberfläche des zu erwärmenden Gutes hinaus zu steigern. Bei Verwendung einer der Dicke des Gutes angepaßten Frequenz läßt sich dagegen erreichen, daß das Gut am Ende des Erwärmungsvorgangs ein sehr gleichmäßiges Temperaturprofil aufweist. Andererseits kann durch Verwendung hoher Frequenzen bei entsprechend hohen Leistungsdichten die Erwärmung auf die äußersten Randbereiche des zu erwärmenden Objektes konzentriert werden, was z.B. für die Oberflächenhärtung günstig ist.

Auch eine lokale Steuerung der Wärmeleistungszufuhr ist verschiedentlich möglich. So kann bei der induktiven Hochfrequenzerwärmung zum Oberflächenhärten durch geeignete Gestaltung und Führung des Induktors der Wärmeeintrag auf genau festlegbare Zonen beschränkt werden, so daß eine Härtung an unerwünschten Stellen des Werkstücks vermieden wird.

Eine ganz besondere Art der selektiven Erwärmung ist mit Hilfe der unmittelbaren elektrischen Erwärmung dann erreichbar, wenn das zu erwärmende Gut inhomogen ist und die einzelnen Teile stark unterschiedliche, die Energieabsorption bestimmende Materialeigenschaften besitzen. Ein markantes Beispiel aus dem Bereich der Holzverarbeitung ist die Leimtrocknung im Kondensatorfeld. Aufgrund des hohen Verlustwertes des Lösungsmittels findet in diesem der Hauptanteil der Wärmeentwicklung statt, während sich das Holz selbst kaum erwärmt.

2.2.4 Leistungsdichte, Erwärmungsgeschwindigkeit, Wirkungsquerschnitt

Als *Wirkungsquerschnitt* wird hier derjenige Teil der Oberfläche bezeichnet, über den die Erwärmungsleistung auf das zu erwärmende Gut übergeht, sei es durch Wärmeübertragung, elektromagnetische Felder oder Zufuhr elektrisch geladener Teilchen. Die eingebrachte Erwärmungsleistung je Flächeneinheit des Wirkungsquerschnitts ist die *Leistungsdichte*.

In *Bild 2.3* sind die mit den verschiedenen Technologien praktisch erreichbaren Leistungsdichten über dem jeweils realisierbaren Bereich des Wirkungsquerschnittes aufgetragen. Zur Orientierung ist die Erwärmungsleistung als Geradenschar mit eingezeichnet.

Als anschaulicher Vergleichswert für die Leistungsdichte kann die maximale Sonneneinstrahlung an einem wolkenlosen Hochsommertag herangezogen werden; sie beträgt rd. 1 kW je m^2 senkrecht bestrahlter Fläche.

Mit den herkömmlichen Erwärmungstechnologien der Brennstoffbeheizung sowie der mittelbaren Widerstandserwärmung lassen sich über Strahlung und Konvektion maximale Wärmeleistungsdichten auf das zu erwärmende Gut

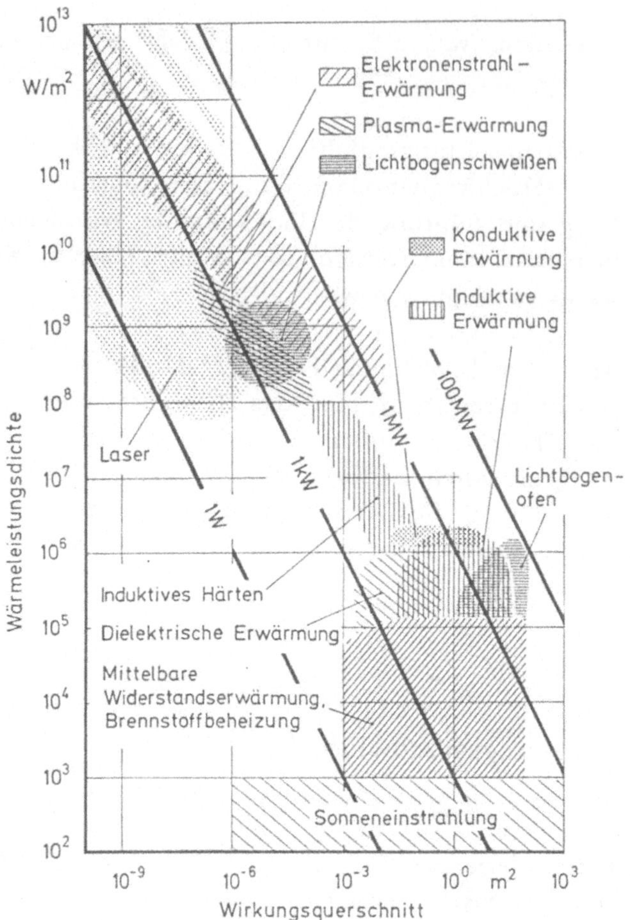

Bild 2.3 Leistungsdichten und Wirkungsquerschnitte von Elektrowärmeverfahren

übertragen, die gut zwei Zehnerpotenzen darüber liegen. Jedoch sind Werte von etwa 10^5 W/m² nur bei Hochtemperaturprozessen erreichbar.

Etwa eine weitere Größenordnung darüber liegen die erzielbaren Leistungsdichten bei dielektrischer, konduktiver und induktiver Erwärmung, sowie in großen Lichtbogenöfen. Bei den letzteren wird dies durch die hohen Temperaturen des strahlenden Lichtbogens bewirkt. Bei den drei erstgenannten Technologien wird elektrische Energie ins Gut eingebracht, was im Vergleich zur Wärmeübertragung mit viel höherer Leistungsdichte möglich ist.

Hohe Leistungsdichten führen zu großen *Erwärmungsgeschwindigkeiten*. Man erreicht z.B. bei der konduktiven Stangenerwärmung Erwärmungsgeschwindigkeiten bis zu 50 K/s und beim dielektrischen Folienschweißen Werte bis zu 200 K/s.

Hohe Erwärmungsgeschwindigkeiten gestatten es ihrerseits, ein Verfahren in verkettete Fertigungsabläufe mit einzubeziehen und sich dabei dem Gesamttakt des Arbeitsablaufes anpassen zu können. Darüber hinaus haben die hohen Erwärmungsgeschwindigkeiten bei der Metallbehandlung noch den Vorteil, daß der Abbrand durch Verzunderung infolge der kurzen Erwärmungszeiten erheblich zurückgeht und damit Materialkosten gespart und Schwierigkeiten bei der Weiterverarbeitung vermieden werden.

Leistungsdichten bis 10^8 W/m^2 sind beim induktiven Härten mit Hochfrequenz erreichbar. Dies führt in Verbindung mit der geringen Eindringtiefe der Leistung zu außerordentlich hohen Aufheizgeschwindigkeiten, die meist zwischen 10^2 und 10^3 K/s liegen. Im Extremfall sind etwa 10^4 K/s möglich, das heißt, daß die gewünschte Temperatur nach einer Zehntelsekunde erreicht ist.

Hohe Leistungsdichten stehen oft in Verbindung mit der Konzentration der Energieübertragung auf sehr kleine Wirkungsquerschnitte. Dies ist z.B. bei elektrothermischen Füge- und Trennverfahren erwünscht; teilweise versucht man durch Fokussierung den Wirkungsquerschnitt so klein als möglich zu machen und damit die Leistungsdichte zu vergrößern. Besonders die Verfahren der Elektronenstrahl- und Laserstrahlerwärmung ermöglichen die kleinsten überhaupt realisierbaren Wirkungsquerschnitte bis herab zu etwa 10 μm^2. Durch die extrem hohen Leistungsdichten kann man an der Einwirkstelle in Sekundenbruchteilen alle Arten von Materialen verdampfen, womit u.a. sehr exakte Abtragevorgänge (z.B. Bohren, Schneiden) möglich sind.

2.2.5 Physikalische und chemische Beeinflussung des Gutes

Die heißen Verbrennungsgase, die beim Einsatz von Brennstoffen zur Prozeßwärmeerzeugung mit direkter Befeuerung auftreten, verursachen z.T. unerwünschte chemische Veränderungen an dem zu erwärmenden Gut.

Elektrowärmeverfahren gestatten in dieser Hinsicht eine weitgehende Freiheit bezüglich Art der Prozeßatmosphäre und Druck; auch Erwärmung im Vakuum ist möglich, ohne daß der Prozeßraum vom Wärmeerzeugungsraum abgeschlossen sein muß.

Als Beispiele, wo solche Gesichtspunkte von Bedeutung sind, seien genannt:

- Der Lichtbogenofen zum Schmelzen und Frischen von Fe – Metallen und Legierungen.
- Beim Vakuumschmelzen und beim Elektroschlackeumschmelzen können die mechanischen Eigenschaften von Metallen durch Ausscheiden störender Verunreinigungen im gewünschten Sinn beeinflußt werden.
- Die Vakuumwärmebehandlung ist für manche Produkte (z.B. aus Edelstahl) wegen der damit erreichbaren hohen Qualität und Dichte der Oberfläche vorteilhaft. Damit werden zusätzliche Bearbeitungskosten eingespart, die oft den etwaigen Kostenunterschied des Erwärmungsverfahrens wieder ausgleichen.

2.2.6 Sonstige betriebliche Gesichtspunkte

Elektrowärmeverfahren sind am Anwendungsort durchweg besonders umweltfreundlich, da grundsätzlich keine Verbrennungsabgase an die Atmosphäre abgegeben werden. Auch die Wärmebelastung am betreffenden Arbeitsplatz ist beim Einsatz elektrischer Energie normalerweise geringer als bei einer brennstoffbeheizten Anlage. Beides führt zu einer größeren Freizügigkeit der Standortwahl.

Bei einer Reihe von Prozessen vor allem der Grundstoffindustrie fallen als Reaktionsprodukt Abgase an, die vor ihrem Austritt in die Atmosphäre gereinigt werden müssen. Elektrowärmeverfahren zeichnen sich in solchen Fällen meist schon durch eine wesentlich geringere Menge an Abgasen und Schadstoffen aus. Zudem gestaltet sich die nach den Luftreinhaltungsbestimmungen erforderliche Filterung und Reinigung der Abgase einfacher und effizienter.

2.3 Betriebswirtschaftliche Gesichtspunkte

2.3.1 Allgemeines

Um die Wirtschaftlichkeit einer Anlage beurteilen zu können, sind generell Aufwand und Nutzen, die mit Anschaffung und Betrieb verbunden sind, gegeneinander abzuwägen.

Der Nutzen einer Anlage ergibt sich anhand der Kriterien hinsichtlich prozeßspezifischer und betrieblicher Eignung. In Betracht kommen jeweils Anlagen, welche dem Bündel der gestellten Anforderungen hinreichend gerecht werden. Wenn die zu vergleichenden Anlagen im "Eignungsprofil" nennenswerte Unterschiede aufweisen, so ist es zweckmäßig, eine kostenmäßige Bewertung dieser Unterschiede in Form von Gutschriften bzw. Kostenzuschlägen anzustreben.

Der Aufwand setzt sich aus verschiedenen Kostenbestandteilen zusammen, die aus Anschaffung und Betrieb der Anlage resultieren. Es handelt sich dabei zum einen um *fixe Kosten*, die vom Umfang der jeweiligen Produktion nicht oder nur unwesentlich beeinflußt werden, z.B.:

- Anlagenkosten und Raumkosten,
- Wartungs- und Instandhaltungskosten,

zum anderen um die *beweglichen Kosten*, die i.a. der Fertigungsmenge proportional sind:

- Energiekosten,
- Personalkosten (mehr oder minder große Anteile hiervon können auch feste Kosten sein)
- Betriebsmittel- und Hilfsstoffkosten.

Dazu kommen mittelbare Kostenauswirkungen. So hängt die benötigte Einsatzmenge an Material zur Herstellung eines Produktes ab von der Höhe des Materialverlustes, der im Zuge des Fertigungsprozesses auftritt (z.B. infolge Abbrand oder Verzunderung), sowie von der Ausschußrate durch nicht eingehaltene Fertigungstoleranzen.

Die *Anlagenkosten* werden häufig nach der Annuitätsmethode oder auch der Barwertmethode kalkuliert. Dadurch ergibt sich ein jährlicher Kostenbetrag über die kalkulatorische Nutzungsdauer der Anlage. Diese "kalkulatorischen Jahreskosten" können als betriebswirtschaftliche Maßgröße für die vergleichende Beurteilung von Investitionen herangezogen werden, auch wenn die tatsächlichen Jahreskosten gemäß den jeweiligen Finanzierungs- und Abschreibungsmodalitäten abweichend sind.

Die *Energiekosten* sind das Produkt aus verbrauchter Energiemenge und ihrem Durchschnittspreis. Für beide Faktoren spielt die Art des eingesetzten Energieträgers eine wesentliche Rolle. So liegt insbesondere der "spezifische Wärmepreis" von elektrischer Energie wegen des Aufwandes für Stromerzeugung und -verteilung naturgemäß deutlich über dem von Brennstoffen. Andererseits zeichnen sich Elektrowärmetechnologien oft durch einen wesentlich niedrigeren

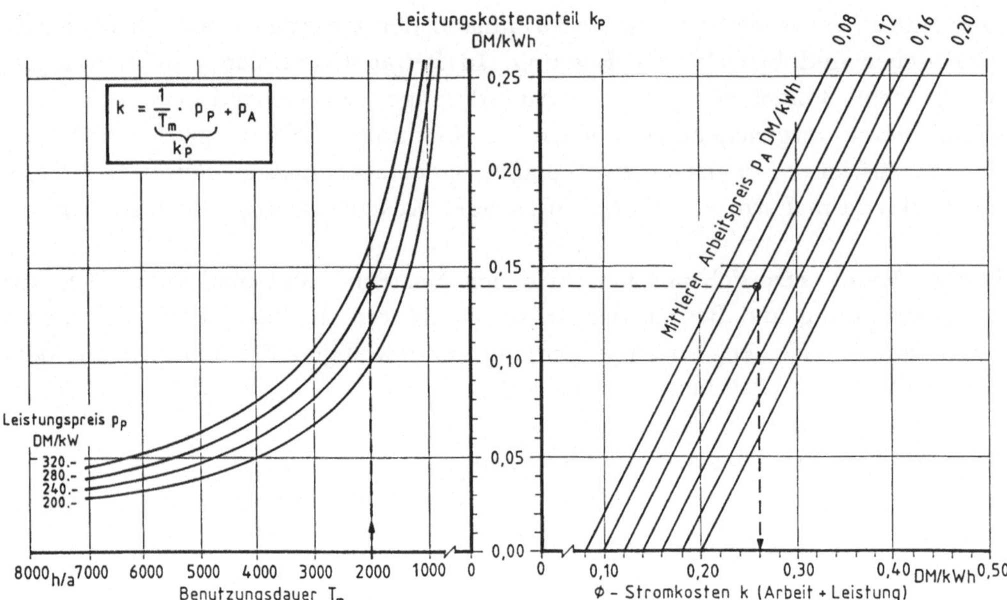

Bild 2.4 Durchschnitts – Stromkosten in Abhängigkeit von Benutzungsdauer, Leistungspreis und Arbeitspreis

Endenergieaufwand aus, verglichen mit entsprechenden Technologien, die auf dem Einsatz von Brennstoffen beruhen [21].

Beim *Durchschnittspreis* müssen alle Preisdifferenzierungen mit berücksichtigt werden, die im Zusammenhang mit dem Betrieb der Anlage relevant sind. Die größte Bedeutung hat dies im Fall der elektrischen Energie, bei der folgende Einflüsse wirksam werden können:

- Die Leistungskosten und damit die Abhängigkeit des Durchschnittspreises von der Benutzungsdauer des Strombezugs (*Bild 2.4*). Diese Benutzungsdauer kann u.U. durch Lastmanagement mit Hilfe von Elektrowärmeanlagen gezielt erhöht werden (z.B. Maximumüberwachung).
- Die zeitliche Differenzierung der Arbeitspreise nach Hoch- und Niedertarifzeiten;
- Das Preiszonensystem, das für industrielle Stromkunden in der Regel angewendet wird, beinhaltet eine degressive Abhängigkeit des Arbeitspreises von der Menge der bezogenen Arbeit. Sollen die Energiekosten einer Elektrowärmeanlage als Zuwachskosten ermittelt werden, so ist die letzte relevante Preiszone für die Berechnung heranzuziehen.
- Die Blindarbeitskosten bzw. Kompensationskosten. Elektrowärmeanlagen

können sich hier, je nach ihrem Leistungsfaktor cos φ, kostenerhöhend oder kostensenkend auswirken.

Die spezifischen Gesamtkosten, bezogen auf eine Mengeneinheit des erzeugten Produkts, sind in ihrer Höhe abhängig von der Auslastung der Anlage. Besteht bei Vollauslastung Kostengleichheit zwischen zwei Anlagen, so ergeben sich bei Teilauslastung Kostenvorteile für die Anlage mit den höheren beweglichen Kosten.

Es gibt auch Fälle, in denen vorhandene Produktionskapazitäten mit Hilfe von Elektrowärmetechnologien erweitert werden können. Die Wirtschaftlichkeit einer solchen Maßnahme kann sehr stark davon abhängen, ob die Kapazitätserhöhung durch Steigerung der Produktion auch genutzt werden kann.

2.3.2 Beispiel: Kostenvergleich für die Schmiedeblockerwärmung

Die Frage der betrieblichen Wirtschaftlichkeit ist immer von einer ganzen Reihe von Einflüssen abhängig, die für den jeweiligen Einzelfall ermittelt werden müssen und zunächst auch nur für diesen gelten. Die vorschnelle Verallgemeinerung eines Wirtschaftlichkeitsvergleichs kann zu gravierenden Fehlschlüssen führen. Interessanter als das zahlenmäßige Endergebnis eines Kostenvergleichs sind in der Regel die sich daraus ableitenden Tendenzen sowie die Fülle einzelner Details, die in die Kostenbetrachtung einfließen und deshalb nicht vernachlässigt werden dürfen, auch wenn sie auf den ersten Blick nicht besonders wichtig zu sein scheinen.

In den *Bildern 2.5* und *2.6* sind in Anlehnung an [28] die jährlichen Kosten eines brennstoffbeheizten Drehherdofens und einer Induktionsanlage zur Schmiedeblockerwärmung in Abhängigkeit von der Jahresauslastung gegenübergestellt. Die Produktionskapazität liegt für beide Anlagen bei 6000 t/a im Zweischichtbetrieb.

In den *Anschaffungskosten* ist eine Induktionsanlage teurer als ein öl- oder gasbeheizter Ofen für den gleichen Nenndurchsatz. Zu beachten ist aber, daß zur jeweiligen Grundausstattung in der Regel noch aufwendige Zusatzausrüstungen erforderlich sind, die das Kostenbild nennenswert verschieben können. Bei der Induktionsanlage sind hier vor allem zusätzliche Induktoren zu nennen, falls das Erwärmungsprogramm ein breites Spektrum unterschiedlicher Querschnitte umfaßt. Beim brennstoffbeheizten Ofen müssen oft die Kosten für

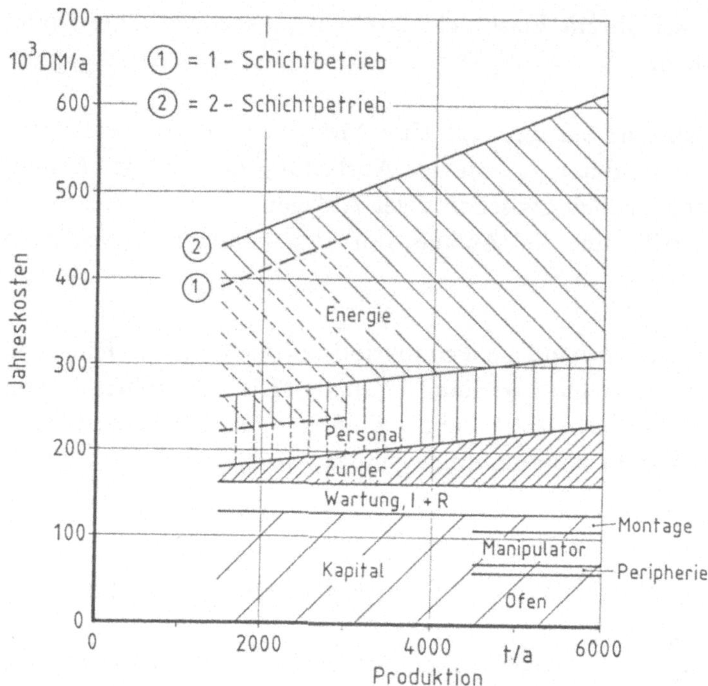

Bild 2.5 Jahresgesamtkosten für Schmiedeblockerwärmung im Drehherdofen

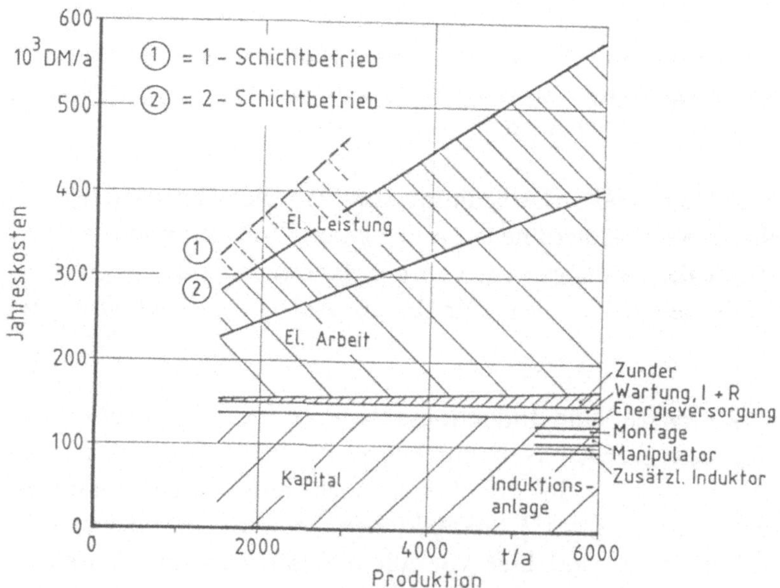

Bild 2.6 Jahresgesamtkosten für Schmiedeblockerwärmung mit Induktionsanlage

Rekuperator, Steuerungs-, Überwachungs- und Regelungseinrichtungen gesondert berücksichtigt werden. Die Kosten für die technische Einbindung der Anlagen können sich gravierend voneinander unterscheiden. Das gilt sowohl für die Energieversorgung (zusätzliche Gasleitungen, bzw. Stromkabel, evtl. Erhöhung der Trafoleistung) und -entsorgung (z.B. Abgasführung bzw. Rückkühlanlage für Kühlwasser) als auch für Zu- und Abführung des Erwärmungsgutes. Im Falle eines Drehherdofens können z.B. Manipulatoren erforderlich sein, die im Vergleich zu den einfachen Transporteinrichtungen einer Induktionsanlage beträchtliche Mehrkosten verursachen.

Laufende Kosten fallen hauptsächlich an für Wartung (bei Induktionsanlagen geringer), Instandhaltung und Reparaturen (keine eindeutige Tendenz) sowie als Lohnkosten für das Bedienungspersonal. In diesem Punkt bringt eine Induktionsanlage infolge ihrer einfachen Bedienung und weitgehenden Automatisierbarkeit oft Einsparungen.

Ein oft entscheidender Vorteil für die Induktionsanlage ergibt sich bei den Kosten, die durch Materialverlust beim Erwärmen infolge Oberflächenverzunderung sowie durch den Ausschuß bei den geschmiedeten Teilen verursacht werden. Die induktive Erwärmung dauert nur etwa ein Viertel der Zeit, die im brennstoffbeheizten Ofen erforderlich ist. Zusammen mit dem Wegfall jeglicher Randüberhitzung führt dies zu einer bedeutenden Verringerung der Raten von Abbrand und Teileausschuß.

Während der *spezifische Energieverbrauch* einer Induktionsanlage im Nennbetrieb meist zwischen 380 und 460 kWh je Tonne erwärmten Materials beträgt, liegt der spezifische Endenergieverbrauch (bezogen auf den Heizwert) eines brennstoffbeheizten Ofens bei Nenndurchsatz mindestens um die Hälfte darüber, er kann bei älteren Öfen mit u.U. unzureichender Luftvorwärmung, schlechter Brennereinstellung, erhöhten Falschluftraten usw. auch Werte von 1000 kWh/t und mehr erreichen.

Es wäre aber falsch, den zu erwartenden Energieverbrauch lediglich aus den Nenndaten abzuleiten. Zunächst einmal muß man davon ausgehen, daß immer wieder längere Stillstandszeiten auftreten, z.B. an den Wochenenden und Feiertagen und während der Freischichten, sofern nicht im Dreischichtbetrieb gearbeitet wird. Brennstoffbeheizte Öfen müssen jeweils am Ende solcher Perioden wieder angeheizt werden, um rechtzeitig betriebsbereit zu sein. Der hierfür notwendige Mehrverbrauch an Brennstoff kann erheblich sein; wie stark sich dadurch der spezifische Energieverbrauch erhöht, hängt neben der Ofenbauweise maßgeblich von der Zahl der täglichen Arbeitsschichten ab. Demgegenüber zeichnet sich eine Induktionsanlage durch vergleichsweise geringe wärmespeichernde Massen aus, so daß der Mehrverbrauch für die Erwärmung der ersten Stücke nach längeren Stillstandszeiten vernachlässigt werden kann.

Ein weiterer Faktor, der den spezifischen Energieverbrauch über den Wert im Nennbetrieb hinaus erhöht, ist in der meist anzutreffenden Teilauslastung zu sehen. Wird in einem brennstoffbeheizten Schmiedeofen innerhalb einer Schicht nur halb so viel Material erwärmt wie bei voller Kapazitätsauslastung möglich wäre, jedoch der Ofen während der gesamten Schichtdauer auf Betriebstemperatur gehalten, so liegt der spezifische Energieverbrauch um ein Viertel bis um die Hälfte über dem Nennwert. Im Vergleich dazu weist eine Induktionsanlage ein ganz anderes energetisches Betriebsverhalten auf. Zwar ist auch hier eine reduzierte Kapazitätsauslastung grundsätzlich verbunden mit einer Erhöhung des spezifischen Energieverbrauchs, die jedoch generell wesentlich kleiner ausfällt. Wird z.B. die Durchlaufgeschwindigkeit auf die Hälfte verringert und die elektrische Leistung in den Induktoren so reduziert, daß die gewünschte Endtemperatur des Materials erreicht wird, so kann man mit einer Erhöhung des spezifischen Stromverbrauchs von rd. 15 bis 20 % vom Vollastwert rechnen. Durchläuft das Material für seine Erwärmung mehrere Spulen hintereinander, so besteht die Möglichkeit, bei Teillast einzelne Spulen abzuschalten und die restlichen mit voller Leistung zu betreiben, wodurch eine Erhöhung des spezifischen Verbrauchs gegenüber Vollast weitgehend vermeidbar wird. Unter Umständen kann bei Teilauslastung das Arbeitsprogramm innerhalb einer Schicht so gestaltet werden, daß die Induktionsanlage mit reduzierter Zeitausnutzung bei voller Durchsatzleistung gefahren wird, wodurch sich der Mehrverbrauch auf ein Minimum beschränken läßt.

In diesem Zusammenhang ist auch darauf hinzuweisen, daß Nichtverfügbarkeit infolge von Störungen (z.B. an Ofenbrennern) oder Umrüstungen (z.B. bei Induktorwechsel) ebenfalls den spezifischen Energieverbrauch erhöht. In der Regel kann angenommen werden, daß die Verfügbarkeit einer Induktionsanlage insgesamt größer ist als die eines brennstoffbeheizten Ofens, außer in Fällen, in denen die zu verarbeitenden Querschnitte häufig wechseln.

Die Preise je Energieeinheit liegen für elektrische Energie naturgemäß weit höher als für Brennstoffe. Das führt normalerweise dazu, daß die Energiekosten einer induktiven Schmiedeblockerwärmung über denen einer Ofenerwärmung liegen.

Speziell bei elektrischer Energie ist es meist sinnvoll, *Leistungs*- und *Arbeitskosten* getrennt zu berechnen und auch auszuweisen, wie in *Bild 2.6* gezeigt. Zwar ist in diesem Beispiel sowohl für den Einschicht- als auch für den Zweischichtbetrieb angesetzt, daß die jeweilige Relation zwischen Leistungs- und Arbeitskosten unabhängig von der Jahresproduktion konstant bleibt. Jedoch können sich für den Verlauf der Leistungskosten über der Jahresproduktion auch deutlich abweichende Tendenzen ergeben. So kann in ungünstigen Fällen auch bei Teilauslastung der Anlage ihre elektrische Maximalleistung voll spitzenwirksam werden. Andererseits können sich die Leistungskosten bei Teilauslastung auch noch stärker reduzieren, wenn die Anlage in das System einer betrieblichen Maximumüberwachung eingebunden ist.

Beträgt die jährliche Produktionsmenge nicht mehr als 3000 t/a, so kann vom Zweischicht- auf Einschichtbetrieb übergegangen werden. Da dann für die gleiche Produktion nur die halbe Betriebszeit zur Verfügung steht, muß die Induktionsanlage mit entsprechend höherer Leistung betrieben werden, woraus sich die höheren Leistungskosten des Einschichtbetriebes erklären.

Ist im Stromvertrag ein *Benutzungsdauerrabatt* vereinbart, so ist es sehr wichtig, die Veränderung der gesamten Energiebezugskosten zu berücksichtigen, die sich aus dem Einfluß der Induktionsanlage auf die Benutzungsdauer des Gesamtbezugs ergeben. Dieser Einfluß ist in *Bild 2.6* noch nicht berücksichtigt; er soll ergänzend hierzu an einem Beispiel verdeutlicht werden, dessen Ausgangsdaten und Ergebnisse in *Tafel 2.2* niedergelegt sind. Der Benutzungsdauerrabatt beginnt in diesem Beispiel bei einer Anfangsbenutzungsdauer von 4000 h/a und steigt von da an linear um 3 % je 1000 den Anfangswert übersteigende Jahresbenutzungsstunden. Der Rabatt erstreckt sich nicht nur auf die Arbeits-, sondern auch auf die Leistungskosten.

Da der Betrieb ohne die Induktionsanlage eine Benutzungsdauer der Verrechnungsleistung von 4500 h/a aufweist, verringern sich durch den Rabatt seine Stromkosten um 1,5 %. Die Induktionsanlage selbst liegt mit der hier angenommenen Benutzungsdauer ihrer verrechnungswirksamen Leistung von 2750 h/a deutlich niedriger. Das führt zu einer Benutzungsdauer der neuen Verrechnungsleistung von nur noch 4132 h/a. Damit schrumpft der Benutzungsdauerrabatt auf 0,4 % der Stromkosten.

Die Energiekosten, die auf die Induktionsanlage entfallen, ergeben sich als Differenz der Stromkosten vor und nach ihrer Inbetriebnahme. Der Vergleich ohne und mit Benutzungsdauerrabatt weist aus, daß sich durch seinen Einfluß

Tafel 2.2 Einfluß des Benutzungsdauerrabatts auf die Stromkosten einer Induktionsanlage (Beispiel)

	Daten zum Stromverbrauch			Stromkosten		
	Elektr. Arbeit MWh/a	Verrechn.-leistung MW	Benutz.-dauer h/a	ohne T_m-Rabatt Mio DM/a	mit T_m-Rabatt Mio DM/a	Änderung %
Betrieb ohne Induktionsanl.	13500	3,0	4500	2,114	2,082	-1,5
Induktions-anlage	2200	0,8	2750	0,412	0,434	+5,3
Betrieb mit Induktionsanl.	15700	3,8	4132	2,526	2,516	-0,4

die Energiekosten der Induktionsanlage in dem aufgeführten Beispiel um 5,3 % erhöhen.

Das Beispiel des Kostenvergleichs zweier Anlagen zur Schmiedeblockerwärmung macht deutlich, daß Wirtschaftlichkeitsbetrachtungen im Rahmen industrieller Prozeßwärme in der Regel recht komplex sind. Es sind stets eine Reihe von Annahmen (z.B. hinsichtlich der Betriebsweise) zugrundezulegen, die z.T. auch variiert werden können. Des weiteren gehen Parameter ein, die z.T. gar nicht bekannt sind, und die deshalb mehr oder weniger frei geschätzt werden müssen. Besser ist es freilich, solche Parameter wie Energiepreisentwicklung und Auslastung der Anlagenkapazität im Rahmen einer Sensitivitätsanalyse zu variieren.

Der Einfluß von Energiepreisabweichungen auf die Jahreskosten läßt sich in Form von Diagrammen wie in den *Bildern 2.7, 2.8* und *2.9* darstellen. Der Vorteil hierbei ist, daß die Preise beider beteiligter Energieträger unabhängig voneinander variiert und die Auswirkung auf den Gesamtkostenvergleich direkt sichtbar gemacht werden können. Allerdings ist zu beachten, daß eine solche

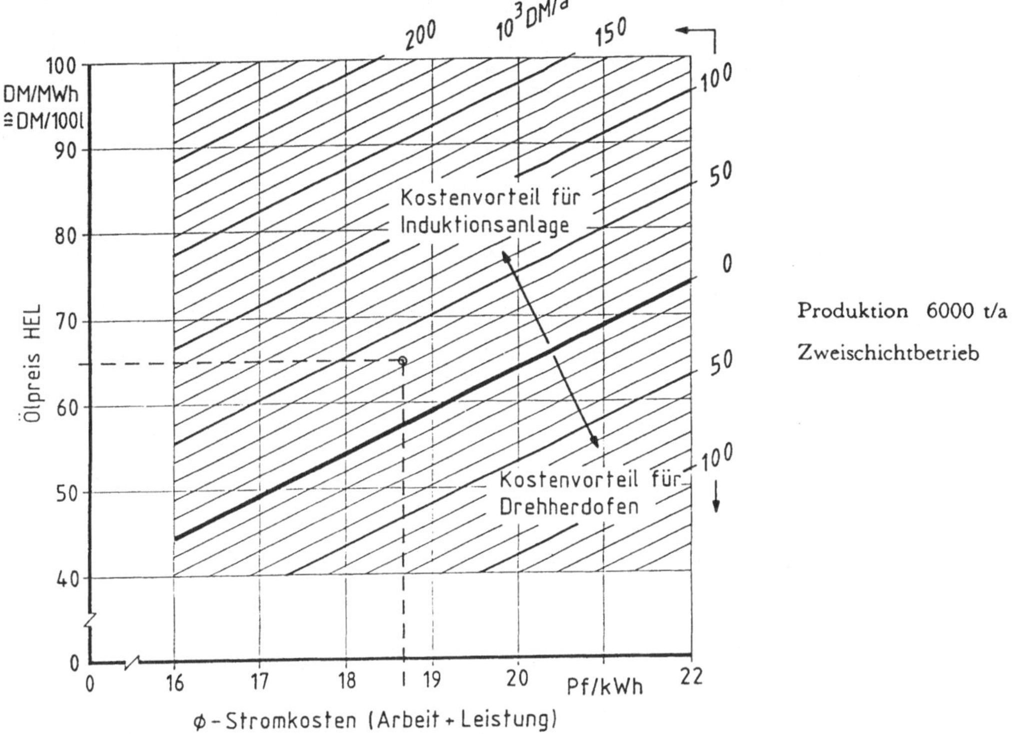

Bild 2.7 Kostenvergleich für Schmiedeblockerwärmung mit Drehherdofen bzw. Induktionsanlage (Einfluß von Energiepreisabweichungen)

Darstellung immer nur für einen bestimmten Wert der jährlichen Produktionsleistung gilt.

Bei jeder Wirtschaftlichkeitsbetrachtung gibt es schließlich noch Gesichtspunkte, die sich nicht oder nur unzureichend im Rahmen einer Kostenrechnung quantifizieren lassen, die aber gleichwohl für die unternehmerische Entscheidung zwischen unterschiedlichen zur Wahl stehenden Technologien ausschlaggebend sein können. Im vorliegenden Vergleichsfall sind hier folgende Faktoren zu nennen:

- Der brennstoffbeheizte Ofen ist in seinen Einsatzmöglichkeiten flexibler, ohne daß dabei Umstellungen vorzunehmen wären. Es kann auch Halbzeug mit unterschiedlichen Querschnitten gleichzeitig erwärmt werden, so daß u.U. aus einem Ofen mehrere Verformungseinheiten mit warmem Material versorgt werden können. Auch ungleichmäßig dicke oder axial unsymmetri-

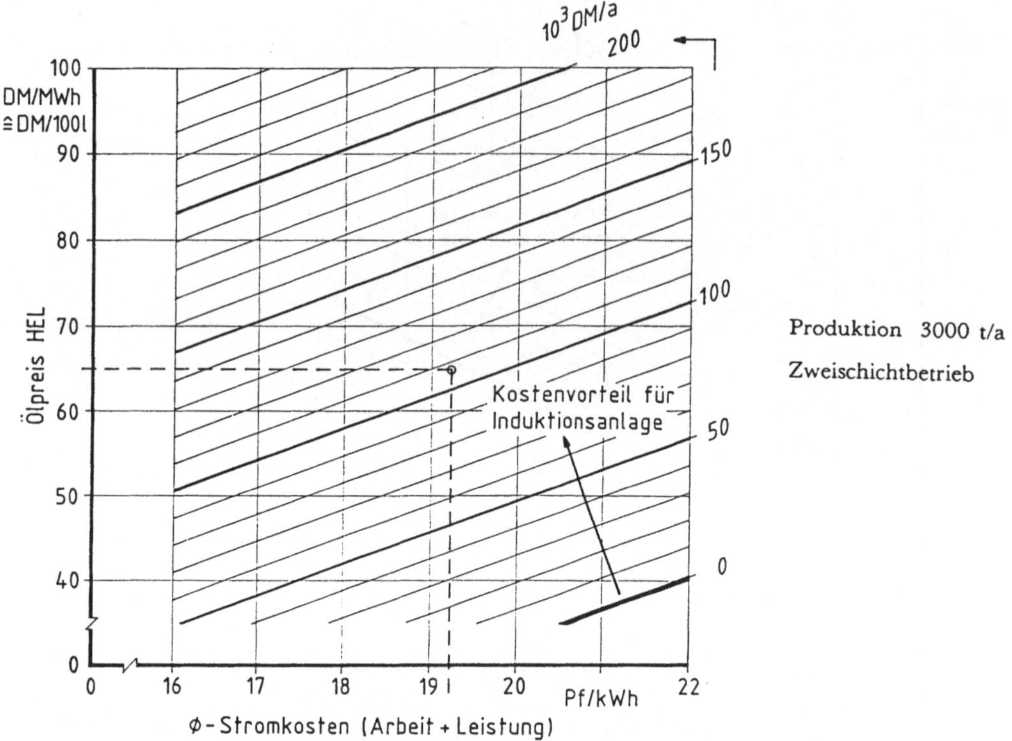

Bild 2.8 Kostenvergleich für Schmiedeblockerwärmung mit Drehherdofen bzw. Induktionsanlage (Einfluß von Energiepreisabweichungen)

sche Werkstücke lassen sich hinreichend gleichmäßig durchwärmen, was auf induktivem Weg Schwierigkeiten bereitet.

- Die Induktionsanlage ist kompakt, gut automatisierbar, praktisch ohne Anlaufzeit produktionsbereit und arbeitet schnell und gleichmäßig, weitgehend unabhängig von der Qualifikation und Erfahrung des Personals. Umweltbelastungen am Aufstellungsort treten praktisch nicht auf. Die Anlage bietet große Vorteile bei der Einpassung in eine Fertigungslinie. Die geschmiedeten Teile besitzen eine bessere Oberflächenqualität und ihre Abmessungen liegen in engeren Toleranzen. Die Gesenke werden geringer mechanisch belastet, so daß sich ihre Standzeit deutlich erhöht.

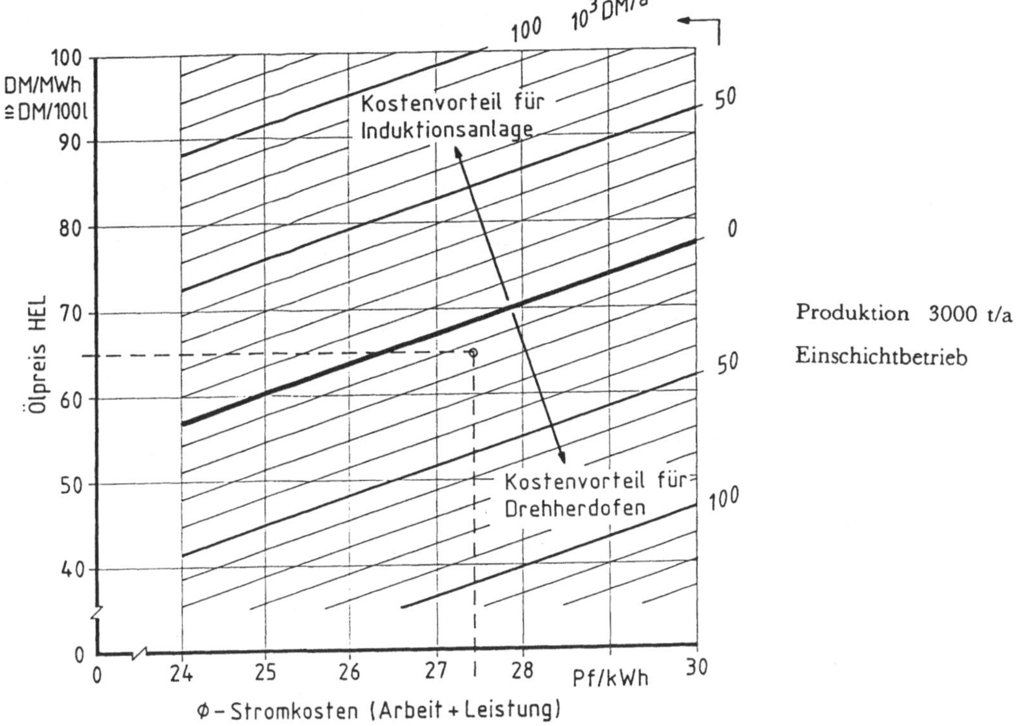

Bild 2.9 Kostenvergleich für Schmiedeblockerwärmung mit Drehherdofen bzw. Induktionsanlage (Einfluß von Energiepreisabweichungen)

2.4 Nutzungsgradketten und Primärenergieaufwand

Ein Elektrowärmeverfahren benötigt in aller Regel wesentlich weniger Endenergie, als wenn für den gleichen Zweck Brennstoff zur Wärmeerzeugung verwendet wird. Geht man zurück bis zum jeweiligen Aufwand an Primärenergie, so wandelt sich das Bild, da die elektrische Energie in der Bundesrepublik zum allergrößten Teil in thermischen Kraftwerken erzeugt werden muß. In diesem Punkt wird allerdings - auch in der öffentlichen Diskussion - zuwenig beachtet, daß Strom zu einem beträchtlichen Teil aus Energieträgern erzeugt wird, die anderweitig praktisch nicht (Kernenergie) oder nur unter Inkaufnahme viel größerer Umweltbelastung (z.B. Braunkohle) für die Energieversorgung nutzbar wären.

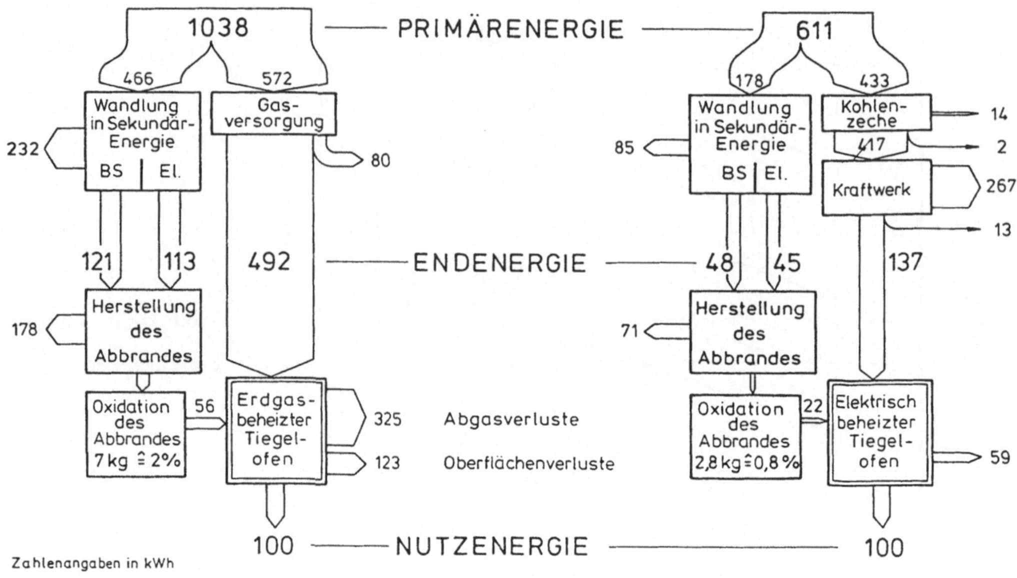

Bild 2.10 Energetische Prozeßkette für das Schmelzen von 350 kg Aluminium in Kleintiegelöfen mit 150 kg Tiegelinhalt

Stellt man einen Vergleich des Primärenergieaufwandes für unterschiedliche Technologien an, müssen alle zugehörigen Prozeßketten vollständig erfaßt werden, sofern und soweit sie energetisch relevant sind. Das betrifft zum einen Verluste und Eigenverbrauch bei den verschiedenen Stufen von Energieumwandlung, – transport und – verteilung zwischen den Ebenen der Primärenergiegewinnung bzw. – einfuhr und der Endenergielieferung an den Verbraucher. Bestehen zwischen den Alternativen Abweichungen in den Mengen oder Qualitäten der aufzuwendenden Einsatzstoffe, die mit nennenswerten Unterschieden des Energieaufwandes bei der Herstellung verbunden sind, so müssen sie ebenfalls mit berücksichtigt werden.

Als Beispiel ist in *Bild 2.10* der Vergleich der energetischen Prozeßketten zwischen einem mit Erdgas und einem elektrisch beheizten Kleintiegelofen zum Schmelzen von Aluminium dargestellt. Bezogen auf gleiche Nutzenergie und damit gleiche Menge an erschmolzenem Metall, weist der elektrisch beheizte Ofen wegen des Fehlens von Abgasverlusten und der geringeren Oberflächenverluste mit 137 kWh nur einen Bruchteil des Endenergiebedarfs auf im Vergleich zum gasbeheizten Ofen mit 492 kWh. Dieser Unterschied wird teilweise kompensiert durch die Verluste im Umwandlungsbereich, die naturgemäß im Falle der thermischen Stromerzeugung wesentlich höher sind als bei der Gasversorgung. Betrachtet man die energetische Prozeßkette bis hin zur Stufe der Primärenergie, so ist außerdem der Metallverlust durch Oxidation (Abbrand) von erheblichem Einfluß. Infolge der gleichmäßigeren und insbesondere an der Badoberfläche niedrigeren Temperaturen beim Elektroofen liegt hier der Abbrand weit unter dem im gasbeheizten Ofen. Berücksichtigt man den Verbrauch an Strom und Brennstoff zur Herstellung des abgebrannten Aluminiums bzw. den dafür erforderlichen Primärenergieaufwand, so resultiert daraus sogar ein größerer Vorteil für die Primärenergiebilanz des elektrischen Ofens, als aus dem eigentlichen Energieverbrauch für das Schmelzen.

Eine Reihe weiterer Verfahrensvergleiche sind in [22] quantifiziert.

Ausgewählte Grundlagen

3 Thermodynamik

3.1 Energiebilanzen (1. Hauptsatz)

Energie kann weder aus dem Nichts entstehen noch kann sie verschwinden. Energie kann aber von einer Erscheinungsform in eine andere umgewandelt, und sie kann transportiert werden.

Betrachtet man ein *geschlossenes thermodynamisches System,* d.h. eine bestimmte, räumlich zusammenhängende Stoffmenge irgendeiner Zusammensetzung, die sich in einem abgeschlossenen Zylinder mit beweglichem Kolben befindet (*Bild 3.1*), so kann man aufgrund des 1. Hauptsatzes der Thermodynamik bilanzieren, welche energetischen Veränderungen sich zwischen zwei Zeitpunkten im und am System vollzogen haben. Rückt man die Zeitpunkte sehr nahe zusammen, so ergeben sich differentielle Veränderungen; der 1. Hauptsatz läßt sich dann so formulieren:

$$\mathrm{d}Q = \mathrm{d}U + \mathrm{d}W \,. \tag{3.1}$$

Was dem geschlossenen System an Wärme Q über die Systemgrenzen von außen zugeführt wird, dient entweder der Erhöhung der inneren Energie U des Systems, oder es wird als Arbeit W nach außen abgegeben.

Die Abgabe von Arbeit über die Systemgrenze nach außen kann z.B., wie in *Bild 3.1* angedeutet, darin bestehen, daß der Kolben mit der Kraft F um die Strecke $\mathrm{d}x$ nach rechts gedrückt und dadurch das Gewicht angehoben wird. Besitzt der Zylinder den Querschnitt A, so läßt sich die Abgabe von Arbeit aus der Volumenvergrößerung um $\mathrm{d}V$ beim Systemdruck p erklären:

$$\mathrm{d}W = F\mathrm{d}x = p\mathrm{d}V \,. \tag{3.2}$$

Daneben kann es sich auch um die Abgabe elektrischer Arbeit handeln, z.B. wenn sich infolge Wärmezufuhr Potentialunterschiede an den Systemgrenzen

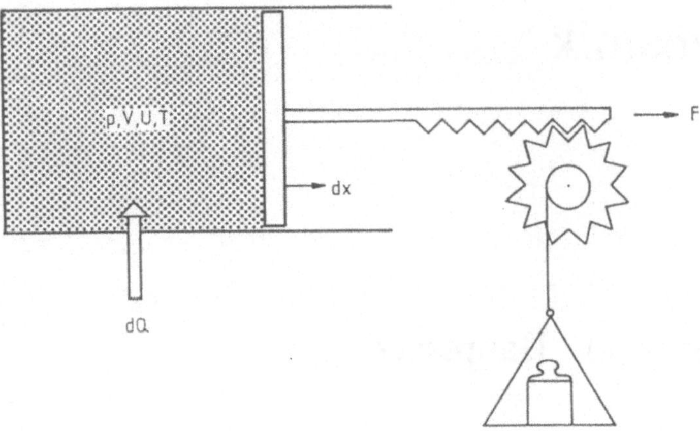

Bild 3.1 Zustandsänderungen in einem geschlossenen System

ausbilden und dadurch ein äußerer Stromfluß hervorgerufen wird. Solche thermoelektrischen Erscheinungen (SEEBECK – Effekt) treten als Kontaktspannung an der Berührungsstelle zweier unterschiedlicher Metalle auf.

Als *innere Energie* bezeichnet man den gesamten kinetischen Energieinhalt, den die Moleküle des Systems aufgrund ihrer Wärmebewegungen besitzen. Der Zuwachs an innerer Energie einer Masse m ist proportional zum Anstieg der Absoluttemperatur T:

$$dU = m\,c_V\,dT\,; \tag{3.3}$$

c_V ist dabei die spezifische Wärmekapazität des Stoffes unter Voraussetzung gleichbleibenden Volumens.

Aus den Vorzeichen von dQ und dW ist die jeweilige Richtung des Energiestroms ersichtlich. Gemäß der in der Thermodynamik üblichen Festlegung bedeutet in Übereinstimmung mit der Bilanzgleichung (3.1)
- positives dQ: Wärmeaufnahme des Systems,
- positives dW: Abgabe von Arbeit durch das System.

In vielen Fällen ist es vorteilhaft, anstelle eines geschlossenen thermodynamischen Systems einen stationären Fließprozeß zu betrachten. Da hierbei Massenströme die Systemgrenzen überschreiten, spricht man von einem *offenen thermodynamischen System* (*Bild 3.2*). Die Summe der zugeführten Massenströme m_1 soll gleich der Summe der abgeführten, m_2, sein, so daß der Masseninhalt des Systems zeitlich konstant bleibt.

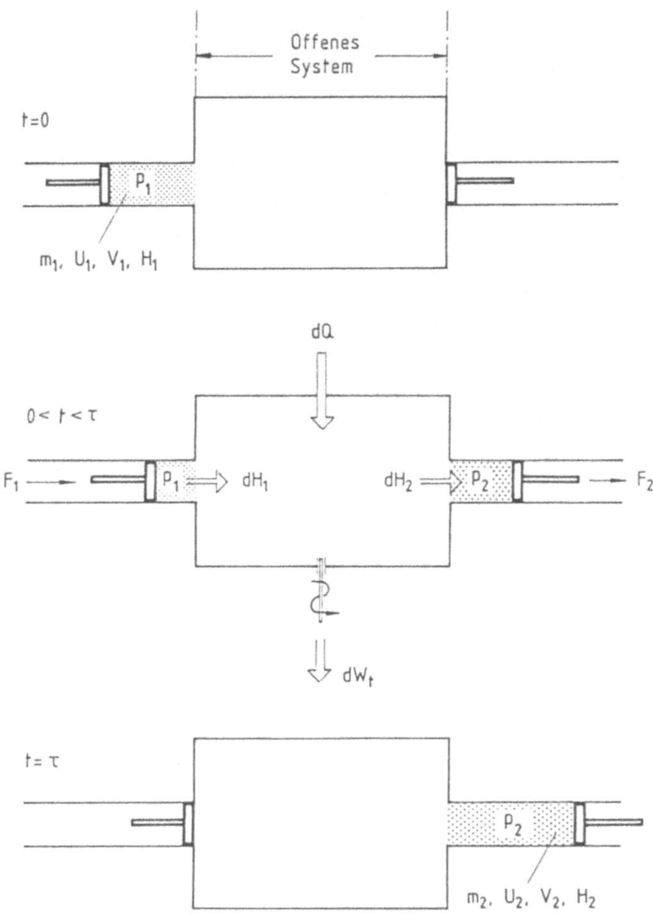

Bild 3.2 Zustandsänderungen in einem offenen System

Innerhalb einer Zeitspanne τ tritt in das System eine Stoffmenge m_1 ein, deren innere Energie U_1 sich aus ihrer Temperatur T_1 bestimmt. Handelt es sich bei dem Stoff um ein Fluid (Flüssigkeit, Dampf oder Gas) vom Volumen V_1, das unter dem Druck p_1 steht, so wird gemäß Gl. (3.2) zusammen mit dem Stoff die *Verschiebearbeit* $p_1 V_1$ dem System von außen zugeführt. Für die Systembilanz hat diese Arbeit mithin negatives Vorzeichen; aufzubringen ist sie z.B. durch einen Kolben in der Zuführungsleitung.

Den Energieinhalt eines fließenden Stoffstroms als Summe aus innerer Energie und Verschiebearbeit bezeichnet man als *Enthalpie H*:

$$H = U + p V . \tag{3.4}$$

Hierbei sind etwaige dem Stoffstrom zusätzlich innewohnenden Energien der Lage und insbesondere der Bewegung aufgrund seiner Strömungsgeschwindigkeit vernachlässigt.

Genauso wie dem System mit der Stoffmenge m_1 die Enthalpie H_1 zugeführt wird, tritt mit der gleichgroßen Stoffmenge m_2 die Enthalpie H_2 über die Systemgrenze nach außen.

Zieht man nun noch die Möglichkeit in Betracht, daß im gleichen Zeitraum τ eine Wärmemenge Q dem System zugeführt und eine Arbeit W_t von ihm nach außen abgegeben wird, so ergibt sich als energetische Bilanzgleichung:

$$Q + H_1 = W_t + H_2 \,. \tag{3.5}$$

Auf der linken Seite der Gleichung sind die dem System zugeführten Energien zusammengefaßt, auf der rechten Seite die abgeführten. Engt man die Betrachtung auch hier auf einen beliebig kleinen Zeitraum $\mathrm{d}\tau$ ein, so erhält die energetische Bilanzierung die Form

$$\mathrm{d}Q = \mathrm{d}H + \mathrm{d}W_t \,. \tag{3.6}$$

Was einem offenen System an Wärme Q von außen zugeführt wird, findet sich also entweder als Zuwachs der Stoffenthalpie H zwischen Eintritt und Austritt, oder es wird als *technische Arbeit* W_t nach außen abgegeben.

Die technische Arbeit W_t eines offenen Systems muß von der äußeren Arbeit W eines geschlossenen Systems unterschieden werden. Da im hier betrachteten stationären Fließprozeß kontinuierliche Vorgänge vorausgesetzt sind, kann die technische Arbeit nicht in einer Volumenänderung des Systems bestehen. Um das Wesen der technischen Arbeit zu verstehen, ist es zweckmäßig, Gl. (3.4) zu differenzieren:

$$\mathrm{d}H = \mathrm{d}U + p\,\mathrm{d}V + V\,\mathrm{d}p \,. \tag{3.7}$$

und dann in Gl. (3.6) einzusetzen. Unter Zuhilfenahme von Gln. (3.1) und (3.2) erhält man dann

$$\mathrm{d}W_t = -V\,\mathrm{d}p \,. \tag{3.8}$$

Technische Arbeit kann also gewonnen werden, wenn der durchgesetzte Stoff zwischen Eintritt und Austritt eine Druckabnahme erfährt, die in geeigneten

Maschinen (z.B. einer Turbine) in mechanische Leistung umgesetzt und (z.B. über eine Antriebswelle) nach außen gebracht wird.

Ferner kann auch die technische Arbeit des offenen Systems die Form einer elektrischen Arbeit haben.

In Analogie zur Veränderung der inneren Energie einer gegebenen Stoffmasse mit ihrer Temperatur läßt sich auch der Zuwachs der Enthalpie in Abhängigkeit von der Temperatur ausdrücken. Hierzu wird ein stationärer Fließprozeß betrachtet, bei dem der Druck des Stoffstroms am Eintritt und am Austritt gleich ist, so daß nach Gl. (3.8) auch keine technische Arbeit verrichtet wird. Damit schlägt sich gemäß Gl. (3.6) eine Zufuhr von Wärme in einer entsprechenden Enthalpieerhöhung nieder. Diese ist nach Gl. (3.7) nicht identisch mit dem Zuwachs an innerer Energie, sondern es gilt:

$$\mathrm{d}H = m\, c_p\, \mathrm{d}T \,. \tag{3.9}$$

Die spezifische Wärmekapazität c_p des betreffenden Stoffes unter Voraussetzung gleichbleibenden Druckes ist bei Gasen größer als der jeweilige Wert von c_V, da sich durch Wärmezufuhr bei konstantem Druck das Volumen einer Gasmenge erhöht.

3.2 Der thermodynamische Wert von Energien (2. Hauptsatz)

Bei einer Energiebilanz nach dem 1. Hauptsatz werden nur Energiemengen gegeneinander aufgerechnet, ohne irgendeine wertmäßige Unterscheidung zwischen den einzelnen Arten von Energie zu machen. Tatsächlich gibt es aber solche Wertunterschiede sehr wohl. Sie sind dafür verantwortlich, daß nicht alle Energiearten frei und vollständig ineinander umwandelbar sind.

So kann zwar mechanische Energie unbeschränkt in innere Energie umgewandelt werden (Beispiel: Erwärmung der Lagerschalen einer sich drehenden Welle). Daß sich hingegen die Lagerschalen abkühlen und dabei ein zusätzliches Drehmoment in Drehrichtung der Welle erzeugen, gilt als unmöglich. Weitere Beispiele irreversibler, also nicht umkehrbarer Vorgänge sind Entspannung eines Gases durch Drosselung und Wärmefluß von einer wärmeren zu einer kälteren Stelle.

Gemeinsames Kennzeichen aller *irreversiblen* Vorgänge ist eine Umwandlung von höherwertiger in geringerwertige Energie, wobei der thermodynamische Wertverlust als treibende Kraft für den Ablauf des Vorgangs angesehen werden kann. Zur Quantifizierung kann die Änderung der *Entropie S* eines Systems dienen, die folgendermaßen definiert ist:

$$dS = \frac{dQ}{T} . \tag{3.10}$$

Innerhalb eines Gesamtsystems, das nach außen hin weder Stoffmengen noch Wärme noch Arbeit austauscht, führen alle irreversiblen Vorgänge zu einer Vergrößerung der Gesamtentropie. Denkt man sich das Gesamtsystem aus zwei Teilsystemen mit den Temperaturen T_1 und T_2 zusammengesetzt, so geht von dem wärmeren Teilsystem 1 eine Wärmemenge Q auf das Teilsystem 2 über. Hierbei sei angenommen, daß jedes der beiden Teilsysteme so groß ist, daß trotz der Ab- bzw. Zufuhr der Wärmemenge Q die Systemtemperaturen unverändert bleiben. Dann nimmt die Entropie von Teilsystem 1 ab:

$$\Delta S_1 = -\frac{Q}{T_1} . \tag{3.10a}$$

Die Entropie von Teilsystem 2 nimmt zu:

$$\Delta S_2 = +\frac{Q}{T_2} . \tag{3.10b}$$

Die Summe der Entropieveränderungen ist wegen $T_1 > T_2$ insgesamt positiv:

$$\Delta S_{irrev} = \Delta S_1 + \Delta S_2 = \left(\frac{1}{T_2} - \frac{1}{T_1}\right) Q . \tag{3.10c}$$

Der Grenzfall eines *reversiblen*, also umkehrbaren thermodynamischen Vorgangs ist dadurch gekennzeichnet, daß sich dabei die Gesamtentropie per saldo nicht erhöht, sondern gleichbleibt. Dann fehlt aber auch die treibende Kraft (wie z.B. für den Übergang von Wärme zwischen zwei Orten gleicher Temperatur), so daß ein solcher Vorgang von selbst nur unendlich langsam ablaufen würde. Reversible Zustandsänderungen sind demnach als zeitliche Aneinanderreihung statischer Gleichgewichtszustände aufzufassen.

Unter Zuhilfenahme des Begriffes der Umkehrbarkeit kann man den thermodynamischen Wert von Energien quantifizieren, indem man ihren Betrag in zwei Teile aufspaltet:

Energie = *Exergie* + *Anergie*.

Die *Exergie* E ist derjenige Anteil der betrachteten Energie, der unter Durchführung reversibler Zustandsänderungen als Arbeit gewonnen werden könnte, wobei der Rest der betrachteten Energiemenge dann als *Anergie* B im thermodynamischen Gleichgewicht mit der Umgebung steht. Diese stellt das Bezugssystem (gekennzeichnet durch die Zustände T_0, p_0 usw.) dar.

Eine Wärmemenge Q auf einem Temperaturniveau $T > T_0$ z.B. kann durch einen reversiblen CARNOT – Prozeß umgewandelt werden in ihren Exergieanteil

$$E = (1 - \frac{T_0}{T})\, Q \tag{3.11}$$

in Form technischer Arbeit, und ihren Anergieanteil

$$B = \frac{T_0}{T}\, Q\,. \tag{3.12}$$

Der Exergiegehalt und damit der thermodynamische Wert einer Wärmemenge Q ist also nach Gl. (3.11) umso größer, je höher ihr Temperaturniveau über der Bezugstemperatur liegt.

Der Exergieanteil der Enthalpie H einer Stoffmenge kann anhand eines offenen thermodynamischen Systems ermittelt werden. Hierzu wird ein stationärer Fließprozeß betrachtet, innerhalb dessen der Stoff durch reversible Vorgänge ins Gleichgewicht mit dem Bezugszustand (T_0, p_0) gebracht wird, so daß er beim Austritt aus dem System die Enthalpie H_0 besitzt (*Bild 3.3*). Zugelassen sind dabei noch der äußere Austausch von Wärme Q auf dem Temperaturniveau T_0 sowie von technischer Arbeit W_t.

Für diesen Prozeß sind zunächst die Entropien zu bilanzieren. Da die Entropie ihrem Wesen nach eine Zustandsgröße ist, ist dem Stoff beim Eintritt in das System eine Entropie S_1 und beim Austritt d.h. im Gleichgewicht mit dem Bezugszustand einer Entropie S_0 zuzuschreiben. Mit dem Austausch technischer Arbeit ist kein Entropieübergang verbunden, wohl aber mit dem Austausch von Wärme:

$$S_Q = \frac{Q}{T_0}\,. \tag{3.13}$$

wobei der Entropiestrom mit dem Wärmestrom gleichgerichtet ist, also eine Entropiezufuhr positiv gezählt wird. Damit lautet die Entropiebilanz:

$$S_1 + S_Q = S_0\,. \tag{3.14}$$

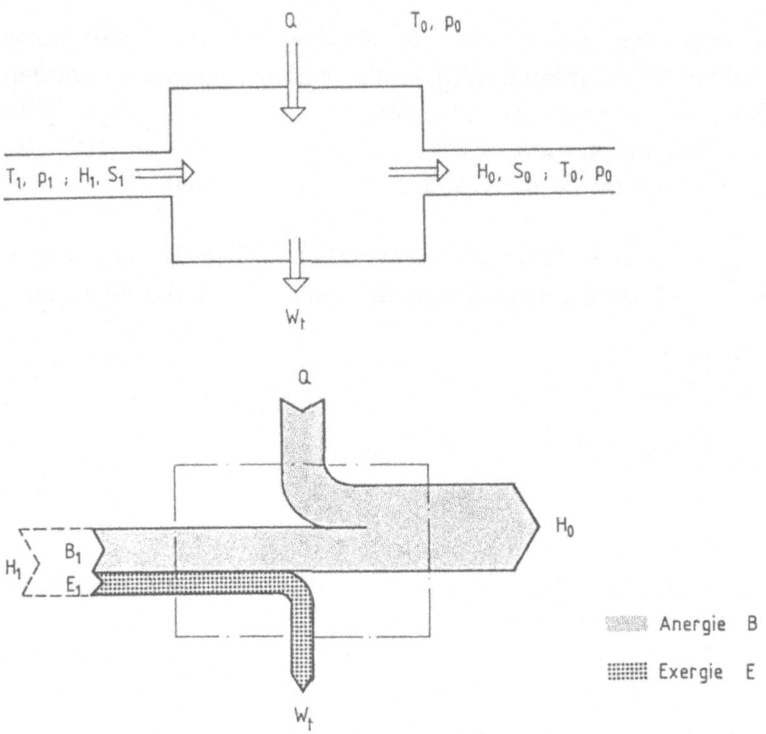

Bild 3.3 Exergie und Anergie in einem reversiblen Prozeß

Die technische Arbeit ergibt sich aus der energetischen Bilanzgleichung (3.5) und unter Verwendung von Gln. (3.13) und (3.14) zu

$$W_t = H_1 - H_0 - T_0 (S_1 - S_0) \ . \tag{3.15}$$

Als nächstes sollen die Anergieströme bilanziert werden. Da die technische Arbeit reine Exergie ist und sowohl die Wärme Q als auch die Enthalpie H_0 wegen der Übereinstimmung mit dem Bezugszustand gänzlich aus Anergie bestehen, ergibt sich für den Anergieanteil des eintretenden Stoffstroms:

$$B_1 = H_0 + T_0 (S_1 - S_0) \ . \tag{3.16}$$

Der andere Teil der Enthalpie H_1 ist Exergie:

$$E_1 = H_1 - H_0 - T_0 (S_1 - S_0) \ . \tag{3.17}$$

Der Vergleich von Gl. (3.17) mit (3.15) ergibt:

$$W_t = E_1 \,. \tag{3.18}$$

Die allgemein gültige Schlußfolgerung hieraus ist:
Der Exergieanteil der Enthalpie einer Stoffmenge ist diejenige Energiemenge, die daraus in Form technischer Arbeit maximal gewonnen werden kann. Dieser maximale Arbeitsgewinn ist an zwei Voraussetzungen gebunden:

- es dürfen nur reversible Vorgänge stattfinden, und
- die betreffende Stoffmenge muß sich danach im Gleichgewichtszustand mit der Umgebung befinden.

Alle realen energetischen Vorgänge führen zu einem Anwachsen der Entropie und sind auch dadurch gekennzeichnet, daß ein gewisser Betrag an Exergie in einen gleich großen Betrag an Anergie übergeht. Dieser Exergieverlust ist Ausdruck des thermodynamischen Wertverlustes.

Beim Übergang einer Wärmemenge Q von T_1 auf T_2 beträgt der Exergieverlust

$$\Delta E = \left(\frac{1}{T_1} - \frac{1}{T_2}\right) T_0 \, Q \,. \tag{3.19}$$

und bei der Zustandsänderung einer Stoffmenge zwischen den Zuständen 1 und 2:

$$\Delta E = H_1 - H_2 - T_0 \, (S_1 - S_2) \,. \tag{3.20}$$

Da die Exergie abnimmt, ist ΔE negativ. Es besteht ein allgemeiner Zusammenhang mit der Zunahme der Entropie ΔS_{irrev}:

$$\Delta E = - T_0 \, \Delta S_{irrev} \,. \tag{3.21}$$

Thermodynamisch gesehen ist die Exergie die "wertvolle" Energiekomponente, die sich theoretisch in jede andere Energieform überführen bzw. als Wärme auf beliebig hohem Temperaturniveau freisetzen läßt. Anergie ist demnach folglich die "wertlose" Energiekomponente, die manchmal auch mit der griffigen Bezeichnung "Energiemüll" belegt wird.

Derartige Begriffe bergen freilich die Gefahr von Mißverständnissen. So setzt sich Wärme als *Nutzenergie*form gemäß Gl. (3.11) und (3.12) stets zusammen aus einem Teil *Nutzexergie* und einem Teil *Nutzanergie*. Unbeschadet ihrer thermodynamischen Wertlosigkeit kann die Anergie also Gegenstand eines

Bedarfs sein. Was liegt nun näher, als sich zur Deckung dieses Bedarfs der Anergie zu bedienen, die überall als Energiemüll in der Umgebung steckt? So faszinierend dieser Gedanke auch immer scheint, darf doch nicht außer Acht gelassen werden, daß die Nutzbarmachung von Anergie aus der Umgebung nur über *thermodynamische Kreisprozesse* möglich ist. Ein Beispiel hierfür ist die Luft – Wasser – Kompressionswärmepumpe, die der Außenluft durch Abkühlung Wärme entzieht, diese durch die Zufuhr von Exergie in Form mechanischer Energie auf ein höheres Temperaturniveau "pumpt" und damit z.B. einen Heizwasserkreis erwärmt. Solche Kreisprozesse sind technisch aufwendig und zudem – wie alle energetischen Vorgänge – in der Praxis ebenfalls mit beträchtlichen thermodynamischen Wertverlusten verbunden. Daher ist es ein Irrtum zu glauben, sparsames Haushalten mit den Energieressourcen sei automatisch gleichbedeutend mit einer Beschränkung der herkömmlichen Energieversorgungssysteme auf die Deckung des Bedarfs an Exergie.

Elektrische Energie besteht ebenso wie mechanische Energie vollständig aus Exergie, ist also prinzipiell uneingeschränkt umwandelbar. Darin liegt eine thermodynamische Begründung für die universelle Anwendbarkeit der elektrischen Energie. So läßt sich elektrische Energie grundsätzlich vollständig zur Erhöhung der Enthalpie eines Stoffes nutzen, wie hoch auch immer dessen Temperatur sein mag. Man kann sich das anhand des folgenden Tatbestandes veranschaulichen:

Gase im Plasmazustand sind bis hinauf zu höchsten Temperaturen elektrisch leitend. Durch Erzeugen eines elektrischen Stromes im Plasma z.B. durch induktive Einkopplung elektromagnetischer HF – Energie ist deshalb immer eine Temperaturerhöhung des Plasmas möglich, unabhängig davon, wie hoch die erreichte Temperatur bereits ist. Zwar hat man bei der praktischen Durchführung mit enormen technischen Schwierigkeiten zu kämpfen. Immerhin ist es aber im Zuge der Kernfusionsforschung auf diese Weise schon gelungen, Temperaturen von etwa 200 Mill. K zu erzeugen, wenn auch nur über Zeiträume von Sekundenbruchteilen.

Wird elektrische Energie W_{el} in Wärme bei der Temperatur T umgewandelt, so ist die Exergieänderung

$$\Delta E = \frac{T_0}{T} W_{el} \,. \tag{3.22}$$

Da W_{el} als zugeführte technische Arbeit ein negatives Vorzeichen besitzt, ist folgerichtig die Exergieänderung ΔE auch negativ. Die Umwandlung elektrischer Energie in Wärme ist also immer mit einem Exergieverlust verbunden.

Der thermodynamische Wertverlust ist umso größer, je weniger die Prozeßtemperatur T über der Bezugstemperatur T_0 liegt. Diese "thermodynamische Argumentation" wird oft ins Feld geführt, um die Behauptung zu stützen, elektrische Energie sei zu schade für die Erzeugung von Wärme, insbesondere im Bereich niedriger Temperaturen. Dabei wird immer wieder übersehen, daß physikalische Grundtatsachen als solche noch kein Beurteilungskriterium darstellen können, sondern erst ihre praktischen Auswirkungen, z.B. hinsichtlich des erforderlichen Primärenergieaufwandes. Wie in Teil I dargelegt, sind die Beurteilungsgesichtspunkte für die Umwandlung elektrischer Energie in Wärme komplex. So kann eine Reihe physikalischer Eigenschaften der elektrischen Energie auch Gründe dafür liefern, daß die Elektrowärme im Niedertemperaturbereich vorteilhaft einzusetzen ist.

3.3 Energetik chemischer Reaktionen

Unterliegen die bei einem thermischen Prozeß beteiligten Stoffmengen keinen chemischen Veränderungen, so genügt es für Angaben zum Energieinhalt, mit Enthalpien zu rechnen, die gemäß Gl. (3.4) nur die beiden Bestandteile "Innere Energie" und "Verschiebungsarbeit" enthalten. Finden dagegen im Zuge des Prozesses auch chemische Reaktionen statt, die ja stets mit Energieumsetzungen verbunden sind, so muß die Enthalpie einer Stoffmenge m zusätzlich auch noch deren chemisches Energiepotential beinhalten:

$$H = U + p\,V + H_{Ch,0}\,. \tag{3.23}$$

Als *chemisches Energiepotential* $H_{Ch,0}$ wird diejenige Energiemenge bezeichnet, die freigesetzt wird, wenn die beteiligten Stoffe durch chemische Reaktionen in den energieärmsten Zustand übergehen. Die Reaktionen sollen dabei unter bestimmten Bezugsbedingungen (Temperatur T_0, Druck p_0) ablaufen. Der energieärmste Zustand ist dadurch definiert, daß er unter den nämlichen Bezugsbedingungen den chemischen Gleichgewichtszustand darstellt.

Für die thermische Prozeßtechnik besonders wichtig sind Oxidationsreaktionen. Bei einem Brennstoff wird das chemische Energiepotential üblicherweise als *Brennwert* (früher *oberer Heizwert*) bezeichnet.

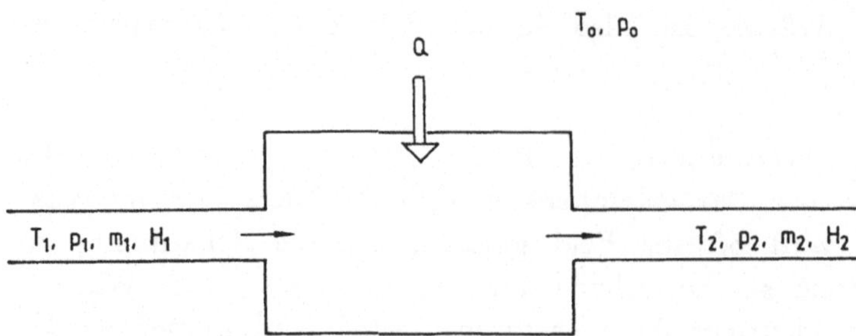

Bild 3.4 Vollkommene Verbrennung als stationärer Fließprozeß

Als Grundlage für die folgenden Betrachtungen soll ein stationärer Fließprozeß dienen, bei dem ein Brennstoff vollkommen oxidiert wird. *Bild 3.4* zeigt das allgemeine Schema dieses Prozesses. Zugeführt wird im Zeitraum τ die Menge m_1, bestehend aus dem Brennstoff und der zur stöchiometrischen Verbrennung gerade erforderlichen Verbrennungsluft. Das durch die Verbrennung entstehende Verbrennungsabgas tritt im betrachteten Zeitraum in gleicher Menge ($m_2 = m_1 = m$) aus dem System aus. Die Eintrittstemperatur T_1 und die Austrittstemperatur T_2 können unterschiedlich sein, jedoch soll der Druck am Eintritt und Austritt gleich sein ($p_2 = p_1$). Auch wird keine technische Arbeit durch das System nach außen abgegeben ($W_t = 0$). Ein Austausch von Wärme Q mit der im Bezugszustand (T_0, p_0) befindlichen Umgebung ist dagegen zuzugelassen. Die Enthalpien H_1 und H_2 sind nach Gl. (3.23) bestimmt.

Trifft man zunächst die Voraussetzung: $T_1 = T_2 = T_0$, so wird dadurch die Definition des chemischen Energiepotentials belegt:

$$H_{Ch,0} = -Q_{(T_1 = T_2 = T_0)} \,. \tag{3.24}$$

Für die nächste Betrachtung sei nur noch die Eingangstemperatur festgelegt: $T_1 = T_0$. Außerdem soll hierbei $Q = 0$ sein, das System also wärmedicht gegen die Umgebung abgeschlossen sein. Dann wird das bei der Verbrennung freigesetzte chemische Energiepotential vollständig zur Aufheizung des Verbrennungsabgases wirksam ($H_2 = H_1$). Die hierbei erreichte Ausgangstemperatur ergibt sich unter Verwendung der integrierten Gleichung (3.9) zu

$$T_2 = T_0 + H_{Ch,0}/(m\,\bar{c}_{p,2}) \,. \tag{3.25}$$

Dieser Wert bezeichnet die *theoretische Verbrennungstemperatur*. Diese kann bei realen Verbrennungsvorgängen ohne Luftvorwärmung nicht erreicht

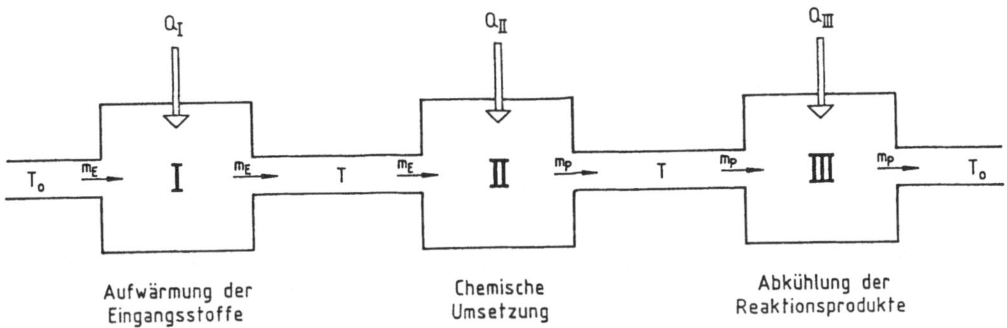

Bild 3.5 Kontinuierliche chemische Umsetzung bei konstanter Prozeßtemperatur

werden, da normalerweise bereits während des Ablaufs der chemischen Reaktionen eine Wärmeabgabe stattfindet.

Eine andere wichtige Art chemischer Energieumsetzungen stellen die kontinuierlichen thermischen Prozesse z.B. in der chemischen Industrie oder bei der Metallgewinnung dar. Sie laufen in vielen Fällen bei quasi konstanten Bedingungen hinsichtlich Druck und Temperatur ab, die aber im Vergleich zu den Umgebungsbedingungen z.T. sehr hohe Werte aufweisen. Ein solcher Prozeß läßt sich durch Hintereinanderschaltung dreier Teilprozesse analysieren, wie in *Bild 3.5* dargestellt. Im Teilprozeß I wird die Gesamtmenge m_E der an der chemischen Umsetzung beteiligten Stoffe von der Bezugstemperatur T_0 auf die Prozeßtemperatur T gebracht, wofür nach Gl. (3.9) die Wärmemenge

$$Q_I = m_E \, \bar{c}_{p,E} \, (T - T_0) \tag{3.26}$$

zugeführt werden muß. Im Teilprozeß II finden die chemischen Reaktionen bei konstanter Prozeßtemperatur T statt. Die Wärmemenge

$$Q_{II} = \Delta H(T) \tag{3.27}$$

entspricht der temperaturabhängigen *Reaktionsenthalpie* $\Delta H(T)$ der betreffenden Reaktion(en). Die Reaktionsenthalpie ist positiv für endotherme Reaktionen, bei denen Energie von außen zugeführt und in chemisches Energiepotential der Reaktionsprodukte umgewandelt wird, und negativ für exotherme Reaktionen, bei denen aus einem chemischen Energiepotential der Eingangsstoffe heraus Energie freigesetzt wird. Die bei den Reaktionen entstehenden Produkte besitzen die gleiche Gesamtmenge wie die Eingangsstoffe ($m_P = m_E$). Im Teilprozeß III werden schließlich die

Reaktionsprodukte wieder auf Bezugstemperatur gebracht, wobei die Wärmemenge

$$Q_{III} = m_P \bar{c}_{p,P} (T_0 - T) \tag{3.28}$$

ausgetauscht wird. Entsprechend dem Zählpfeilsystem für Wärmemengen ist dieser Wert negativ, wenn die Prozeßtemperatur T über der Bezugstemperatur T_0 liegt, die Wärme also abgegeben wird. Prinzipiell kann diese Wärme dazu benutzt werden, die Eingangsstoffe aufzuheizen. Eine solche Verkopplung der Teilprozesse I und III muß in Form einer externen Wärmerückgewinnung außerhalb des Teilprozesses II stattfinden, sofern dieser – wie hier vorausgesetzt – bei konstanter Prozeßtemperatur abläuft. Angemerkt sei hier noch, daß auch der in *Bild 3.5* dargestellte Gesamtprozeß sich auf einheitlichem Druckniveau (also bei Umgebungsdruck) abspielen und technische Arbeit weder zu- noch abgeführt werden soll.

Eine Aussage über die Größe der Reaktionsenthalpie erhält man durch Bilanzierung des Gesamtprozesses. Ausgehend von Gl. (3.24), ergibt sich durch Einsetzen der Wärmemengen nach Gln. (3.26), (3.27) und (3.28)

$$\Delta H(T) = -H_{Ch,0} - m (\bar{c}_{p,E} - \bar{c}_{p,P}) (T - T_0) \,. \tag{3.29}$$

Wenn die chemische Umsetzung bei Bezugstemperatur abläuft, entspricht die Reaktionsenthalpie dem negativen Wert des chemischen Energiepotentials der Eingangsstoffe und ist somit bei exothermen Vorgängen negativ, bei endothermen Vorgängen positiv. Bei anderen Prozeßtemperaturen tritt ein zusätzlicher Term in Erscheinung, der durch den Unterschied in den spezifischen Wärmekapazitäten der Eingangsstoffe ($\bar{c}_{p,E}$) und der Reaktionsprodukte ($\bar{c}_{p,P}$) bestimmt ist.

Die bisherigen Betrachtungen über den Energieumsatz bei chemischen Reaktionen beinhalten noch keine Aussagen darüber, in welcher Richtung eine chemische Reaktion unter gegebenen Bedingungen abläuft. Sofern es sich dabei nicht um die unendlich langsame Verschiebung eines chemischen Gleichgewichtszustandes handelt, sind chemische Reaktionen immer irreversibel, also mit einer Umwandlung von Exergie in Anergie verbunden. Je rascher eine Reaktion ablaufen soll, desto mehr Exergie muß dafür pro Zeiteinheit in Anergie überführt werden.

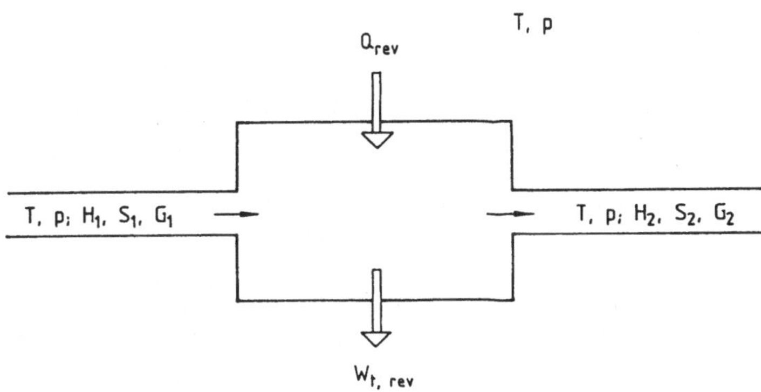

Bild 3.6 Reversible chemische Reaktion als stationärer Fließprozeß

Zur quantitativen Erfassung dieses Sachverhalts sei ein stationärer Fließprozeß betrachtet, der eine *reversible* Reaktion bei konstanten Bedingungen hinsichtlich Druck und Temperatur beinhaltet (*Bild 3.6*). In einem solchen Prozeß gibt es außer dem reversiblen Austausch von Wärme mit der Umgebung auf dem Temperaturniveau T auch noch den Austausch technischer Arbeit. Die Aufstellung der Energiebilanz des Prozesses liefert folgenden Zusammenhang:

$$\Delta H = H_2 - H_1 = Q_{rev} - W_{t,rev} \; . \tag{3.30}$$

Mit dem Übergang der *reversiblen Reaktionswärme* Q_{rev} ist nach Gl. (3.10) ein gleichgerichteter Übergang der Entropiemenge

$$S_Q = \frac{Q_{rev}}{T} \tag{3.31}$$

verbunden. Wegen der Voraussetzung reversibler Vorgänge vergrößert sich die Gesamtentropie des Systems nicht, so daß gilt:

$$S_Q = S_2 - S_1 \; . \tag{3.32}$$

Durch Anwendung von Gln. (3.30), (3.31) und (3.32) folgt für die maximal gewinnbare technische Arbeit des Prozesses, die auch als *reversible Reaktionsarbeit* bezeichnet wird:

$$W_{t,rev} = -[(H_2 - H_1) - T(S_2 - S_1)] \; . \tag{3.33}$$

Führt man als neue Zustandsgröße von Stoffen die *freie Enthalpie* G ein:

$$G = H - TS , \tag{3.34}$$

so entspricht die bei reversiblem Ablauf eines Prozesses maximal gewinnbare technische Arbeit der damit verbundenen Abnahme der freien Enthalpie:

$$W_{t,rev} = G_1 - G_2 = -\Delta G . \tag{3.35}$$

Die Differenzgröße ΔG wird auch als *freie Reaktionsenthalpie* bezeichnet. Wie durch Einsetzen in Gl. (3.30) ersichtlich, ist die freie Reaktionsenthalpie ΔG ein Teil der Reaktionsenthalpie ΔH:

$$\Delta H = \Delta G + Q_{rev} . \tag{3.36}$$

Vorzeichen und Betrag der freien Reaktionsenthalpie ΔG sind entscheidend dafür, ob und mit welcher Intensität eine chemische Reaktion unter gegebenen Bedingungen von Druck und Temperatur abläuft:

- Ist $\Delta G < 0$, so spricht man von einer *exergonischen Reaktion*. Bei reversiblem Reaktionsablauf würde innerhalb des Systems die technische Arbeit $W_{t,rev}$ als reine Exergie entstehen. Bei irreversiblem Reaktionsablauf dient die Umwandlung überschüssiger Exergie in Anergie als Triebkraft. Mit der Umgebung ausgetauscht werden dann in der Regel nur Wärmemengen nach Gl. (3.27), deren Zusammensetzung aus Exergie und Anergie nach Gln. (3.11) und (3.12) durch die Höhe der Reaktionstemperatur T bestimmt ist. In manchen Fällen kann auch technische Arbeit in Form elektrischer Energie aus dem Prozeß gewonnen werden (z.B. galvanische Elemente, Brennstoffzellen).

- Bei einer *endergonischen Reaktion* ist $\Delta G > 0$, d.h. die freie Enthalpie der Reaktionsprodukte ist größer als diejenige der Eingangsstoffe. Unbeschadet des Austausches von Wärme auf dem Niveau der Prozeßtemperatur, muß dem Prozeß noch zusätzlich Exergie zugeführt werden, damit selbst ein reversibler Ablauf überhaupt denkbar ist. Der irreversible Ablauf erfordert darüber hinaus noch weitere Exergie. Die Bereitstellung von Exergie kann bei Elektrolyseprozessen durch die Zufuhr technischer Arbeit in Form elektrischer Energie bewerkstelligt werden.

Laufen innerhalb eines Systems mehrere chemische Reaktionen gleichzeitig ab, so können die Exergieüberschüsse exergonischer Reaktionen zur Deckung der Exergiedefizite endergonischer Reaktionen dienen. Entscheidend ist, daß per

Saldo ein Betrag an Exergie frei wird, der in Anergie übergehen und dabei den Ablauf der Reaktionen insgesamt vorantreiben kann.

Um schließlich eine Aussage über den Exergieanteil chemischer Energiepotentiale $H_{Ch,0}$ zu treffen, sei nochmals ein Verbrennungsprozeß gemäß Bild 3.4 betrachtet mit der zusätzlichen Festlegung: $T_1 = T_2 = T_0$. Dann folgt aus Gl. (3.17) für den Exergieanteil:

$$E_{Ch,0} = H_{Ch,0} - T_0 (S_1 - S_2) . \tag{3.37}$$

Da die Entropien der Eingangsstoffe (S_1) und der Produkte (S_2) sich außer im Falle reinen Wasserstoffs nur unwesentlich voneinander unterscheiden, können chemische Energiepotentiale unter Bezugsbedingungen als praktisch vollständig aus Exergie bestehend angesehen werden.

4 Wärmeübertragung

Wird Wärme von einem thermodynamischen System auf ein anderes übertragen, geschieht dies durch einen oder die Kombination mehrerer der folgenden Vorgänge:

- Wärmeleitung,
- Konvektion,
- Wärmestrahlung.

4.1 Wärmeleitung

Das Auftreten der Wärmeübertragung durch Leitung ist an das Vorhandensein von Materie gebunden. Ein Wärmeaustausch findet nur zwischen den unmittelbar benachbarten Teilchen eines Körpers durch Zusammenstoß und damit Änderung der Wärmeschwingung statt. Auf diese Weise können sich Temperaturunterschiede zwischen ihnen ausgleichen, wobei es zu gerichteten Wärmeströmen kommt.

In Metallen erfolgt der Wärmetransport fast ausschließlich durch die ungeordnete schnelle Bewegung der Leitungselektronen, die durch elastische Stöße die Metallionen in Wärmeschwingungen versetzen. In Isolatoren übernehmen hochfrequente elastische Wellen den Wärmetransport, die durch die bindungsabhängigen Gitterschwingungen entstehen. In Fluiden, d.h. Flüssigkeiten oder Gasen kommt die Wärmeleitung durch thermische Zusammenstöße von Molekülen zustande, wobei sich die mittleren kinetischen Energien der Moleküle lokal ausgleichen.

Das Auftreten eines Wärmestroms aufgrund eines lokalen Temperaturunterschiedes läßt sich in differentieller Form nach dem FOURIERschen Gesetz formulieren:

$$\vec{\varphi} = -\lambda \operatorname{grad} \vartheta . \tag{4.1}$$

Es besagt, daß in einem Körper mit gegebener Temperaturverteilung $\vartheta\ (x,y,z)$ der Wärmestrom an jedem Punkt die Richtung des negativen Temperaturgradienten hat, und daß außerdem der Betrag der *Wärmestromdichte* $\vec{\varphi}$ (d.h. des Wärmestroms je Flächeneinheit in W/m^2) proportional dem Betrag des Temperaturgradienten ist. Der Proportionalitätsfaktor λ [W/(m K)] heißt *Wärmeleitzahl* und entspricht dem Wärmestrom, der durch einen Querschnitt von 1 m^2 einer 1 m dicken planparallelen Platte fließt, wenn deren beide Oberflächen einen Temperaturunterschied von 1 K aufweisen.

Sind die Temperaturen und Wärmeströme stationär, d.h. zeitlich unveränderlich, so fließt beispielsweise durch eine homogene planparallele Platte der Dicke d, deren beide Seiten den Querschnitt A und die Temperaturen ϑ_1 und ϑ_2 haben, der *Wärmestrom*

$$\Phi = A\frac{\lambda}{d}(\vartheta_1 - \vartheta_2) . \tag{4.2}$$

Die Bedingung stationärer Temperaturen und Wärmeströme ist ein Sonderfall. Sie gilt nur unter der Voraussetzung, daß die in einem Körper fließenden Wärmeströme keine Rückwirkung auf die sie verursachende Temperaturverteilung $\vartheta\,(x,y,z)$ haben, also die Wärmeströme den Körper lediglich durchlaufen. Sobald jedoch der Wärmestrom längs seiner Feldrichtung zu – oder abnimmt, also Quellen oder Senken aufweist, wirkt sich dies in einer Verminderung oder Erhöhung der inneren Energie und damit der Temperatur an dieser Stelle aus:

$$\frac{\partial \vartheta}{\partial t} = -\frac{1}{c\,\varrho} \operatorname{div} \vec{\varphi} . \tag{4.3}$$

ϱ [kg/m^3] ist dabei die Dichte und c [J/(kg K)] die spezifische Wärmekapazität des Stoffes.

Die Wechselwirkung zwischen Temperaturen und Wärmeströmen läßt sich allgemein durch die FOURIERsche Differentialgleichung der Wärmeleitung erfassen:

$$\frac{\partial \vartheta}{\partial t} = \frac{\lambda}{c\,\varrho} \operatorname{div} \operatorname{grad} \vartheta + \frac{p}{c\,\varrho} . \tag{4.4}$$

Der zweite Term berücksichtigt zusätzlich noch das Auftreten lokaler *Wärmequellen* mit der *Leistungsintensität* p [W/m^3], die ebenfalls zu einer Temperaturerhöhung an der betreffenden Stelle beitragen können. Das ist für die Elektrowärmetechnik besonders von Bedeutung, da ja durch elektrische Energiezufuhr im Inneren eines Stoffes JOULEsche Wärme erzeugt werden kann. Die Wärmeleitzahl λ, die spezifische Wärmekapazität c und die Dichte ϱ lassen sich zur *Temperaturleitzahl* a zusammenfassen:

$$a = \frac{\lambda}{c\,\varrho}\,. \tag{4.5}$$

Die FOURIERsche Differentialgleichung ist in ihrer allgemeinen Form nicht analytisch lösbar. Zur Untersuchung von Aufheiz- und Abkühlvorgängen kann man durch geeignete Fragestellung versuchen, mit einfachen Näherungsrechnungen zum Ziel zu kommen. Besonders einfache Verhältnisse ergeben sich für den eindimensionalen Fall einer homogenen planparallelen Wand. Für die Behandlung mehrschichtiger Anordnungen oder mehrdimensionaler Vorgänge bedient man sich der elektrischen Analogie:

Temperaturdifferenz	≙ Elektrische Spannung,
Wärmestrom	≙ Elektrischer Strom,
"Wärmewiderstand" d/λ	≙ Elektrischer Widerstand,
Wärmespeichervermögen	≙ Kondensatorkapazität.

Diese Analogien werden z.B. im BEUKEN-Modell nachgebildet. Darüberhinaus werden heute zunehmend numerische Rechenverfahren angewendet.

4.2 Konvektion

Grenzen ein flüssiges oder gasförmiges Medium – also ein *Fluid* – und ein fester Körper mit unterschiedlicher Temperatur aneinander, so findet an der Grenzfläche ein konvektiver Wärmeübergang statt. Die Moleküle des festen Körpers stoßen an der Grenzfläche immer wieder mit Fluidmolekülen zusammen, wobei jeweils das "energiereichere" an das "energieärmere" Molekül kinetische Energie überträgt. Die so in ihrem Energieinhalt veränderten Fluidmoleküle werden durch die an der Grenzschicht praktisch immer vorhandene Strömung weggespült und treten dann im grenzschichtnahen Raum wiederum in Energieaustausch mit anderen Fluidmolekülen.

Auf diese Weise ist eine Temperaturdifferenz zwischen der Oberfläche eines festen Körpers und einem Fluid verbunden mit einem Wärmestrom, der so gerichtet ist, daß er diesen Temperaturunterschied auszugleichen trachtet. Die charakteristische Maßzahl hierbei ist die *konvektive Wärmeübergangszahl* α_K

[W/(m² K)]. Sie gibt an, welcher Wärmestrom über eine Oberfläche eines festen Körpers von 1 m² übertragen wird, wenn die Temperaturen der Oberfläche und des Fluids sich um 1 K voneinander unterscheiden. Bei einer Temperaturdifferenz $\Delta\vartheta$ beträgt also der Wärmestrom über die Oberfläche A:

$$\Phi = A\,\alpha_K\,\Delta\vartheta\ . \tag{4.6}$$

Die Wärmeübergangszahl ist keine eigentliche Stoffkonstante, sondern wird von einer Reihe von Faktoren beeinflußt, insbesondere Dichte, Zähigkeit und spezifische Wärme des strömenden Mediums, seine Strömungsgeschwindigkeit und Strömungsart, die Rauhigkeit und Reinheit der Grenzfläche und die Höhe der Temperaturen. Die Spannweite der in der Wärmetechnik vorkommenden Wärmeübergangszahlen umfaßt einen sehr großen Bereich, wie in *Tafel 4.1* angedeutet ist.

Tafel 4.1 Bereiche konvektiver Wärmeübergangszahlen α_K in W/(m² K)

Fluid	Luft	Wasser
Freie Strömung	3... 20	100... 700
Erzwungene Strömung	10...100	600...10000

4.3 Wärmestrahlung

Jeder Körper sendet infolge der molekularen Wärmebewegung an seiner Oberfläche elektromagnetische Wellen aus. Deren Intensität ist grundsätzlich umso größer, je höher die Temperatur dieser Oberfläche ist.

Es gibt für jede Temperatur eine maximal mögliche Wärmeabstrahlung; diese tritt nur bei einem Körper auf, dessen Oberfläche keine Strahlung reflektiert (*Schwarzer Körper*). Für diesen Fall wird der Zusammenhang zwischen Strahlungsintensität I_S, Wellenlänge λ und Absoluttemperatur T durch das PLANCKsche Strahlungsgesetz beschrieben. *Bild 4.1* gibt diesen Zusammenhang wieder.

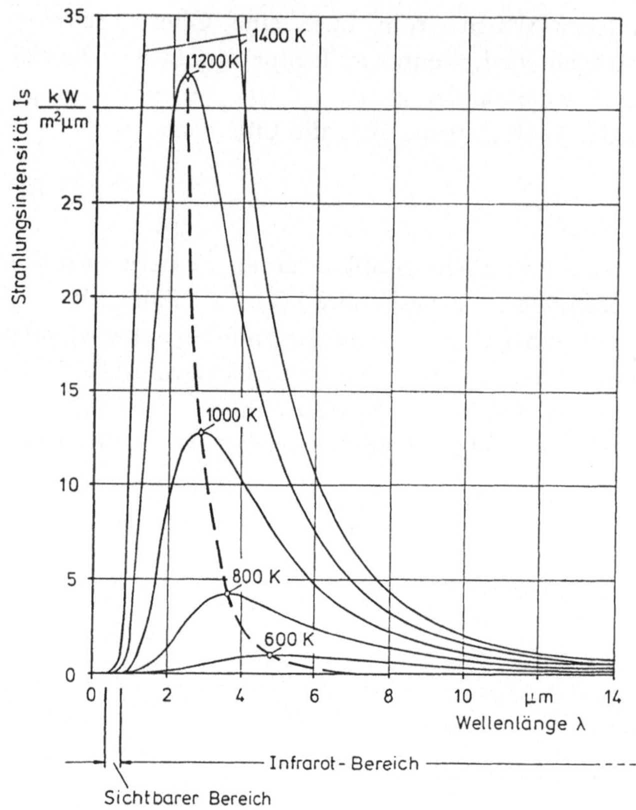

Bild 4.1 Strahlungsintensität des schwarzen Körpers

Aus der Darstellung gehen einige charakteristische Merkmale der Wärmestrahlung hervor:

- Der hauptsächliche Anteil der Wärmestrahlung liegt meist im *Infrarot*-Bereich. Dieser schließt an den Bereich des sichtbaren Lichts an, beginnt also bei einer Wellenlänge von rd. 0,78 μm, und erstreckt sich bis zu Wellenlängen von etwa 400 μm.
- Das spektrale Maximum der Strahlungsintensität steigt mit zunehmender Temperatur stark an und verschiebt dabei seine Lage hin zu kleinerer Wellenlänge.

Grundsätzlich ist die *Strahlungsintensität* $I(\lambda, T)$ zu deuten als die je Einheit der Oberfläche in alle Richtungen abgestrahlte Leistung in einem kleinen Wellenlängenbereich $\lambda + \Delta\lambda$.

Integriert man die Strahlungsintensität über alle Wellenlängen, so erhält man die je Flächeneinheit abgestrahlte Leistung

$$\varphi(T) = \int_{\lambda=0}^{\infty} I(\lambda,T)\,\mathrm{d}\lambda \; . \tag{4.7}$$

Sie hängt von der 4. Potenz der Absoluttemperatur T ab:

$$\varphi(T) = \varepsilon\, C_S \left(\frac{T}{100}\right)^4 . \tag{4.8}$$

Hierbei ist $C_S = 5{,}67\ \mathrm{W/(m^2\,K^4)}$ die *technische Strahlungskonstante des schwarzen Körpers* und ε der *Emissionsgrad.*

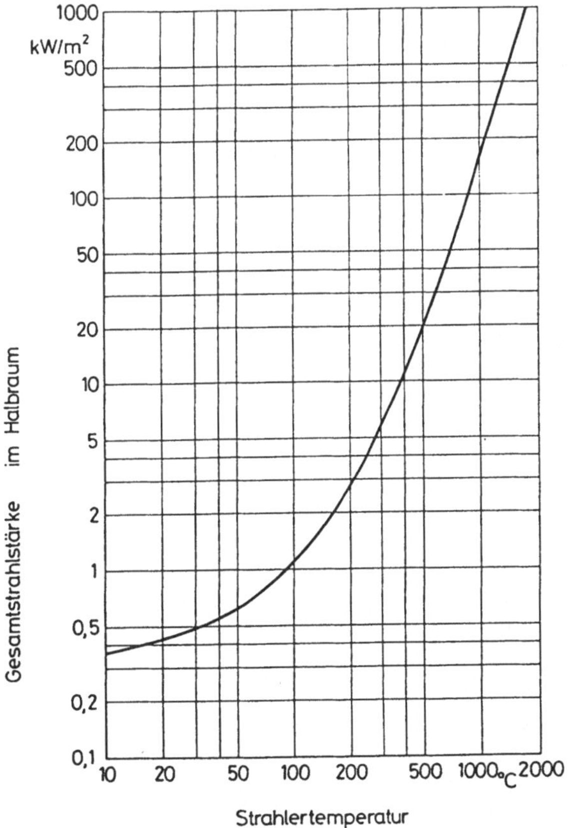

Bild 4.2 Gesamtstrahlstärke des Schwarzen Körpers in Abhängigkeit von dessen Temperatur

Für die Oberfläche des schwarzen Körpers, die durch $\varepsilon = 1$ gekennzeichnet ist, ist in *Bild 4.2* die Strahlungsleistung φ_S je Flächeneinheit in Abhängigkeit von der Oberflächentemperatur ϑ aufgetragen.

Für alle real vorkommenden Oberflächen ist der Emissionsgrad $\varepsilon < 1$. Das bedeutet, daß die Strahlungsleistung gegenüber derjenigen eines schwarzen Körpers gleicher Oberflächentemperatur um den Faktor ε reduziert ist:

$$\varphi(T) = \varepsilon\, \varphi_S(T)\,. \tag{4.9}$$

Nach dem KIRCHHOFFschen Strahlungsgesetz ist die Fähigkeit einer Oberfläche, Wärmestrahlung zu emittieren, eng verknüpft damit, wie dieselbe Fläche Wärmestrahlung absorbiert. Das drückt sich darin aus, daß der *Absorptionsgrad*, also der absorbierte Anteil der auf eine Oberfläche auftreffenden Wärmestrahlung, mit dem Wert des Emissionsgrades übereinstimmt. Für einige Stoffoberflächen sind Emissions- bzw. Absorptionsgrade (gültig für die Strahlung in Richtung der Flächennormalen) in *Tafel 4.2* aufgeführt. Man ersieht aus den Angaben, daß die Emissionseigenschaften im Infrarotbereich kaum etwas mit

Tafel 4.2 Emissions- bzw. Absorptionsgrade für einige Stoffoberflächen

Material	Oberfläche	Emissions- bzw. Absorptionsgrad
Absolut schwarzer Körper		1,0
Eis, Wasser	glatt	0,97
Porzellan	glasiert	0,92
Emaillelack	weiß, glatt	0,90
Eichenholz	gehobelt	0,89
Schamottestein	1000 °C	0,74
Stahlblech	matt, stark oxidiert	0,92
Stahlblech	verzinkt	0,23
Al-Blech	rauh	0,07
Al-Blech	blank, 20 °C	0,05
Al-Blech	blank, 230 °C	0,04

der optischen Erscheinung (Helligkeit, Farbe) im Wellenlängenbereich des sichtbaren Lichtes zu tun haben. Eine große Rolle spielt dagegen die Oberflächenbeschaffenheit (z.B. poliert, aufgerauht, angelaufen usw.). Mit steigender Temperatur erhöht sich bei vielen Metallen der Emissions – bzw. Absorptionsgrad; bei Nichtmetallen und Metalloxiden und ebenso bei Aluminium geht er dagegen zurück.

Beim Auftreffen von Wärmestrahlung auf eine Oberfläche wird ein Teil der Strahlungsleistung nach den Reflexionsgesetzen unverändert zurückgeworfen, der Rest tritt mit den Ladungsträgern der Stoffmoleküle in Wechselwirkung und wird dabei mit konstanter Rate absorbiert und somit in innere Energie des Stoffes umgewandelt. Dies wird durch das Gesetz von LAMBERT – BOUGUER beschrieben:

$$\varphi(x) = \varphi(0) \exp(-k\,x)\,. \tag{4.10}$$

Die nichtreflektierte Strahlungsleistung φ nimmt also von der Oberfläche aus mit wachsender Tiefe x exponentiell ab. Der *Auslöschungsgrad* k ist abhängig von der Wellenlänge der Strahlung und vom bestrahlten Stoff. Für Metalle und die meisten anderen anorganischen Substanzen ist er so groß, daß praktisch die gesamte nicht reflektierte Strahlungsleistung schon in einer Oberflächenschicht von etwa 1 μm in Wärme umgewandelt wird. Damit sind solche Stoffe für Wärmestrahlung *undurchsichtig*, die auftreffende Strahlung teilt sich also auf in einen reflektierten und in einen absorbierten Anteil. Letzterer wird durch den Wert des Absorptionsgrades ausgedrückt.

Die hierzu in *Tafel 4.2* angegebenen Werte sind als Mittelwerte für die Absorption von langwelliger Wärmestrahlung mit relativ gleichmäßigem Spektrum zu verstehen. Für die meisten Stoffe ist aber das Absorptionsvermögen (ebenso wie das Emissionsvermögen) in erheblichem Maße wellenlängenabhängig. *Bild 4.3* zeigt diese Abhängigkeit an einigen Beispielen.

Es gibt auch thermisch *durchsichtige* Stoffe. Da bei ihnen der Auslöschungsgrad viel kleiner ist, wird auch innerhalb wesentlich größerer Schichtdicken nicht die gesamte eindringende Strahlung absorbiert, so daß ein Teil unverändert auf der Rückseite wieder austritt. Bei diesen Stoffen teilt sich also die auftreffende Strahlung auf in einen reflektierten, in einen absorbierten und in einen transmittierten Anteil. Zu diesen Stoffen gehört Wasser, dessen Auslöschungsgrad auch noch stark wellenlängenabhängig ist. Wie aus *Bild 4.4* ersichtlich, ist daher die Durchlässigkeit von Wasserschichten für Infrarotstrahlung unterschiedlicher Wellenlängen sehr uneinheitlich.

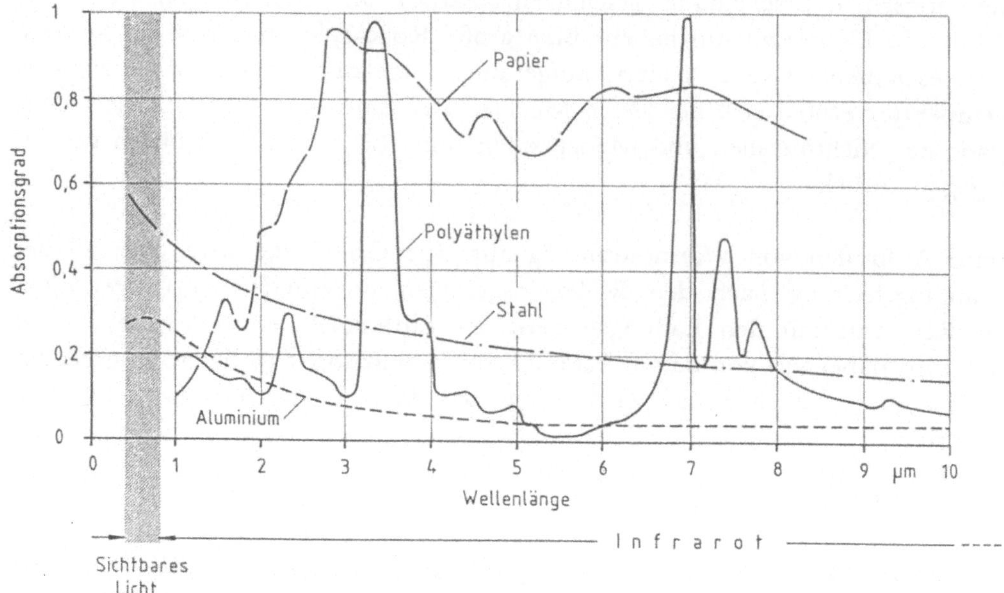

Bild 4.3 Spektraler Absorptionsgrad einiger Stoffe

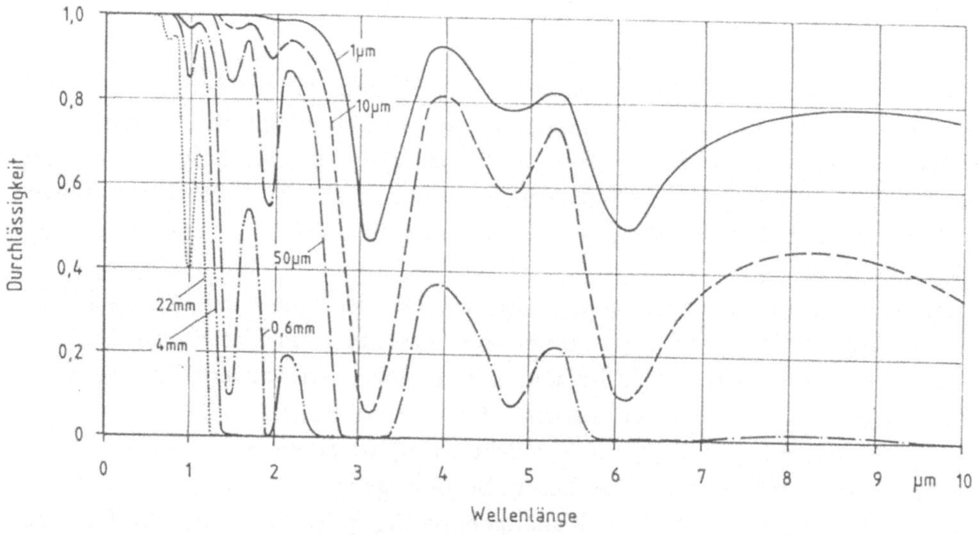

Bild 4.4 Spektrale Durchlässigkeit von Wasserschichten unterschiedlicher Dicke

Die Kenntnis der spektralen Absorptionsgrade ist für die Infraroterwärmung wichtig, bei der das zu erwärmende Gut möglichst große Anteile der auftreffenden Wärmestrahlung absorbieren soll. Durch Auswahl von Infrarotstrahlern mit geeigneter Strahlertemperatur kann man erreichen, daß das Emissionsmaximum des Strahlers in einem Wellenlängenbereich liegt, in dem das Absorptionsvermögen des zu erwärmenden Stoffes besonders groß ist.

Da nach Gl. (4.8) jede Oberfläche, deren Temperatur über dem absoluten Nullpunkt liegt, Wärmestrahlung emittiert und gleichzeitig auch einen Teil der ankommenden Wärmestrahlung absorbiert, stehen benachbarte Körper immer in einem Strahlungsaustausch. Es strahlt also nicht nur die wärmere Fläche die kältere an, sondern auch umgekehrt. Für wärmetechnische Berechnungen interessiert jedoch nur der Saldo der Strahlungsleistungen, wobei auch noch mehrfache Reflexionsanteile zu berücksichtigen sind.

Betrachtet man den geometrisch einfachsten Fall, daß sich zwei parallele Oberflächen der Größe A mit den Absoluttemperaturen T_1 und T_2 und den Emissions- bzw. Absorptionsgraden ε_1 und ε_2 hinreichend nahe gegenüberstehen, so ergibt sich als *resultierender Wärmestrom durch Strahlungsaustausch*

$$\Phi_{res} = A\, \varepsilon_{res}\, C_S\, [(\frac{T_1}{100})^4 - (\frac{T_2}{100})^4]\,. \tag{4.11}$$

Dieser resultierende Wärmestrom ist von der Oberfläche mit der höheren Temperatur T_1 zur Oberfläche mit der niedrigeren Temperatur T_2 gerichtet.

Die resultierende relative Strahlungszahl ε_{res} geht für diesen Fall aus den beiden Emissionsgraden durch die Beziehung

$$\varepsilon_{res} = (\frac{1}{\varepsilon_1} + \frac{1}{\varepsilon_2} - 1)^{-1} \tag{4.12}$$

hervor.

Aus der Gl. (4.11) kann auch eine *Wärmeübergangszahl für Strahlung* gemäß dem Ansatz

$$\Phi = A\, \alpha_S\, (\vartheta_1 - \vartheta_2)\,. \tag{4.13}$$

abgeleitet werden. Für den Fall, daß es sich bei den Temperaturen zum einen um die Oberflächentemperatur und zum anderen um die Temperatur sowohl des vorbeiströmenden Fluids als auch der benachbarten Flächen handelt, kann aufgrund der Analogie mit Gl. (4.6) die *Gesamt-Wärmeübergangszahl* α_{Ges}

aus der Addition der beiden Anteile für Konvektion und Strahlung gebildet werden:

$$\alpha_{Ges} = \alpha_K + \alpha_S . \tag{4.14}$$

Die Temperaturabhängigkeit der beiden Anteile ist sehr unterschiedlich. Während der konvektive Anteil mit der Temperaturdifferenz über einen Exponenten zusammenhängt, der höchstens 1, meistens jedoch 1/3 bis 1/4 beträgt, hängt der Strahlungsanteil

$$\alpha_S = \varepsilon_{res}\, C_S\, [(T_1)^2 + (T_2)^2]\, (T_1 + T_2) \cdot 10^{-8} \tag{4.15}$$

im wesentlichen von der 3. Potenz der Absoluttemperaturen ab. Aus diesem Grund dominiert im Bereich höherer Temperaturen der Wärmeübergang durch Strahlung. Als Beispiel zeigt *Bild 4.5* die Wärmeabgabe einer vertikalen Oberfläche aus Stahlblech, z.B. von einer wärmetechnischen Anlage, die in einem größeren, 20 °C warmen Raum steht. Die Temperatur, von der ab die Strahlung überwiegt, kann je nach den vorliegenden Bedingungen beträchtlich

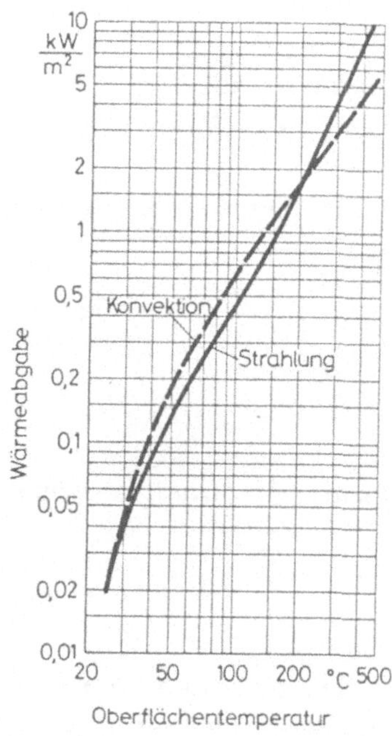

Bild 4.5 Wärmeübergang durch Konvektion und Strahlung

variieren. Sie ist hauptsächlich abhängig von den konvektiven Verhältnissen, den Temperaturen der bestrahlten Flächen sowie den Emissionsgraden der Oberflächen.

4.4 Der technische Wärmedurchgang

In der technischen Praxis treten die Vorgänge der Wärmeübertragung häufig in der Form auf, daß Wärme von einem wärmeren Fluid der Temperatur $\vartheta_{F,w}$ auf ein anderes kälteres der Temperatur $\vartheta_{F,k}$ übergeht, wobei die Fluide durch eine – u.U. mehrschichtige – Zwischenwand mit der jeweiligen Dicke d_i und Wärmeleitzahl λ_i voneinander abgetrennt sind. Der dabei entstehende Wärmestrom wird also nacheinander durch Konvektion (ggf. zuzüglich Strahlungsanteil) mit der Wärmeübergangszahl $\alpha_{(w)}$, durch Wärmeleitung sowie nochmals konvektiv mit der Wärmeübergangszahl $\alpha_{(k)}$ übertragen.

Im *stationären Fall* weist der Wärmestrom nach Gl. (4.3) keine Quellen oder Senken auf, setzt sich also konstant vom warmen zum kalten Fluid fort. Dann ergibt sich aus Gln. (4.2) und (4.6) der Wärmestrom je Flächeneinheit zu

$$\varphi = \frac{\vartheta_{F,w} - \vartheta_{F,k}}{1/\alpha_{(w)} + \sum_i d_i/\lambda_i + 1/\alpha_{(k)}} \; . \tag{4.16}$$

Durch Verwendung der *Wärmedurchgangszahl*

$$k = \frac{1}{1/\alpha_{(w)} + \sum_i d_i/\lambda_i + 1/\alpha_{(k)}} \tag{4.17}$$

läßt sich vereinfacht schreiben:

$$\varphi = k\,(\vartheta_{F,w} - \vartheta_{F,k}) \; . \tag{4.18}$$

Bei mehrschichtigen Wänden ist in der Schicht *i* der Temperaturabfall $\Delta\vartheta_i \sim d_i/\lambda_i$. Dieser Temperaturabfall ist ein Maß für den *Wärmewiderstand*, den die jeweilige Schicht dem Wärmedurchgang entgegensetzt.

Vergrößert man diesen Widerstand, so wird bei gegebenen Temperaturen des warmen und kalten Fluids der Wärmestrom kleiner. In *Bild 4.6* sind hierfür Beispielfälle wiedergegeben für einen gemauerten Ofen mit einer Innentemperatur von 1020 °C, der in einer 20 °C warmen Werkhalle steht. Durch Anbringen einer zusätzlichen Isolierschicht von 8 cm Stärke (üblicherweise an der Außenseite) geht der stationäre Wärmestrom durch die Ofenwand auf

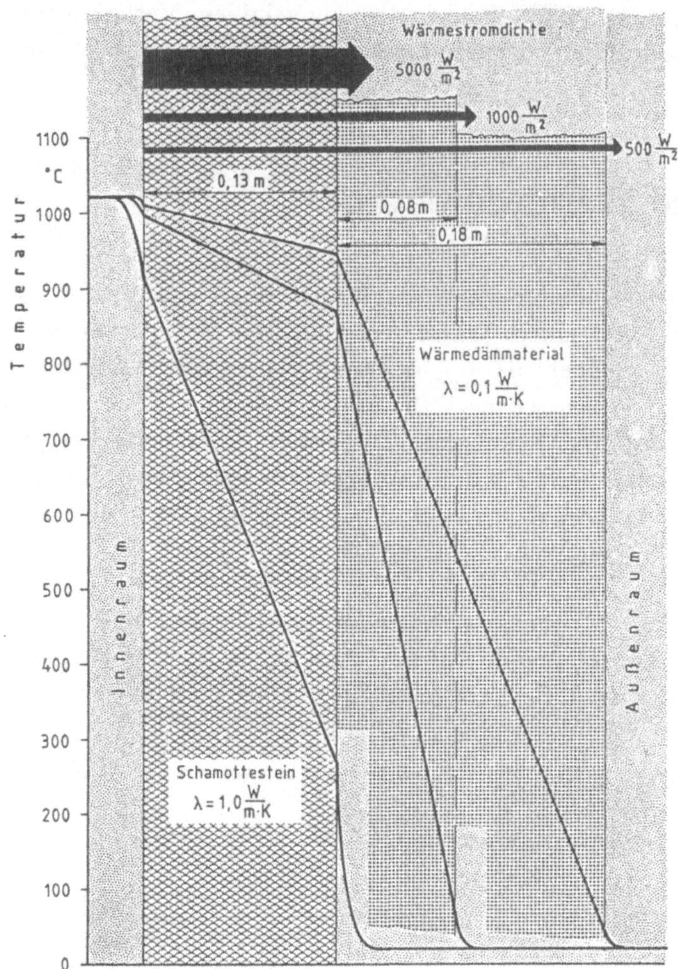

Bild 4.6 Wärmestromdichten und Temperaturprofile in einer Ofenwand

1000 W/m^2 zurück, das sind 20 % des ursprünglichen Wertes ohne Wärmedämmschicht. Vergrößert man die Dicke der Wärmedämmschicht auf 18 cm, so geht der Wärmestrom nochmals auf die Hälfte, nämlich auf 500 W/m^2 zurück. Das Temperaturprofil für diesen Fall ist ebenfalls in *Bild 4.6* skizziert. Die Reduzierung des Wärmestromes je cm zusätzlicher Isolierstärke nimmt, wie man daraus sieht, mit zunehmender Isolierstärke ab. Das ist bei der Bemessung einer Isolierschicht zu beachten, ebenso wie die zulässigen maximalen Temperaturen, da an der inneren Schichtgrenze die Temperaturen umso höher werden, je größer die Schichtdicke des Isoliermaterials ist.

Ein *instationärer Fall* liegt vor, wenn sich die Temperaturverhältnisse auf irgendeiner Seite der wärmedurchflossenen Trennwand zeitlich ändern. Dabei kann es sich um das Aufheizen oder Abkühlen einer Anlage handeln oder z.B. um das Einbringen einer kalten Charge in einen Ofen, wodurch die Innentemperatur kurzfristig stark sinken kann. Dadurch kühlen sich auch die inneren Zonen der Ofenwand ab und liefern durch Entspeicherung Wärme an den Innenraum des Ofens. Der Wärmestrom kehrt also an den Innenseiten vorübergehend seine Richtung um, bis die Innentemperatur des Ofens wieder entsprechend angehoben ist. Bei weiterer Wärmezufuhr durch die Ofenheizung geht erneut Wärme vom Innenraum an die Ofenwand über und gleicht die vorangegangene Entspeicherung allmählich wieder aus. Gleichzeitig wandert die Entspeicherung in Form einer gedämpften Welle als Temperaturabsenkung nach außen weiter.

5 Elektrizitätslehre

5.1 Wärmeerzeugung im elektrischen Leiter

5.1.1 Gesetzmäßigkeiten des elektrischen Stromes

Legt man an einen homogenen, elektrischen Leiter der Länge l und des Querschnittes A eine Spannung U (*Bild 5.1*), so herrscht in seinem Inneren überall die *elektrische Feldstärke*

$$E = \frac{U}{l} . \tag{5.1}$$

Ihre Richtung weist dabei stets von der Anode zur Kathode. Auf jede elektrische Ladung Q, die sich in diesem Feld befindet, wird die Kraft

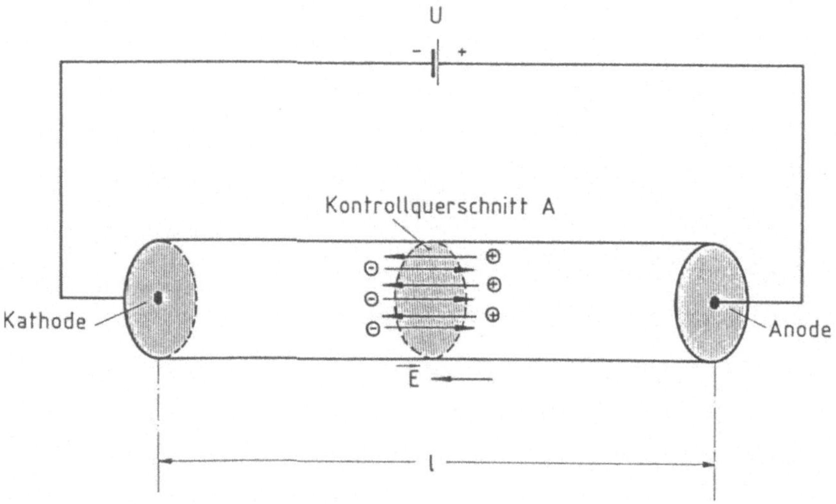

Bild 5.1 Der elektrische Leitvorgang

$$\vec{F} = Q\vec{E} \tag{5.2}$$

ausgeübt. Die Richtung dieser Kraft ist dabei abhängig vom Vorzeichen der Ladung: Positive Ladungen werden in Richtung des elektrischen Feldes gezogen (also von der Anode zur Kathode), negative Ladungen in die entgegengesetzte Richtung.

Ob und wie stark die Ladungsträger unter der Wirkung dieser Kraft wandern, hängt von ihrer *Beweglichkeit* μ ab. Sind die Ladungsträger z.B. Teil eines Molekülgitters, so werden sie zwar durch Kraftwirkungen aus ihrer Position elastisch ausgelenkt, jedoch können sie normalerweise nicht fortwandern. Sie haben also die Beweglichkeit Null. Allgemein ist diese Beweglichkeit definiert als

$$\mu = \frac{\vec{v}}{\vec{E}}\,, \tag{5.3}$$

also als das Verhältnis der sog. *Driftgeschwindigkeit* $\vec{v}$ der Ladungsträger zur Größe der verursachenden elektrischen Feldstärke $\vec{E}$. Besonders hinzuweisen ist auf die Tatsache, daß es sich bei Gl. (5.3) um eine Vektorgleichung handelt. Da negative Ladungsträger von der Kathode zur Anode wandern, bewegen sie sich entgegengesetzt zur Richtung des elektrischen Feldes, womit auch ihre Beweglichkeit negativ ist. Die Beweglichkeit einer Ladungsträgerart besitzt also das gleiche Vorzeichen wie ihre Ladung.

Die elektrische Drift einer Ladungsträgerart kann als geordnete, gleichmäßige Bewegung aller Ladungsträger mit der statistischen Mittelgeschwindigkeit $\vec{v}$ aufgefaßt werden. Dieser Driftbewegung überlagert sind die ungeordneten Temperaturbewegungen, welche die Ladungsträger aufgrund der inneren Energie des Stoffes ausführen. Betrachtet man einen Punkt innerhalb des elektrischen Leiters, so ergibt sich die dort herrschende *elektrische Stromdichte*

$$\vec{J} = \sum \varrho\,\vec{v} \tag{5.4}$$

als Summe der in diesem Punkt befindlichen Raumladungsarten (gekennzeichnet durch ihre Raumladungsdichte ϱ), multipliziert mit ihrer jeweiligen Driftgeschwindigkeit. Zur Stromdichte, welche die gleiche Richtung besitzt wie die elektrische Feldstärke, tragen also die Drift positiver Ladungen in Feldrichtung sowie diejenigen negativer Ladungen in entgegengesetzter Richtung additiv bei.

Erweitert man diese Betrachtung räumlich, indem man sich den Leiter senkrecht zu seiner Achse durchschnitten denkt, so ergibt sich in Analogie zu Gl. (5.4) der durch die Querschnittsfläche A fließende *elektrische Strom*

$$I = \sum \frac{\mathrm{d}Q}{\mathrm{d}t} \tag{5.5}$$

aus den Ladungsmengen, welche pro Zeiteinheit durch die Querschnittsfläche hindurchtreten.

Der Zusammenhang zwischen der Stromdichte $\vec{J}$ und der verursachenden elektrischen Feldstärke $\vec{E}$ ergibt sich aus Gln. (5.3) und (5.4) zu

$$\vec{J} = (\sum \varrho \mu) \vec{E} . \tag{5.6}$$

Dies ist die differentielle Form des Ohmschen Gesetzes, wobei der Proportionalitätsfaktor

$$\varkappa = \sum \varrho \mu \tag{5.7}$$

elektrische Leitfähigkeit heißt. Ihr Reziprokwert ist der *spezifische Widerstand.*

Die *Raumladungsdichte* ϱ läßt sich für positive wie für negative Ladungsträger auf die Elementarladung $e = 1{,}602 \cdot 10^{-19}$ Cb zurückführen:

$$\varrho = N z e . \tag{5.8}$$

Dabei bedeutet N die Ladungsträgerdichte je Volumeneinheit, z ist die Anzahl der Elementarladungen je Ladungsträger. Somit hängt die spezifische Leitfähigkeit eines Stoffes von der Ladung ($z\,e$) je Ladungsträger, von der Ladungsträgerdichte N sowie von der Ladungsträgerbeweglichkeit μ ab.

Es soll nun noch die *Leistung* hergeleitet werden, die in dem betrachteten Leiterstück umgesetzt wird. Von der mechanischen Analogie ausgehend, läßt sie sich deuten als das Produkt aus den Kräften $\vec{F}$, die an den beweglichen Ladungsträgern insgesamt angreifen, und deren Driftgeschwindigkeit $\vec{v}$:

$$P = \sum \vec{F} \vec{v} . \tag{5.9}$$

Mit Hilfe von Gln. (5.2) und (5.4) läßt sich daraus das Joulesche Gesetz für die elektrische Leistung je Volumeneinheit (*Leistungsintensität*) an einer beliebigen Stelle gewinnen:

$$p = \frac{\mathrm{d}P}{\mathrm{d}V} = E J = \frac{1}{\varkappa} J^2 . \tag{5.10}$$

5.1.2 Mechanismus der Stromleitung

Elektronenleitung in Metallen

Metalle besitzen ein regelmäßig strukturiertes Gitter positiv geladener Ionen. Diese sind nicht beweglich ($\mu = 0$); sie können lediglich Schwingungen um ihre Ruhelage ausführen, deren Amplitude von der Temperatur abhängt. Der Grund für die positive Ladung der Metallionen besteht darin, daß ihnen je ein oder mehrere Elektronen aus der äußeren Elektronenhülle fehlen. Diese sog. *Valenzelektronen* sind innerhalb des Ionengitters frei beweglich und ermöglichen damit die Stromleitung in Metallen, weshalb sie auch als *Leitungselektronen* bezeichnet werden. Solange kein elektrisches Feld auf sie wirkt, führen die Leitungselektronen lediglich ungeordnete thermische Bewegungen in alle Richtungen aus, wobei sie immer wieder mit den Metallionen zusammenstoßen. Wird nun von außen eine Spannung angelegt, so stehen die Elektronen unter dem Einfluß eines elektrischen Feldes. Damit überlagert sich der ungeordneten *Wärmebewegung* der Elektronen eine Bewegung in der Stromrichtung (*Drift*), deren Geschwindigkeit sehr klein gegenüber der mittleren Geschwindigkeit der Wärmebewegung ist. So beträgt z.B. im Kupfer bei einer Stromdichte von 10 A/mm^2 (das entspricht etwa der maximalen Belastbarkeit von Kupferkabeln) die Driftgeschwindigkeit der Elektronen etwa 0,75 mm/s. Die elektrische Feldstärke, die diese Stromdichte bei Zimmertemperatur hervorruft, liegt bei rd. 0,2 V/m. Auch wenn eine entsprechende Kraft nach Gl. (5.2) ständig an jedem Leitungselektron angreift, wird seine Driftgeschwindigkeit nicht größer. Salopp ausgedrückt: Es kommt nicht schneller voran, weil es ständig die Metallionen anrempelt. Diese Kollisionen sind umso heftiger, je stärker das anliegende elektrische Feld ist. Anhand dieser Vorstellung wird auch der Mechanismus der Wärmeerzeugung durch einen elektrischen Stromfluß anschaulich.

Je höher die Temperatur eines Metalls ist, umso stärker sind sowohl die Schwingungsbewegungen seines Ionengitters als auch die thermischen Bewegungen der Valenzelektronen. Damit wird aber die unter dem Einfluß eines elektrischen Feldes mögliche Driftgeschwindigkeit kleiner, d.h. die Leitfähigkeit nimmt ab. Bei reinen Metallen stellt sich der Zusammenhang näherungsweise als lineare Zunahme des spezifischen Widerstands über einen weiten Bereich der Temperatur dar. Die Höhe des Anstiegs liegt für die meisten gebräuchlichen Metalle zwischen 4 und 5 % je 10 K Temperaturerhöhung, bezogen auf den spezifischen Widerstand bei 20 °C.

Ionenleitung in Flüssigkeiten

Voraussetzung für die Ionenleitung ist eine von Null verschiedene Beweglichkeit von Ionen in einem Stoff. Unter der Wirkung eines elektrischen Feldes driften dann die Ionen, und damit findet außer einem Ladungstransport auch ein Stofftransport statt. Dieser Vorgang ist in Flüssigkeiten möglich, sofern sie ionisiert (Salzschmelzen) bzw. dissoziiert (*Elektrolyte*) sind.

Salze bestehen aus positiven und negativen Ionen. Diese bilden in festem Zustand ein Kristallgitter und sind dann nicht beweglich. Deshalb sind Salze in festem Zustand ausgezeichnete Isolatoren. Im schmelzflüssigen Zustand sind jedoch sowohl die positiven als auch die negativen Ionen beweglich und können somit einen elekrischen Strom leiten.

Salze, Basen oder Säuren, die sich in wäßriger Lösung befinden, bezeichnet man als Elektrolyte. Hierbei ist immer ein Teil der entgegengesetzt geladenen Ionenpaare durch Hydratation (Anlagerung von H_2O – Molekülen) dissoziiert, d.h. nicht aneinander gebunden. Damit sind in Elektrolyten ebenfalls bewegliche Ionen enthalten.

Gelangt ein Ion bei seiner Wanderung an die gegensätzlich geladene Elektrode, so kann es dort nicht wie ein Leitungselektron abgesaugt werden. Vielmehr findet durch Aufnahme bzw. Abgabe eines Elektrons eine Neutralisation des Ions statt. Eine andere Möglichkeit ist, daß das Ion eine chemische Verbindung mit dem Elektrodenmaterial eingeht. Auf jeden Fall verändert sich bei Gleichstrom in einem Ionenleiter dessen chemische Beschaffenheit, wodurch die Leitfähigkeit zurückgeht. Bei Wechselstrom ist das Auftreten elektrochemischer Reaktionen davon abhängig, in welchem Verhältnis die Geschwindigkeiten der Reaktionsmechanismen zur Dauer einer elektrischen Halbwelle stehen.

Mit steigender Temperatur nimmt die Viskosität von Flüssigkeiten ab, so daß die Beweglichkeit der Ionen und damit die spezifische Leitfähigkeit größer werden. Bei *schwachen Elektrolyten* trägt hierzu auch noch der mit zunehmender Temperatur ansteigende Dissoziationsgrad bei.

Leitungsvorgänge in Gasen

Gase bestehen aus elektrisch neutralen Molekülen und weisen im allgemeinen einen äußerst geringen *Ionisationsgrad* auf, d.h. es sind nur sehr wenige Moleküle in positive Ionen und negative Elektronen aufgespalten. Deshalb tritt zunächst beim Anlegen einer nicht zu großen Gleichspannung ein kaum

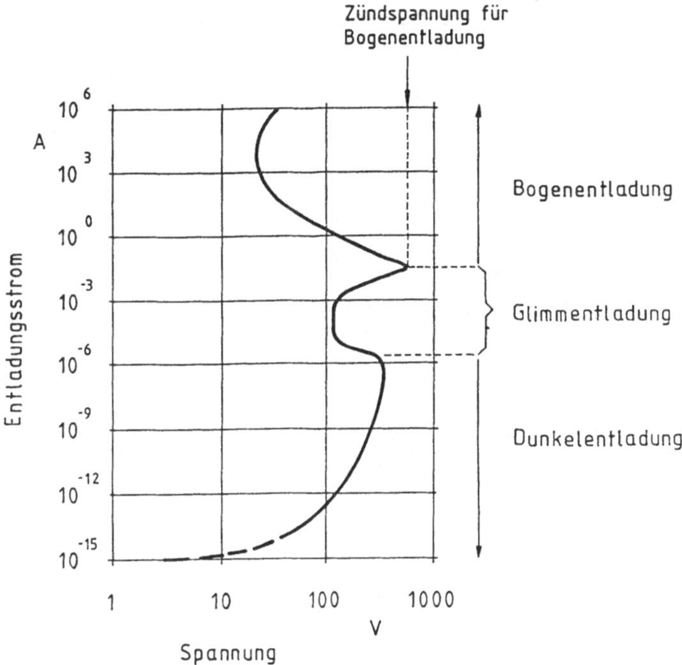

Bild 5.2 Strom – Spannungs – Kennlinie einer Gasentladung

meßbarer Strom auf (*Bild 5.2*). Damit in der Gasstrecke ein nennenswerter Strom stationär fließen kann (*selbständige Entladung*), müssen zwei Bedingungen erfüllt werden:

1. Ionisation: Im Gas muß ein deutlich erhöhter Ionisationsgrad herrschen. Da die im Gas vorhandenen Ionen und Elektronen die Tendenz haben, sich immer wieder zu vereinigen (Rekombination), muß ständig eine entsprechende Menge an Molekülen neu in Ionen und Elektronen aufgespalten werden.
   Hierfür gibt es folgende Möglichkeiten:
   - *Strahlungsionisation* durch äußere Einwirkung kurzwelliger Strahlung (z.B. UV – Licht oder Röntgenstrahlung). Da hierbei der Stromfluß trotz der angelegtenen Spannung aufhört, sobald das Gas nicht mehr der Strahlung ausgesetzt wird, bewirkt die Strahlungsionisation eine "unselbständige Gasentladung".
   - *Stoßionisation* kann beim Auftreffen eines bereits freien Elektrons auf ein Gasmolekül eintreten. Bei genügend großer Geschwindigkeit des Elektrons reicht die durch unelastischen Stoß auf das Gasmolekül übertragene Energie für dessen Ionisation aus. Wird das neu freigesetzte Elektron

unter der Wirkung des elektrischen Feldes seinerseits auf eine genügend hohe Geschwindigkeit beschleunigt, um wieder ein Molekül zu ionisieren, verstärkt sich der Vorgang der Stoßionisation lawinenartig.
- *Thermische Ionisation*: Beträgt die Temperatur einer Kontaktfläche mehrere tausend K, so geraten deren Moleküle in eine so heftige Wärmebewegung, daß auftreffende Gasmoleküle durch die Energieübertragung beim Zusammenprall ionisiert werden können.

Sowohl die thermische Ionisation als auch die Stoßionisation können sich selbst aufrechterhalten, sobald einmal ein Strom bestimmter Größe in der Gasstrecke fließt ("selbständige Gasentladung").

2. Emission: Damit im Gas ein Strom fließen kann, muß nicht nur durch einen genügend hohen Ionisationsgrad eine elektrische Leitfähigkeit vorhanden sein, sondern es müssen auch pro Zeiteinheit an der Kathode ebenso viele Elektronen herausgelöst und in den Gasraum emittiert werden, wie gleichzeitig durch die Anode abfließen. Um das Elektron aus dem (i.a. metallisch leitenden) Kathodenmaterial herauszulösen, gibt es hauptsächlich zwei Möglichkeiten:
   - die *Stoßemission*, bei der die Elektronenauslösung durch Aufprall genügend schneller Ionen auf die Kathodenoberfläche erfolgt, und
   - die *thermische Emission*, bei der aufgrund der Wärmeschwingungen des Molekülgitters an der Kathodenoberfläche einzelne Elektronen in den Gasraum hinausgeschleudert werden.

Die beiden wichtigsten Arten der selbständigen Entladung, nämlich Glimmentladung und Bogenentladung, unterscheiden sich hinsichtlich ihres Stromstärkebereichs (*Bild 5.2*) sowie der vorherrschenden Arten von Ionisation und Emission. Bei der *Glimmentladung* wird der Stromfluß durch Stoßionisation und Stoßemission aufrechterhalten. Wird die angelegte Spannung bis zur *Zündspannung* des Lichtbogens gesteigert, so führt das lawinenartige Anwachsen der Stoßionisation zum Zünden des Lichtbogens. Die Stromstärke und damit die Temperatur werden dabei so hoch, daß sowohl Ionisation als auch Emission thermisch vor sich gehen. Eine andere Möglichkeit ist die Zündung eines Lichtbogens aus dem Kurzschluß (galvanischer Kontakt zwischen Kathode und Anode). Die Kathode und das Gas davor werden durch den hohen Kurzschlußstrom so stark erhitzt, daß beim anschließenden Auseinanderziehen von Kathode und Anode sich eine *Bogenentladung* ausbildet.

Die Vorgänge und Zustände längs einer Gasstrecke bei stationärer Gleichstrom-Bogenentladung sind in *Bild 5.3* dargestellt. Die hohe Kathodentemperatur von

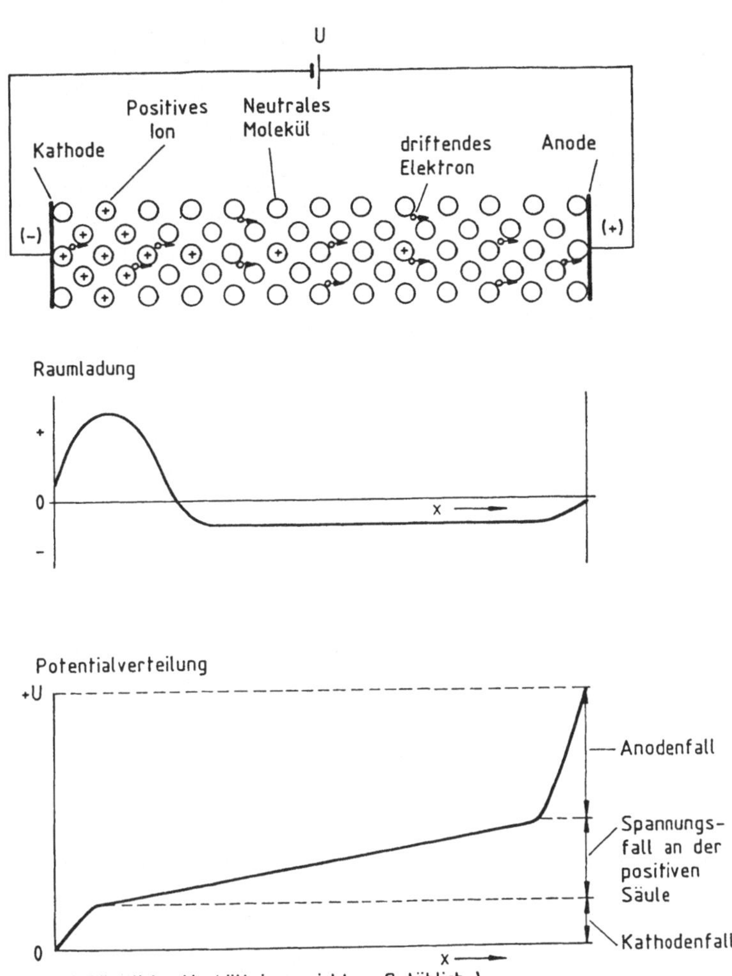

Bild 5.3 Zustände in einer Gasstrecke bei stationärer Bogenentladung

3000 bis 4000 °C im Brennfleck von Kohleelektroden bewirkt dort eine thermische Elektronenemission mit einer Stromdichte zwischen etwa 10^7 und 10^9 A/m^2. Die positiven Ionen werden durch die Wirkung des elektrischen Feldes in Richtung zur Kathode gezogen. Wegen ihrer Größe und Masse können die Ionen aber nicht über die Kathode aus dem Gasraum abgezogen werden. Deshalb stauen sie sich im Bereich vor der Kathode und führen dort zur Bildung einer positiven Raumladung. Zwischen dieser positiven "Ionenwolke" und der Kathode herrscht eine hohe elektrische Feldstärke (typischerweise etwa 10^7 V/m). Über die Längserstreckung dieses Gebietes von etwa 1 μm ergibt sich damit ein Spannungsabfall an der Kathode (*Kathodenfall*) von etwa 5 bis 10 V.

Die Gasstrecke wird wegen ihres gegenüber der Kathode positiven Potentials als *positive Säule* bezeichnet, obwohl sie im wesentlichen aus ungeladenen Molekülen und zur Anode driftenden Elektronen besteht und damit eine negative Raumladung aufweist. Der hier auftretende Spannungsabfall rührt von den Zusammenstößen der in Richtung zur Anode gleichförmig driftenden Elektronen mit Gasmolekülen her und ist folglich proportional zur Länge der Gasstrecke, außerdem abhängig von der Stromstärke (wegen des Querschnittes des wirksamen Entladungskanals), sowie von Druck, Temperatur (bis zu 7000 °C üblich) und Art des dort befindlichen Gases. Gewöhnlich liegen die Werte für die Feldstärke in der positiven Säule zwischen 10^3 und 10^4 V/m und für die Stromdichte in der Größenordnung von 10^6 A/m^2.

Die Dichte der negativen Raumladungen nimmt in einem Bereich von etwa 1 μm vor der Anode ab. In diesem Bereich des *Anodenfalls* von üblicherweise ca. 30 V herrscht wiederum eine deutlich erhöhte Feldstärke, durch welche die Elektronen stark beschleunigt werden, bevor sie auf die Anode prallen. Bei Gleichstrom entsteht deshalb dort eine kraterförmige Mulde mit Temperaturen bis etwa 5000 °C.

Die drei genannten Spannungsanteile machen zusammen den gesamten Spannungsabfall zwischen Kathode und Anode bei einer Gasentladung aus. Dieser Spannungsabfall nimmt zunächst einmal mit steigender Stromstärke ab. Bei der Bogenentladung ist das dadurch bedingt, daß die Bogensäule bei größerem Strom heißer und damit auch stärker ionisiert ist. Erst bei sehr hohen Stromstärken nimmt die Bogenspannung wieder zu, da dann der Ionisationsgrad nicht mehr weiter gesteigert werden kann und damit eine Erhöhung des Stromes eine Vergrößerung des Driftwiderstandes für die Elektronen bedeutet.

Üblicherweise liegt ein *Gleichstromlichtbogen* im Bereich negativer Strom-Spannungs-Charakteristik (*Bild 5.4*). Damit ein stabiler Arbeitspunkt zustandekommt, müssen Leerlaufspannung U_E und Innenwiderstand R_i der Stromquelle so bemessen sein, daß sich die Kennlinien von Lichtbogen und Stromquelle überschneiden. Von den beiden Schnittpunkten ist derjenige mit dem größeren Strom stabil.

Für die Stabilität eines *Wechselstromlichtbogens* spielt die Induktivität des Stromkreises eine wichtige Rolle. In *Bild 5.5* ist das Ersatzschaltbild des Lichtbogenstromkreises dargestellt. Durch die Wechselspannungsquelle ist eine

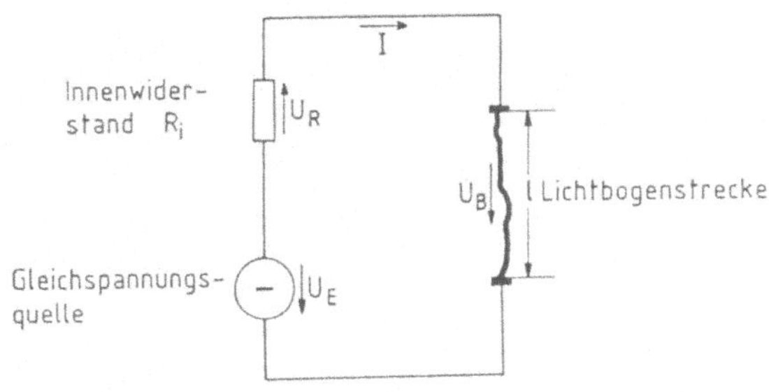

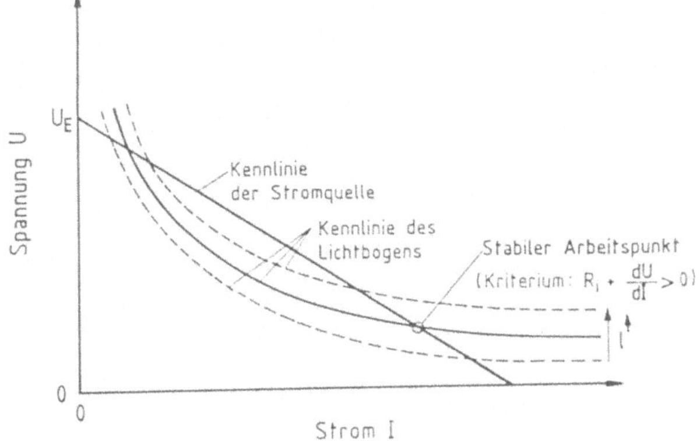

Bild 5.4 Charakteristik des Gleichstromlichtbogens

EMK eingeprägt. Der zeitliche Verlauf der Lichtbogenspannung eilt ihr gegenüber nach. Es gibt also Zeitabschnitte, in denen der Spannungsabfall am Lichtbogen größer ist als die treibende EMK. Die treibende Differenzspannung wird durch die in der Induktivität induzierte Spannung aufgebracht.

Beim Wechselstromlichtbogen ändert sich in jeder Halbwelle die Polung, deshalb ist jeweils eine Neuzündung erforderlich. Diese erfolgt jedoch bei wesentlich geringerer Zündspannung als bei Zündung eines Gleichstromlichtbogens aus dem kalten Zustand. Da nämlich die Elektroden und die Gasstrecke infolge thermischer Trägheit noch auf hoher Temperatur sind, wird der Zündvorgang durch thermische Ionisation und Emission erleichtert. Aus diesem Grunde tritt am Anfang jeder Spannungshalbwelle der Lichtbogenspannung u_B nur eine kleine Überhöhung auf. Beim Strom ist praktisch keine Lückung festzustellen.

Gegen Ende der Halbwelle geht die Lichtbogenspannung nicht im selben Maße zurück wie der Strom, weil sich auch bei konstantem Elektrodenabstand die Lichtbogenlänge innerhalb einer Halbwellendauer ändert. Der Stromweg verläuft nämlich nicht auf der kürzesten Verbindungslinie zwischen den Lichtbo-

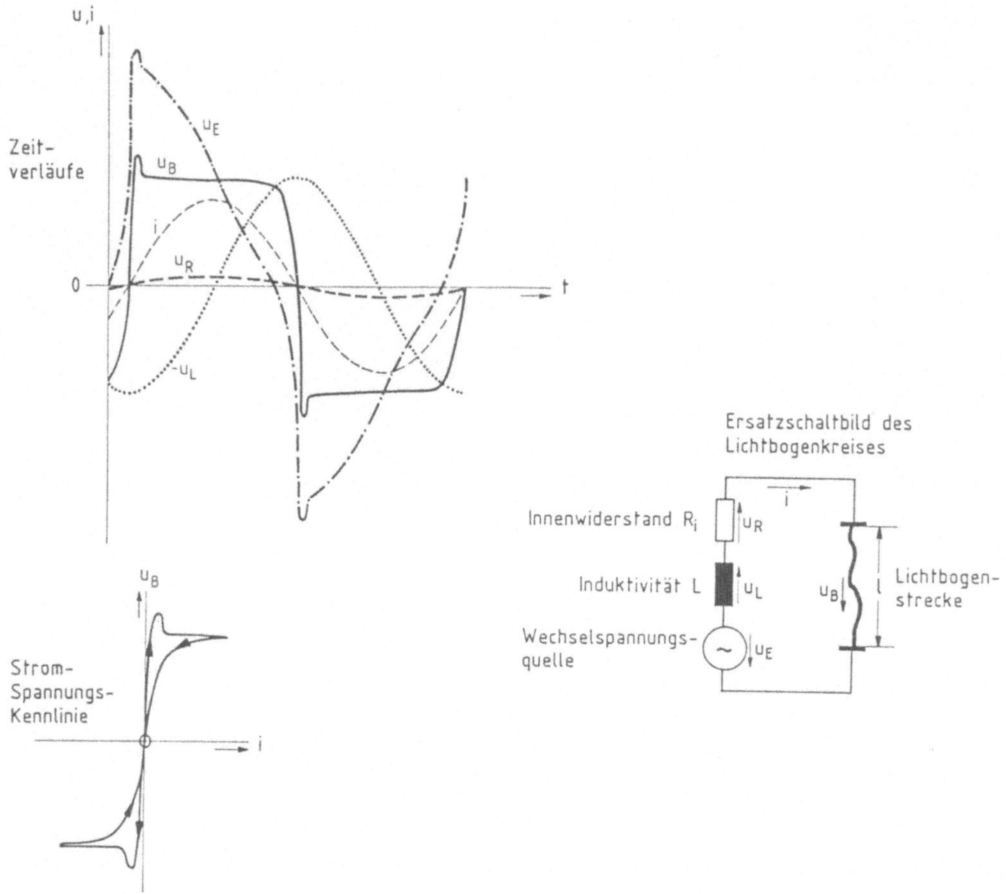

Bild 5.5 Charakteristik des Wechselstromlichtbogens

genfußpunkten, sondern wird im Rhythmus der Halbwellen nach außen hin abgelenkt. Diese periodische Bewegung resultiert aus den Kraftwirkungen der i.a. gekrümmten Strombahnen auf sich selbst und beim dreiphasigen "Lichtbogentrio" auch aus den magnetischen Kräften, die von den in den benachbarten Lichtbögen fließenden Strömen herrühren. Ermittelt man aus den Momentanwerten von Spannung u_B und Strom i die dynamische Kennlinie des Wechselstromlichtbogens, so ergibt sich eine mehr oder weniger ausgeprägt hystereseartige Charakteristik.

Zwar gehen Spannung und Strom des Wechselstrom - Lichtbogens jeweils gleichzeitig durch Null, jedoch liegt der Schwerpunkt der Spannungshalbwelle zeitlich etwas vor dem der Stromhalbwelle. Das heißt, daß der Lichtbogen selbst eine – allerdings vernachlässigbar geringe – Induktivität besitzt. Nicht nur die Kurvenform der Lichtbogenspannung sondern auch die eingeprägte EMK u_E weist einen erheblichen Oberwellengehalt auf. Das bedeutet, daß die Oberwellen des Wechselstromlichtbogens in das versorgende Netz zurückwirken, wenn sie nicht durch geeignete Maßnahmen (Saugkreise) ausgefiltert werden.

5.2 Wärmeerzeugung im elektrischen Nichtleiter

5.2.1 Der Vorgang der Polarisation im Nichtleiter

Wird an die planparallelen, im Abstand d zueinander stehenden Platten eines Kondensators eine Spannung U angelegt, so herrscht im Raum zwischen den Platten eine elektrische Feldstärke vom Betrag

$$E = \frac{U}{d} . \tag{5.11}$$

Das Vektorfeld der elektrischen Feldstärke $\vec{E}$ steht senkrecht zu den Flächen gleichen Potentials, in diesem Fall also senkrecht zu den Plattenebenen.

Die gleiche Richtung hat das Vektorfeld der *elektrischen Verschiebung*

$$\vec{D} = \varepsilon \vec{E} . \tag{5.12}$$

Ihr Betrag bestimmt sich aus der Ladung Q je Flächeneinheit A der Kondensatorplatten:

$$D = \frac{Q}{A} . \tag{5.13}$$

Der Proportionalitätsfaktor ε heißt *Permittivität*, früher *Dielektrizitätskonstante*. Ist im Raum zwischen den Platten Vakuum, nimmt ε den Wert der *elektrischen Feldkonstante* an:

$$\varepsilon_0 = 0{,}885 \cdot 10^{-10} \frac{\mathrm{A\,s}}{\mathrm{V\,m}} . \tag{5.14}$$

Bringt man in den Raum zwischen den Kondensatorplatten einen elektrisch nichtleitenden Stoff ein, so erhöht sich bei gleicher anliegender Spannung die flächenspezifische Ladung der Kondensatorplatten und damit die elektrische

Verschiebung, weil unter der Wirkung des elektrischen Feldes in dem Stoff eine *Ladungsträgerverschiebung* auftritt. Bei einem nichtleitenden Stoff handelt es sich jedoch nicht um einen Transport von Ladungsträgern im makroskopischen Maßstab, sondern um molekulare Polarisierungsvorgänge. Hierbei unterscheidet man:

- *Elektronen - Polarisation*: Atomkerne und ihre Hüllelektronen besitzen normalerweise den gleichen Ladungsschwerpunkt. Ein äußeres elektrisches Feld lenkt die Elektronen aus ihrer ursprünglichen Bahn etwas ab, so daß daraus ein elastischer elektrischer Dipol wird.
- *Ionen - Polarisation*: Bei Stoffen wie z.B. Kochsalz, die eine Ionenbindung aufweisen, werden die Gitterelemente unter dem Einfluß eines äußeren elektrischen Feldes aus ihrer stabilen Ruhelage entsprechend ihrem Ladungsvorzeichen in entgegengesetzter Richtung elastisch ausgelenkt.
- *Orientierungs - Polarisation*: Die Moleküle mancher Stoffe mit Atombindung (wie z.B. H_2O) sind unsymmetrisch aufgebaut und sind daher auch ohne Einwirkung eines äußeren elektrischen Feldes polarisiert, da die Schwerpunkte ihrer positiven und ihrer negativen Ladungsträger nicht zusammenfallen. Werden solche Moleküle einem elektrischen Feld ausgesetzt, so drehen sie sich von ihrer zufälligen Lage aus mit ihrer Polarisierungsachse in die Richtung des elektrischen Feldes hinein.

Die Verstärkung der *Verschiebung* durch die Polarisation in einem nichtleitenden Stoff kann durch den Vergleich seiner Permittivität ε mit dem für Vakuum geltenden Wert der elektrischen Feldkonstante ε_0 beschrieben werden. Als Maß verwendet man die *Permittivitätszahl* ε_r des Stoffes:

$$\varepsilon_r = \frac{\varepsilon}{\varepsilon_0} , \tag{5.15}$$

deren Wert mindestens Eins betragen muß, nämlich dann, wenn in dem Stoff unter der Wirkung eines elektrischen Feldes keinerlei Polarisationsvorgänge auftreten. Ansonsten liegt ihr Wert entsprechend höher.

Ändert sich in einem Nichtleiter der Polarisationszustand auf eine der beschriebenen Arten, so bedeutet das eine – wenn auch geringe – Ladungsträgerbewegung, da ja positive und negative Ladungsschwerpunkte sich hierbei etwas gegeneinander verschieben. Eine Bewegung von Ladungsträgern ist aber gleichbedeutend mit einem elektrischen Strom, der gemäß der verursachenden Erscheinung als *Verschiebungsstrom* bezeichnet wird. Seine Größe je Flächeneinheit, also die *Verschiebungsstromdichte* $\vec{J}_V$, geht aus der zeitlichen Veränderung der elektrischen Verschiebung hervor:

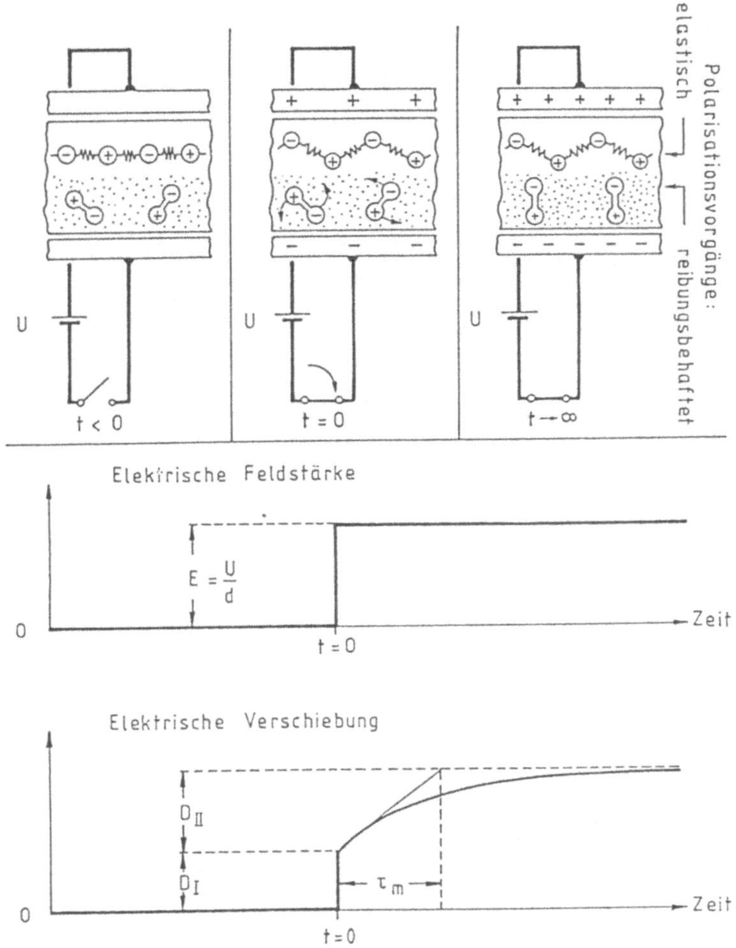

Bild 5.6 Polarisationsvorgänge im elektrischen Nichtleiter

$$\vec{J}_V = \frac{d\vec{D}}{dt} . \qquad (5.16)$$

Bei einer Änderung des Polarisationszustandes können Verzögerungseffekte auftreten. Legt man einen mit nichtleitendem Material gefüllten Plattenkondensator zum Zeitpunkt $t = 0$ an die Gleichspannung U (*Bild 5.6*), so wird sofort die elektrische Feldstärke wirksam, deren Größe aus Gl. (5.11) hervorgeht. Die elektrische Verschiebung baut sich jedoch nicht sofort in voller Höhe auf, sondern nur bis zu einem Anteil der Größe

$$D_I = \varepsilon_{r,I} \, \varepsilon_0 \, E . \qquad (5.17)$$

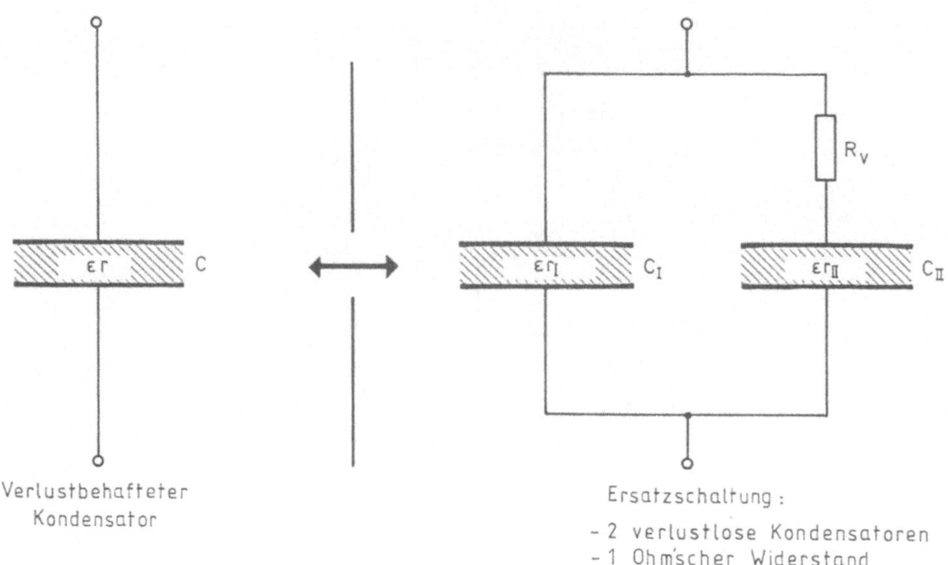

Bild 5.7 Ersatzschaltbild des verlustbehafteten Kondensators

Diese elektrische Verschiebung D_I setzt sich zusammen aus dem Anteil, der auch im Vakuum vorhanden wäre, sowie ggf. aus einer dielektrischen Verschiebung aufgrund elastischer und im wesentlichen reibungsfreier Polarisationsvorgänge. Hierfür sind in erster Linie Elektronen- und Ionen-Polarisation verantwortlich.

Dazu kann noch ein Anteil an dielektrischer Verschiebung D_{II} hinzukommen, bei dem die molekularen Polarisationsbewegungen einen Reibungswiderstand überwinden müssen und deshalb einer sprunghaften Änderung der elektrischen Feldstärke nur verzögert folgen können:

$$D_{II}(t) = \varepsilon_{r,II}\, \varepsilon_0\, E\,[1 - \exp(-t/\tau_m)]\,. \tag{5.18}$$

Dies trifft im wesentlichen für die Orientierungs-Polarisation zu.

Bei Anliegen einer Gleichspannung ist also die Gesamt-Permittivitätszahl ε_r zusammengesetzt aus zwei Anteilen, die aus der reibungsfreien sowie aus der reibungsbehafteten Polarisation resultieren:

$$\varepsilon_r = \varepsilon_{r,I} + \varepsilon_{r,II}\,. \tag{5.19}$$

Die Zeitkonstante τ_m der reibungsbehafteten Polarisation wird als *Relaxationszeit* bezeichnet. Sie nimmt bei Flüssigkeiten mit steigender Temperatur stark ab, hauptsächlich wegen des Rückganges der Zähigkeit.

Die Reibungsvorgänge bei den molekularen Polarisationsbewegungen haben eine lokale Wärmeentwicklung zur Folge. Hierdurch ist es auch in elektrischen Nichtleitern möglich, elektrische Energie in Wärme umzuwandeln.

Bei der hier angestellten Betrachtung der molekularen Vorgänge ist vorausgesetzt, daß die einzelnen Dipole in relativ großem Abstand zueinander stehen, so daß eine gegenseitige elektrische Beeinflussung nicht stattfindet. Diese Voraussetzung ist z.B. bei Alkoholen und Paraffinen in unpolarem Lösungsmittel gegeben.

5.2.2 Das Ersatzschaltbild des verlustbehafteten Kondensators

Treten bei der Polarisationsänderung eines nichtleitenden Stoffes in einem Plattenkondensator der Kapazität

$$C = \varepsilon_r \, \varepsilon_0 \, A / d \tag{5.20}$$

Reibungsvorgänge auf, so ist der Kondensator verlustbehaftet. Die Gesetzmäßigkeiten dieser Verluste lassen sich anhand eines aus idealen Komponenten bestehenden Ersatzschaltbildes erkennen.

Aus den Zusammenhängen in *Bild 5.6* kann man herleiten, daß eine Schaltung nach *Bild 5.7* das gleiche elektrische Impedanzverhalten zeigt, also auf beliebige Spannungssignale sich die gleichen Stromverläufe einstellen wie beim verlustbehafteten Kondensator. Die beiden verlustlosen Ersatzkondensatoren C_I und C_{II} bemessen sich nach den elastischen bzw. reibungsbehafteten Polarisationsanteilen:

$$C_I = \frac{\varepsilon_{r,I}}{\varepsilon_r} C \, ; \tag{5.21}$$

$$C_{II} = \frac{\varepsilon_{r,II}}{\varepsilon_r} C \, . \tag{5.22}$$

Sie summieren sich also zur Gesamtkapazität C des verlustbehafteten Kondensators.

Der Verlustwiderstand R_V ist wesentlich durch die Größe der Relaxationszeit bestimmt:

$$R_V = \frac{\tau_m}{C_{II}} = \frac{\tau_m}{C} \frac{\varepsilon_r}{\varepsilon_{r,II}} . \qquad (5.23)$$

Dieser OHMsche Widerstand repräsentiert die Entstehung von Reibungswärme im Dielektrikum.

5.2.3 Das Dielektrikum im elektrischen Wechselfeld

Wird an die Ersatzschaltung eine komplexe Wechselspannung

$$\underline{U} = \hat{U} \exp(\mathrm{j}\, \omega\, t) \qquad (5.24)$$

der Kreisfrequenz ω gelegt, so ergibt sich der Strom unter Verwendung von Gln. (5.21), (5.22) und (5.23) zu

$$\underline{I} = \underline{U}\, \mathrm{j}\, \omega \left(\varepsilon_{r,I} + \frac{\varepsilon_{r,II}}{1 + \mathrm{j}\, \omega\, \tau_m}\right) \varepsilon_0\, A/d . \qquad (5.25)$$

Durch Vergleich mit Gl. (5.20) stellt man fest, daß die Permittivitätszahl, die im Gleichspannungsfall die Größe ε_r besitzt, bei Anlegen einer Wechselspannung komplex und frequenzabhängig wird:

$$\underline{\varepsilon}_r^* (\omega) = \varepsilon_r' (\omega) - \mathrm{j}\, \varepsilon_r'' (\omega) . \qquad (5.26)$$

Realteil ε_r' und Imaginärteil ε_r'' ergeben sich aus Gl. (5.25) zu

$$\varepsilon_r' = \varepsilon_{r,I} + \frac{\varepsilon_{r,II}}{1 + (\omega\, \tau_m)^2} ; \qquad (5.27)$$

$$\varepsilon_r'' = \frac{\varepsilon_{r,II}\, \omega\, \tau_m}{1 + (\omega\, \tau_m)^2} . \qquad (5.28)$$

Diese Gesetzmäßigkeiten sind nicht abhängig von der Größe des betrachteten Kondensators und gelten damit auch lokal, d.h. für einen Kondensator, dessen Plattenfläche A und Plattenabstand d gegen Null gehen. Damit erhält man folgende Beziehungen zwischen der Dichte des Verschiebungsstroms $\underline{J}_V$, bzw. der elektrischen Verschiebung $\underline{D}$ und der elektrischen Feldstärke $\underline{E}$:

$$\underline{J}_V = \mathrm{j}\, \omega\, \underline{\varepsilon}_r^*\, \varepsilon_0\, \underline{E} ; \qquad (5.29)$$

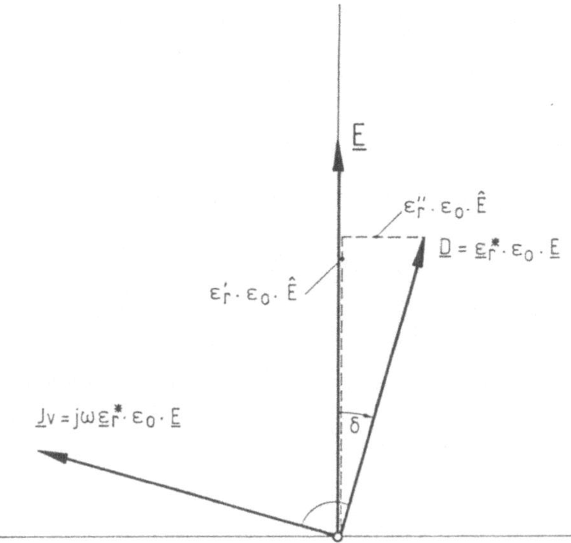

Bild 5.8 Zeigerdiagram der Feldgrößen im verlustbehafteten Dielektrikum

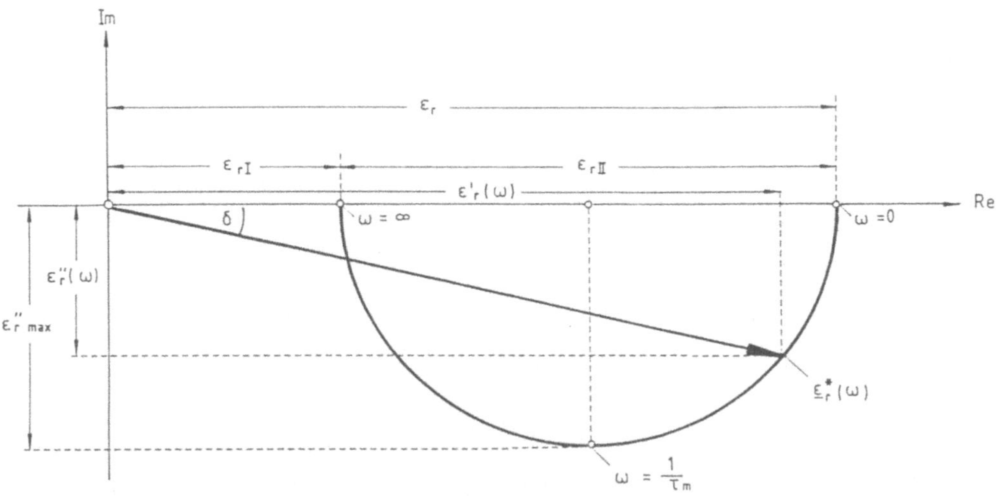

Bild 5.9 Die Ortskurve der komplexen Pemittivitätszahl

$$\underline{D} = \underline{\varepsilon}_r^* \, \varepsilon_0 \, \underline{E} \, . \tag{5.30}$$

Das Zeigerdiagramm dieser Größen ist in *Bild 5.8* dargestellt. Die elektrische Verschiebung $\underline{D}$ eilt der elektrischen Feldstärke $\underline{E}$ um den *Verlustwinkel* δ

nach, der durch das Verhältnis zwischen Imaginär- und Realteil der komplexen Permittivitätszahl gegeben ist:

$$\tan \delta = \frac{\varepsilon_r''}{\varepsilon_r'} . \tag{5.31}$$

Aus der in *Bild 5.9* dargestellten Ortskurve der komplexen Permittivitätszahl können die folgenden Abhängigkeiten von der Frequenz festgestellt werden:

- Der Realteil ε_r' wird, ausgehend vom Gleichspannungswert ε_r, mit zunehmender Frequenz kleiner. Für sehr hohe Frequenzen strebt er dem Grenzwert $\varepsilon_{r,I}$ zu.
- Der Verlustwinkel δ nimmt zunächst mit wachsender Frequenz zu und wird im Bereich sehr hoher Frequenzen wieder kleiner, bis hin zum Grenzwert Null für unendlich hohe Frequenz.
- Der *Verlustwert* ε_r'', der nach Gl. (5.31) das Produkt der beiden vorstehend genannten Größen ist, nimmt ebenfalls zunächst mit wachsender Frequenz zu. Bei der Resonanzfrequenz entsprechend $\omega = 1/\tau_m$ erreicht er sein Maximum und strebt für noch höhere Frequenzen wieder gegen Null.

Für Leitungswasser ist in *Bild 5.10* der Verlustwert über der Frequenz $f = \omega/2\pi$ aufgetragen [69]. Mit steigender Temperatur verschiebt sich das Maximum zu

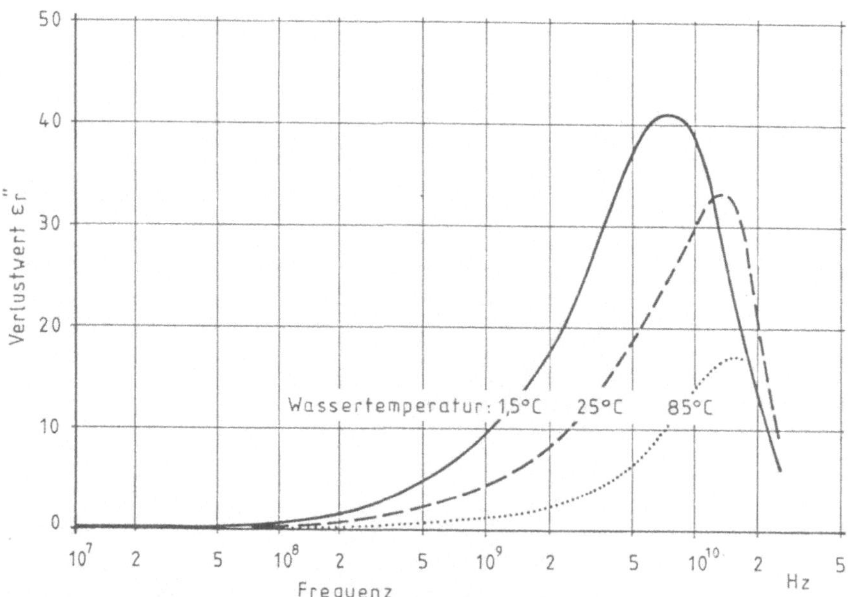

Bild 5.10 Dielektrischer Verlustwert von Wasser

höheren Frequenzen und wird außerdem im Betrag kleiner. Beides erklärt sich aus dem Rückgang der Viskosität.

Die an einer betrachteten Stelle in Wärme umgesetzte Leistung (*Leistungsintensität* oder *Wärmequellendichte*) erhält man als Produkt von elektrischer Feldstärke, Verschiebungsstromdichte und zugehörigem Leistungsfaktor (*Bild 5.8*):

$$p = E J_V \cos(\pi/2 - \delta) . \quad (5.32)$$

Unter Verwendung von Gl. (5.29) ergibt sich:

$$p = \omega \varepsilon_r'' \varepsilon_0 E^2 . \quad (5.33)$$

Die Leistungsintensität p der dielektrischen Erwärmung hängt also ab:
- vom Quadrat der lokalen elektrischen Feldstärke E,
- von der Frequenz $f = \omega/(2\pi)$,
- von der Größe des dielektrischen Verlustwertes $\varepsilon_r'' = \varepsilon_r' \tan \delta$.

Im Falle eines sinusförmigen Wechselfeldes oszilliert die Leistungsintensität mit dem Doppelten der Frequenz zwischen Null und dem Maximalwert, der durch den Scheitelwert der elektrischen Feldstärke bestimmt ist. Der zeitliche Mittelwert der Leistungsintensität beträgt die Hälfte ihres Maximalwertes und ergibt sich durch Einsetzen des Effektivwertes der Feldstärke in Gl. (5.33).

Tafel 5.1 Dielektrische Kenngrößen von nichtleitenden Materialien im MHz – Bereich [50; 69]

Material	ε_r'	$\tan \delta$	ε_r''
Polyäthylen	2,3	0,0005	0,0012
PVC	3,5	0,091	0,32
Hartgummi	2,4	0,015	0,036
Porzellan	5,9	0,009	0,053
Glas	5,4	0,013	0,070
Papier	3,0	0,038	0,114
Holz (Tanne, trocken)	2,2	0,052	0,114

Die dielektrischen Kenngrößen, gültig für den MHz-Bereich, sind für verschiedene nichtleitende Stoffe in *Tafel 5.1* angegeben. Es handelt sich dabei um Anhaltswerte mit einem teilweise erheblichen Schwankungsbereich.

5.2.4 Feldübergänge zwischen verschiedenen Dielektrika

Oft ist das dielektrisch zu erwärmende Material nicht homogen, oder es befindet sich auch Luft in dem vom elektrischen Feld durchsetzten Raum. Da jedoch für die Leistungsintensität der dielektrischen Erwärmung der lokale Wert der elektrischen Feldstärke maßgebend ist, sind die Gesetzmäßigkeiten beim Feldübergang zwischen verschiedenen Dielektrika zu berücksichtigen. Grundsätzlich läßt sich der Übergang von elektrischem Feld $\vec{E}$ und Verschiebung $\vec{D}$ über die Grenzfläche zweier Dielektrika mit unterschiedlicher Permittivitätszahl ε_r durch eine Betrachtung der Normal- und Tangentialkomponente ermitteln, wie in *Bild 5.11* dargestellt.

Die Brechung der Feldrichtung an der Grenzschicht ist für elektrische Feldstärke $\vec{E}$ und Verschiebung $\vec{D}$ jeweils identisch. Im stärker polarisierenden Medium 2 erfolgt bei schrägem Feldeinfall eine Ablenkung in tangentialer Richtung, die umso stärker ist, je größer das Verhältnis der beiden Permittivitätszahlen ist. Dieser Sachverhalt ist in *Bild 5.12* (unteres Diagramm) dargestellt.

Das Verhältnis der beiden elektrischen Feldstärken errechnet sich zu

$$\frac{E_2}{E_1} = \frac{\varepsilon_{r1}}{\varepsilon_{r2}} \left[1 + \left(\frac{\varepsilon_{r2}}{\varepsilon_{r1}} \tan \alpha_1\right)^2\right]^{1/2} \cos \alpha_1 \,. \qquad (5.34)$$

Für das Verhältnis der Leistungsintensitäten der dielektrischen Erwärmung ist neben diesem Feldstärkenverhältnis nach Gl. (5.33) noch das Verhältnis der beiden Verlustwerte maßgebend.

Bild 5.12 gibt im oberen Diagramm diese Beziehung für den Feldübergang von einem schwächer polarisierenden Medium 1 auf ein stärker polarisierendes Medium 2 wieder. Es zeigt sich, daß die Änderung des Betrages der elektrischen Feldstärke E beim Übergang zwischen zwei Dielektrika stark vom Neigungswinkel α_1 abhängt. Trifft das elektrische Feld vom Medium 1 her nahezu senkrecht auf die Grenzschicht auf, so entspricht die Feldschwächung dem reziproken Verhältnis der beiden ε_r. Mit stärkerer Neigung der Einfallsrichtung führt der zunehmende Einfluß der Tangentialkomponente dazu, daß

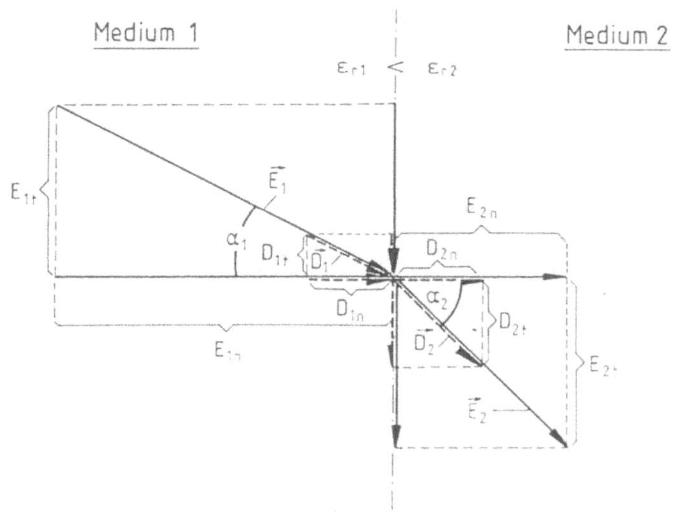

	Elektrische Feldstärke	Elektrische Verschiebung
Tangentialkomponente	$E_{2t} = E_{1t}$	$D_{2t} = \frac{\varepsilon_{r2}}{\varepsilon_{r1}} \cdot D_{1t}$
Normalkomponente	$E_{2n} = \frac{\varepsilon_{r1}}{\varepsilon_{r2}} \cdot E_{1n}$	$D_{2n} = D_{1n}$
Brechung	$\tan \alpha_2 = \frac{\varepsilon_{r2}}{\varepsilon_{r1}} \cdot \tan \alpha_1$	

Bild 5.11 Brechungsgesetze des elektrischen Feldes

die elektrische Feldstärke im Medium 2 sich derjenigen im Medium 1 annähert.

Strebt man in einem stark polarisierenden Material eine hohe Intensität der dielektrischen Erwärmung an, so ist es daher günstig, wenn die Einfallsrichtung des elektrischen Feldes zur Oberfläche möglichst stark geneigt ist (*Schrägfelderwärmung, Längsfelderwärmung*).

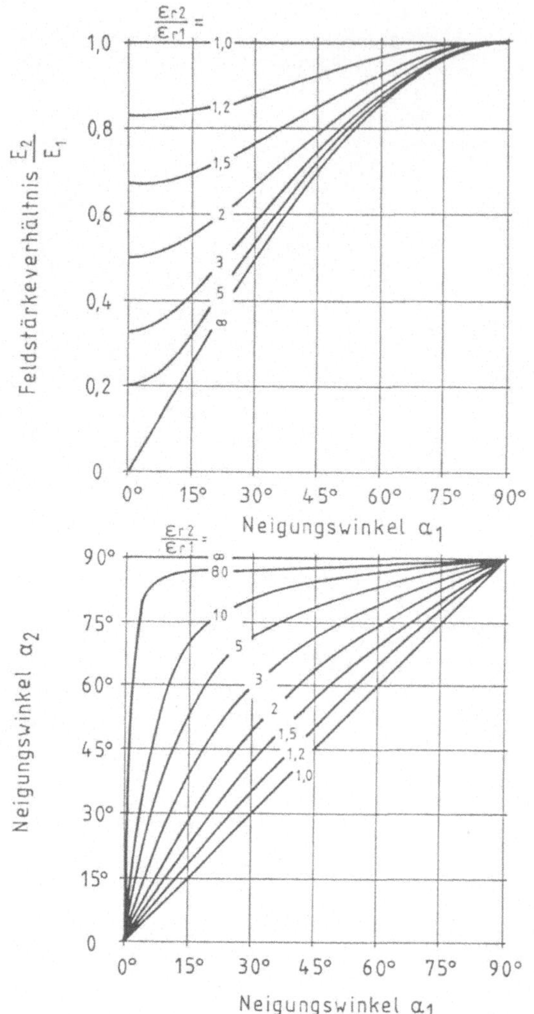

Bild 5.12 Übergang des elektrischen Feldes zwischen zwei Medien

5.2.5 Wärmeerzeugung im gemischt leitenden Dielektrikum

Ist ein polarisierendes Dielektrikum wasserhaltig, so ist die OHMsche Leitfähigkeit $\varkappa$ oft nicht mehr vernachlässigbar, weil die Moleküle der wasserhaltigen Substanz teilweise dissoziiert und damit zur Ionenleitung fähig sind.

Unter der Wirkung eines elektrischen Wechselfeldes $\underline{E}$ stellt sich eine Stromdichte $\underline{J}_{ges}$ ein, die sich aus den Dichten von Leitungsstrom $\underline{J}$ nach Gl. (5.4) und Verschiebungsstrom $\underline{J}_V$ nach Gl. (5.29) unter Berücksichtigung der Phasenlagen zusammensetzt. Da der Verschiebungsstrom nicht phasengleich mit dem elektrischen Feld ist, ergibt der Quotient aus gesamter Stromdichte und elektrischer Feldstärke eine *komplexe Leitfähigkeit*

$$\underline{\varkappa}^* = \frac{\underline{J}_{ges}}{\underline{E}} = \varkappa + \omega\, \varepsilon_r''\, \varepsilon_0 + \mathrm{j}\, \omega\, \varepsilon_r'\, \varepsilon_0 \,. \tag{5.35}$$

Analog zu Gl. (5.33) ist die *Leistungsintensität*

$$p = \mathrm{Re}\, \underline{\varkappa}^*\, E^2 = (\varkappa + \omega\, \varepsilon_r''\, \varepsilon_0)\, E^2 \,. \tag{5.36}$$

Speziell wasserhaltige Substanzen sind teilweise nicht homogen. Hierzu läßt sich modellhaft vorstellen, daß eine kleine kugelförmige Wasserpartikel in einem von der Trockensubstanz erfüllten Außenraum eingelagert ist. Dieser wird einem homogenen elektrischen Wechselfeld der Größe E_U ausgesetzt. Wie *Bild 5.13* im oberen Teil zeigt, tritt eine nennenswerte Störung des elektrischen Feldes in einem Bereich auf, dessen Radius etwa das Dreifache des Kugelradius R beträgt. Nimmt man an, daß in einem gegebenen Volumen eine Vielzahl kleiner Kugeln gleichmäßig verteilt sind, deren Störbereiche sich jeweils nicht überschneiden, so läßt sich dieses Vorstellungsmodell bis zu einem Volumenanteil der Kugeln von maximal etwa 3 % heranziehen.

Ist diese Voraussetzung erfüllt, so führt die Anwendung der *elektrischen Potentialgleichung* zu dem Resultat eines homogenen elektrischen Feldes im Kugelinneren. Der Quotient der Effektivwerte der elektrischen Feldstärken in der Kugel, E_K, und im ungestörten Außenraum, E_U, ergibt sich aus den Gesetzen des elektrischen Strömungsfeldes zu

$$\frac{E_K}{E_U} = \left| \frac{3\, \underline{\varkappa}_U^*}{2\, \underline{\varkappa}_U^* + \underline{\varkappa}_K^*} \right| \,. \tag{5.37}$$

$\underline{\varkappa}_U^*$ und $\underline{\varkappa}_K^*$ sind dabei die komplexen Leitfähigkeiten gemäß Gl. (5.35) in Außenraum bzw. Kugel, die sich aus den entsprechenden Stoffwerten errechnen lassen. Unter Verwendung von Gl. (5.33) kann man das Verhältnis der Leistungsintensitäten in Kugel und Außenraum herleiten:

$$\frac{p_K}{p_U} = \frac{\mathrm{Re}\, \underline{\varkappa}_K^*}{\mathrm{Re}\, \underline{\varkappa}_U^*} \left| \frac{3}{2 + \dfrac{\underline{\varkappa}_K^*}{\underline{\varkappa}_U^*}} \right|^2 \,. \tag{5.38}$$

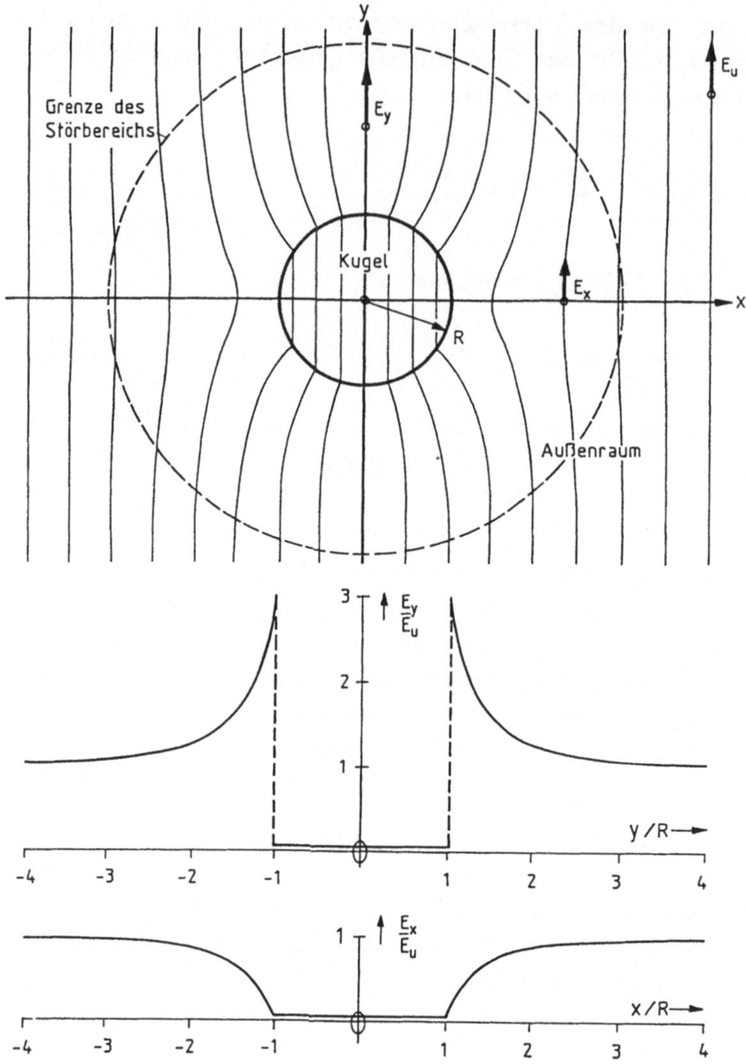

Bild 5.13 Beeinflussung des homogenen elektrischen Feldes durch eine Kugel

Ist dieses Verhältnis gleich Eins, werden Kugel und Außenraum mit gleicher Leistungsintensität erwärmt. Wasserhaltige Substanzen zeichnen sich in der Regel durch *selektive Energieabsorption* aus: Die Leistungsintensität in den Wasserpartikeln ist größer als in der Trockensubstanz.

Ein einfaches Zahlenbeispiel möge diesen Sachverhalt erläutern. Für feuchtes Holz sind die Stoffwerte der Teilsubstanzen in *Tafel 5.2* angegeben. Daraus

Tafel 5.2 Stoffwerte der Teilsubstanzen von feuchtem Holz ($f = 27$ MHz)

	ε_r'	$\tan\delta$	$\varkappa$ S/m	$\lvert\underline{\varkappa}^*\rvert$ S/m	Re $\underline{\varkappa}^*$ S/m
Holz (Tr.S.)	2	0,05	0	0,003	0,00015
Wasser	80	0,0006	0,05	0,130	0,05

Tafel 5.3 Selektivität der Wassererwärmung

Vol. – Verhältnis Wasser:Trocken – substanz	$\frac{E_K}{E_U}$	$\frac{\text{Re}\,\underline{\varkappa}_K^*}{\text{Re}\,\underline{\varkappa}_U^*}$	$\frac{p_K}{p_U}$	$\frac{p_{Wasser}}{p_{Tr.S.}}$
< 1:30	0,067	333	1,5	1,5
> 30:1	1,5	0,003	0,00675	370

sind in *Tafel 5.3* die Verhältniswerte der elektrischen Feldstärken, der Realteile der komplexen Leitfähigkeiten und der Leistungsintensitäten gebildet. Hierbei sind zwei Extremfälle unterschieden. Im ersten Fall eines sehr geringen Wassergehaltes liegt das bereits erwähnte Vorstellungsmodell der in die Trockensubstanz eingelagerten kleinen Wasserkugeln zugrunde. Im zweiten Fall eines sehr hohen Wassergehaltes sind die Rollen in diesem Modell vertauscht: Kleine Kugeln der Trockensubstanz sind im Wasser verstreut.

Natürlich ist speziell der zweite Fall fern der Realität. Gleichwohl läßt sich anhand dieser Modellbetrachtung zeigen, daß bei der dielektrischen Trocknung in aller Regel die Wärmeerzeugung bevorzugt in den Wasserpartikeln stattfindet. Dieser Effekt der selektiven Erwärmung des Wassers in feuchten Stoffen ist dabei umso stärker ausgeprägt, je höher der Wassergehalt ist.

Zu den in *Tafel 5.3* angegebenen Relationen der Leistungsdichten ist anzumerken, daß es sich bei der Leistungsdichte im Außenraum (p_U) um den räumlichen Mittelwert handelt. Wie aus den Diagrammen im unteren Teil von *Bild 5.13* ersichtlich, ist die elektrische Feldstärke innerhalb des Störbereichs jedoch nicht einheitlich. An der Grenzfläche zur Kugel in der Achse, die mit der Richtung des elektrischen Feldes übereinstimmt, kann sie bis zum Dreifachen überhöht sein (siehe die Werte für E_y). An solchen Stellen beträgt die Leistungsdichte der Wärmeerzeugung im Außenraum (also in der Trockensubstanz) lokal bis zum Sechsfachen des Wertes in der Wasserpartikel.

5.3 Das elektromagnetische Wechselfeld

5.3.1 Die MAXWELLschen Gleichungen

Ein elektromagnetisches Wechselfeld ist dadurch gekennzeichnet, daß elektrische und magnetische Größen einander beeinflussen. Dies kommt in den beiden MAXWELLschen Gleichungen zum Ausdruck.

Die 1. MAXWELLsche Gleichung lautet

$$\operatorname{rot} \vec{H} = \vec{J} + \frac{\partial \vec{D}}{\partial t}, \tag{5.39}$$

sagt also aus, daß der Wirbel der magnetischen Feldstärke an jeder Stelle des Raumes gleich der wahren Stromdichte an dieser Stelle ist. Die *wahre Stromdichte* setzt sich dabei zusammen aus der Stromdichte des Leitungsstromes gemäß Gl. (5.4), sowie aus der Dichte des Verschiebungsstromes, die nach Gl. (5.16) aus einer zeitlichen Änderung der elektrischen Verschiebung hervorgeht. In elektrisch leitenden Stoffen ist der Anteil des Verschiebungsstromes i.a. vernachlässigbar gering.

Die 1. MAXWELLsche Gleichung stellt die differentielle Form des *Durchflutungsgesetzes* dar, welches allgemein lautet:

$$\oint \vec{H}\, \mathrm{d}\vec{s} = \Theta, \tag{5.40}$$

und besagt also, daß das Linienintegral der magnetischen Feldstärke $\vec{H}$ längs irgendeines geschlossenen Weges gleich der *Durchflutung* Θ, d.h. gleich der Summe der von diesem Weg eingeschlossenen elektrischen Ströme ist.

Die 2. MAXWELLsche Gleichung

$$\mathrm{rot}\,\vec{E} = -\frac{\partial \vec{B}}{\partial t} \tag{5.41}$$

drückt aus, daß eine zeitliche Änderung der magnetischen Induktion $\vec{B}$ an einer Stelle verbunden ist mit dem Auftreten eines Wirbels der elektrischen Feldstärke $\vec{E}$. Dies ist die differentielle Form des *Induktionsgesetzes*

$$\oint \vec{E}_{\mathrm{ind}}\,\mathrm{d}\vec{s} = u_{\mathrm{ind}} = -\frac{\mathrm{d}\Phi}{\mathrm{d}t}\,, \tag{5.42}$$

nach dem sich die längs irgendeines geschlossenen Weges induzierte Quellenspannung u_{ind} (entsprechend dem Linienintegral der elektrischen Feldstärke) ergibt aus der zeitlichen Änderung des von diesem Weg eingeschlossenen Induktionsflusses Φ. Dabei ist ohne Belang, ob die Änderung davon herrührt, daß der betrachtete Weg (z.B. in Form einer Leiterschleife) seine Größe oder Lage verändert, oder ob die Änderung auf Veränderungen der lokalen Werte für die magnetische Induktion $\vec{B}$ zurückzuführen ist.

Die Zusammenhänge zwischen den vier *elektromagnetischen Feldgrößen*
- elektrische Feldstärke $\vec{E}$,
- elektrische Stromdichte $\vec{J}$,

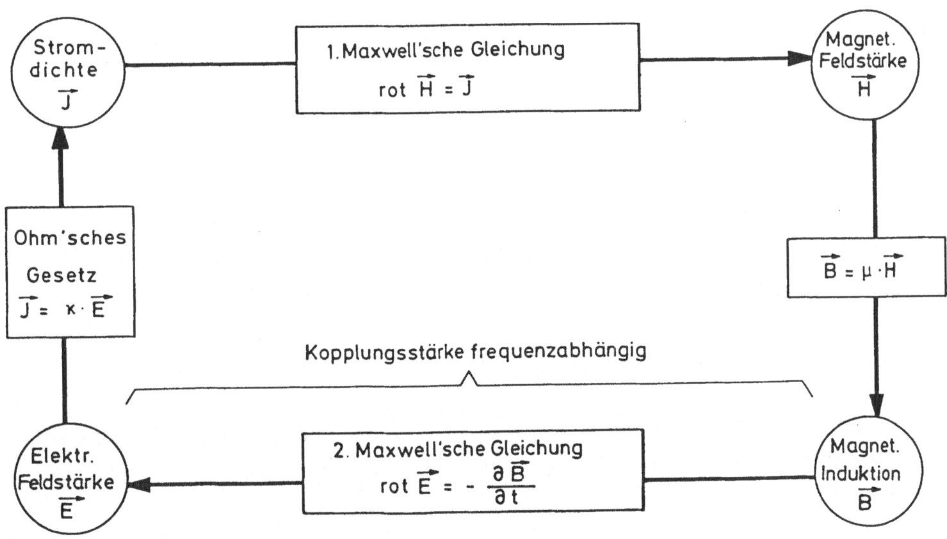

Bild 5.14 Elektromagnetische Wirkungszusammenhänge

– magnetische Feldstärke $\vec{H}$ und
– magnetische Induktion $\vec{B}$

sind in *Bild 5.14* unter Vernachlässigung des Verschiebungsstromes dargestellt. Durch die in der 2. MAXWELLschen Gleichung enthaltene zeitliche Ableitung kommt zum Ausdruck, daß Induktionswirkungen umso stärker ausgeprägt sind, je höher die Frequenz (bei Voraussetzung periodischer Zustandsänderungen) ist. Während im stationären Fall, d.h. bei Gleichstrom, eine offene Wirkungskette vorliegt, ergibt sich mit steigender Frequenz eine zunehmende Verflechtung der Zusammenhänge.

5.3.2 Energieinhalt und Leistungsfluß

Die *Energiedichte eines elektrischen Feldes* (d.h. sein Energieinhalt pro Volumeneinheit) an irgendeiner Stelle und zu einem beliebigen Zeitpunkt,

$$w_{el} = \frac{1}{2} \vec{E} \vec{D} , \tag{5.43}$$

ist durch die Momentangrößen der Vektoren von elektrischer Feldstärke $\vec{E}$ und elektrischer Verschiebungsdichte $\vec{D}$ gegeben. Unter Verwendung von Gln. (5.30) und (5.26) folgt daraus:

$$w_{el} = \frac{1}{2} \varepsilon' \vec{E}^2 . \tag{5.44}$$

In analoger Weise bestimmt sich die *Energiedichte eines magnetischen Feldes* zu

$$w_{magn} = \frac{1}{2} \vec{H} \vec{B} = \frac{1}{2} \mu \vec{H}^2 , \tag{5.45}$$

wobei μ die Permeabilität, also der Quotient aus magnetischer Induktion und magnetischer Feldstärke ist. Die *Energiedichte eines elektromagnetischen Feldes* setzt sich stets aus diesen beiden Komponenten zusammen:

$$w_{em} = w_{el} + w_{magn} = \frac{1}{2} (\varepsilon' \vec{E}^2 + \mu \vec{H}^2) . \tag{5.46}$$

Bei der induktiven Energieübertragung dominiert die magnetische Energiedichte w_{magn}, bei der dielektrischen Erwärmung im Kondensatorfeld die elektische Energiedichte w_{el}.

Im Wechselfeld oszillieren die Energiedichten mit dem Doppelten der Feldfrequenz zwischen dem Wert Null und dem Maximalwert, der durch die Scheitelwerte der Feldgrößen bestimmt ist.

Die zeitliche Veränderung der Energiedichte ergibt sich durch Ableitung zu

$$\frac{\mathrm{d}w_{em}}{\mathrm{d}t} = \varepsilon' \vec{E} \frac{\mathrm{d}\vec{E}}{\mathrm{d}t} + \mu \vec{H} \frac{\mathrm{d}\vec{H}}{\mathrm{d}t} . \tag{5.47}$$

Unter Heranziehung der beiden MAXWELLschen Gleichungen und der auf Gl. (5.29) basierenden Beziehung

$$\frac{\mathrm{d}\vec{D}}{\mathrm{d}t} = \omega \varepsilon_r'' \varepsilon_0 \vec{E} + \varepsilon_r' \frac{\mathrm{d}\vec{E}}{\mathrm{d}t} \tag{5.48}$$

erhält man daraus folgende Gleichung:

$$\frac{\mathrm{d}w_{em}}{\mathrm{d}t} + (\varkappa + \omega \varepsilon_r'' \varepsilon_0) \vec{E}^2 = \vec{E} \operatorname{rot} \vec{H} - \vec{H} \operatorname{rot} \vec{E} . \tag{5.49}$$

Der zweite Term auf der linken Seite dieser Gleichung gibt gemäß Gl. (5.36) die Leistungsintensität p der Wärmeerzeugung an der betrachteten Stelle als Summe der JOULEschen Wärme und der dielektrischen Erwärmung an.

Die rechte Seite von Gl. (5.49) läßt sich nach den Berechnungsgesetzen für Vektorfelder folgendermaßen umformen:

$$\vec{E} \operatorname{rot} \vec{H} - \vec{H} \operatorname{rot} \vec{E} = \operatorname{div} (\vec{E} \times \vec{H}) . \tag{5.50}$$

Ist die Divergenz positiv, so bedeutet das, daß an dieser Stelle Feldlinien eines Vektors

$$\vec{S} = \vec{E} \times \vec{H} \tag{5.51}$$

in einer Senke enden. Der Vektor $\vec{S}$ heißt "POYNTING – Vektor" und drückt allgemein die Leistung je Flächeneinheit (= Leistungsdichte) elektromagnetischer Strahlung aus.
Diese *Strahlungsleistungsdichte* ergibt sich also als Vektorprodukt der elektrischen und magnetischen Feldstärken. Die Richtung des Vektors $\vec{S}$ bezeichnet die Richtung des elektromagnetischen Leistungsflusses an der betrachteten Stelle.
Die Größe div $\vec{S}$ gibt die Differenz zwischen der an einer Stelle ankommenden und der dort zum selben Zeitpunkt weggehenden elektrischen Strahlungsleistung an. Für diesen Leistungssaldo bildet Gl. (5.49) die lokale und momentane Leistungsbilanz:

$$\operatorname{div} \vec{S} = p + \frac{\mathrm{d}w_{em}}{\mathrm{d}t} . \tag{5.52}$$

Der Anteil an elektromagnetischer Strahlungsleistung, der per saldo an einer Stelle verbleibt, kann sich also aufspalten in
- eine Vergrößerung der an dieser Stelle herrschenden elektromagnetischen Energiedichte w_{em}, und
- eine lokale Entstehung JOULEscher Wärme mit der Leistungsintensität p.

Die Entstehung von Wärme aus elektrischer Energie ist ein irreversibler Prozeß. Deshalb kann die Leistungsintensität p nur positives Vorzeichen besitzen.

Wo keine Wärmeentwicklung stattfindet ($p = 0$), stehen die Zu- bzw. Abnahme elektromagnetischer Feldenergie und die Zu- bzw. Abfuhr elektromagnetischer Strahlungsleistung in jedem Augenblick im Gleichgewicht.

5.3.3 Eindringverhalten elektromagnetischer Felder

Grundsätzliche Beschreibung des Skineffektes

Die Schließung des elektromagnetischen Wirkungskreises über die 2. MAXWELLsche Gleichung ist verantwortlich für die Erscheinung der Feldverdrängung im materieerfüllten Raum. Diese ist folglich umso stärker ausgeprägt, je höher die Frequenz des elektromagnetischen Wechselfeldes ist.

Wie die Feldverdrängung zustandekommt, ist in *Bild 5.15* in drei Stufen anschaulich gemacht, und zwar für konduktive und für induktive Erwärmung. Betrachtet wird dabei ein kurzer Abschnitt eines Metallzylinders, an dessen Enden im Falle der konduktiven Erwärmung eine Wechselspannung anliegt, wodurch die elektrische Feldstärke $\vec{E}$ und damit auch die Stromfäden $\vec{J}$ in axialer Richtung verlaufen. Bei der induktiven Erwärmung sind das Magnetfeld $\vec{H}$ und der Induktionsfluß der Dichte $\vec{B}$ axial gerichtet, hervorgerufen durch eine um den Zylinder gelegte wechselstromdurchflossene Spule (im Bild nicht eingezeichnet). Die nachfolgenden Erläuterungen beziehen sich auf das Beispiel der konduktiven Erwärmung, können jedoch ohne weiteres auf die induktive Erwärmung sinngemäß übertragen werden.

Stufe 1: Die zunächst über den Querschnitt gleichmäßig angenommene elektrische Feldstärke $\vec{E}$ zieht einen gleichmäßigen axialen Stromfluß nach sich. Jeder einzelne Stromfaden der Stromdichte $\vec{J}$ ruft, für sich gese-

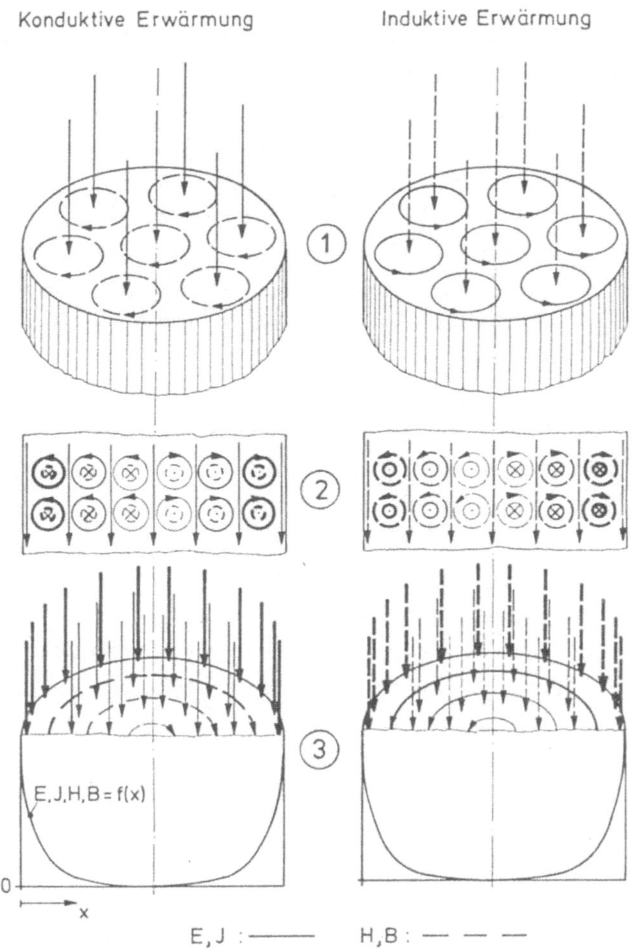

Bild 5.15 Mechanismus der Feldverdrängung

hen, einen kreisförmigen Verlauf eines Magnetfeldes $\vec{H}$ und einer Induktion $\vec{B}$ hervor.

Stufe 2: Wenn man davon ausgeht, daß solche Kreise auf dem gesamten Querschnitt auftreten, so überlagert sich ihr Verlauf zu konzentrischen Kreisen. $\vec{H}$ und $\vec{B}$ liegen also ringförmig um die Zylinderachse; sie treten daher in der Aufrißdarstellung auf der rechten Zylinderseite aus der Betrachtungsebene heraus und treten entsprechend auf der linken Seite wieder hinein. Aufgrund des Überlagerungsmechanismus nehmen dabei sowohl die magnetische Feldstärke $\vec{H}$ als auch die Induktion $\vec{B}$ zur Zylindermitte hin ab. Durch die Oszillation des ringförmig verlaufenden Induktionsflusses werden wiederum toroidförmige elektrische

Wechselfelder induziert und damit auch Stromtoroide erzeugt; beide treten in der Aufrißebene mit kreisförmigem Verlauf in Erscheinung.

Stufe 3: Diese Toroide bewirken, daß der ursprünglich (in Stufe 1) mit gleichmäßiger Stärke gedachte axiale Verlauf von $\vec{E}$ und $\vec{J}$ gegen den Mittelpunkt des Zylinderquerschnittes zu abgeschwächt bzw. gegen den Zylinderrand hin verstärkt wird, wie in *Bild 5.15* unten dargestellt. Gleiches gilt auch für die Feldgrößen $\vec{H}$ und $\vec{B}$. Da bei genügend großer Frequenz die Felder praktisch nur mehr in einer dünnen Randschicht des Leiters auftreten, bezeichnet man diese Erscheinung auch als *Skineffekt*.

Von einem vertieften Verständnis der elektromagnetischen Feldtheorie her handelt es sich bei diesen Vorgängen allerdings nicht um eine Feld"verdrängung" vom Inneren an den Rand eines stofflichen Körpers, sondern um die gegen das Innere zu immer vollständigere Aufzehrung der vom Rand aus eindringenden elektromagnetischen Wechselfelder. Für die quantitative Beschreibung des Eindringverhaltens elektromagnetischer Felder geht man von einer ebenen elektromagnetischen Welle aus, die sich im kartesischen Koordinatensystem in x-Richtung fortpflanzt. Sie trifft bei $x=0$ senkrecht auf die Oberfläche eines stofferfüllten Halbraums, der sowohl in y- und z-Richtung als auch in Richtung der positiven x-Achse unendlich ausgedehnt ist. Unter diesen Annahmen werden die Effektivwerte der elektrischen Feldstärke E_y und der magnetischen Feldstärke H_z von der Oberfläche des stofflichen Raumes aus nach innen, also für $x>0$, exponentiell gedämpft:

$$E(x) = E(0)\exp(-\alpha x)\,, \tag{5.53}$$

$$H(x) = H(0)\exp(-\alpha x)\,, \tag{5.54}$$

wobei α das *Dämpfungsmaß* und dessen Reziprokwert das *Eindringmaß* δ ist:

$$\delta = \frac{1}{\alpha}\,. \tag{5.55}$$

Vom Effektivwert der elektrischen und der magnetischen Feldstärke an der Stelle x sind demnach an der Stelle $x+\delta$ nur noch $1/e = 36{,}8\ \%$ vorhanden.

Die *Leistungsdichte* der elektromagnetischen Welle wird nach Gl. (5.51) durch das Vektorprodukt von elektrischer und magnetischer Feldstärke ausgedrückt. Da im vorliegenden Fall die räumliche Richtung von E_y durch die y-Achse und von H_z durch die z-Achse gegeben ist, zeigt der Effektivwert des

POYNTING – Vektors S_x in die positive x – Richtung und wird für $x > 0$ ebenfalls exponentiell, aber doppelt so stark gedämpft:

$$S(x) = S(0) \exp(-2 \alpha x) , \tag{5.56}$$

Von dem zeitlichen Mittelwert des elektromagnetischen Leistungsflusses an einer Stelle x sind also an der Stelle $x + \delta$ nur noch $1/e^2 = 13{,}5$ % vorhanden. Die restlichen 86,5 % sind in dem dazwischenliegenden Raum absorbiert und in Wärme umgewandelt worden. Die in einem Volumenelement an der Stelle x absorbierte, d.h. in Wärme umgesetzte Leistung, also die *Leistungsintensität*, ist

$$p(x) = -\operatorname{grad} S(x) = 2 \alpha S(0) \exp(-2 \alpha x) . \tag{5.57}$$

In *Bild 5.16* sind die örtlichen Verläufe sowohl für die Effektivwerte der Feldgrößen (oberes Diagramm) als auch für den zeitlichen Mittelwert der Leistungsintensität (unteres Diagramm) in normierter Form dargestellt. Die Ortskoordinate x ist dabei auf das Eindringmaß δ bezogen. Die Leistungsintensität nimmt also von der Oberfläche aus nach innen wesentlich stärker ab als die elektromagnetischen Feldgrößen. In Tiefen von mehr als 3δ von der Oberfläche aus wird praktisch überhaupt keine Leistung mehr eingetragen.

Die Leistungsintensität ist bei den Techniken der induktiven, der konduktiven und der dielektrischen Erwärmung maßgeblich für die lokale Erwärmungsgeschwindigkeit des Materials.

Die allgemeine Berechnung des Eindringmaßes erfolgt durch Verknüpfung der beiden MAXWELLschen Gleichungen zu einer Differentialgleichung und deren Auflösung.

Skineffekt in elektrisch leitenden Stoffen

Ausgehend von einer ebenen elektromagnetischen Welle, die im Außenraum ($x < 0$) ungedämpft ist, ergibt sich für die Größe des elektrischen Wechselfeldes an der Stoffoberfläche ($x = 0$):

$$\underline{E}_0(t) = \hat{E}_0 \exp(\mathrm{j}\, \omega\, t) . \tag{5.58}$$

Die magnetische Feldstärke eilt demgegenüber zeitlich nach:

$$\underline{H}_0(t) = \hat{H}_0 \exp[\mathrm{j}\, (\omega\, t - \pi/4)] . \tag{5.59}$$

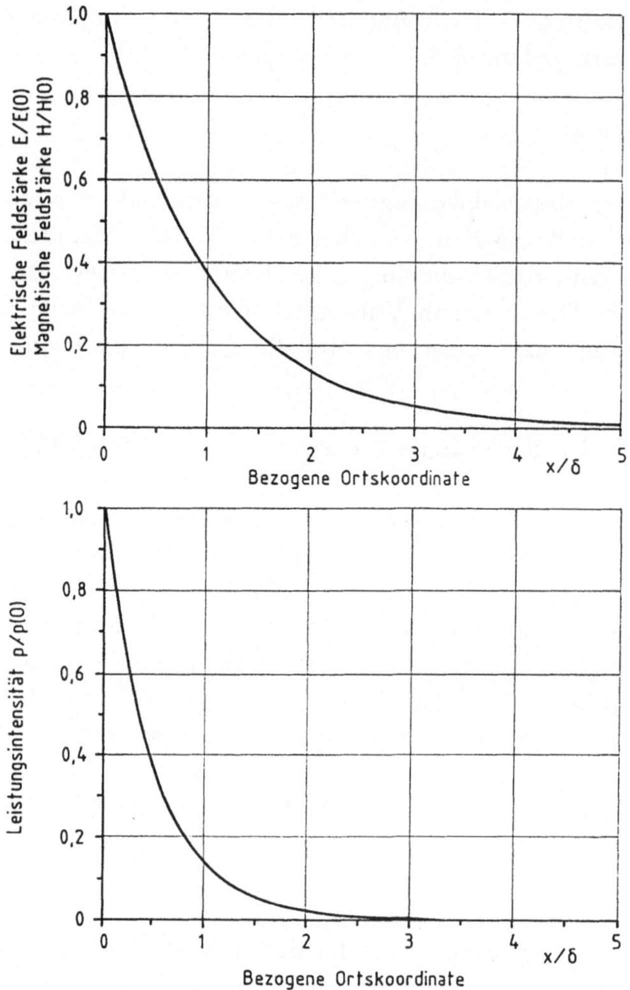

Bild 5.16 Feldverdrängung und Leistungsabsorption einer elektromagnetischen Welle

Die die Wellenbewegung im Leiter, also für $x \geqq 0$, kennzeichnenden komplexen Größen $\underline{E}(x,t)$ und $\underline{H}(x,t)$ kann man durch kombinierte Anwendung der 1. MAXWELLschen Gleichung

$$-\frac{\partial \underline{H}(x,t)}{\partial x} = \varkappa\, \underline{E}(x,t)\ , \tag{5.60}$$

sowie der 2. MAXWELLschen Gleichung

$$-\frac{\partial \underline{E}(x,t)}{\partial x} = \mathrm{j}\,\omega\,\mu\,\underline{H}(x,t)\,, \tag{5.61}$$

miteinander verknüpfen. Die daraus entstehende Differentialgleichung

$$\frac{\partial^2 \underline{E}(x,t)}{\partial x^2} = \mathrm{j}\,\omega\,\mu\,\varkappa\,\underline{E}(x,t) \tag{5.62}$$

hat die Lösung

$$\underline{E}(x,t) = \hat{E}_0 \exp\left[-x/\delta + \mathrm{j}\,(\omega\,t - x/\delta)\right]. \tag{5.63}$$

Für das *Eindringmaß* ergibt sich

$$\delta = (\pi\,f\,\mu\,\varkappa)^{-1/2}\,. \tag{5.64}$$

Je höher also die Frequenz f, die elektrische Leitfähigkeit $\varkappa$ und die Permeabilität μ eines Stoffes sind, desto kleiner ist das Eindringmaß. In *Bild 5.17* ist für verschiedene Metalle das Eindringmaß in Abhängigkeit von der Frequenz angegeben.

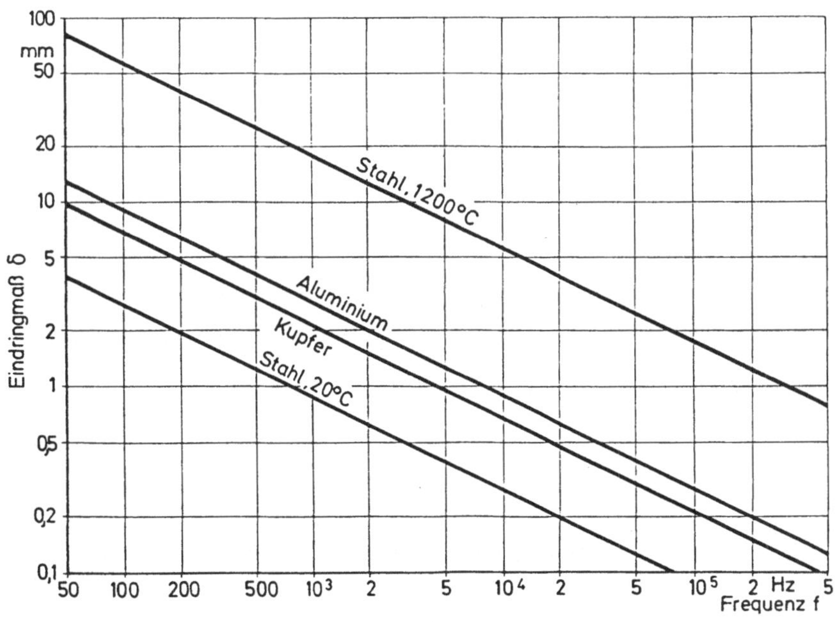

Bild 5.17 Eindringmaß für verschiedene Materialien und Frequenzen

Die Lösung für die magnetische Feldstärke lautet entsprechend:

$$\underline{H}(x,t) = \hat{H}_0 \exp[-x/\delta + \mathrm{j}(\omega t - \pi/4 - x/\delta)] . \qquad (5.65)$$

Sowohl das elektrische als auch das magnetische Feld dringen also ins Leiterinnere hinein in Form einer gedämpften fortschreitenden Welle. Gleiches gilt für die Stromdichte

$$\underline{J}(x,t) = \varkappa \, \underline{E}(x,t) . \qquad (5.66)$$

Die Leistungsintensität errechnet sich zu

$$p(x,t) = \frac{1}{2} \varkappa \hat{E}_0^2 \exp(-2\,x/\delta)\,[1 + \cos 2(\omega t - x/\delta)] . \qquad (5.67)$$

Die Umsetzung elektromagnetischer Feldenergie in JOULEsche Wärme oszilliert also mit doppelter Feldfrequenz in Form einer fortschreitenden Welle zwischen Null und dem örtlichen Maximalwert

$$\hat{p}(x) = \varkappa \hat{E}_0^2 \exp(-2\,x/\delta) . \qquad (5.68)$$

Meist interessiert nur der zeitliche Mittelwert der Leistungsintensität. Er ergibt sich aus dem Effektivwert E_0 des elektrischen Feldes zu

$$p(x) = \varkappa E_0^2 \exp(-2\,x/\delta) . \qquad (5.69)$$

und ist halb so groß wie der jeweilige Scheitelwert $\hat{p}$.

Bildet man das Volumenintegral des zeitlichen Mittelwertes der Leistungsintensität, so erhält man die Wirkleistung, die in einem in x – Richtung unendlich ausgedehnten Leiterelement der Höhe h (in Richtung des elektrischen Feldes) und der Breite b (in Richtung des Magnetfeldvektors) in Wärme umgesetzt wird:

$$P = \frac{b\,\delta}{2\,h} \varkappa U^2 . \qquad (5.70)$$

Wie aus *Bild 5.18* zu ersehen, ist U dabei der Effektivwert der über die Höhe h angelegten Wechselspannung. Wird eine Gleichspannung vom selben Betrag angelegt, so wird dieselbe Wärmeleistung in einer Schichtdicke von $\delta/2$, also dem halben Eindringmaß, umgesetzt. Diese Äquivalenz ist für die Betrachtung der *konduktiven Erwärmung* relevant.

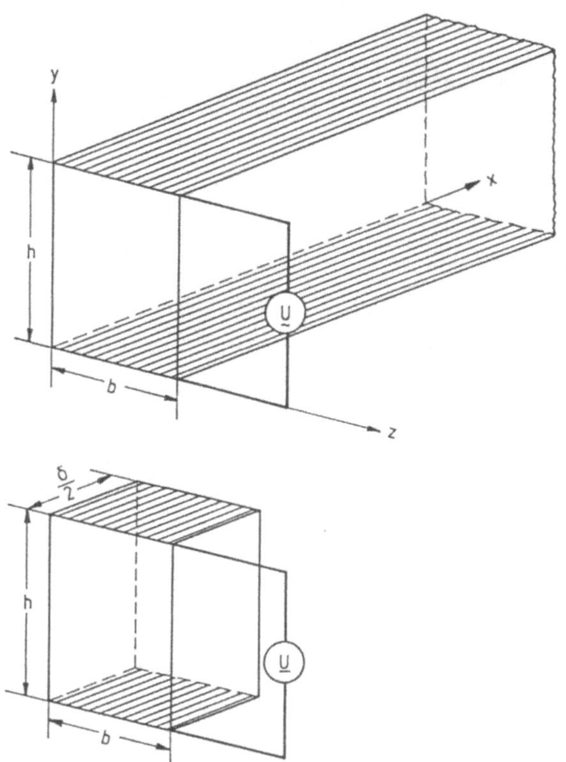

Bild 5.18 Äquivalente Schichtdicke für Stromleitung mit Skineffekt

Den Gesamtstrom in dem Leiterelement erhält man aus dem Integral der Stromdichte zu

$$\underline{I}(t) = b \int_0^\infty \underline{J}(x,t)\, \mathrm{d}x = b \left(\frac{\varkappa}{\omega \mu}\right)^{1/2} \hat{E}_0 \exp\left[\mathrm{j}\left(\omega t - \pi/4\right)\right] . \tag{5.71}$$

Er eilt gegenüber der an der Leiteroberfläche längs der Höhe h anliegenden Spannung

$$\underline{U}(t) = h\, \hat{E}_0 \exp\left(\mathrm{j}\, \omega\, t\right) \tag{5.72}$$

um den Phasenwinkel $\pi/4$ nach. Aus Spannung und Strom errechnet sich die komplexe Impedanz

$$\underline{Z} = \frac{\underline{U}}{\underline{I}} = \frac{h}{b\, \delta\, \varkappa}(1 + \mathrm{j}) . \tag{5.73}$$

In einer Ersatzschaltung läßt sie sich als Reihenschaltung eines OHMschen Widerstandes R und einer induktiven Reaktanz X auffassen. Beide besitzen den gleichen Betrag

$$R = X = \frac{h}{b\,\delta\,\varkappa}, \tag{5.74}$$

so daß sich ein Leistungsfaktor $\cos\varphi = 1/\sqrt{2}$ ergibt.

Die induktive Reaktanz läßt sich als im Stoff räumlich verteilter Energiespeicher deuten, der den wellenförmigen elektromagnetischen Leistungsfluß ermöglicht.

Der frequenzabhängige OHMsche Widerstand repräsentiert die im Stoff räumlich verteilten, durch den elektrischen Strom verursachten JOULEschen Wärmequellen. Er entspricht dem Betrag nach dem Gleichstromwiderstand eines Leiterstückes von der Dicke des zugehörigen Eindringmaßes δ. Damit diese Äquivalenz einer Leitschichtdicke δ auch hinsichtlich des Umsatzes JOULEscher Wärmeleistung gilt, muß die Voraussetzung erfüllt sein, daß der Gesamtstrom in beiden Fällen der gleiche ist. Dann muß jedoch – wegen des zusätzlichen Spannungsabfalls durch die Reaktanz im Falle von Wechselstrom – der Effektivwert der Spannung das $\sqrt{2}$-fache der äquivalenten Gleichspannung betragen.

Die Äquivalenz einer Leitschichtdicke δ ist für die Betrachtung der *induktiven Erwärmung* relevant, da man hierbei von einem bestimmten Strom ausgeht (s. Abschn. 5.4). Der scheinbare Widerspruch zur Äquivalenz der Leitschichtdicke $\delta/2$ für die konduktive Erwärmung löst sich auf, wenn die unterschiedlichen Prämissen beachtet werden.

Natürlich stellt der hier behandelte dicke Leiter nur ein idealisiertes Modell dar. Jedoch können die aufgestellten Beziehungen für Leiter mit rundem Querschnitt verwendet werden, sofern ihr Radius mindestens dem Vier- bis Fünffachen des Eindringmaßes entspricht. Bei kleineren Radien erhält man die örtliche Feldverteilung nach den sog. Zylinderfunktionen (BESSEL-Funktionen), während man bei anderen Querschnittsformen mit abschnittsweise gültigen Näherungsgleichungen operiert.

Skineffekt in elektrisch nichtleitenden Stoffen

Ist die OHMsche Leitfähigkeit $\varkappa$ eines Stoffes sehr klein gegenüber der dielektrischen Leitfähigkeit, die aus seinen polarisierenden Eigenschaften herrührt, so gilt für das *Eindringmaß* in einen dicken Körper mit ebener Oberfläche:

$$1/\alpha = \frac{c_0}{\pi\, f\, \varepsilon_r'^{\,1/2} \tan\delta}\ ; \qquad (5.75)$$

mit $c_0 \approx 0{,}3 \cdot 10^9$ m/s als Lichtgeschwindigkeit im leeren Raum,
f: Frequenz,
ε_r': Realteil der Permittivitätszahl,
δ: Dielektrischer Verlustwinkel (zur Vermeidung von Doppelbezeichnungen wird das Eindringmaß bei dielektrischen Stoffen anstelle von δ mit $1/\alpha$ bezeichnet).

Skineffekt in gemischt leitenden Stoffen

Die vorstehend getroffene Voraussetzung einer vernachlässigbar kleinen Ohmschen Leitfähigkeit trifft für die dielektrische Erwärmung wasserhaltiger Stoffe meist nicht zu. In diesen Fällen müssen beide Anteile der Leitfähigkeit berücksichtigt werden, so daß mit der komplexen Leitfähigkeit $\underline{\varkappa}^*$ nach Gl. (5.35) gerechnet werden muß.

Geht man wiederum von einer ebenen elektromagnetischen Welle aus, so ändert sich hinsichtlich Ansatz und Lösung der Differentialgleichung nichts Wesentliches. Für das Eindringmaß, das auch hier zwecks Vermeidung von Doppeldeutigkeit statt mit δ mit $1/\alpha$ bezeichnet wird, ergibt sich:

$$\frac{1}{\alpha} = \frac{c_0}{\pi\, f} \{2\, \mu_r\, \varepsilon_r' \,[[1 + (\frac{\varkappa}{2\,\pi\, f\, \varepsilon_0\, \varepsilon_r'} + \tan\delta)^2]^{1/2} - 1]\}^{-1/2}\,. \qquad (5.76)$$

Dies ist die allgemeingültige Formel für das Eindringmaß. Die in den vorangegangenen Abschnitten aufgestellten Beziehungen sind als Sonderfälle daraus herleitbar. Für elektrisch gut leitende Stoffe, s. Gl. (5.64), liegen dabei als Voraussetzungen zugrunde:

$$\tan\delta < 1 \ll \frac{\varkappa}{2\,\pi\, f\, \varepsilon_0\, \varepsilon_r'}\,.$$

Außerdem ist die für die Lichtgeschwindigkeit im leeren Raum gültige Gleichung

$$c_0 = (\varepsilon_0\, \mu_0)^{-1/2} \qquad (5.77)$$

heranzuziehen.

Wird dagegen für elektrisch nichtleitende Stoffe angenommen, daß

$$\frac{\varkappa}{2\,\pi\,f\,\varepsilon_0\,\varepsilon_r'} \ll \tan\delta \ll 1$$

und außerdem $\mu_r \approx 1$ ist, so geht Gl. (5.76) in Gl. (5.75) über.

5.4 Induktive Energieübertragung

5.4.1 Der magnetische Kreis

Die induktive Energieübertragung stellt die Basis für sämtliche Techniken der induktiven Erwärmung dar und ist daher als eines der wichtigsten Wirkungsprinzipien für die Elektrowärmetechnik anzusehen. Eine Reihe von Gesetzmäßigkeiten der induktiven Energieübertragung läßt sich besonders übersichtlich anhand einer Anordnung erläutern, wie sie in *Bild 5.19* dargestellt ist.

Es handelt sich um eine *langgestreckte Zylinderspule* ($l_{Sp} \gg r_{Sp}$), deren N_1 Windungen (dicht gewickelt) einen OHMschen Widerstand R_1 besitzen und von einem primären Wechselstrom durchflossen werden:

$$\underline{i}_1 = \underline{I}_1 \exp(\mathrm{j}\,\omega\,t)\ . \qquad (5.78)$$

Im Inneren der Spule befindet sich, in achsenparalleler Lage, ein *zylinderförmiger Einsatz*, der ebenfalls langgestreckt ($l_E \gg r_E$), aber kürzer als die Spule ist ($l_E < l_{Sp}$). Der Einsatz besteht aus elektrisch nichtleitendem Material der Permeabilität μ_E und ist von einer dünnen Außenhaut ($r_E \ll \delta$) der Leitfähigkeit $\varkappa_E$ umgeben. Hier wird, gleichmäßig verteilt, ein Sekundärstrom

$$\underline{i}_2 = \underline{I}_2 \exp(\mathrm{j}\,\omega\,t)\ . \qquad (5.79)$$

von zunächst noch unbekannter Größe und Phasenlage induziert.
Außerhalb der Spule wird der Induktionsfluß in einem Rückschlußjoch (mittlere magnetisch wirksame Länge l_A, Querschnitt A_A, Permeabilität μ_A) gebündelt.

In der Anordnung treten verschiedene Kategorien von Induktionsflüssen $\underline{\Phi}$ auf. Deren Verläufe sind in *Bild 5.19* in der schematisierten Form konzentrierter Linienzüge dargestellt. Aus den verursachenden Durchflutungen $\underline{\Theta}$ gehen die Induktionsflüsse durch die Betrachtung magnetischer Kreise hervor:

$$\underline{\Theta} = \underline{\Phi}\,\Sigma\,R_m\ . \qquad (5.80)$$

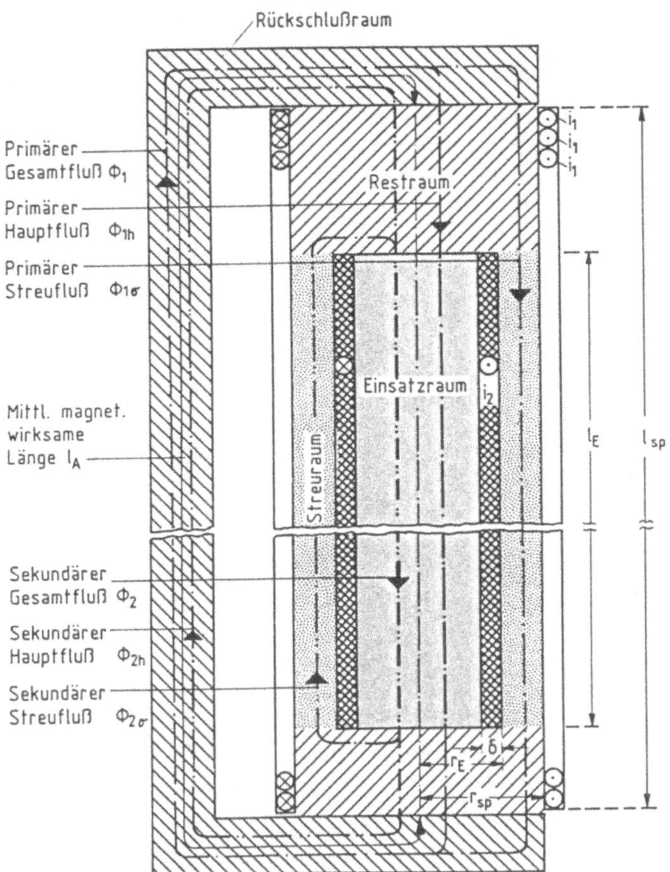

Bild 5.19 Induktive Energieübertragung in einer langen Zylinderspule

Der *magnetische Widerstand* eines vom Induktionsfluß durchsetzten Raumes ist allgemein

$$R_m = \frac{l}{\mu A} . \tag{5.81}$$

l ist die Ausdehnung dieses Raumes in Flußrichtung, A der durchflossene Querschnitt und μ die Permeabilität.

Die Anordnung nach *Bild 5.19* läßt sich in vier Räume aufteilen, deren magnetische Widerstände sich nach Gl. (*5.81*) näherungsweise wie folgt berechnen lassen:

- für den *Einsatzraum*:

$$R_{m,E} = \frac{l_E}{\pi\, r_E^2\, \mu_E} \; ; \tag{5.81a}$$

– für den lufterfüllten *Streuraum* zwischen Einsatzmantel und Spulenwand:

$$R_{m,\sigma} = \frac{l_E}{\pi\, (r_{Sp}^2 - r_E^2)\, \mu_0} \; ; \tag{5.81b}$$

– für den lufterfüllten *Restraum*:

$$R_{m,R} = \frac{l_{Sp} - l_E}{\pi\, r_{Sp}^2\, \mu_0} \; ; \tag{5.81c}$$

– für den äußeren *Rückschlußraum*:

$$R_{m,A} = \frac{l_A}{A_A\, \mu_A} \; . \tag{5.81d}$$

Hierbei ist vorausgesetzt, daß die Übergangszonen, in denen auch Magnetfeldkomponenten senkrecht zur Achsenrichtung auftreten, vernachlässigbar kurz sind.

Des weiteren sei hier vereinfachend eine Proportionalität zwischen Magnetfeldstärke H und Induktion B vorausgesetzt. Das heißt, daß die Effekte der magnetischen Sättigung und der Hysterese unberücksichtigt bleiben, die bei der induktiven Erwärmung ferromagnetischer Stoffe sehr wohl auftreten können.

Der magnetische Kreis läßt sich in Analogie zum elektrischen Stomkreis betrachten:

Durchflutung Θ	≙ Quellenspannung U_0,
Induktionsfluß Φ	≙ Elektrischer Strom I,
Magnetischer Widerstand R_m	≙ Elektrischer Widerstand R.

Im vorliegenden Fall läßt sich ein *magnetisches Ersatzschaltbild* aufstellen, das in *Bild 5.20* gezeigt ist, und auf das sich die Kirchhoffschen Sätze für die Berechnung elektrischer Netzwerke anwenden lassen.

Die primäre Durchflutung

$$\underline{\Theta}_1 = N_1\, \underline{I}_1 \tag{5.82}$$

erzeugt also einen primären Gesamtfluß

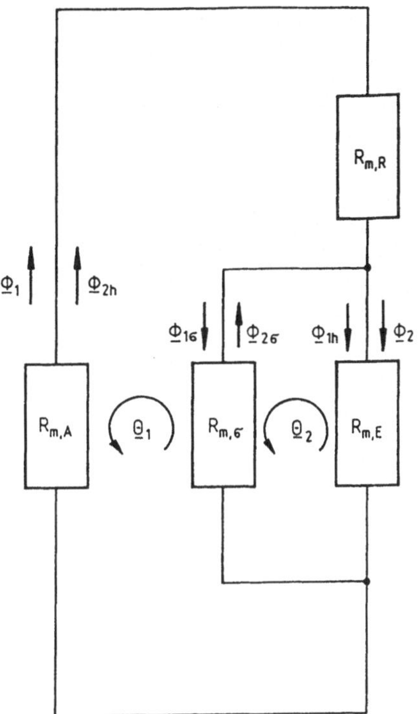

Bild 5.20 Ersatzschaltbild der magnetischen Kreise für die induktive Erwärmung

$$\underline{\Phi}_1 = \frac{1}{R_{m,A} + R_{m,R} + \dfrac{1}{\dfrac{1}{R_{m,E}} + \dfrac{1}{R_{m,\sigma}}}} \underline{\Theta}_1 \,. \tag{5.83}$$

Die sekundäre Durchflutung

$$\underline{\Theta}_2 = \underline{I}_2 \tag{5.84}$$

erzeugt einen sekundären Gesamtfluß

$$\underline{\Phi}_2 = \frac{1}{R_{m,E} + \dfrac{1}{\dfrac{1}{R_{m,\sigma}} + \dfrac{1}{R_{m,A} + R_{m,R}}}} \underline{\Theta}_2 \,. \tag{5.85}$$

Jeder der beiden Gesamtflüsse setzt sich zusammen aus einem *Hauptfluß* $\underline{\Phi}_h$ und einem *Streufluß* $\underline{\Phi}_\sigma$:

$$\underline{\Phi}_{1,2} = \underline{\Phi}_{1,2h} + \underline{\Phi}_{1,2\sigma} \,. \tag{5.86}$$

Die Anteile der Gesamtflüsse, die den Streuraum durchsetzen, im magnetischen Ersatzschaltbild also über den Widerstand $R_{m,\sigma}$ gehen, sind die Streuflüsse

$$\underline{\Phi}_{1\sigma} = \left(1 - \frac{1}{1 + \dfrac{R_{m,E}}{R_{m,\sigma}}}\right) \underline{\Phi}_1 = \sigma_1 \, \underline{\Phi}_1 \tag{5.87}$$

und

$$\underline{\Phi}_{2\sigma} = \left(1 - \frac{1}{1 + \dfrac{R_{m,A} + R_{m,R}}{R_{m,\sigma}}}\right) \underline{\Phi}_2 = \sigma_2 \, \underline{\Phi}_2 \,. \tag{5.88}$$

Die Verhältnisgrößen σ_1 und σ_2 sind der *primäre* bzw. *sekundäre Streugrad*. Aus ihnen ergibt sich der *Gesamtstreugrad* σ sowie der *Kopplungsgrad* k:

$$k = (1 - \sigma)^{1/2} = [(1 - \sigma_1)(1 - \sigma_2)]^{1/2} = $$
$$= \left[\left(1 + \frac{R_{m,E}}{R_{m,\sigma}}\right)\left(1 + \frac{R_{m,A} + R_{m,R}}{R_{m,\sigma}}\right)\right]^{-1/2}. \tag{5.89}$$

Die Zusammenhänge zwischen magnetischen Widerständen, Streugraden und Kopplungsgrad sind in *Bild 5.21* dargestellt.

5.4.2 Elektrische Spannungen

Als nächstes können die im Primärkreis der Spule bzw. im Sekundärkreis, also im Einsatz, auftretenden elektrischen Spannungen bilanziert werden. Es handelt sich dabei um induktive sowie um OHMsche Spannungsabfälle.

Wird eine Wicklung mit der Windungszahl N von einem Induktionsfluß

$$\underline{\varphi}(t) = \underline{\Phi} \exp(\mathrm{j}\, \omega\, t) \tag{5.90}$$

durchsetzt, so ruft die zeitliche Änderung des Flusses einen induktiven Spannungsabfall

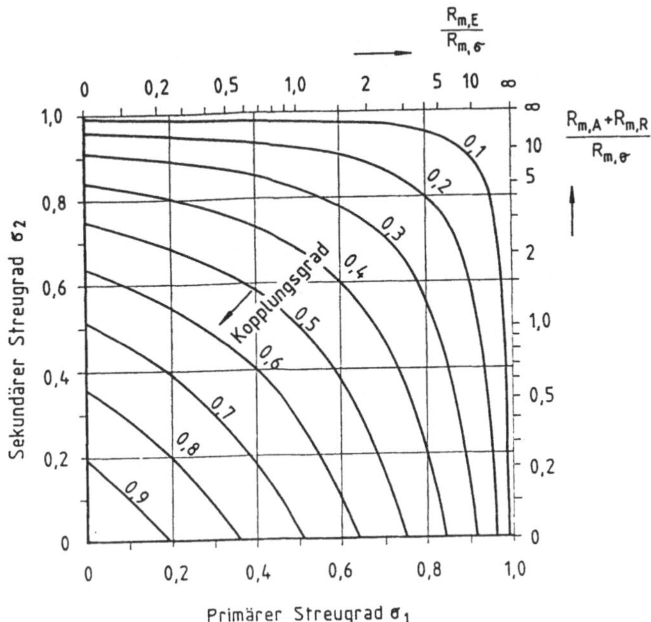

Bild 5.21 Streugrade und Kopplungsgrad bei der induktiven Energieübertragung

$$\underline{u}(t) = \underline{U} \exp(\mathrm{j}\, \omega\, t) = N \frac{\mathrm{d}\underline{\varphi}}{\mathrm{d}t} \tag{5.91}$$

in der Spulenwicklung hervor. Aus dem Vergleich mit dem in Gl. (5.42) formulierten Induktionsgesetz geht hervor, daß der induktive Spannungsabfall der induzierten Quellenspannung entgegengerichtet ist. Im Betrag sind beide Größen identisch.

Die dargelegte Gesetzmäßigkeit gilt ohne Rücksicht darauf, ob der betrachtete Induktionsfluß von einem Strom in der betrachteten Spule oder in einem anderen Stromkreis herrührt, kann also für Selbstinduktions- und für Gegeninduktionsspannungen gleichermaßen angewendet werden.

Im Primärkreis der Spule treten folgende Spannungsabfälle auf:

- Primäre Selbstinduktionsspannung aufgrund des primären Gesamtflusses:

$$(\underline{U}_1)_{\Phi_1} = \mathrm{j}\, \omega\, N_1\, \underline{\Phi}_1 \;; \tag{5.92}$$

- Primäre Gegeninduktionsspannung aufgrund des sekundären Hauptflusses:

$$(\underline{U}_1)_{\Phi_{2h}} = \mathrm{j}\, \omega\, N_1\, \underline{\Phi}_{2h} \;; \tag{5.93}$$

– OHMscher Spannungsabfall in der Primärwicklung:

$$(\underline{U}_1)_{R_1} = R_1 \underline{I}_1 \, . \tag{5.94}$$

Die genannten Spannungsabfälle ergeben zusammen den Gesamt-Spannungsabfall an den Klemmen der Spule:

$$\underline{U}_1 = (\underline{U}_1)_{\Phi_1} + (\underline{U}_1)_{\Phi_{2h}} + (\underline{U}_1)_{R_1} \, . \tag{5.95}$$

Im Sekundärkreis, d.h. im Einsatz, treten folgende Spannungen auf:
– Die durch den primären Hauptfluß induzierte Quellenspannung

$$(\underline{U}_{\mathrm{ind},2})_{\Phi_{1h}} = -\mathrm{j}\,\omega\,\underline{\Phi}_{1h} \, ; \tag{5.96}$$

– Sekundäre Selbstinduktionsspannung aufgrund des sekundären Gesamtflusses:

$$(\underline{U}_2)_{\Phi_2} = \mathrm{j}\,\omega\,\underline{\Phi}_2 \, ; \tag{5.97}$$

– OHMscher Spannungsabfall aufgrund des Sekundärwiderstandes R_2:

$$(\underline{U}_2)_{R_2} = R_2 \underline{I}_2 \, . \tag{5.98}$$

Der Sekundärwiderstand ergibt sich gemäß *Bild 5.19* zu

$$R_2 = \frac{2\,\pi\,r_E}{l_E\,\delta\,\varkappa_E} \, . \tag{5.99}$$

Im Sekundärkreis muß die induzierte Quellenspannung die Spannungsabfälle gerade decken:

$$(\underline{U}_{\mathrm{ind},2})_{\Phi_{1h}} = (\underline{U}_2)_{\Phi_2} + (\underline{U}_2)_{R_2} \, . \tag{5.100}$$

5.4.3 Induktivitäten, Trafo – Ersatzschaltbild

Für die weiteren Betrachtungen interessiert die Abhängigkeit der induktiven Spannungsabfälle von den verursachenden Strömen. Die darin eingehenden Zusammenhänge zwischen Induktionsflüssen und Strömen sind durch die magnetischen Widerstände gegeben und in Gl. (5.83) bzw. (5.85) für den primären bzw. sekundären Gesamtfluß dargelegt.

In der Praxis werden für die Berechnung bevorzugt Induktivitäten benutzt. Die *Induktivität L* drückt unmittelbar die Proportionalität zwischen einem Induktionsfluß Φ und dem verursachenden Strom I aus:

$$L = \frac{N\Phi}{I} . \tag{5.101}$$

N ist wiederum die Anzahl der vom Strom I durchflossenen und den Fluß Φ umschließenden Windungen.

Unter Heranziehung von Gln. (5.87) und (5.88) kann man die Induktivitäten der Anordnung durch einen magnetischen Widerstand – z.B. den des Einsatzes – und die Streugrade ausdrücken. So ergibt sich aus Gl. (5.83) für die primäre Gesamtinduktivität

$$L_1 = N_1 \frac{\Phi_1}{I_1} = \frac{N_1^2}{R_{m,E}} \cdot \frac{1}{1 - \sigma_1} \cdot \frac{1}{1 + \frac{1/\sigma_1}{1/\sigma_2 - 1}} , \tag{5.102}$$

und für die sekundäre Gesamtinduktivität

$$L_2 = \frac{\Phi_2}{I_2} = \frac{1}{R_{m,E}} \cdot \frac{1}{1 - \sigma_2} \cdot \frac{1}{1 + \frac{1/\sigma_1}{1/\sigma_2 - 1}} . \tag{5.103}$$

Entsprechend der Aufteilung der Gesamtflüsse in Hauptfluß und Streufluß lassen sich auch die Gesamtinduktivitäten unterteilen in *Hauptinduktivität* L_h und *Streuinduktivität* L_σ:

$$L_{1,2} = L_{1,2h} + L_{1,2\sigma} . \tag{5.104}$$

Hierbei ist wiederum

$$L_{1,2\sigma} = \sigma_{1,2} L_{1,2} . \tag{5.105}$$

Primäre und sekundäre Hauptinduktivität hängen über die Windungszahl N_1 der Spule zusammen:

$$L_{2h} = \frac{1}{N_1^2} L_{1h} . \tag{5.106}$$

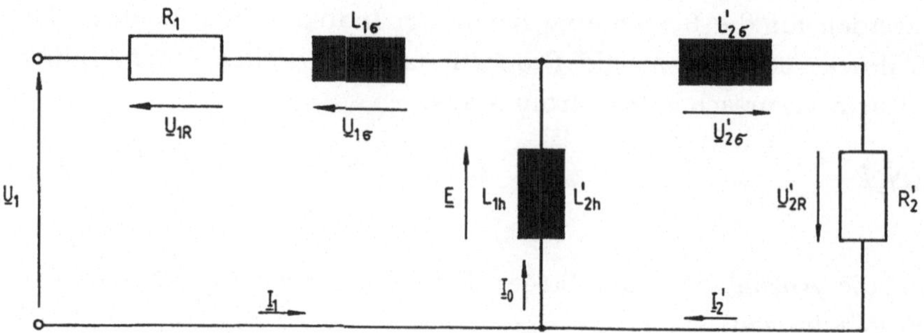

Bild 5.22 Trafo – Ersatzschaltbild einer Anordnung zur induktiven Erwärmung

Mit Hilfe der Induktivitäten läßt sich nun ein *Trafo – Ersatzschaltbild* erstellen, das in *Bild 5.22* wiedergegeben ist. Die mit ' versehenen Größen des Sekundärkreises sind dabei über das *Übersetzungsverhältnis,* also das Verhältnis der Windungszahlen

$$\ddot{u} = \frac{N_1}{1}\,, \tag{5.107}$$

folgendermaßen auf die Primärseite bezogen:

$$L'_{2h,\sigma} = \ddot{u}^2 \, L_{2h,\sigma}\;; \tag{5.108}$$

$$R'_2 = \ddot{u}^2 \, R_2\;; \tag{5.109}$$

$$\underline{I}'_2 = \frac{1}{\ddot{u}}\,\underline{I}_2\,. \tag{5.110}$$

Der Querzweig beinhaltet die energieübertragende Hauptinduktivität. Es handelt sich dabei, primärseitig gesehen, um die primäre Hauptinduktivität L_{1h}, und sekundärseitig gesehen um die auf die Primärseite bezogene sekundäre Hauptinduktivität L'_{2h}. Beide sind gemäß Gln. (5.106) und (5.108) miteinander identisch.

Die Hauptinduktivität wird vom *Magnetisierungsstrom*

$$\underline{I}_0 = \underline{I}_1 + \underline{I}'_2 \tag{5.111}$$

durchflossen. Daraus ergibt sich ein primärseitiger Spannungsabfall

$$\underline{E} = \mathrm{j}\,\omega\,L_{1h}\,\underline{I}_0\ . \tag{5.112}$$

Sekundärseitig wirkt diese *Übertragungsspannung* als treibende Quellenspannung, die die Spannungsabfälle $\underline{U}'_{2\sigma}$ und $\underline{U}'_{2R}$ ausgleicht.

Die Übertragungsspannung läßt sich auch deuten als diejenige primäre Induktionsspannung, die durch die Summe der beiden Hauptflüsse bestimmt wird:

$$\underline{E} = \mathrm{j}\,\omega\,N_1\,(\underline{\Phi}_{1h} + \underline{\Phi}_{2h})\ . \tag{5.113}$$

Anhand des Trafo – Ersatzschaltbildes läßt sich der im Einsatz fließende *Sekundärstrom* $\underline{I}_2$ berechnen:

$$\underline{I}_2 = -N_1\,\underline{I}_1\,\frac{\mathrm{j}\,\omega\,L_{1h}}{N_1^2\,R_2 + \mathrm{j}\,\omega\,(L_{1h} + N_1^2\,L_{2\sigma})}\ . \tag{5.114}$$

In *Bild 5.23* ist das Zeigerdiagramm für die Spannungen und die Ströme aufgestellt.

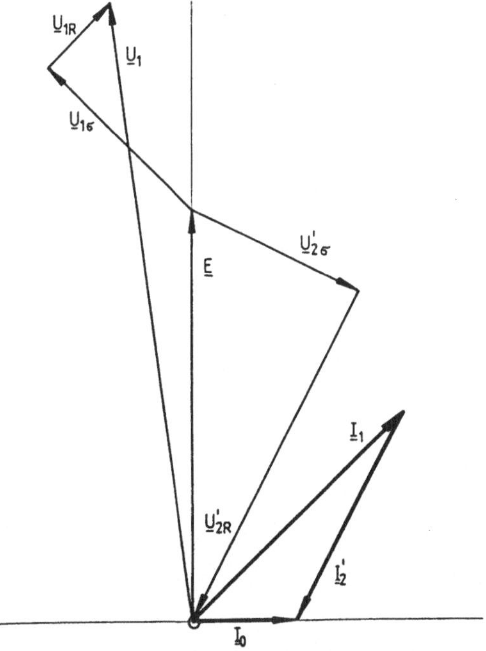

Bild 5.23 Zeigerdiagramm der Spannungen und Ströme bei induktiver Erwärmung

5.4.4 Gesamtimpedanz

Die komplexe Impedanz an den Spulenklemmen ergibt sich als Quotient der komplexen Zeigerwerte von Klemmenspannung $\underline{U}_1$ und Primärstrom $\underline{I}_1$:

$$\underline{Z}_1 = \frac{\underline{U}_1}{\underline{I}_1} . \qquad (5.115)$$

Durch Einsetzen der entsprechenden Gleichungen gelangt man für Real- und Imaginärteil dieser Impedanz zu folgenden Beziehungen:

$$\mathrm{Re}\,\underline{Z} = R_1 + \frac{N_1^2\, R_2\, (1 - \sigma_2)^2}{1 + (\frac{R_2}{\omega\, L_2})^2} ; \qquad (5.116)$$

$$\mathrm{Im}\,\underline{Z} = \omega\, L_1 \,[1 - \frac{k^2}{1 + (\frac{R_2}{\omega\, L_2})^2}] . \qquad (5.117)$$

Der Realteil entspricht dem Ohmschen Gesamtwiderstand, der sich aus zwei Anteilen zusammensetzt:
- dem Widerstand R_1 der Spulenwicklung und
- einem sekundären Ersatzwiderstand

$$R_2'' = \frac{N_1^2\, (1 - \sigma_2)^2}{1 + (\frac{R_2}{\omega\, L_2})^2}\, R_2 . \qquad (5.118)$$

Proportional zu diesen beiden Teilwiderständen verhalten sich die Anteile Jouleescher Wärmeleistung, die in der Spulenwicklung (P_V) bzw. im Einsatz entwickelt werden. Der *Induktionswirkungsgrad*

$$\eta_{\mathrm{ind}} = \frac{P_2}{P_1} = \frac{R_2''}{R_1 + R_2''} , \qquad (5.119)$$

als Quotient aus der im Einsatz induzierten Wirkleistung P_2 und der insgesamt von der Spule aufgenommenen Wirkleistung P_1, läßt sich somit durch diese beiden Widerstände ausdrücken.

Trägt man die Impedanzkurve in Abhängigkeit vom Sekundärwiderstand R_2 in der komplexen Ebene auf, so ergibt sich ein Halbkreis, wenn die übrigen

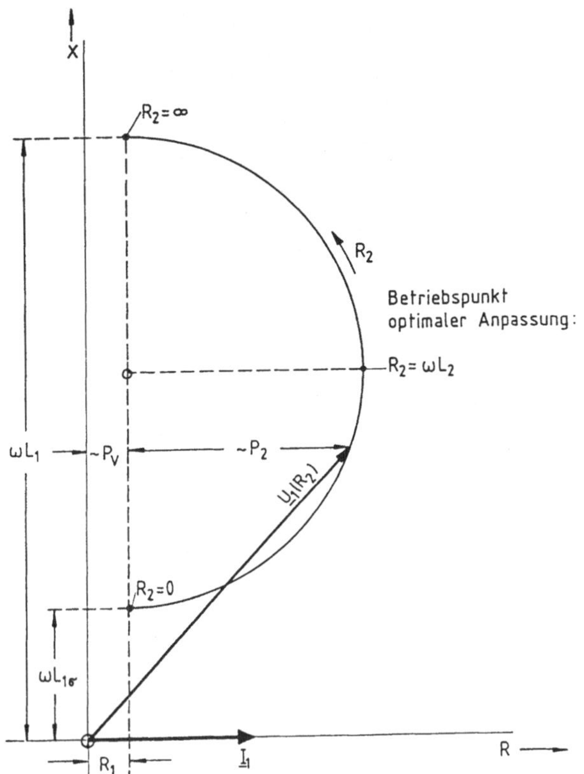

Bild 5.24 Impedanzkurve $\underline{Z}_1$ in Abhängigkeit vom Sekundärwiderstand R_2

Parameter nicht verändert werden (*Bild 5.24*). Es gibt einen Betriebspunkt optimaler Anpassung, bei dem der Realteil der Impedanz und damit auch der Induktionswirkungsgrad maximal wird.

Bei Variation der Frequenz entsteht für die gleiche Anordnung eine Impedanzkurve, wie sie in *Bild 5.25* aufgetragen ist. Mit wachsender Frequenz streben der sekundäre Ersatzwiderstand und damit auch der Induktionswirkungsgrad ihren Höchstwerten zu. Der Leistungsfaktor der Gesamtanordnung wird hingegen immer kleiner, weil die induktive Reaktanz unbegrenzt ansteigt.

Die praktische Aufgabe, eine Anordnung zur induktiven Erwärmung optimal auszulegen, ist oft schwierig und verlangt viel Erfahrung. Einer der Gründe dafür ist, daß es meist nicht möglich ist, nur einen Parameter zu verändern und die übrigen konstant zu halten. So nimmt z.B. eine Veränderung der Frequenz infolge des Skineffektes auch Einfluß auf den Sekundärwiderstand R_2, wie in Abschn. 5.3.3 gezeigt wird.

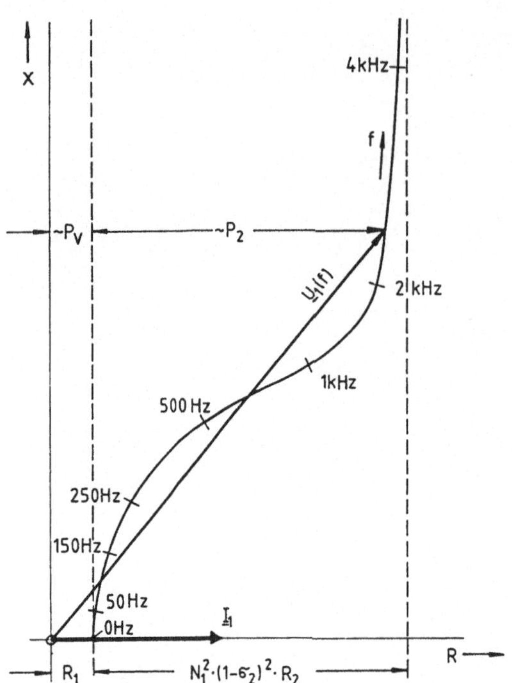

Bild 5.25 Impedanzkurve $\underline{Z}_1$ in Abhängigkeit von der Frequenz f

Trotzdem ist eine Betrachtung der Gesamtimpedanz und ihrer wichtigsten Abhängigkeiten aus folgenden Gründen nützlich:

- Die Kenntnis einiger Grundtendenzen vermittelt einen ersten Überblick über das elektrische Betriebsverhalten, das bei einer gegebenen Anordnung zu erwarten ist.
- Die Gesamtimpedanz einer Anordnung kann relativ einfach meßtechnisch bestimmt werden. Daraus können z.T. auch Rückschlüsse auf andere, nicht direkt meßbare Größen gezogen werden.

Die hier für den Spezialfall einer langen Zylinderspule hergeleiteten Sachverhalte lassen sich prinzipiell auf beliebige Anordnungen von Induktor (vom Primärstrom durchflossene Leiterschleifen) und Erwärmungsgut anwenden, sofern deren Dimensionen sehr klein sind im Vergleich mit der zur verwendeten Frequenz gehörenden Wellenlänge im energieübertragenden Raum. Diese Voraussetzung ist bei der induktiven Erwärmung praktisch immer erfüllt.

Technologien und ihre Anwendung

6 Unmittelbare Widerstandserwärmung

Die unmittelbare Widerstandserwärmung umfaßt alle Technologien, bei denen ein elektrisch leitendes Gut vom elektrischen Strom durchflossen und so erwärmt wird. Das Erwärmungsgut ist hierbei galvanisch in den energieliefernden Stromkreis eingebunden.

Diesem Prinzip sind folgende Technologien bzw. Anlagenarten zuzuordnen:
- Stand- bzw. Durchlaufanlagen zur Erwärmung von Metallen,
- das Widerstandsschweißen,
- das Elektroschlackeumschmelzen,
- die Schmelzfluß-Elektrolyse,
- der Graphitierungs- und der Siliciumcarbid-Ofen,
- der Elektro-Glasschmelzofen,
- der Elektroden-Salzbadofen,
- der Elektrodenkessel.

Eine in der Entwicklung befindliche Technologie ermöglicht die unmittelbare Widerstandserwärmung einer Vielzahl flüssiger Stoffe, z.B. von Nahrungsmitteln zum Zweck der Haltbarmachung.

6.1 Standanlagen zur konduktiven Stangenerwärmung

6.1.1 Anwendung und Anlagenaufbau

Literatur: [39; 83]

In Walzwerken und Schmiedebetrieben müssen Stahlteile der unterschiedlichsten Größe und Form für das Warmumformen auf Temperaturen bis zu rd. 1250 °C erwärmt werden. Die konduktive Erwärmung eignet sich dabei vor allem für Teile von über die Länge einheitlichem Querschnitt, wobei die zu erwärmende Länge wegen des elektrischen Wirkungsgrades mindestens das

Vierfache des Durchmessers bzw. der Kantenlänge betragen soll. In Schmiedebetrieben liegt der Abmessungsbereich für die konduktive Erwärmung bei Durchmessern zwischen 10 und 50 mm und Längen zwischen 150 und 750 mm. Vor Walzanlagen sind konduktive Knüppelerwärmungsanlagen im Einsatz für Abmessungen von 80 bis 120 mm vierkant und Längen bis zu 10 m. Anlagen bis zu einer Leistung von 12 MVA wurden bereits gebaut.

Anlagen zur konduktiven Stangenerwärmung arbeiten nach dem Prinzip der Standerwärmung. Das zu erwärmende Werkstück wird quer zur Längsachse auf Rollen oder mittels Greifer in die Arbeitsvorrichtung gebracht und dort in die Kontaktköpfe eingespannt. Zur Anpassung an unterschiedliche Werkstücklängen sowie zum Ausgleich der Wärmedehnung muß einer der beiden Kontaktköpfe in axialer Richtung beweglich sein. Je nach den Abmessungen und damit auch der erforderlichen Stromstärke besteht jeder Kontaktsatz aus einer Anzahl meist stempelförmiger Einzelkontakte (bis zu 4 an der Stirnseite sowie bis zu 8 seitlich über dem Umfang verteilt). Die maximal übertragbare Stromstärke liegt bei 10 kA pro Einzelkontakt, wenn dieser wassergekühlt ist und hydraulisch auf die Werkstückoberfläche gepreßt wird. Um ein Eindrücken der Kontaktfläche zu vermeiden, muß der Anpreßdruck vor Beginn der Materialerweichung, d.h. bei Stahl etwa ab 500 °C, wieder reduziert werden.

Zur Energiezufuhr wird in der Regel Wechselstrom mit Netzfrequenz verwendet. Im Bereich von Anlagenleistungen bis ca. 350 kVA, der für Schmiedebetriebe hauptsächlich in Frage kommt, erfolgt die Versorgung üblicherweise aus dem Niederspannungsnetz. Zwischengeschaltet ist ein Trenntransformator mit einem Übersetzungsverhältnis, das der Erwärmungsaufgabe angepaßt ist. Die je Meter Stangenlänge anzulegende Spannung wird in Abhängigkeit vom Querschnitt so bemessen, daß maximale Stromdichten von etwa 10 A je mm^2 Gesamtquerschnitt erreicht werden. Die Sekundärspannungen liegen in den meisten Fällen zwischen 10 und 25 V, bei Sekundärströmen bis etwa 30 kA.

Die Leistung der Anlage läßt sich durch eine Phasenanschnittsteuerung über Thyristoren im Primärkreis einstellen.

6.1.2 Erwärmungsablauf

Die Wechselwirkungen elektrotechnischer und wärmetechnischer Vorgänge, die bei der konduktiven Erwärmung stattfinden, sind in *Bild 6.1* schematisch dargestellt. Wird ein Werkstück mit gegebenen Abmessungen an eine Spannung angeschlossen, so stellt sich die lokale Stromdichte an jeder Stelle des

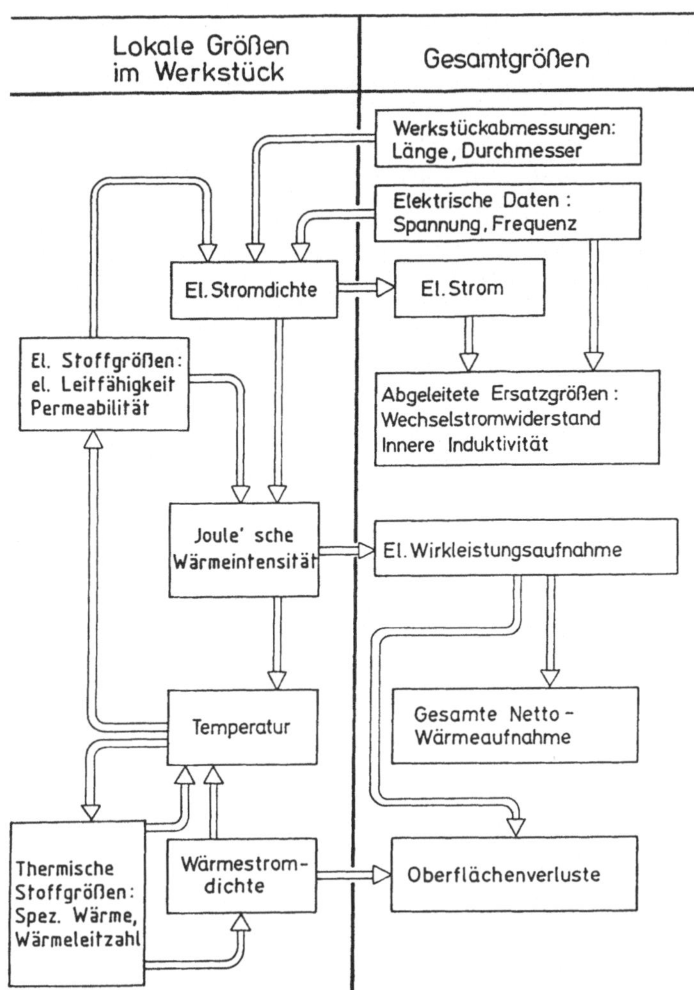

Bild 6.1 Wirkungszusammenhänge bei der konduktiven Erwärmung

Werkstücks unter der Wirkung des frequenzabhängigen Skineffekts je nach der an dieser Stelle gerade herrschenden Größe von elektrischer Leitfähigkeit und Permeabilität ein. Leitfähigkeit und Stromdichte bestimmen gemäß Gl. (5.10) die lokale Intensität des JOULEschen Leistungsumsatzes von elektrischer Energie in Wärme. Diese Wärmequellen führen nach Gl. (4.4) zu einer Temperaturzunahme, womit sich dann auch die temperaturabhängigen elektrischen und thermischen Stoffgrößen lokal ändern.

Zu dieser elektrisch-thermischen Wechselwirkung gesellt sich diejenige zwischen lokaler Temperatur und Wärmestromdichte. Nach Gl. (4.1) bilden sich in Richtung abnehmender Temperaturen Wärmeströme, welche wiederum die Temperaturunterschiede aufzuheben trachten.

Die mehrfache Verknüpfung dieser Wirkungszusammenhänge hat zur Folge, daß im Zuge eines Erwärmungsvorgangs alle auf der linken Bildseite angegebenen Größen sich nicht nur zeitlich ändern, sondern auch lokal unterschiedlich sein können. Die nach außen hin in Erscheinung tretenden Gesamtgrößen wie elektrischer Strom und elektrische Wirkleistungsaufnahme sind als räumliche Integrale der entsprechenden lokalen Größen aufzufassen. Die thermischen Oberflächenverluste durch Abstrahlung und Konvektion entsprechen dem gesamten durch die Werkstückoberfläche hindurchtretenden Wärmestrom.

Aus der Differenz zwischen elektrischer Wirkleistungsaufnahme und Oberflächenverlust ergibt sich die momentante Netto-Wärmeaufnahme des Werkstücks.

Aus den Werten von Strom und Spannung und – im Falle von Wechselstrom – ihrer Phasenlage zueinander lassen sich die Ersatzgrößen des Wirkwiderstandes und der induktiven Reaktanz ableiten.

Die Auswirkungen dieser Zusammenhänge auf den Erwärmungsablauf sind in *Bild 6.2* für die konduktive Standerwärmung von Rundstangen qualitativ dargestellt. Es werden drei Fälle unterschieden, nämlich Erwärmung mit Gleichstrom (a), 50-Hz-Wechselstromerwärmung einer Stange, deren Radius in der Größenordnung des Eindringmaßes von etwa 4 mm bei kaltem Material liegt (b), sowie 50-Hz-Wechselstromerwärmung einer im Vergleich wesentlich dickeren Stange (c). Für jeden der Fälle sei vorausgesetzt, daß die anliegende Spannung zeitlich konstant gehalten wird.

Bei der *Gleichstromerwärmung* (a) sind die Stromdichte und damit auch die Leistungsintensität über den Querschnitt angenähert konstant. Mit wachsender Temperatur geht die elektrische Leitfähigkeit zurück, besonders im unteren Temperaturbereich und bei unlegierten Stählen (*Bild 6.3*). Wird die am Werkstück anliegende Spannung konstant gehalten, reduzieren sich dementsprechend Stromdichte und Leistungsintensität, womit dann auch die Erwärmung langsamer vor sich geht. Die Temperaturerhöhung ist, von der äußersten Zone abgesehen, anfangs über dem Querschnitt gleich. Da jedoch mit steigender Randtemperatur die Oberflächenverluste durch Strahlung und Konvektion zunehmen, ergibt sich mit der Zeit ein nach außen abfallendes Temperaturprofil.

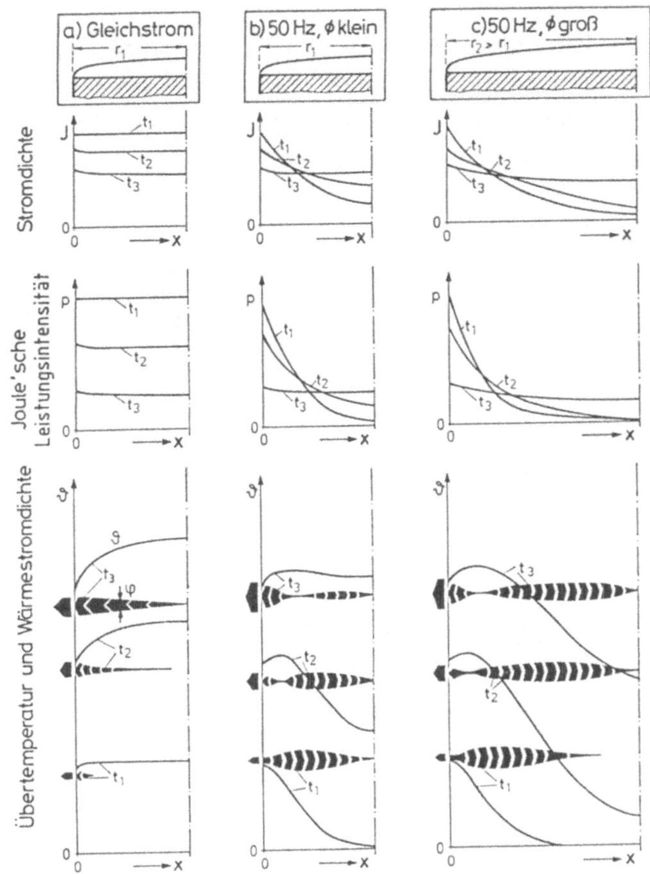

Bild 6.2 Örtlicher Verlauf der konduktiven Erwärmung von Rundstangen bei konstanter Spannung

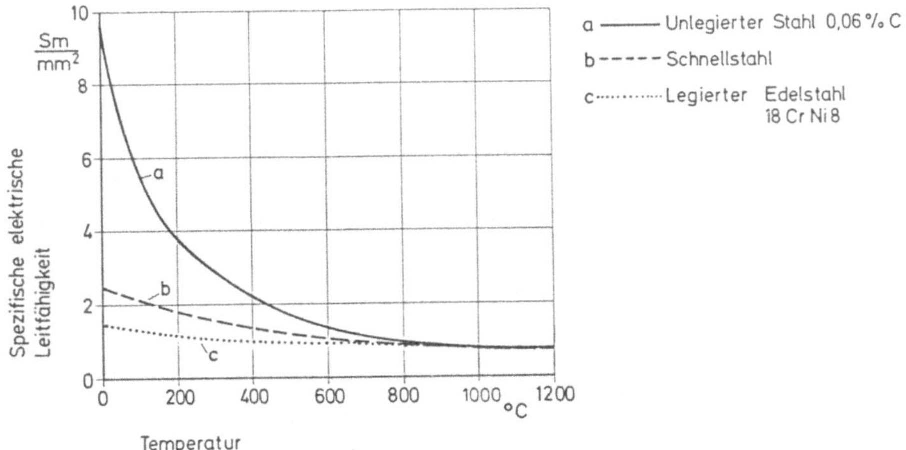

Bild 6.3 Elektrische Leitfähigkeit von Stahl in Abhängigkeit von der Temperatur

Im Falle der *Erwärmung mit Wechselstrom* (b) und (c) wird zusätzlich der Skineffekt wirksam, der am Anfang die Stromdichte – und damit noch stärker die Leistungsintensität – vom Rand nach innen zu abnehmen läßt. Entsprechend heizen sich die äußeren Schichten schneller auf. Wegen der damit verbundenen Abnahme der Werte von elektrischer Leitfähigkeit und Permeabilität gehen Stromdichte und Leistungsintensität mit zunehmender Dauer der Erwärmung zurück. In den Kernzonen steigt die Temperatur anfangs langsam, dann jedoch schneller. Zum einen findet – bedingt durch das Temperaturgefälle – ein Wärmestrom nach innen statt. Zum anderen wird mit steigender Kerntemperatur auch dort der Skineffekt schwächer, so daß Stromdichte und Leistungsintensität sich vergleichmäßigen. Beides zusammen führt dazu, daß nach einer gewissen Zeit (t_3 im Fall b) ein nahezu gleichmäßiges Temperaturprofil über dem Querschnitt erreicht wird. Von welcher Temperatur ab und nach welcher Zeit das der Fall ist, hängt bei gegebener Frequenz maßgeblich von der Größe des Werkstückquerschnittes ab (vgl. Fall c).

In *Bild 6.4* sind im oberen Diagramm die zeitlichen Verläufe der Übertemperaturen in der Mittelachse ("innen") und an der Manteloberfläche ("außen") für

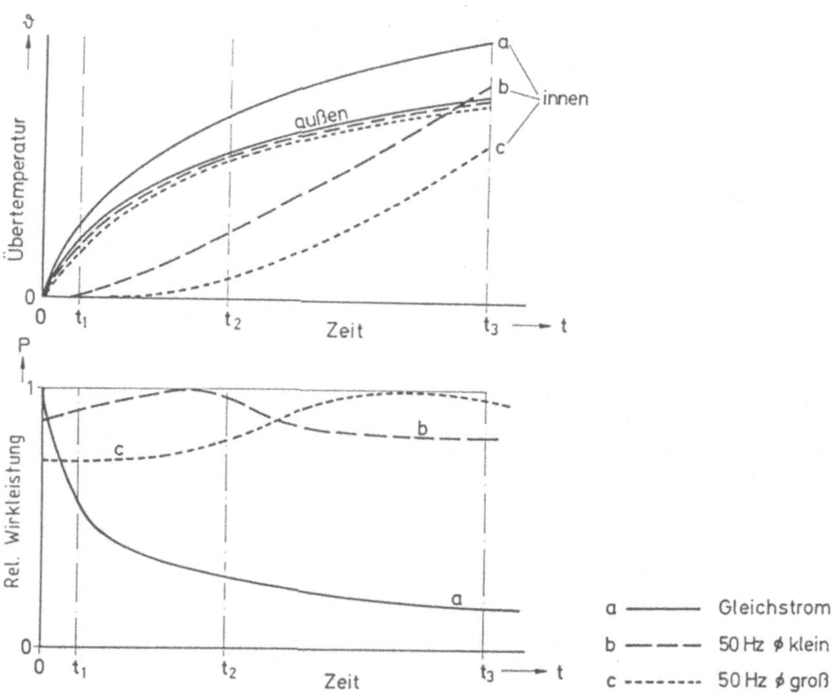

Bild 6.4 Zeitlicher Verlauf der konduktiven Erwärmung von Rundstangen bei konstanter Spannung

dieselben Fälle wie in *Bild 6.2* dargestellt. Während bei Gleichstromerwärmung die Kerntemperatur von Anfang an höher ist als die Manteltemperatur, steigt bei Wechselstromerwärmung die Kerntemperatur verzögert an.

Das untere Diagramm von Bild *6.4* zeigt die zeitlichen Verläufe der elektrischen Wirkleistungsaufnahme in den drei Fällen, bezogen auf den jeweiligen Maximalwert. Bei einer Gleichstromerwärmung mit konstanter Spannung (a) würde die elektrische Leistung schnell sehr stark zurückgehen. Da dies sowohl vom Energieaufwand als auch von der Anlagenauslastung her unerwünscht ist, muß man bei der Gleichstromerwärmung die Spannung im Verlauf der Erwärmung beträchtlich erhöhen bzw. am Beginn der Erwärmung mit stark reduzierter Spannung fahren. Aus diesem Grund und wegen des technischen Mehraufwandes für die Gleichrichtung ist die Gleichstromerwärmung auf Sonderfälle beschränkt, in denen eine einheitliche Stromdichte über dem Querschnitt besonders wichtig ist, nämlich bei speziellen Querschnittsprofilen oder bei reißempfindlichen Werkstücken. Bei letzteren muß die Differenz zwischen Kern – und Manteltemperatur besonders klein gehalten werden.

Bei der Wechselstromerwärmung mit konstanter Spannung (b) und (c) sind die zeitlichen Veränderungen der Leistung vergleichsweise gering, da mit fortschreitender Erwärmung die Einflüsse des Rückgangs der elektrischen Leitfähigkeit und der Abschwächung des Skineffekts gegenläufig wirken. Die Leistung erreicht ihren Maximalwert umso eher, je dünner das Werkstück ist und je früher damit im Werkstückkern aufgrund erhöhter Temperatur und der dadurch reduzierten Feldverdrängung ein nennenswerter JOULEscher Leistungsumsatz stattfinden kann.

In der Praxis wird bei modernen Anlagen die Wechselstromerwärmung nicht mit konstanter Spannung durchgeführt, sondern mit Hilfe der Phasenanschnittsteuerung wird auf abschnittweise konstanten Strom geregelt. Spannung und Leistung steigen wegen des wachsenden elektrischen Widerstands dabei zunächst kontinuierlich an. Damit erhält man in der ersten Phase der Erwärmung einen etwa linearen Anstieg der Oberflächentemperatur, wie am Beispiel in *Bild 6.5* zu ersehen. Ist die maximal mögliche Spannung erreicht, wird der Sollwert des Stroms zurückgenommen und wiederum konstant gehalten. Im letzten Erwärmungsabschnitt schließlich sinken bei maximaler Spannung der Strom und damit die Leistung ab. Dies äußert sich in einem Abflachen der Temperaturzunahme.

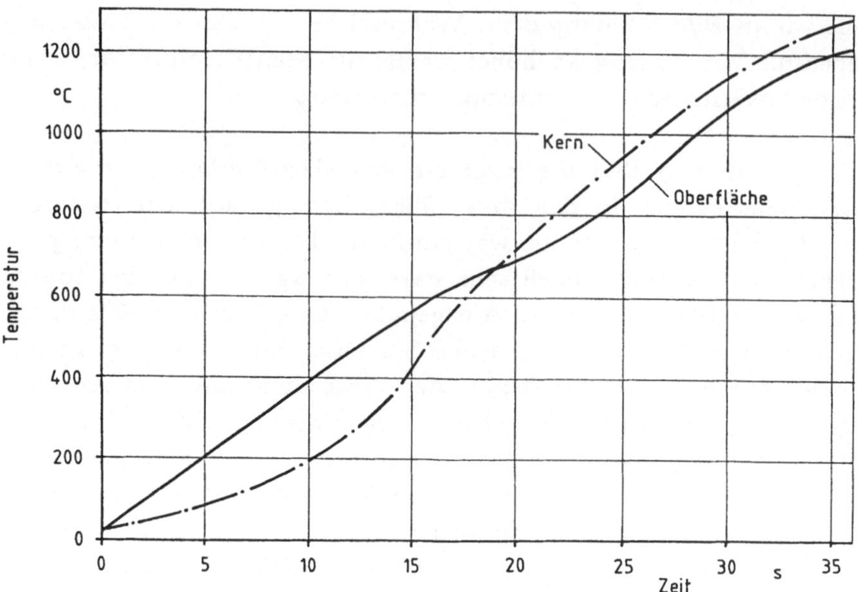

Bild 6.5 Temperaturverlauf bei der konduktiven Erwärmung eines Stahlknüppels mit 38 mm Durchmesser

6.1.3 Energiebedarf

Die prinzipielle Schaltung und den Energiefluß bei der konduktiven Erwärmung zeigt *Bild 6.6*. Von der aus dem Netz verbrauchten elektrischen Energie W_0 wird ein Teil ($W_{V,el}$) im Stromkreis außerhalb des Erwärmungsgutes in Wärme umgewandelt. Die betreffenden Verlustquellen (Zuleitungen, Hochstromkontakte, Transformator, Spannungssteller, evtl. Gleichrichter) können vereinfacht als ein elektrischer Verlustwiderstand R_V aufgefaßt werden, der ebenso wie der Nutzwiderstand R_N des Erwärmungsgutes vom Strom I durchflossen wird. Der *elektrische Nutzungsgrad* als Verhältnis der in das Erwärmungsgut eingebrachten zur insgesamt aufgewendeten Energie

$$g_{el} = \frac{W_J}{W_0} = \frac{1}{1 + R_V/R_N} \approx \frac{1}{1 + c_1\, \varkappa\, d^2/l} \tag{6.1}$$

ist umso höher, je kleiner der Quotient R_V/R_N ist. Es sollte also der äußere Verlustwiderstand R_V möglichst klein, der Nutzwiderstand R_N des Erwärmungsgutes dagegen möglichst hoch sein. Günstig ist es demnach, wenn das Erwärmungsgut langgestreckt und dünn ist und aus einem Material mit relativ geringer elektrischer Leitfähigkeit $\varkappa$ besteht.

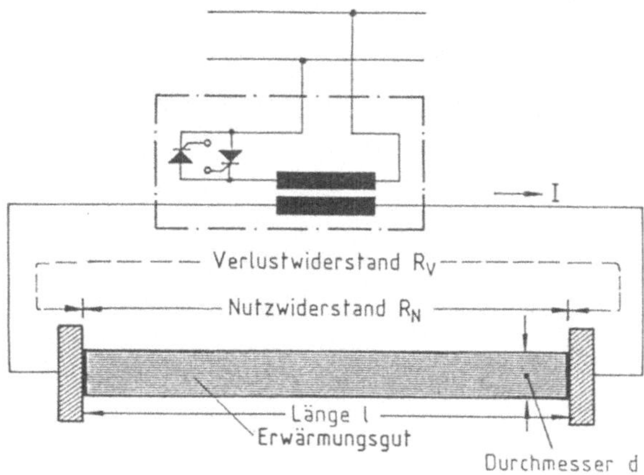

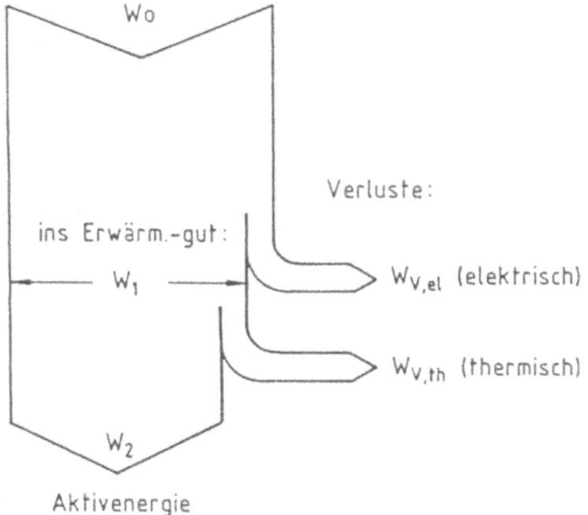

Bild 6.6 Prinzipielle Schaltung und Energiefluß bei der konduktiven Erwärmung

Im Verlauf des Erwärmungsvorgangs bleibt der Nutzwiderstand in der Regel nicht konstant, und zwar aus zwei Gründen:

- Die elektrische Leitfähigkeit ist temperaturabhängig.
- Bei Verwendung von Wechselstrom ändert sich in Abhängigkeit von elektrischer Leitfähigkeit und Permeabilität das Eindringmaß und damit die Stromverdrängung im Erwärmungsgut.

Die ins Erwärmungsgut eingebrachte Energie W_1 teilt sich auf in die Aktivenergie W_2 (das ist der Wärmeinhalt des von der Anfangstemperatur auf die Endtemperatur aufgeheizten Erwärmungsgutes), und in die thermischen Verluste $W_{V,th}$, die während der Erwärmungsdauer T_E über die Oberfläche des

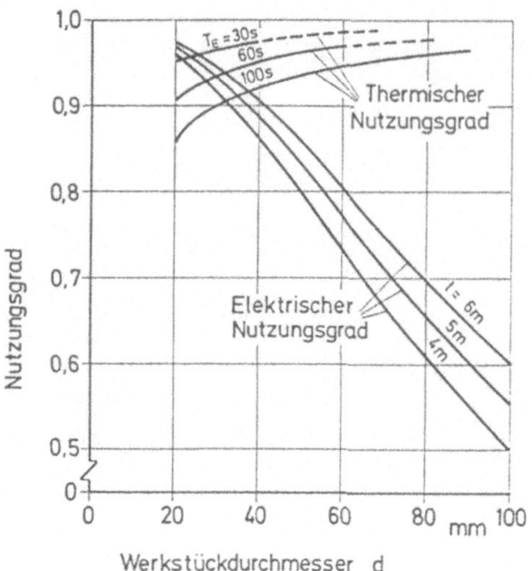

Bild 6.7 Nutzungsgrade bei der konduktiven Erwärmung von Stahlblöcken

Erwärmungsgutes durch Konvektion, Strahlung und z.T. auch Wärmeleitung nach außen abgegeben werden. Der *thermische Nutzungsgrad* als Verhältnis der Aktivenergie zu der ins Erwärmungsgut eingebrachten Energie ist im Falle der Erwärmung eines zylindrischen Werkstücks mit dem Durchmesser d bei festgelegten Anfangs- und Endtemperaturen näherungsweise:

$$g_{th} = \frac{W_2}{W_1} = \frac{1}{1 + W_{V,th.}/W_2} \approx \frac{1}{1 + c_2\, t_E/d} \,. \tag{6.2}$$

Die Ergebnisse der energetischen Betrachtungen veranschaulicht *Bild 6.7* am Beispiel der konduktiven Erwärmung von zylindrischen Stahlblöcken. Günstig für den thermischen Wirkungsgrad ist eine möglichst kurze Erwärmungszeit, d.h. hohe Leistungszufuhr. Die Grenzen hierfür werden durch die anwendbaren Ströme bzw. Stromdichten und die maximal zulässigen Temperaturunterschiede im Werkstück bestimmt. Für die Erwärmung von kalten Stahlblöcken auf eine Warmumformtemperatur von rund 1200 °C beträgt die Mindestheizzeit bei 40 mm Durchmesser etwa 30 s und bei 65 mm Durchmesser rund 60 s, so daß man für diesen Einsatzzweck mit thermischen Nutzungsgraden über 0,95 rechnen kann.

Die dargestellte Erhöhung des elektrischen Nutzungsgrades mit steigender Werkstücklänge l gilt unter Voraussetzung eines konstanten Verlustwiderstandes R_V. Falls man die Länge der Hochstromleitung an die jeweilige Werkstücklänge anpassen kann, schwächt sich diese Tendenz deutlich ab.

Der Einfluß des Werkstückdurchmessers ist für elektrischen und thermischen Nutzungsgrad gegenläufig. Üblicherweise dominiert jedoch der Einfluß auf den elektrischen Nutzungsgrad, so daß der spezifische Energiebedarf je Tonne erwärmten Materials mit steigendem Werkstückquerschnitt generell zunimmt.

Für die Erwärmung der meisten Stahlsorten vom kalten Zustand auf 1200 °C beträgt die spezifische Aktivenergie rd. 200...230 kWh/t. Der spezifische Energieverbrauch aus dem Netz liegt in dem infrage kommenden Abmessungsbereich normalerweise zwischen 270 und 320 kWh je Tonne erwärmten Materials und damit deutlich unterhalb der für die Induktionserwärmung typischen Werte.

6.2 Durchlaufanlagen zur konduktiven Drahterwärmung

Die konduktive Erwärmung wird auch angewendet zur Erwärmung von Runddraht im Durchmesserbereich von 1 bis 30 mm auf Warmumformtemperatur für das anschließende Walzen zu Profilstahl.

Anlagen zur konduktiven Drahterwärmung arbeiten nach dem Prinzip der Durchlauferwärmung (*Bild 6.8*, nach [20]). Der Draht wird vom Coil (*1*) abgehaspelt, gerichtet und zum Entzundern mechanisch gestrahlt (*2*) und durch

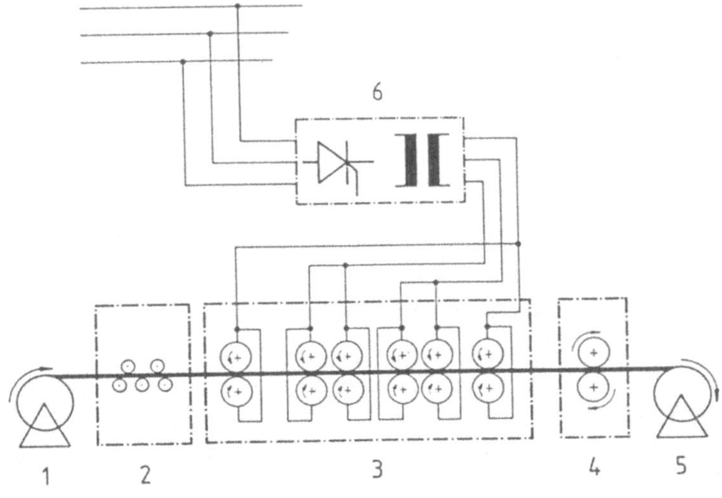

Bild 6.8 Anlage zur konduktiven Drahterwärmung

die konduktive Erwärmungsstrecke (*3*) geführt. Der über Rollenkontakte übertragene Strom erwärmt den Draht auf 1000...1050 °C. In einem Streckreduzierwerk (*4*) wird der Draht sodann in zwei bis drei Stichen zu dem gewünschten Profil gewalzt und anschließend entweder auf Länge geschnitten oder, wenn möglich, wieder auf Coils (*5*) gehaspelt. Die Dreiteilung der gesamten Erwärmungsstrecke gestattet einen dreiphasigen Anschluß über Spannungssteller und Transformator (*6*).

Der zwischen zwei Phasen fließende Strom wird jeweils von einem Rollenpaar zu- und abgeführt. Da die Berührungsstellen an Draht und Rollen ständig wandern, ist ein Verschweißen praktisch ausgeschlossen. Jedoch besteht eine Neigung zur Funkenbildung und damit zur Entstehung von Lichtbogenfußpunkten auf der blanken Drahtoberfläche, vor allem wenn mit hohen Stromdichten gefahren wird. Um diesen Nachteil auszuschalten, wird an der Entwicklung von Wirbelbett-Kontakten gearbeitet. Es handelt sich dabei um ein feinkörniges Granulat aus elektrisch leitendem Material, das von Schutzgas durchströmt und dadurch fluidisiert und gleichzeitig gekühlt wird.

Die gewünschte Drahttemperatur wird über die Regelung der Durchlaufgeschwindigkeit eingehalten. Diese beträgt für Drahtdurchmesser von 10 mm ungefähr 1 m/s, für 30 mm etwa 0,15 m/s.

Der Gesamtnutzungsgrad liegt zwischen 75 und 90 %, abhängig von Drahtdurchmesser und Durchlaufgeschwindigkeit. Die größten ausgeführten Anlagen besitzen eine elektrische Anschlußleistung von 1500 kW.

6.3 Widerstandsschweißen

Das Widerstandsschweißen gehört zur Gruppe der *Preßschweißverfahren*, bei denen metallische Werkstoffe unter Druck und bei örtlich begrenzter Erwärmung vereinigt werden. Diese Erwärmung wird beim Widerstandsschweißen durch einen hohen elektrischen Strom bewirkt, der zwischen den zu vereinigenden Werkstücken an der Schweißstelle übertritt und das Material dort infolge erhöhten Übergangswiderstandes und verringerten Stromquerschnitts in einen teigigen Zustand bringt. Durch den gleichzeitig wirkenden Anpreßdruck werden die Teile miteinander verschweißt. Ein Zusatzwerkstoff wird i.a. nicht verwendet.

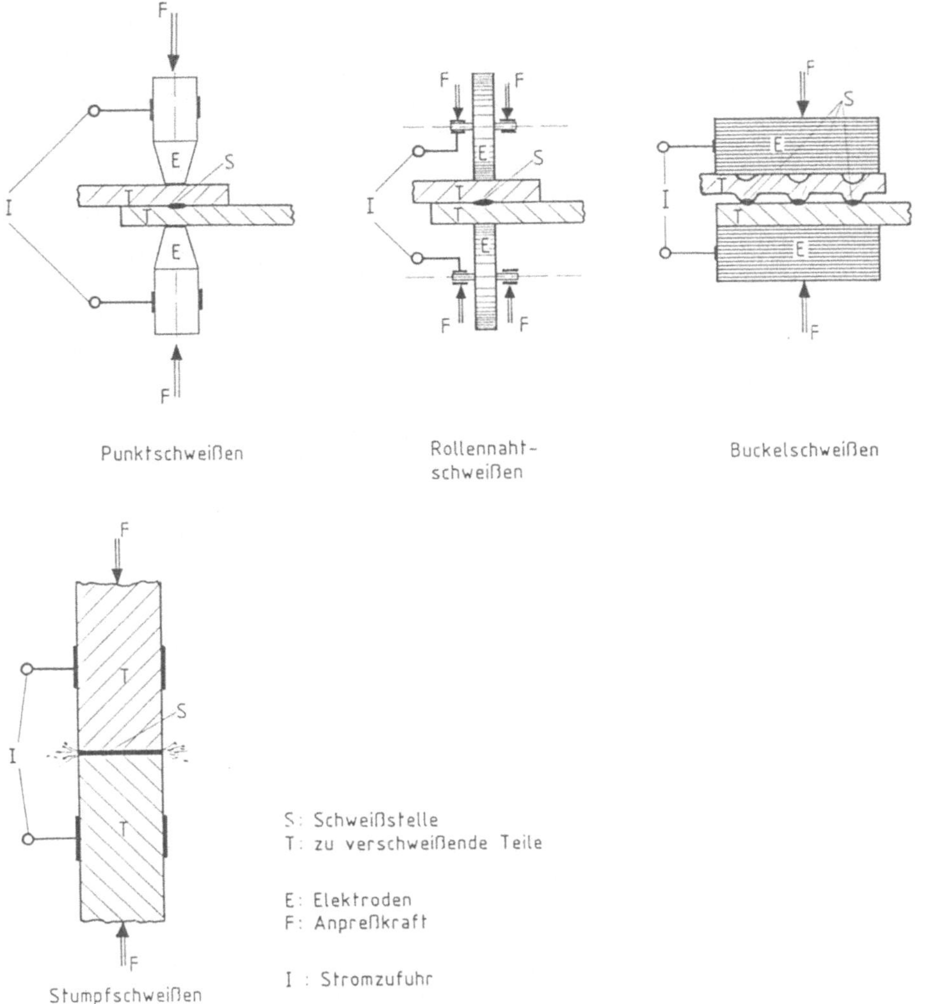

Bild 6.9 Arten des Widerstandsschweißens (schematisch)

In der Technik des Widerstandsschweißens [17; 51; 54] werden vier Arten unterschieden, die in *Bild 6.9* schematisch skizziert sind:

- Punktschweißen,
- Rollennahtschweißen,
- Buckelschweißen,
- Stumpfschweißen.

Beim *Punktschweißen* werden die zu verbindenden Teile durch zwei stiftförmige Elektroden aneinandergepreßt und für eine sehr kurze Zeit an eine Wechselspannung gelegt, deren Größe sich nach der Gesamtdicke der Teile an der Schweißstelle (bis zu 25 mm) richtet und bei Makroschweißungen i.a. zwischen 1 und 3 V liegt. Die Stromstärke je Schweißpunkt kann bis zu 50 kA betragen. Die sog. *"Stromzeit"* liegt meist zwischen 20 und 200 ms, also zwischen einer und zehn Vollwellen. Wird die Energie nicht über einen Schweißtransformator geliefert, sondern über einen zuvor aufgeladenen Kondensator (Gleichstrom – Impuls – Schweißen), so lassen sich für Mikroschweißung noch wesentlich kürzere Stromzeiten bis herab zu 1 ms erreichen. Die Punktschweißung wird als Makroschweißung hauptsächlich bei der Blechverarbeitung, z.B. im Automobilbau angewendet. Bei der Karosserieherstellung werden vielfach große Vielpunktstraßen eingesetzt, die in einem Arbeitsgang bis zu etwa 100 Punkte gleichzeitig schweißen. Daneben gibt es Punktschweißzangen für die Einzelpunktschweißung, die heute schon häufig durch Einsatz von Industrierobotern automatisiert sind. Für das Mikro – Punktschweißen gibt es vielseitige Anwendungen beim Herstellen von Kleinteilen in der Feinwerktechnik und Feinmechanik.

Beim *Rollennahtschweißen* werden durch rasche Impulsfolge (2...10 Hz) eine Vielzahl einzelner Schweißpunkte aneinandergereiht, deren Erweichungsstellen je nach der gewählten Vorschubgeschwindigkeit ineinander übergehen können. Ein ungepulstes Schweißen mit Dauerstrom ist ebenfalls möglich. Hierbei wird der zeitliche Abstand der Schweißpunkte durch die Aufeinanderfolge der Einzelhalbwellen ($100\ s^{-1}$ bei Netzfrequenz) bestimmt. Das Rollennahtschweißen wird hauptsächlich bei der Herstellung dünnwandiger Behälter sowie zum Längsnahtschweißen von Rohren angewendet.

Beim *Buckelschweißen* sind die Schweißstellen durch entsprechende Formgebung der zu verschweißenden Teile festgelegt. Hierzu werden vor der Schweißung Buckel geeigneter Form und Ausdehnung ins Blech getrieben. Für die Schweißung werden die Teile durch Flachelektroden größerer Ausdehnung aneinandergepreßt. Der elektrische Kontakt entsteht an den gebuckelten Stellen bzw. Strecken, so daß mit jedem Spannungsimpuls entsprechende linienförmige Verschweißungen erreicht werden. Durch die Anpreßkraft werden die schweißwarmen Buckel anschließend zusammengedrückt, so daß die verschweißten Stellen hernach wieder ebenflächig sind. Die Anwendungsbereiche für das Buckelschweißen entsprechen denen des Punktschweißens. Vorteilhaft beim Buckelschweißen ist die geringere Stromdichte in den Schweißelektroden. Diese brauchen daher trotz höherer Ströme (bis 120 kA) nicht gekühlt werden und verschleißen trotzdem weniger, so daß höhere Standzeiten als bei Punktschweißelektroden erreicht werden. Eine wichtige Variante des Buckelschweißens, vor allem im Mikrobereich bei der Fertigung von Schaltverbindungen in elektrischen Bauteilen, ist das Drahtkreuzschweißen. Die gekreuzt übereinandergelegten Drähte berühren sich nur in einem Punkt und sind nach der Schweißung etwa zur Hälfte ihres Durchmessers ineinandergedrückt [25].

Das *Stumpfschweißen* wird angewendet, wenn Rohre, Stangen, Schienen usw. an ihrer Stirnseite zu verschweißen sind. Für das Verbinden gleichgroßer Querschnitte bis 150 mm^2 mit planparallelen Flächen eignet sich das *Wulststumpfschweißen*. Hierbei werden die Teile erst zusammengepreßt und dann durch einen Stromstoß bis zum Erweichen erwärmt und dabei verschweißt. Das *Abbrennstumpfschweißen* unterliegt dagegen praktisch keinen Beschränkungen hinsichtlich Gleichheit und Größe der zu verbindenden Querschnitte sowie der Flächenplanheit. Hierbei werden die Teile zunächst nur mit geringer Kraft aneinandergedrückt und wieder etwas auseinandergefahren. Dieses einige Sekunden dauernde Vorwärmen wird bei anliegender Spannung (Leerlaufspannung rd. 10 V) bis zu zwanzigmal wiederholt, bis die Stoßflächen gleichmäßig erwärmt sind. Dabei bildet sich eine Haut aus flüssigem Metall. Der in der anschließenden Abbrennphase entstehende Metalloxiddampf verhindert den Zutritt von Luft an die Stoßflächen und wirkt so als Schutzgas. Anschließend werden durch schlagartiges Zusammenpressen alle flüssigen Metallteile aus der Schweißfuge gedrückt und die nun völlig sauberen Stoßflächen miteinander verschweißt. Das Abbrennstumpfschweißen hat sich für das Verbinden von Eisenbahnschienenteilen vor der Verlegung allgemein durchgesetzt [91].

6.4 Elektro – Schlacke – Umschmelzen

Literatur: [30; 43; 75]

Das Elektro - Schlacke - Umschmelz - Verfahren (ESU) dient in erster Linie zur Herstellung größerer zylindrischer Stahlteile bei besonders hohen Qualitätsanforderungen. Diese betreffen folgende metallurgische Kriterien: Homogenität, Dichte und Reinheitsgrad sowie möglichst weitgehende Freiheit von Seigerung (d.h. örtliche Unterschiede in der Konzentration der Begleitelemente).

6.4.1 Anlagenaufbau und Funktionsprinzip

Schematischer Aufbau und Funktionsprinzip einer ESU - Anlage sind aus *Bild 6.10* ersichtlich. Das umzuschmelzende Material wird in Form einer Abschmelzelektrode von oben her in eine flüssige Schlackeschicht eingetaucht,

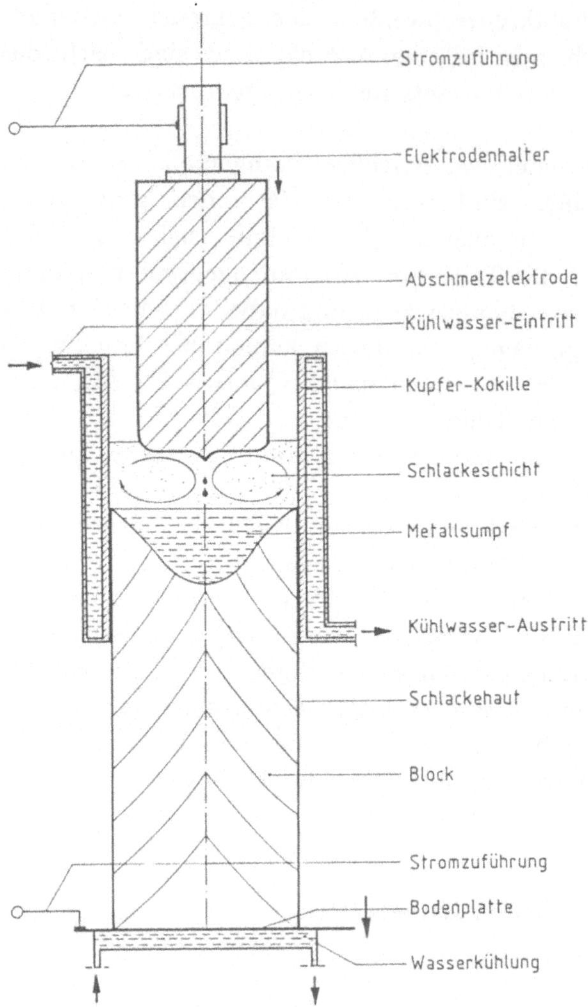

Bild 6.10 Elektro - Schlacke - Umschmelzen (schematisch)

welche auf dem bereits umgeschmolzenen Material schwimmt. Eine Wechselspannung liegt zwischen der Elektrode und der wassergekühlten Bodenplatte, auf welcher das umgeschmolzene Material als gewachsener Block steht. Die durch den elektrischen Strom hervorgerufene JOULEsche Wärme entsteht fast ausschließlich in der Schlacke, da deren spezifischer Widerstand um den Faktor 10^3 bis 10^4 größer ist als der des Metalls. Dadurch wird die Schlacke auf einer so hohen Temperatur (1650 bis 2000 °C) gehalten, daß an der eintauchenden Elektrode ein flüssiger Film entsteht und laufend abtropft. Beim Durchtritt durch die Schlackenschicht finden metallurgisch erwünschte Reaktionen statt, wofür die große Oberfläche der feinen Stahltropfen sowie die hohe Temperatur besonders günstige Voraussetzungen schaffen.

Das umgeschmolzene Metall erstarrt kontinuierlich in einer wassergekühlten Gleitkokille aus Kupfer, deren Querschnitt sich nach dem gewünschten Querschnitt des umgeschmolzenen Blockes richten muß. Die Höhe der Kokille muß so bemessen sein, daß der noch nicht völlig erstarrte Längenabschnitt des Blockes einschließlich dem flüssigen Metallsumpf sowie die Schlackeschicht eingeschlossen sind. Durch entsprechendes Absenken der Bodenplatte wird sichergestellt, daß bei ständig wachsender Blocklänge sich die kritischen Abschnitte stets im Inneren der feststehenden Kokille befinden.

6.4.2 Verfahrenstechnische Gesichtspunkte und Betriebsweise

Die Schlacke enthält als Hauptbestandteile CaF_2, CaO und Al_2O_3. Ihre durch Ionenleitung verursachte elektrische Leitfähigkeit liegt je nach Zusammensetzung zwischen ca. 100 und 900 S/m bei 1700 °C. Geringere Leitfähigkeit gestattet den Umsatz einer bestimmten elektrischen Leistung in einer dünneren Schlackeschicht, wodurch sich die Verluste durch Wärmeabfuhr nach außen an die Kokillenwand reduzieren lassen. Da die Leitfähigkeit von CaF_2 besonders groß ist, werden fluorarme Schlacken angestrebt, was z.T. zusätzliche Beigaben von MgO und SiO_2 erfordert. Die Abgase solcher Schlacken sind wegen des niedrigen Fluorgehalts zudem umweltfreundlich bzw. es verringert sich der notwendige Aufwand zur Abgasreinigung.

In metallurgischer Hinsicht bewirkt die Schlacke eine Raffination des Stahls beim Umschmelzen. Hierzu gehören Desoxidation, Entschwefelung und Einstellung eines definierten, gleichmäßigen Titangehaltes. Soweit es sich dabei um Umsetzungen zwischen Metall- und Schlackenphase handelt, finden diese in erster Linie an der Spitze der Abschmelzelektrode statt, da hier die Stromdichte und damit auch die Temperatur (bis ca. 2200 °C) am höchsten sind. Dagegen sind an der Oberfläche des Metallsumpfes die Temperaturen und damit die Reaktionsgeschwindigkeiten geringer. Die in der heißen Mittelachse herabfallenden Tröpfchen besitzen zwar eine große Reaktionsoberfläche, jedoch ist die für eine Reaktion zur Verfügung stehende Zeit sehr kurz. Intensiviert werden die Schlackenreaktionen dadurch, daß sich infolge des Zusammenwirkens elektromagnetischer und thermischer Kräfte ein Strömungsfeld einstellt, meist in Form eines Einfachtoroids, wobei in der Mittelachse die Strömung nach unten gerichtet ist.

Die Stärke der Seigerung in dem umgeschmolzenen Block hängt davon ab, wie ausgeprägt die Erstarrungsstruktur im Längsschnitt fischgrätartig auf die Mittelachse zuläuft. Für eine völlige Seigerungsfreiheit muß also die Erstarrung parallel und in axialer Richtung verlaufen. Das kann jedoch nicht erreicht werden, weil infolge der Kokillenkühlung die Erstarrungsfront in den äußeren Bereichen des Blockquerschnittes im Vergleich zur Mittelachse stets vorauseilt. Dem idealen Erstarrungsverlauf kann man sich aus diesem Grund umso besser nähern, je geringer man die Umschmelzleistung hält. Andererseits darf die Umschmelzleistung aus zwei Gründen nicht beliebig klein gewählt werden:

- wirtschaftliche Gründe (die Anlagenproduktivität wird sonst zu gering und der spezifische Energieverbrauch zu hoch),
- merkliche Verschlechterung der Oberflächenqualität wegen Grobkörnigkeit der Randzone.

Üblicherweise wird die Umschmelzleistung so gewählt, daß ihr Wert in kg/h etwa dem Durchmesser des umgeschmolzenen Blockes in mm entspricht. Dies führt zu einer Tiefe des Metallsumpfes in der Mittelachse, die etwa gleich dem Blockradius ist.

Form und Tiefe des Metallsumpfes hängen daneben auch noch von der Überhitzung des umgeschmolzenen Metalls ab. Von Einfluß hierauf sind die Höhe der Schlackeschicht, die mittlere Stromdichte in der Elektrode sowie deren Durchmesser im Verhältnis zum Blockdurchmesser.

Unter Berücksichtigung dieser Faktoren kann eine gewünschte Erstarrungsstruktur durch Einhaltung einer bestimmten elektrischen Leistung erreicht werden, sobald die Anlage sich in einem wärmetechnisch stationären Zustand befindet.

Moderne ESU - Anlagen erlauben jedoch eine ständige Erfassung der Abschmelzrate mittels Wiegeeinrichtung an der Elektrode, so daß als Regelgröße unmittelbar die Umschmelzleistung verwendet werden kann. Diese sowie die Metallüberhitzung werden über die Stellgrößen der Spannung sowie der Absenkgeschwindigkeit der Elektrode auf vorgegebenen Werten gehalten, die zuvor durch Versuche ermittelt worden sind.

6.4.3 Energieverbrauch

Der spezifische Energieverbrauch von ESU - Anlagen liegt im Bereich zwischen 0,6 und 1,8 kWh je kg umgeschmolzenen Stahls. Tendenziell steigt der spezifische Verbrauch mit der Anlagengröße.

Vom Gesamtverbrauch sind etwa 0,4 kWh/kg zum Schmelzen und Überhitzen des Elektrodenmaterials erforderlich. Dieser Energiebetrag ist in dem von der Elektrode abtropfenden Material enthalten und wird zum größten Teil in den Metallsumpf eingetragen. Dazu kommt noch ein geringer Wärmeeintrag von etwa 0,05 kWh/kg durch Konvektion aus der zirkulierenden heißen Schlacke. Im Zuge der Erstarrung wird diese Wärme nach außen abgeführt. Etwa 0,3 kWh/kg gehen ins Kühlwasser der Kokille und 0,15 kWh/kg werden unterhalb der Kokille von dem abkühlenden Block abgegeben.

Ein Großteil der in der Schlackenschicht in JouLEsche Wärme umgewandelten Energie wird von der Schlacke aus konvektiv an die Kokillenwandung übertragen. Dieser Anteil kann im Bereich von 0,2 bis herauf zu etwa 1,0 kWh/kg liegen und hängt wesentlich vom Blockdurchmesser ab. Während nämlich die Schmelzleistung etwa proportional zum Blockdurchmesser ist, steigt die für die Wärmeabfuhr maßgebende Mantelfläche der Schlackeschicht überproportional an, da bei größerem Blockdurchmesser i.a. die Schlackeschicht auch eine größere Höhe besitzen muß.

Die gleiche Tendenz trifft für den Energiebetrag (etwa 0,1...0,4 kWh/kg) zu, der von der Schlackenoberfläche aus nach oben abgestrahlt und zum größten Teil ebenfalls mit dem Kühlwasser der Kokille abgeführt wird.

6.4.4 Elektrotechnische Gesichtspunkte

Da beim Betrieb einer ESU – Anlage mit Gleichstrom unerwünschte elektrochemische Reaktionen zwischen Metall – und Schlackeionen stattfinden würden, arbeitet man grundsätzlich mit Wechselstrom. Dabei ergibt sich das Problem einer großen Induktivität wegen der relativ weitgespannten Schleife des Hochstromkreises. Dies führt bei Netzfrequenz zu einem Leistungsfaktor von lediglich 0,5...0,6, so daß eine große Kondensatorbatterie zur Blindleistungskompensation erforderlich ist.

Wesentlich günstigere Verhältnisse liegen vor, wenn z.B. zwei Elektroden gleichzeitig innerhalb einer Kokille abschmelzen. Dann kann die Zuleitung bifilar geführt werden, wodurch sich der Leistungsfaktor bis über 0,9 erhöhen läßt.

Die Verwendung von drei Elektroden innerhalb einer Kokille hätte zwar den Vorteil einer symmetrischen dreiphasigen Belastung des Netzes. Jedoch stellt sich dabei in Schlacke und Metallsumpf ein Drehfeld ein, was zu verstärkter Seigerung im umgeschmolzenen Block führt.

Große ESU-Anlagen werden heute normalerweise nicht mit Netzfrequenz, sondern mit Niederfrequenz im Bereich zwischen 1 und 10 Hz gespeist. Zwar wird dadurch ein Umrichter erforderlich, dafür aber geht bei gleicher Induktivität des Hochstromkreises seine Reaktanz proportional mit der Frequenz zurück. Dementsprechend erhöht sich der Leistungsfaktor. Zudem werden Probleme, die sich bei größeren Blockdurchmessern aus dem Skineffekt ergeben können, praktisch vermieden.

6.4.5 Anwendung

Anlagen mit Kokillendurchmessern bis zu etwa 1000 mm werden zum Umschmelzen von höherlegierten Stählen zu Blöcken von maximal 10 bis 14 t eingesetzt. In diesem Bereich steht das Verfahren in Konkurrenz zum Umschmelzen im Vakuum-Lichtbogenofen. Vorteile für das ESU-Verfahren sind nur in Einzelfällen metallurgischer Natur und liegen ansonsten hauptsächlich im einfachen Anlagenaufbau und dem geringen Energieverbrauch begründet, außerdem in der größeren Freiheit dieses Verfahrens hinsichtlich der möglichen Maße und Form von Block und Elektrode.

In Kokillen des oben erwähnten Größenbereiches wird immer nur mit einer Elektrode abgeschmolzen, deren Durchmesser beim 0,7...0,8-fachen des Kokillendurchmessers liegt. Zum Aufbau eines Blockes werden meist mehrere kürzere Elektroden nacheinander eingeschmolzen. Da die Zeit für einen Elektrodenwechsel nur etwa eine Minute dauert, wird die Gleichmäßigkeit der Erstarrung dadurch nicht beeinträchtigt. Es wird meist Netzfrequenz verwendet, die Elektrodenspannung liegt im Bereich zwischen 20 und 100 V. Die Nennleistung des Versorgungstrafos ist auf mindestens 1 kVA je mm Blockdurchmesser auszulegen.

Für das Elektro-Schlacke-Umschmelzen bei Blockdurchmessern über 1000 mm gibt es keine verfahrenstechnische Alternative zur Erzielung entsprechender Gefügequalitäten. Es handelt sich dabei überwiegend um leichter legierte, einphasig erstarrende Stähle, z.B. für schwere Schmiedestücke im Kraftwerksbau. Eine der größten ESU-Anlagen kann Blöcke mit einem Durchmesser von maximal 2300 mm und einer Länge bis zu 5 m erschmelzen. In die Kokille tauchen dabei vier Elektroden gleichzeitig ein.

6.5 Elektrolyseofen zur Aluminiumgewinnung

Literatur: [9; 34; 63; 84; 102]

6.5.1 Allgemeine Verfahrensmerkmale und Anwendung der Schmelzflußelektrolyse

Die kathodische Abscheidung von Metallen in einem Elektrolyten, der aus Oxiden oder Salzen in schmelzflüssiger Phase besteht, wird Schmelzflußelektrolyse genannt. Aufgrund der hohen Schmelzpunkte derartiger Elektrolyte handelt es sich stets um Hochtemperaturprozesse, so daß außer der für die Stoffabscheidung notwendigen Zersetzungsenergie auch erhebliche Energiebeträge für die Erhitzung der Ausgangsstoffe und die Deckung der äußeren Wärmeverluste aufzuwenden sind. Da der größte Teil davon als elektrische Energie zugeführt wird, ist die Schmelzflußelektrolyse immer auch als Prozeß der unmittelbaren Widerstandserwärmung anzusehen.

Die Schmelzflußelektrolyse wird zur technischen Gewinnung solcher Metalle (*Tafel 6.1*) angewendet, bei denen weder ein thermisches Reduktionsverfahren noch eine Elektrolyse in wäßriger Lösung zu realisieren ist.

Thermische Reduktionsverfahren, die auch auf dem Einsatz elektrischer Energie beruhen können (s. Abschn. 10.2), besitzen den Hauptvorteil einer wesentlich höheren Energiedichte, so daß die Anlagen grundsätzlich kompakter und damit kostengünstiger sind. Sie sind jedoch in vielen Fällen aus verfahrenstech-

Tafel 6.1 Metallgewinnung durch Schmelzflußelektrolyse

Metall	Elektrolyt	Prozeßtemperatur °C	Zellenspannung V	El. Energieverbrauch kWh/kg
Al	$Al_2O_3 + Na_3AlF_6$	950...970	4,0...4,5	13...15
Ca	$CaCl_2$	ca. 800	20...30	ca. 45
Li	$LiCl + KCl$	420...430	ca. 6	28...30
Mg	$MgCl_2$	670...730	5... 6	14...16
Na	$NaCl + CaCl_2$	570...590	6... 7	10...11

nischen Gründen nicht anwendbar, z.B. wegen außerordentlich hohem Energieverbrauch, zu geringer Reinheit des Produktes infolge unerwünschter Nebenreaktionen usw.

Die elektrolytische Metallabscheidung aus wäßriger Lösung ist i.a. apparativ und von der Betriebsweise her einfacher als eine Schmelzflußelektrolyse. Jedoch können auf diese Weise nur Metalle gewonnen werden, deren kathodische Abscheidungsspannung (entsprechend der elektrochemischen Spannungsreihe) unter derjenigen von Wasserstoff liegt, da sonst dieser an der Kathode abgeschieden wird. Die jeweilige Abscheidungsspannung von Wasserstoff ist durch die sog. *"Überspannung"* gegeben, d.h. in der Hauptsache durch eine zusätzliche Hemmung des Elektronenübergangs von der Kathode auf das H^+ - Ion infolge Gasanlagerung.

Die weitaus größte Bedeutung der Schmelzflußelektrolyse liegt in der Erzeugung von Hüttenaluminium aus Tonerde (Al_2O_3). Diese wird zuvor durch Anwendung des Bayer - Verfahrens aus dem Rohstoff Bauxit gewonnen. Da der Schmelzpunkt von Tonerde bei 2050 °C liegt, verwendet man als Lösungsmittel Kryolith (Na_3AlF_6), der bei 1008 °C schmilzt, jedoch mit Tonerde ein Eutektikum bildet. Bei einem üblichen Anteil an Tonerde von 2...7 % sowie Zusätzen von AlF_3, CaF_2 und LiF läßt sich eine Prozeßtemperatur von 950...970 °C mit flüssigem Elektrolyten realisieren. Durch Anlegen einer genügend hohen Gleichspannung zersetzt sich die Tonerde. Das Al sammelt sich an der Kathode, der Sauerstoff an der Anode. Diese besteht aus Kohlenstoff, der unter Bildung von CO_2 und CO abbrennt und so den entstandenen Sauerstoff bindet.

6.5.2 Anlagenaufbau und - betrieb

Den grundsätzlichen Aufbau einer Elektrolysezelle zeigt *Bild 6.11*. Die Ofenwanne ist ein mit Profileisen versteifter Blechkasten, der zur Wärmedämmung mit Schamotte, Magnesit oder Tonerde ausgelegt ist. Darüber liegen Kohleblöcke, die das eigentliche Reaktionsgefäß bilden. In ihrer Bodenschicht sind die Stromzuführungsschienen eingelassen. Das Reaktionsgefäß dient als Kathode. Die Badfüllung besteht zuunterst aus einer 10 bis 30 cm hohen Schicht aus geschmolzenem Al. Hiervon wird periodisch ein Teil abgesaugt. Darüber befindet sich der geschmolzene Elektrolyt, der an seiner Oberseite infolge Wärmeableitung zu einer festen Kruste erstarrt. Auf dieser liegt eine dicke Schicht Tonerde, die eine wirksame Wärmedämmung nach oben darstellt.

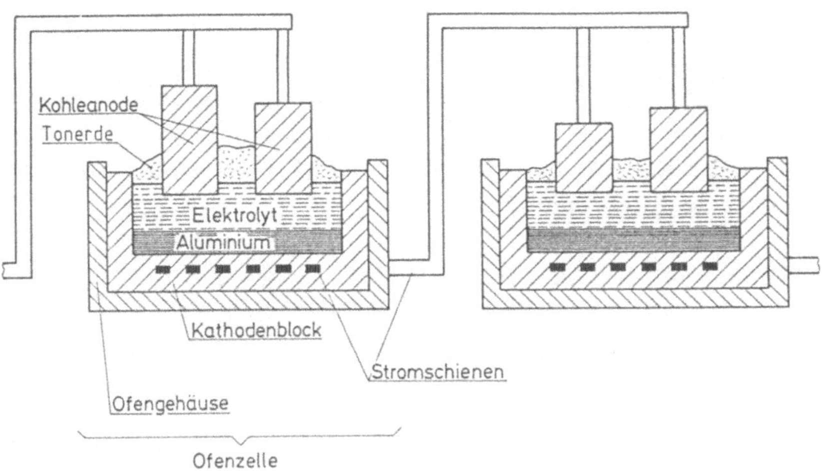

Bild 6.11 Schematischer Aufbau einer Anlage zur Schmelzflußelektrolyse von Aluminium

Damit der Elektrolyt neue Tonerde aufnehmen kann, muß die Kruste immer wieder durchstoßen werden.

Die Anoden ragen von oben in das Elektrolytbad hinein. Bei älteren Anlagen werden z.T. noch selbstbackende Söderberg – Elektroden eingesetzt. Dabei handelt es sich um eine Mischung aus Anthrazit, Koks, Pech und Teer, die in einen Mantel aus Aluminiumblech eingefüllt ist. Nach unten zu kalziniert die Söderberg – Masse durch Hitzeeinwirkung und wird dadurch fest, während der Blechmantel abschmilzt. Bei modern konzipierten Öfen werden dagegen in der Regel Kohleelektroden verwendet, denen durch einen Brennprozeß bei ihrer Herstellung eine ausreichende Festigkeit verliehen worden ist, so daß sich ein stützender Blechmantel erübrigt. Mit diesen vorgebrannten Kohleelektroden ist ebenso wie bei der Söderberg – Elektrode ein kontinuierlicher Betrieb möglich, indem bereits vor dem gänzlichen Abbrand einer Elektrode eine neue aufgesetzt und durch eine verkokende Kittschicht verklebt wird. Die vertikale Position der Anoden wird auf konstanten Strom und damit im wesentlichen auf konstanten Abstand zur Oberfläche der Al – Schicht (meist zwischen 45 und 60 mm) geregelt.

Zum Erreichen eines niedrigen spezifischen Energieverbrauchs sollte die anodische Stromdichte nicht über 0,5...0,7 A/cm^2 liegen, da sonst die Stromwärmeverluste in Anode und Elektrolyt stark anwachsen würden. Aus Gründen des spezifischen baulichen Aufwandes werden jedoch hohe Stromstärken bis über 200 kA je Zelle angestrebt. Um diese Forderungen zu vereinen, werden moderne Zellen als langgestreckte Wannen mit einer Doppelreihe von elektrisch parallelgeschalteten Anodenblöcken ausgeführt. In der Mittelachse befinden sich die automatischen Beschickungseinrichtungen (Krustenbrecher, Dosiergerät). Nach außen hin ist die Zelle gasdicht abgeschlossen. Die entstehenden Ofengase, die außer den Hauptbestandteilen CO_2 und CO auch Staub und Fluor enthalten, werden abgesaugt und entweder durch Trockenadsorption oder durch Sprühwäsche sowie durch Staubfilter gereinigt.

Für die zur Gleichstromversorgung eingesetzten Si-Gleichrichter werden Systemspannungen von 800...1000 V angewendet. Hierfür muß eine Anzahl von Zellen (etwa zwischen 180 und 250) in Reihe geschaltet werden. Die Gesamtspannung je Zelle liegt für Anlagen, die nach Größe und Auslegung heutigem Standard entsprechen, in einem Bereich zwischen etwa 4,0 und 4,6 V.

Die Gesamtspannung U_Z setzt sich aus einer Reihe von Teilspannungen zusammen. Typische Werte für heutige Ofenzellen sind:

Reversible Zersetzungsspannung:	1,2 V
Polarisationsspannung an Anodengrenzfläche:	0,4...0,5 V
OHMsche Spannungsabfälle:	
– im Elektrolyt:	1,8...2,0 V
– in Al-Bad und Kathode:	0,3...0,4 V
– in Anode und Stromschienen:	0,3...0,6 V

Die Unterschiede in den Einzelwerten sind durch diverse konstruktive und betriebliche Einflüsse bedingt.

6.5.3 Reaktionsabläufe

In den Zellen laufen mehrere Teilreaktionen kontinuierlich ab. Diese, sowie die Arten und Mengen der an den Reaktionen in der Hauptsache beteiligten Stoffe sind in *Bild 6.12* in Form eines Flußbildes dargestellt.

Das eigentliche Ziel des Prozesses ist die Zersetzung der Tonerde. Bei dieser primären Reduktion wird an der Kathode Aluminium und an der Anode Sauerstoff frei:

$$Al_2O_3 \rightarrow 2\,Al + 1{,}5\,O_2\,. \tag{6.3}$$

Die Menge Al, die bei dieser primären Abscheidungsreaktion entsteht, ist nach dem FARADAYschen Gesetz durch das *elektrochemische Äquivalent* gegeben. Sein

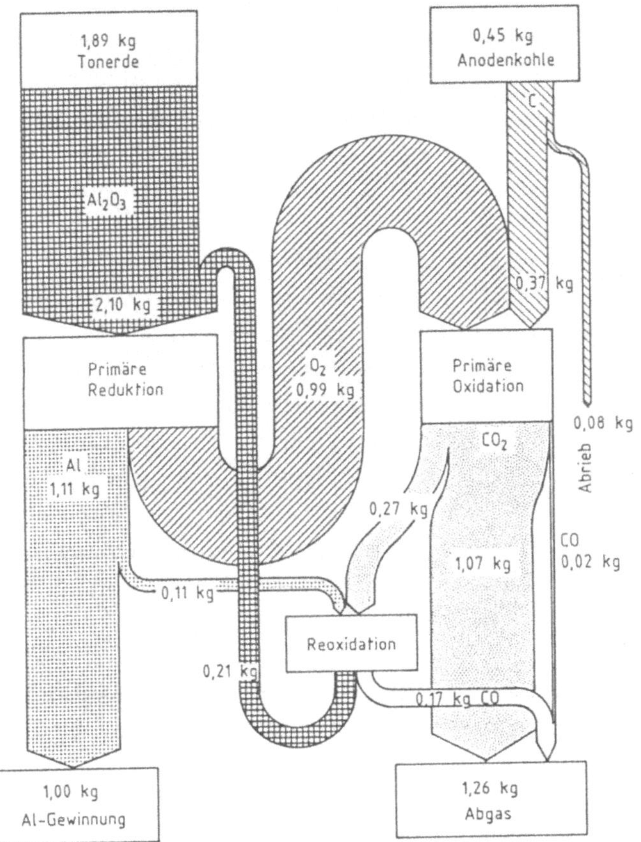

Bild 6.12 Stoffbilanz bei der Schmelzflußelektrolyse zur Aluminiumgewinnung (vereinfacht)

Wert für Al beträgt $m_Q = 0{,}33538\ g_{Al}/Ah$, d.h. je Ampere Zellenstrom wird stündlich diese Menge Aluminium gebildet.

Der entstandene Sauerstoff oxidiert sofort die Anodenkohle:

$$1{,}5\ O_2 + 1{,}52\ C \rightarrow 1{,}48\ CO_2 + 0{,}04\ CO\ . \qquad (6.4)$$

Bei dieser primären Oxidation entsteht ein *"Anodengas"*, bestehend aus rd. 98 Vol-% CO_2 und 2 Vol-% CO. Die Grenzfläche zwischen Anode und Elektrolyt ist daher zum Teil mit einer dünnen Schicht dieses Anodengases bedeckt. Dies hemmt die dort stattfindende Reaktion (6.4), woraus sich der zusätzliche Polarisationsspannungsabfall erklärt.

Das in Form kleiner Bläschen langsam abwandernde Anodengas trifft auf seinem Weg durch den Elektrolyten auf Al, das hochgestiegen ist und sich im Elektrolyten kolloidal verteilt hat. Dabei tritt eine Reoxidationsreaktion ein:

$$2\,Al + 3\,CO_2 \rightarrow Al_2O_3 + 3\,CO\,. \qquad (6.5)$$

Ein Teil des durch die primäre Reduktion entstandenen Aluminiums wird also wieder in Tonerde zurückverwandelt, so daß die je Ampere Zellenstrom tatsächlich gewonnene Menge an Aluminium geringer ist als dem elektrochemischen Äquivalent entspricht. Man kann auch sagen, daß nur ein Teil des gesamten Zellenstroms für die Al – Gewinnung tatsächlich wirksam wird. Dieser Teil wird durch die *"Stromausbeute"* η_i gekennzeichnet, die bei modernen europäischen Anlagen etwa zwischen 0,90 und 0,94 liegt.

Da bei der Reoxidation CO_2 zu CO reduziert wird, hat das Anodengas beim Verlassen des Ofens eine geänderte Zusammensetzung. Bei einer Stromausbeute von 90 % besteht es aus 78 Vol – % CO_2 und 22 Vol – % CO.

Die eingesetzte Menge an Anodenkohle wird nur zum Teil primär abgebrannt. Der andere Teil geht durch Abrieb in die Elektrolytschmelze über, wo er z.T. sekundäre Oxidationsprozesse verursacht.

Je kg gewonnenes Aluminium sind bei dem in Bild *6.12* dargestellten Beispiel 1,89 kg Tonerde und 0,45 kg Anodenkohle einzusetzen. In geringem Umfang ist auch der Kryolith an den Reaktionen beteiligt. Dies äußert sich in der Entstehung von Fluoriden im Abgas sowie in einem Zusatzverbrauch von rd. 0,04 kg Kryolith (in *Bild 6.12* nicht aufgeführt).

6.5.4 Energiebilanz

Die Energieumsetzungen für den Beispielfall sind in *Bild 6.13* als Energieflußbild dargestellt. Die dabei der Übersichtlichkeit wegen gemachten Vereinfachungen betreffen das Zusammenfassen unterschiedlicher Arten von Energieflüssen zwischen den Blöcken sowie das weitgehende Saldieren der Wärmeinhalte der beteiligten Stoffe.

Mit dem gewonnenen Al wird ein chemisches Energiepotential von 8,6 kWh/kg ausgebracht, entsprechend der Bildungsenthalpie bei einer Bezugstemperatur von üblicherweise 25 °C. Dazu kommt der Wärmeinhalt des aus dem Ofen abgesaugten flüssigen Metalls.

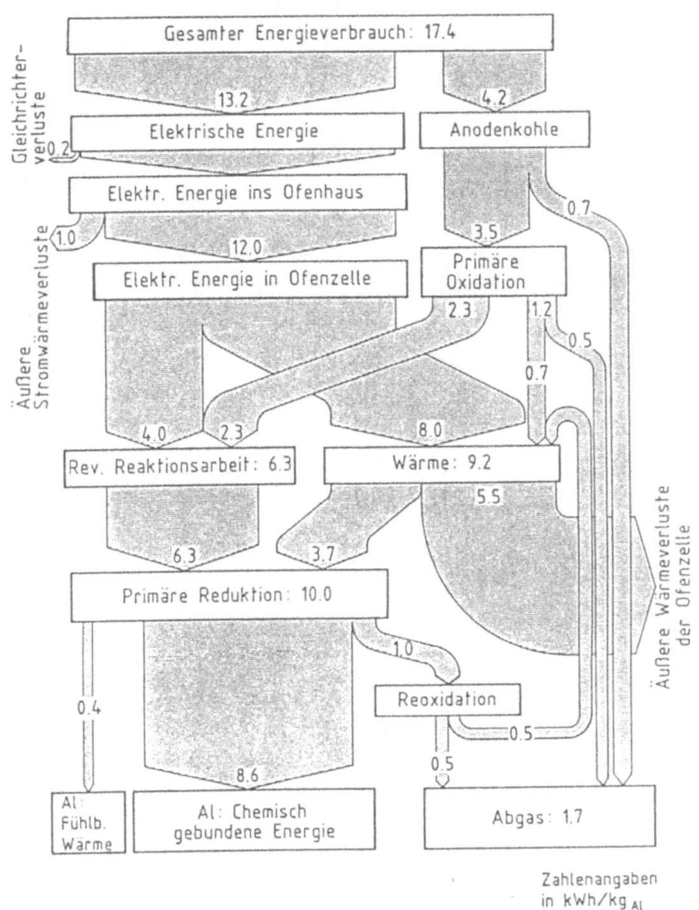

Bild 6.13 Energieumsetzung bei der Schmelzflußelektrolyse zur Aluminiumgewinnung (vereinfacht)

Die primäre Reduktionsreaktion ist endotherm und endergonisch (s. hierzu Abschn. 3.3). Unter Annahme eines reversiblen Reaktionsablaufes müssen 6,3 kWh als Mindest-Reaktionsarbeit aufgewendet werden, der Rest von 3,7 kWh als Wärme auf dem Niveau der Reaktionstemperatur von 950 °C. Unter realen Bedingungen läuft jedoch die Reaktion irreversibel ab, so daß der tatsächliche Verbrauch an Reaktionsarbeit höher und der Verbrauch von Wärme entsprechend kleiner wird. Zusätzlich ist Wärme erforderlich zur Deckung der Verluste, die durch Wärmeleitung, Konvektion und Wärmestrahlung an die Umgebung übertragen werden.

Die primäre Oxidation ist exotherm und exergonisch. Aus dem chemischen Energiepotential der Anodenkohle (entsprechend ihrem Brennwert) werden unter Voraussetzung einer reversiblen Reaktion 2,3 kWh Reaktionsarbeit und 1,2 kWh Wärme erzeugt. Hierbei baut sich an der Anodengrenzfläche eine depolarisierende, treibende Spannung von 0,7 V auf, wodurch die dortige Polarisationsspannung auf die bereits erwähnten Werte von 0,4...0,5 V vermindert wird.

Die Energiefreisetzung beim Anodenabbrand leistet also nicht nur einen Beitrag an Wärme, sondern auch an Reaktionsarbeit. Entsprechend verringert sich der dafür notwendige Betrag an elektrischer Energie, nämlich auf 4,0 kWh. Das entspricht der reversiblen Zersetzungsspannung von 1,2 V für die elektrochemische Reduktion von Al^{3+} zu Al bei 950 °C gemäß der elektrochemischen Spannungsreihe.

Das gesamte Wärmeaufkommen setzt sich zusammen aus der Umsetzung elektrischer Energie in JOULEsche Wärme sowie den Reaktionswärmen der exothermen Oxidationsreaktionen.

Die aus dem Ofen abgesaugten Abgase enthalten fühlbare Wärme und chemisch gebundene Energie. Auch der Energieinhalt des von der Anode abgetragenen und größtenteils sekundär verbrennenden Kohlenstoffs wird hierzu gezählt.

Zu der innerhalb der Ofenzelle umgesetzten elektrischen Energie von 12,0 kWh kommen äußere Stromwärmeverluste im Gleichstromkreis. Ein Betrag von 1,0 kWh entsteht als JOULEsche Wärme in den zum größten Teil aus dem Ofen ragenden Anoden und in den außerhalb der Zellen liegenden Stromschienen. Verluste treten ferner bei der Gleichrichtung auf, die dank der hohen Wirkungsgrade der heute verwendeten Si-Gleichrichter von $\eta_{Gl} = 0{,}98...0{,}99$ nur bei etwa 0,2 kWh liegen.

Der Gesamtverbrauch elektrischer Energie beläuft sich somit auf 13,2 kWh je kg gewonnenes Aluminium. Zusammen mit der chemisch gebundenen Energie der verbrauchten Anodenkohle ergibt sich ein Energieverbrauch von insgesamt 17,4 kWh. Setzt man hierzu die chemisch gebundene Energie des gewonnenen Aluminiums von 8,6 kWh ins Verhältnis, so erhält man einen energetischen Gesamtwirkungsgrad des Prozesses von rd. 50 %.

Der spezifische Gesamtverbrauch elektrischer Energie aus dem 50-Hz-Netz läßt sich in Abhängigkeit von Zellenspannung U_Z, Stromausbeute η_i und Gleichrichterwirkungsgrad η_{Gl} ausdrücken:

$$w = \frac{U_Z}{\eta_{Gl}\, \eta_i\, m_Q} . \tag{6.6}$$

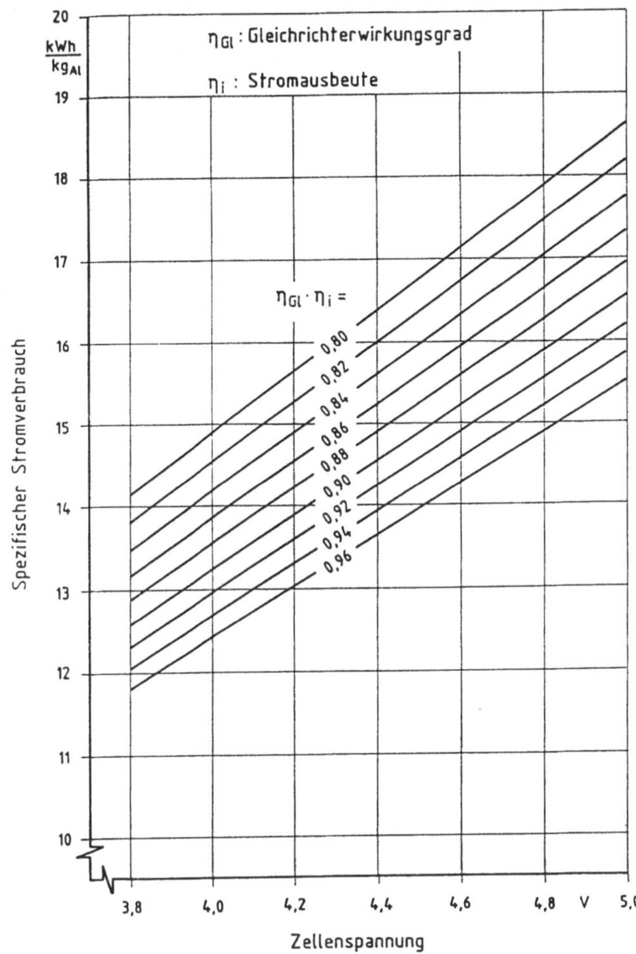

Bild 6.14 Netzseitiger spezifischer Stromverbrauch bei der Aluminium – Elektrolyse

Bild 6.14 gibt diesen Zusammenhang wieder. Daraus ist abzulesen, daß der spezifische Verbrauch von Anlagen, die dem heutigen Standard entsprechen, etwa zwischen 13 und 15 kWh/kg liegt.

Folgende Verbesserungen erscheinen für die Zukunft noch möglich:

- Erhöhung der Stromausbeute bis auf etwa 96 %,
- Verringerung der Gesamtspannung pro Zelle bis auf einen Minimalwert von etwa 3,8 V.

Daraus ergibt sich ein für die Zukunft zu erwartender Bestwert des spezifischen Verbrauchs von rd. 11,9 kWh/kg.

6.6 Graphitierungsofen

Literatur: [66; 81]

6.6.1 Eigenschaften und Verwendung von Graphit

Graphit zeichnet sich durch folgende Eigenschaften aus:

- Hohe elektrische Leitfähigkeit (0,08...0,17 S m/mm^2);
- gute thermische Leitfähigkeit (100...200 W/(m K));
- hoher Schmelzpunkt (etwa 3500 °C);
- chemische Resistenz und geringe Oxidationsneigung (eine merkliche Oxidation an Luft setzt erst bei Temperaturen über 500 °C ein);
- mit steigender Temperatur zunehmende mechanische Festigkeit;
- gute Temperaturwechselbeständigkeit;
- gute mechanische Bearbeitbarkeit und
- sehr niedriger Gehalt an aschebildenden Verunreinigungen (<0,3 %).

Der überwiegende Teil der Elektrographitproduktion wird von der Stahlindustrie verbraucht. In Form zylindrischer Elektroden dient der Graphit in Lichtbogenöfen als Stromzuführung und Ansatzfläche des Lichtbogens. In der chemischen Industrie wird Graphit als Anodenmaterial bei der Elektrolyse verwendet, außerdem ist Graphit das Basismaterial für hochkorrosionsfeste Behälter und Kolonnen im Chemie-Anlagenbau. Ferner wird Elektrographit z.B. als Heizleitermaterial in Strahlungsöfen, in graphitmoderierten Kernreaktoren, als Material für Formen bei normaler Sinterung, Drucksinterung, Stranggußverfahren usw. in der Metallverarbeitung eingesetzt.

Die gute elektrische Leitfähigkeit von Graphit erklärt sich aus der Kristallanordnung in Form eines *hexagonalen Schichtgitters*. Jedes Kohlenstoffatom ist also mit drei anderen über Valenzelektronen verbunden. Das vierte Valenzelektron des Kohlenstoffatoms ist frei beweglich und kann damit einen elektrischen Strom transportieren. Die Beweglichkeit ist dabei vorwiegend in der Schichtgitterebene gegeben, so daß die elektrische Leitfähigkeit (ebenso wie die Wärmeleitfähigkeit und die mechanische Festigkeit) stark richtungsabhängig sind.

Die natürlich vorkommenden Kohlenstoffe weisen zwar zum Teil eine gewisse hexagonale Struktur auf, jedoch sind die Schichtebenen in ihrer Ausdehnung sehr klein und in ihrer Richtung weitgehend uneinheitlich. Je nach dem Grad der Umbildungsfähigkeit in die für den Graphit typische einheitliche Schichtgitterstruktur gibt es gut oder schlecht graphitierende Kohlenstoffe. Die besten Voraussetzungen für die Graphitierung weisen Petrolkokse auf, die als Nebenprodukt bei der Verarbeitung flüssiger Kohlenwasserstoffe entstehen.

6.6.2 Verfahrensgang

Die Aufgabe der Graphitherstellung besteht zum einen in der gewünschten Umbildung der Kristallanordnung, gleichzeitig aber auch in der Formgebung der Produkte.

Die aschearmen Spezialkokse, die den Ausgangsstoff darstellen, werden mit Steinkohlenteer als Bindemittel bei einer Verarbeitungstemperatur von gut 100 °C zu einer knetbaren Masse vermischt. Diese wird anschließend mit Strangpressen bei hohem Druck in die jeweils gewünschten Profile verformt und dann abgekühlt. Die so entstandenen *"grünen Formkörper"* werden in brennstoffbeheizten Ringöfen bei Temperaturen von 1000 °C unter Luftabschluß zwischen zwei und fünf Wochen lang gebrannt. Dabei verkokt das Bindemittel, so daß quasiamorphe Kohlenstoffkörper von hoher Härte und Festigkeit entstehen. Dieses Material (das noch kein Graphit ist), wird z.B. bei der Al – Schmelzflußelektrolyse als Anode und kathodische Wannenzustellung verwendet.

Der eigentliche *Graphitierungsvorgang* erfolgt danach im Graphitierungsofen. Durch unmittelbare Widerstandserwärmung werden im Kohlenstoff die erforderlichen Temperaturen von 2600 bis 3000 °C erreicht. Die Umwandlung der Kristallstruktur dauert zwei bis drei Tage, danach muß der Ofen noch 10 bis 14 Tage geschlossen bleiben, bis sich das Graphitmaterial soweit abgekühlt hat, daß es bei Berührung mit Luft nicht mehr oxidiert. Bei der Umwandlung zu Graphit schrumpft das Material etwas zusammen, und es entstehen Zugspannungen. Durch die damit verbundene Neigung zur Rißbildung ist eine Begrenzung z.B. der für Graphitelektroden realisierbaren Durchmesser gegeben.

6.6.3 Aufbau eines Graphitierungsofens

Der Aufbau eines Graphitierungsofens ist aus *Bild 6.15* ersichtlich. Moderne Öfen sind bis zu 20 m lang und haben eine Gesamthöhe und Breite bis zu jeweils etwa 4 m. Stirnwände und Boden des Ofens sind aus feuerfesten Schamottesteinen gemauert. Durch die Stirnwände führen wassergekühlte Graphitelektroden. Auf dem Ofenboden liegt eine thermisch isolierende Schicht mit relativ hohem elektrischen Widerstand, bestehend aus SiC oder einer Mischung aus Koks und Quarzsand. Zur Beschickung des Ofens wird das zu graphitierende Material in ein Gemisch aus Graphit – und Steinkohlenkokskörnung gebettet, das als Widerstandsmaterial die Stromleitng ermöglicht. Die Stapelung erfolgt quer zur Längsachse des Ofens und damit auch quer zur Stromrich-

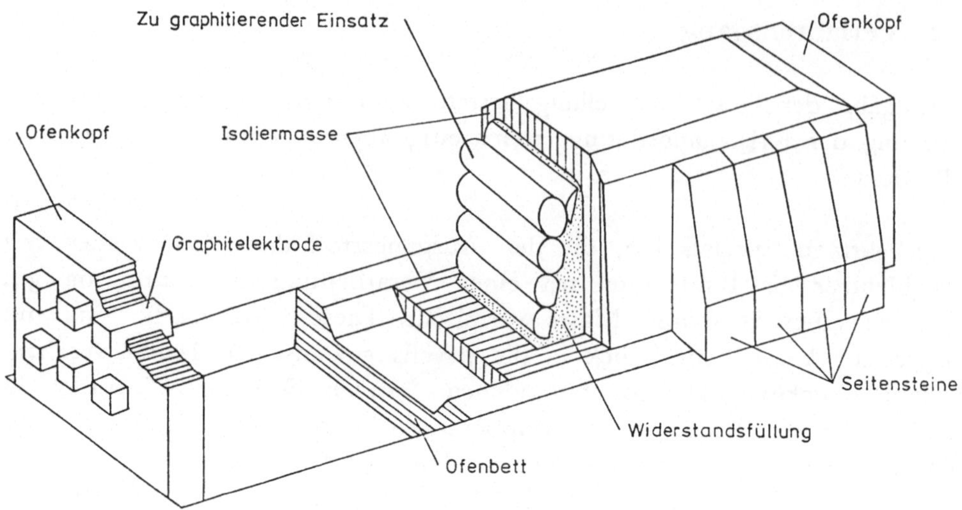

Bild 6.15 Schematische Ansicht eines Graphitierungsofens

tung. Nach oben und zur Seite hin wird eine isolierende Schüttung von SiC aufgebracht, die seitlich durch Blöcke aus feuerfestem und temperaturwechselbeständigem Material (Feuerfestbeton oder Schamotte) zusammengehalten wird. In den letzten Jahren ist auch eine Technologie entwickelt worden, bei der das Material in Längsrichtung des Stromflusses angeordnet wird.

Die Stromversorgung des Graphitierungsofens erfolgte bisher gewöhnlich mit Wechselstrom. Hierbei ist zur Blindleistungskompensation eine schaltbare Kondensatorbatterie erforderlich, die meist über einen Reihentransformator eingekoppelt ist. *Bild 6.16* zeigt das prinzipielle Schaltschema einer solchen Anlage sowie das Zeigerdiagramm der Spannungen im Ofenkreis für einen Betriebspunkt.

Durch die Entwicklung der Halbleitergleichrichter im Bereich großer Leistungen ist heute auch eine wirtschaftliche Versorgung mit Gleichstrom möglich. Die Vorteile sind:
- Vermeiden der Stromverdrängung in der Ofenfüllung und damit gleichmäßige Wärmeerzeugung über den Ofenquerschnitt,
- keine Kompensationsanlage erforderlich,
- symmetrische Belastung des Versorgungsnetzes bei dreiphasigem Anschluß.

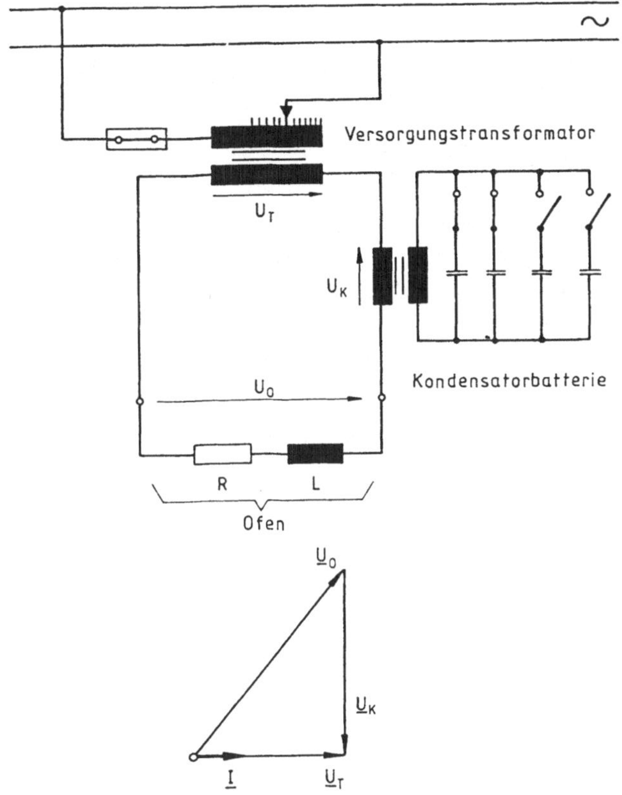

Bild 6.16 Schaltschema und Zeigerdiagramm einer Graphitierungsanlage

6.6.4 Ablauf eines Graphitierungsprozesses

Der zeitliche Verlauf der elektrischen Größen während einer 56 h dauernden Aufheizperiode ist in *Bild 6.17* und *Bild 6.18* wiedergegeben. Die Wirkleistung des Ofens wird durch Verändern der Sekundärspannung U_T des Versorgungstransformators reguliert, indem zwischen den einzelnen Anzapfungen der Primärwicklung umgeschaltet wird. Begonnen wird mit sehr kleiner Wirkleistung, die im Verlauf der ersten Hälfte der Aufheizperiode langsam bis auf ihren Maximalwert gesteigert wird. Beim Hochfahren ist speziell am Anfang zu berücksichtigen, daß zunächst die gesamte Wirkleistung für die Temperaturzunahme der Ofenfüllung wirksam ist. Deshalb ist unter der Voraussetzung gleicher Wirkleistung die Temperaturzunahme des kalten Ofens größer als diejenige des heißen Ofens, da dieser einen Teil der Leistung über Wärmestrahlung, Wärmeleitung und Konvektion nach außen abgibt. Besonders kritisch ist dies deshalb, weil die noch kalten Kohle – Formkörper sehr empfindlich

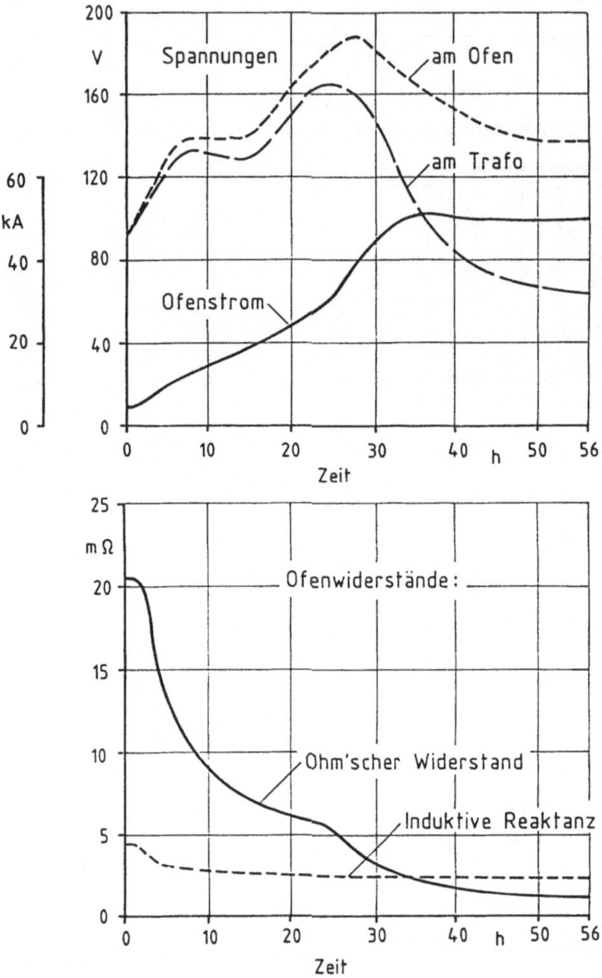

Bild 6.17 Spannungen, Strom und Widerstände beim Betrieb eines Graphitierungsofens

gegen Wärmespannungen sind. Mit steigender Temperatur und zunehmender Graphitbildung geht der OHMsche Widerstand des Ofens stark zurück.

Nach der Hälfte der Aufheizperiode ist die maximale Wirkleistung erreicht, die dann durch entsprechendes Zurückfahren der Trafospannung einige Stunden lang konstant gehalten wird. Durch weitere Zurücknahme der Spannung wird danach der Ofenstrom auf seinen zulässigen Höchstwert begrenzt, wobei die Wirkleistung bereits wieder abnimmt.

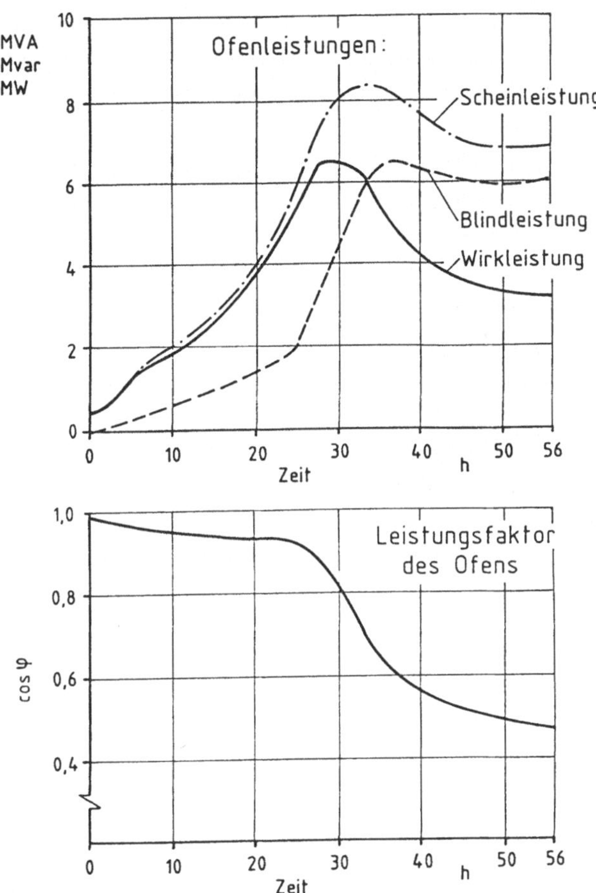

Bild 6.18 Leistungen beim Betrieb eines Graphitierungsofens

Der Leistungsfaktor des Ofens sinkt wegen des zurückgehenden OHMschen Widerstandes besonders in der zweiten Hälfte der Aufheizperiode stark ab. Deshalb ist eine Blindleistungskompensation durch eine Kondensatorbatterie erforderlich. Da der Ofenstrom sich in weiten Grenzen bewegt und die Ofenspannung ohnehin variiert werden muß, ist eine Reihenkompensation über einen Einkoppeltransformator zweckmäßig. Damit braucht die Kapazität der Kondensatorbatterie nämlich nicht in Abhängigkeit vom Ofenstrom verändert werden, sondern nur in Abhängigkeit von der induktiven Reaktanz des Ofens, die sich über den Zeitraum der Aufheizperiode nur relativ wenig ändert. Nach Erreichen der Solltemperatur ist die Aufheizperiode beendet; der Ofen wird abgeschaltet. Zu diesem Zeitpunkt ist die Bildung der Graphitkristalle abgeschlossen. An die Aufheizperiode schließt sich die etwa 10 bis 14 Tage dauernde Abkühlperiode an. Etwa 5 Tage nach dem Abschalten können die Seitensteine entfernt werden, da die Isoliermasse inzwischen gesintert ist, so daß die Ofenfüllung nicht mehr gestützt werden muß. Einige Tage später wird die Isoliermasse erst oben, dann seitlich abgetragen. Ist die Abkühlung genügend weit fortgeschritten, so daß keine Gefahr der Oxidation an Luft mehr besteht, kann das graphitierte Material ausgebaut werden.

Die abgetragene Isoliermasse wird gemahlen und kann danach wiederverwendet werden, ebenso wie die Widerstandsfüllung. Wegen der geringen Dauer der Aufheizperiode, verglichen mit den Zeiten für Auskühlung, Abbau und Wiederaufbau eines Ofens kann eine Stromversorgungseinheit etwa 6 bis 8 Ofenplätze bedienen, wenn die Aufheizperioden zeitlich nacheinander gelegt werden. Zu diesem Zweck ist eine entsprechende Anzahl von Ofenplätzen nebeneinander angeordnet. An den Stirnseiten entlang laufen von der Versorgungseinheit gespeiste Sammelschienen, an die der jeweils in der Aufheizperiode befindliche Ofen über Trennschalter angeschlossen ist.

6.7 Siliciumcarbidofen

Literatur: [66; 81; 102]

6.7.1 Eigenschaften, Verwendung und Gewinnung von SiC

Siliciumcarbid (SiC) eignet sich wegen seiner außerordentlichen Härte, seiner scharfen Kanten und seiner Sprödigkeit ausgezeichnet für die Herstellung von Schleifscheiben aller Art zur Bearbeitung von Hartmetallwerkzeugen, Maschinen- und Bauteilen aus Gußeisen, von Marmor, Granit und sonstigen Hartgesteinen, weichen Metallen wie Kupfer, Messing, Aluminium, Zink usw. Aufgrund seiner hohen Feuerfestigkeit und seiner verhältnismäßig hohen Wärmeleitfähigkeit ist SiC ein hervorragender Werkstoff zur Herstellung hochfeuerfester Steine für die Auskleidung von Muffelöfen, Dampfkesseln und Reaktoren. SiC dient auch zum Bau von elektrischen Widerstandsheizelementen.

Die Ausgangsstoffe für die Herstellung von SiC sind reiner Quarzsand und kleinkörniger Koks. Über die Umsetzung

$$SiO_2 + 3\,C \rightarrow SiC + 2CO \tag{6.7}$$

erfolgt bei einer Temperatur von 2300 °C die Bildung von Siliciumcarbid und

Kohlenmonoxid. Die Bildungsenthalpie dieser endothermen Reaktion beträgt rd. 3,6 kWh je kg SiC.

6.7.2 Aufbau und Betrieb des Ofens

Der Siliciumcarbidofen ähnelt in Größe und Aufbau dem Graphitierungsofen. Auch hier sind nur die Stirnseiten des Ofens gemauert, mit einer Anzahl durchgeführter Graphitelektroden. Zum Aufbau des Ofens werden zunächst eiserne Längswände aufgestellt. In den so entstandenen Trog wird eine Schicht Rohstoffgemisch gefüllt, bestehend aus Quarzsand (SiO_2) und kleinkörnigem Koks mit einem Zusatz von Sägemehl zur Auflockerung und Entgasung. In diese Schüttung wird ein Graphitkern von etwa 0,3 m^2 Querschnitt gebettet, der eine elektrisch leitende Verbindung in der Längsachse des Ofens herstellt. Danach wird der Ofen mit dem Rohstoffgemisch aufgefüllt.

Da am Anfang der Aufheizperiode das Rohstoffgemisch nur eine sehr geringe elektrische Leitfähigkeit aufweist, fließt der Ofenstrom zunächst ausschließlich durch den Graphitkern. Er erhitzt sich und gibt Wärme nach außen in das Rohstoffgemisch ab. Wo die Reaktionstemperatur von etwa 2300 °C erreicht wird, erfolgt die Umsetzung zu SiC unter gleichzeitiger Bildung von Kohlenmonoxid (CO). Das Gas wird in Fackeln abgebrannt, die an der Längsseite des Ofens nach außen ragen.

Da das entstandene SiC elektrisch leitend ist, vergrößert sich im Verlauf der Aufheizperiode der für die Stromleitung wirksame Querschnitt. Deshalb und wegen des negativen Temperaturkoeffizienten des spezifischen Widerstandes sowohl von Graphit als auch von SiC geht der Ofenwiderstand stark zurück. Um die Wirkleistung des Ofens (je nach Größe 1 bis 2 MW) konstant zu halten, muß deshalb die Ofenspannung bis zum Schluß etwa auf die Hälfte des Anfangswertes zurückgefahren werden.

Nach 36 bis 40 Stunden wird die Aufheizperiode beendet, der Ofen abgeschaltet und nach einer Abkühlperiode von 8 bis 10 Stunden abgebaut. Da die Kristallbildung des SiC während der Aufheizperiode vom Graphitkern aus nach außen langsam fortschreitet, sind die äußeren Schichten am Ende nur unvollständig umgesetzt. Beim Abbau des Ofens wird deshalb das entstandene Produkt sortiert und die noch unfertigen Teile erneut eingesetzt.

In der Regel sind vier Ofenstände einem Versorgungstransformator zugeordnet. Ist die Aufheizperiode bei einem Ofen beendet, wird auf einen anderen Ofen umgeschaltet. Die übrigen Arbeitsgänge Abkühlen, Abbau und Wiederaufbau werden bei den einzelnen Öfen entsprechend zeitlich koordiniert.

Der spezifische Stromverbrauch bezogen auf 1 kg SiC erster Qualität, liegt bei etwa 6,5...7,5 kWh. Setzt man hierzu die Bildungsenthalpie von 3,6 kWh in Relation, so ergibt sich ein energetischer Nutzungsgrad von rd. 48...55 %.

6.8 Elektro-Glasschmelzofen

Literatur: [26; 94; 98]

6.8.1 Verfahrensgang

Ausgangsbasis für die Glasherstellung ist ein Rohstoffgemenge mit dem Hauptbestandteil SiO_2 und Zusätzen von Soda, Kalkstein, Dolomit, Pottasche, Glaubersalz usw., je nach Glasart, sowie rückgeführtem Scherbenmaterial.

Für die Verarbeitung zu Flachglas (z.B. Fensterscheiben) oder Hohlglas (z.B. Flaschen) muß das Material in schmelzflüssigen Zustand gebracht werden, wobei eine Reihe chemischer Reaktionen ablaufen.

Der theoretische Mindestwert an Energie, der zur Glasherstellung notwendig ist, liegt für Standardsorten zur Hohlglasherstellung bei etwa 0,7 kWh/kg. Er setzt sich zusammen aus dem fühlbaren Wärmeinhalt des erhaltenen Glases bei Prozeßtemperatur (rd. 65 %), der aufzuwendenden Bildungsenthalpie der endothermen Reaktionen bei der chemischen Umwandlung des Rohstoffgemenges (rd. 20 %), der fühlbaren Wärme der hauptsächlich aus CO_2 bestehenden Reaktionsgase (ca. 10 %) sowie der Wärmezufuhr zur Erhitzung und Verdampfung des im feuchten Gemenge enthaltenen Wassers (etwa 5 %).

Für die Glasherstellung muß also Energie aufgewendet werden. Dies geschieht in der Regel durch Direktverfeuerung von Heizöl oder Erdgas in kontinuierlich betriebenen Wannenöfen, die in mehrere Zonen unterteilt sind. In der Schmelzzone wird das eingebrachte Material auf 1300 bis 1500 °C aufgeheizt. In der Läuterungszone werden anschließend die entstehenden Reaktionsgase ausgetrieben. In der Arbeitszone schließlich liegt das schmelzflüssige gereinigte Glas zur Weiterverarbeitung bereit. Die vereinfachte Energiebilanz eines Wannenofens heute üblicher Bauart zeigt *Bild 6.19a*.

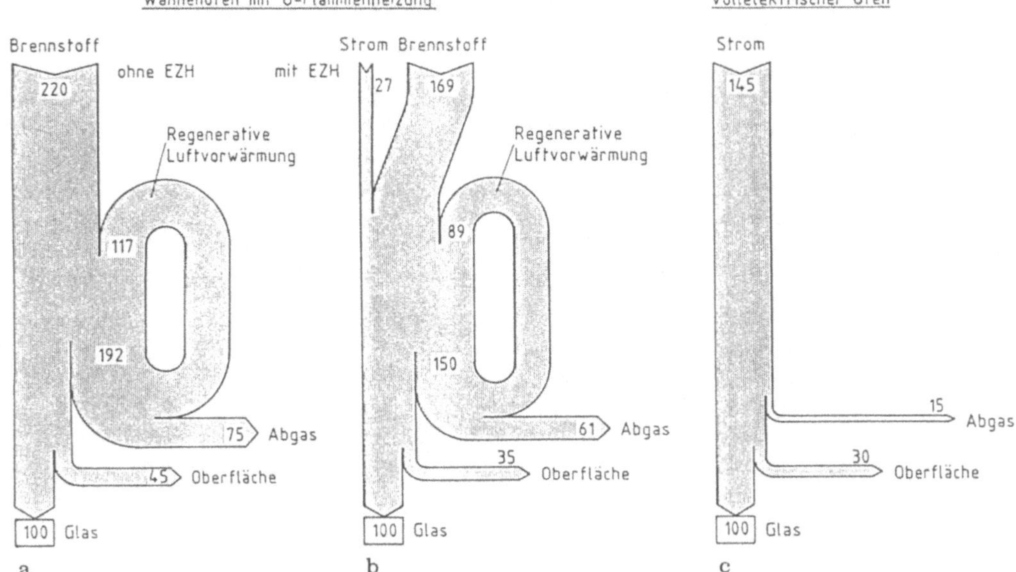

Bild 6.19 Energiebilanz von Glasschmelzöfen (vereinfacht)

Glas ist bei Umgebungstemperatur ein ausgezeichneter elektrischer Isolator, mit einer elektrischen Leitfähigkeit im Bereich zwischen 10^{-8} und 10^{-6} S/m. Hingegen ist bei den üblichen Temperaturen in der Glasschmelze die Ionenbindung vor allem der im Glas enthaltenen Alkalimetalle (hauptsächlich Natrium und Kalium) mehr oder weniger stark gelockert. Aufgrund der Beweglichkeit dieser Ionen ergibt sich eine elektrische Leitfähigkeit, die je nach Glaszusammensetzung bis zu etwa 10^2 S/m betragen kann. Da also schmelzflüssiges Glas die Eigenschaften eines Elektrolyten besitzt, kann durch Wechselstrom JOULEsche Wärme in ihm entwickelt werden.

Diese Möglichkeit wird in zwei Varianten ausgenutzt: im vollelektrisch beheizten Glasschmelzofen und durch elektrische Zusatzheizung in brennstoffbeheizten Öfen.

6.8.2 Vollelektrisch beheizter Glasschmelzofen

Anders als der in der Glasindustrie überwiegend verwendete brennstoffbeheizte Wannenofen besitzt der ausschließlich elektrisch beheizte Glasschmelzofen typischerweise eine vertikal orientierte Bauweise und wird deshalb auch als Schachtofen bezeichnet. Der in *Bild 6.20* gezeigte Ofen hat einen sechseckigen Grundriß mit zwei übereinander angeordneten Elektrodenebenen, bestehend

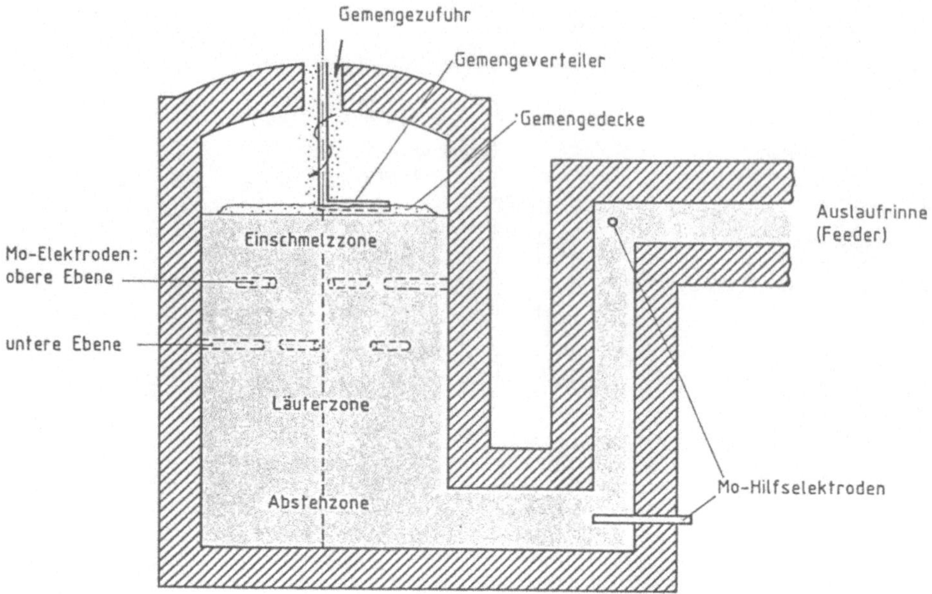

Bild 6.20 Schnitt durch einen vollelektrischen Glasschmelzofen (schematisch)

jeweils aus sechs durch die Seitenwände waagerecht eingelassenen Molybdän-Elektroden. Das von oben eingelegte Gemenge schwimmt auf der Schmelze und bedeckt die Badoberfläche bis auf einen schmalen Ringspalt an den Seitenwänden. Das Einschmelzen des Gemenges findet im Bereich der oberen Elektrodenebenen statt, die Läuterung in der darunterliegenden Zone. Die dabei entstehenden Reaktionsgase entweichen nach oben, was allerdings durch die weitgehend geschlossene Gemengedecke erschwert ist. Nach einer Abstehphase in der untersten Zone tritt das geschmolzene Glas über einen siphonartigen Überlauf, der mittels Hilfselektroden bei Bedarf zusätzlich beheizt werden kann, in eine Auslaufrinne (Feeder), von wo aus es auf die weiterverarbeitenden Maschinen verteilt wird.

Einer der Hauptvorteile dieses Ofenkonzeptes ist die günstige Strömungsverteilung. In der Umgebung jeder der Elektroden stellt sich eine intensive thermisch bedingte Glasströmung ein, die in der Zone der betreffenden Elektrodenebene eine gleichmäßige Temperaturverteilung und stoffliche Homogenität bewirkt. Durchgehende Strömungen in vertikaler Richtung finden dabei jedoch nicht statt, so daß eine gegenseitige Beeinflussung der Vorgänge Schmelzen, Läutern und Abstehen in den einzelnen Zonen weitgehend vermieden wird.

Beim brennstoffbeheizten Ofen geht die Wärmeaufnahme des Glasbades in erster Linie durch Wärmestrahlung von den Verbrennungsgasen und vom heißen Gewölbe des Oberofens vor sich. Dagegen entsteht beim ausschließlich elektrisch beheizten Ofen die gesamte Wärme im Inneren des Glasbades, so daß mit Hilfe der wärmeisolierenden Wirkung der geschlossenen Gemengedecke die Temperaturen im Gewölberaum oberhalb der Glasschmelze wesentlich niedriger gehalten werden können. Entsprechend verringern sich die äußeren Wärmeverluste des Ofens. Da zudem die Wärmeverluste durch Verbrennungsabgase gänzlich entfallen, weist der vollelektrische Glasschmelzofen einen sehr hohen energetischen Wirkungsgrad auf; je nach Ofengröße, Auslastung und Glasart liegt er meist zwischen 0,6 und 0,8, bezogen auf den Energieinhalt des erschmolzenen Glases. Die vereinfachte Energiebilanz eines solchen Ofens zeigt *Bild 6.19c*.

Aus technologischen und wirtschaftlichen Gründen ist der Einsatz des vollektrischen Glasschmelzofens besonders unter zwei Aspekten interessant:

- Beim Schmelzen von Farb– und Trübgläsern erhält man dank der günstigen Strömungsverhältnisse bessere Homogenitäts– und Viskositätseigenschaften des zu verarbeitenden Glases, verbunden mit einer erheblichen Einsparung bei den teilweise teuren Färbungs– und Läuterungszusätzen.
- Bei kleinen Ofengrößen, d.h. für Schmelzkapazitäten unter etwa 30 t/d, vergrößert sich der Abstand zwischen elektrisch beheiztem und brennstoffbeheiztem Ofen im Energieverbrauch so weit, daß bei den heute gegebenen Verhältnissen zwischen Strom– und Brennstoffpreisen der Elektroofen konkurrenzfähig ist. In diesem Zusammenhang sind insbesondere die kompakte Bauform des Elektroofens und sein geringer Ofeninhalt bei gegebener Nenn-Schmelzleistung von Bedeutung. Der letztgenannte Punkt wirkt sich auch im Hinblick auf das Wechseln der zu erschmelzenden Glassorte vorteilhaft aus.

6.8.3 Elektrozusatzheizung

Während der vollelektrische Glasschmelzofen in der Bundesrepublik erst vereinzelt anzutreffen ist, hat die Elektrozusatzheizung (EZH) in öl– oder gasbeheizten Wannenöfen heute bereits eine größere Verbreitung gefunden. Hierbei werden im Läuterbereich und teilweise auch im Schmelzbereich herkömmlicher Wannenöfen Molybdänelektroden vorwiegend durch den Ofenboden geführt. Durch die senkrechte Elektrodenanordnung wird eine intensive, bis zum Boden reichende Konvektionsströmung begünstigt, was die Gleichmäßigkeit der Temperatur, die Homogenität und speziell im Läuterbereich das Entgasungsverhalten der Schmelze erheblich verbessert. Auch bei der EZH wird durch den

Mechanismus der konduktiven Erwärmung der entsprechende Anteil der Wärmeleistung direkt ins Innere des Glasbades eingetragen. Damit läßt sich die Schmelzleistung eines Wannenofens (die ansonsten begrenzt ist durch die aus wärme- und verfahrenstechnischen Gründen gegebene maximale Feuerungsleistung) um bis zu 40 % steigern. Die dafür erforderliche elektrische Leistung beträgt etwa 20 % der maximalen Brennstoffwärmeleistung. Die etwa doppelte Steigerung der Schmelzleistung in bezug auf die Erhöhung der Wärmeleistung ist daraus zu erklären, daß sich durch den Betrieb einer EZH die äußeren Wärmeverluste eines Wannenofens nur unwesentlich erhöhen. Als zusätzlicher Verlustposten tritt lediglich die Wärmeabfuhr durch die notwendige Wasserkühlung der Elektrodenfassungen auf. Ansonsten wird die elektrische Energie vollständig als Schmelz- und Reaktionswärme nutzbar. Daher liegt der spezifische Energieaufwand der EZH nur geringfügig über dem für das Erschmelzen theoretisch erforderlichen Wert. Die vereinfachte Energiebilanz des Wannenofens mit EZH zeigt *Bild 6.19b*. Die im Vergleich zu Fall *a* wesentlich geringeren Werte für Energieverluste und Brennstoffeinsatz rühren im wesentlichen daher, daß bei diesem Beispiel zweier in Größe und Bauart gleicher Wannen durch die EZH eine Steigerung der Schmelzleistung von rd. 30 % erzielt wird.

Weitere Vorteile der EZH sind:
- Durch entsprechende Steuerung der elektrischen Leistung ist eine flexiblere Anpassung an unterschiedliche geforderte Schmelzleistungen möglich.
- Es kann ein größerer Anteil an Rücklaufmaterial (Scherben) eingesetzt werden, was beim Wannenofen ohne EZH wegen der Gefahr des Absackens im Einlegebereich Schwierigkeiten bringen kann.

6.9 Elektroden-Salzbadofen

Literatur: [51; 66; 99]

6.9.1 Aufbau und Betriebsweise

Beim Elektroden-Salzbadofen wird elektrischer Wechselstrom durch einen geschmolzenen Elektrolyten geleitet, in den das zu erwärmende metallische Gut eingetaucht wird. Hinsichtlich der Elektrodenanordnung gibt es verschiedene Grundtypen von Salzbadöfen (*Bild 6.21*).

Im Fall (*a*) fließt der Strom nicht nur durch den Elektrolyten, sondern auch durch das zu erwärmende Werkstück. Das ist oft unerwünscht, weil es infolge

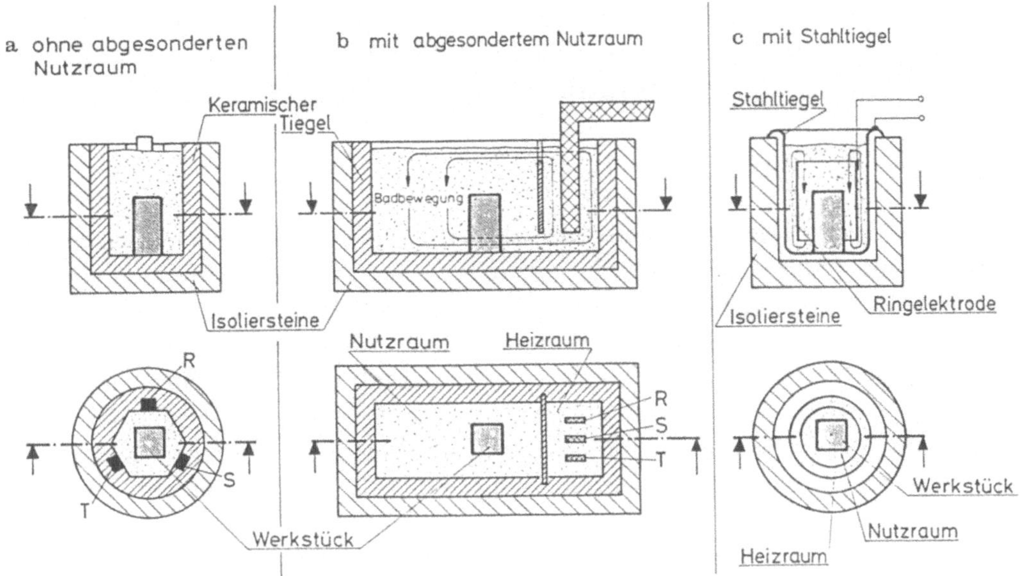

Bild 6.21 Verschiedene Bauformen von Elektroden – Salzbadöfen

des lageabhängigen Stromdurchgangs zu einer unkontrolliert hohen Erwärmung und damit Beschädigung des Werkstücks kommen kann. In solchen Fällen geht man zur Anordnung (*b*) über. Der Tiegel ist hier durch eine Zwischenwand in einen Heiz- und einen Nutzraum unterteilt. Das Werkstück wird zum Erwärmen in den Nutzraum getaucht, wo es sich praktisch nicht mehr im Bereich des elektrischen Strömungsfeldes befindet. Obwohl also im Werkstück keine Umsetzung von elektrischer Energie in Wärme stattfindet, werden die Elektroden – Salzbadöfen der unmittelbaren Widerstandserwärmung zugeordnet, da nach VDE 0721 dieser Gattung auch solche Anlagen zugeordnet werden, bei denen die Wärmeerzeugung in einem das Gut umschließenden Arbeitsmittel stattfindet.

Die Werkstoffe der Ofenauskleidung müssen den verschiedenen Betriebszuständen und Elektrolyten angepaßt sein. Neben der mechanischen Festigkeit und Temperaturwechselbeständigkeit – beim Erwärmen und Auskühlen treten große Wärmespannungen auf – müssen auch hohe Anforderungen bezüglich der chemischen Beständigkeit erfüllt werden. Tiegel aus Magnesiumsilikat können bis zu Temperaturen von 1100 °C eingesetzt werden. Bei Verwendung von Tonerde als Ofenauskleidung lassen sich Temperaturen bis zu 1350 °C erreichen. Enthält das Salzbad chemisch aggresive Bestandteile wie etwa Cyansalze, die zum Einsatzhärten verwendet werden, ist ein Einsatz von keramischen

Tiegeln nicht möglich. In diesem Fall werden Stahltiegel verwendet, die sich allerdings nur für Temperaturen bis zu 1000 °C eignen. Der Heizraum liegt dabei zwischen einer Ringelektrode und dem ebenfalls als Elektrode fungierenden Tiegel. Der Nutzraum innerhalb der Ringelektrode ist praktisch feldfrei (*Bild 6.21*, Fall (*c*)).

Der meist verwendete Elektrodenwerkstoff ist Stahl, wobei sich die Elektroden relativ problemlos auswechseln lassen, dafür aber stark abbrennen. Außerdem werden auch Kohleelektroden verwendet, die am Boden des Ofentiegels angeflanscht sind und von unten ausgewechselt werden können. Ein derartiger Einbau hat den Vorteil einer besseren Ausnutzung des Badinhaltes, und einer besseren Zugänglichkeit der Badoberfläche. Das Problem der Tiegelabdichtung wird durch ausreichende Wasserkühlung der Bodendurchführungen gelöst. Das Salz erstarrt im Bereich der Durchführung und dichtet so den Tiegel ab.

Die Salzfüllung des Ofens besteht in der Regel aus einer Mischung verschiedener Alkali- bzw. Erdalkali-Chloride mit einem Schmelzpunkt zwischen 500 und 750 °C, je nach Zusammensetzung. Da das Salz im festen Zustand elektrisch nichtleitend ist, muß beim Anfahren des kalten Ofens das feste Salzgemisch durch Zusatzeinrichtungen erst in den geschmolzenen Zustand übergeführt werden. Dies geschieht mittels Rohrheizkörper, die im Salz untergebracht sind, oder durch Hilfselektroden, die in Verbindung mit auf das Salzgemisch gelegten Kohleelektroden das Schmelzen der oberen Salzschicht durch kleine Lichtbögen ermöglicht. Erst wenn sich eine geschmolzene und damit elektrisch leitende Salzschicht gebildet hat, kann die weitere Erwärmung des Salzes durch direkten Stromfluß erfolgen. Da mit steigender Temperatur der Salzschmelze auch deren elektrische Leitfähigkeit wächst, muß die Spannung zwischen den Elektroden (üblicher Bereich: 5...30 V) schrittweise reduziert werden. Das stationäre Halten einer gewünschten Salzbadtemperatur wird durch thermostatische Zweipunktregelung erreicht.

Da das Schmelzen der Salzmischung mehrere Stunden dauert und dabei dem Ofen ein großer Betrag an Speicherwärme zugeführt werden muß, eignet sich der Salzbadofen nur zum Dauerbetrieb mindestens über eine Arbeitsschicht hinweg.

Salzbadöfen werden bis zu Anschlußleistungen von 150 kVA gebaut und ausnahmslos mit einphasigem oder dreiphasigem Wechselstrom betrieben, da bei Gleichstrom eine Zersetzung des Elektrolyten eintreten würde.

6.9.2 Anwendung

Salzbadöfen werden hauptsächlich zum Aufkohlen, Vergüten, Glühen und Härten von Baustählen und Werkzeugstählen bei Temperaturen bis 950 °C und zum Vergüten von Aluminiumteilen bei Temperaturen bis 550 °C verwendet. Für das Härten von molybdänlegierten Schnellarbeits - Stählen sind Temperaturen bis 1300 °C erforderlich.

Für diese Aufgaben wirken sich zwei Eigenarten des Salzbadofens besonders vorteilhaft aus:

- Das eingetauchte Gut erwärmt sich sehr rasch und exakt auf die Temperatur des Salzbades. Die Gründe hierfür liegen im dem intensiven Wärmeübergang ($\alpha = 600...1000$ W/(m^2 K)), der hohen Wärmekapazität und der sehr gleichmäßigen Temperatur der Salzschmelze. Letzteres wird durch die gute Baddurchmischung infolge thermischer und elektromagnetischer Kräfte bewirkt.
- Der Erwärmungsprozeß findet unter Luftabschluß statt. Verzunderung oder Randentkohlung werden dadurch vermieden und deshalb ist eine Nachbehandlung nicht erforderlich.

6.10 Elektrodenkessel

Literatur: [99]

Elektrische Anlagen zur Erhitzung von Wasser mittels konduktiver Erwärmung werden als Elektrodenkessel bezeichnet. Der netzfrequente elektrische Strom wird dem Wasser über Elektroden zugeführt, die in der Regel aus Gußeisen bestehen. Der meist dreiphasige Anschluß erfolgt für Niederspannungskessel an 380 V, für Mittelspannungskessel meist an 6 oder 10 kV. Da das Prinzip des Elektrodenkessels auf der Erzeugung JOULEscher Wärme in dem stromdurchflossenen Wasser beruht, muß durch Wasseraufbereitung eine elektrische Leitfähigkeit im Bereich zwischen etwa 0,001 und 0,05 S/m, je nach Spannung, Leistung und Bauart des Kessels hergestellt und eingehalten werden.

Nach der Elektrodenform und der Art der Leistungssteuerung lassen sich folgende Bauarten unterscheiden:

- Sattdampferzeuger für Nieder- oder Mittelspannung im Leistungsbereich von etwa 40 kW bis 70 MW (*Bild 6.22*). Drei kreissymmetrisch angeordnete Elektroden tauchen in einen Behälter ein. Durch Verändern des Wasserfüll-

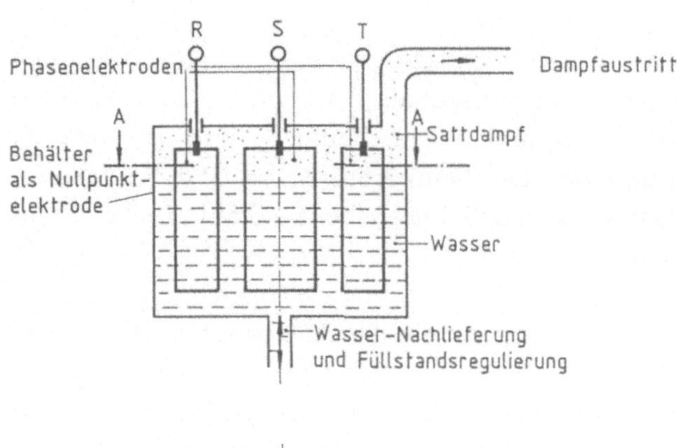

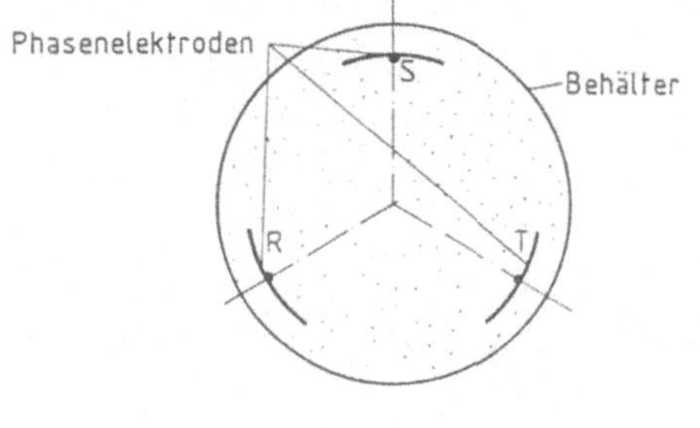

Schnitt A-A

Bild 6.22 Elektrodenkessel als Sattdampferzeuger

standes in diesem Behälter kann der elektrische Strom und damit auch die Leistung variiert werden, da der im oberen Teil befindliche Sattdampf ein elektrischer Nichtleiter ist.

- Heißwassererzeuger für Niederspannung im Leistungsbereich von etwa 300 kW bis 2 MW (*Bild 6.23*). In dem vollständig mit Wasser gefüllten, zylindrischen Kessel hängen drei fingerförmige Phasenelektroden. Die Nullpunktelektrode besitzt drei ebenfalls fingerförmige Teile und ist axial drehbar, so daß sich der Winkel ihres Eingriffs in die Phasenelektroden verändern läßt. Damit kann die Leistung zwischen etwa 15 und 100 % des Nennwertes stufenlos variiert werden. Durch senkrechte Isolierplatten wird ein Stromfluß von der Rückseite der Phasenelektroden aus verhindert.
- Heißwassererzeuger für Mittelspannung im Leistungsbereich von etwa 300 kW bis 12 MW (*Bild 6.24*). Auch hier ist der zylindrische Kessel vollständig mit Wasser gefüllt. Drei zylindrische Phasenelektroden sind vertikal feststehend kreissymmetrisch angeordnet, mit Stromzuführung von unten. Jede Phasenelektrode ist konzentrisch von einer ebenfalls feststehenden Nullpunktelektrode umgeben. Zwischen beiden ist jeweils ein Isolierrohr

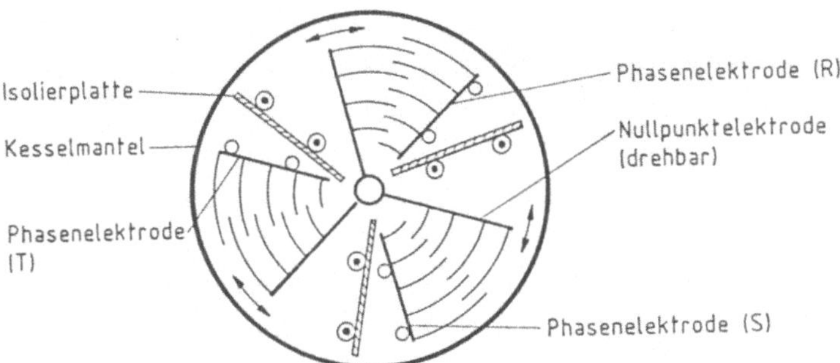

Bild 6.23 Elektrodenkessel als Heißwassererzeuger für Niederspannung (Draufsicht)

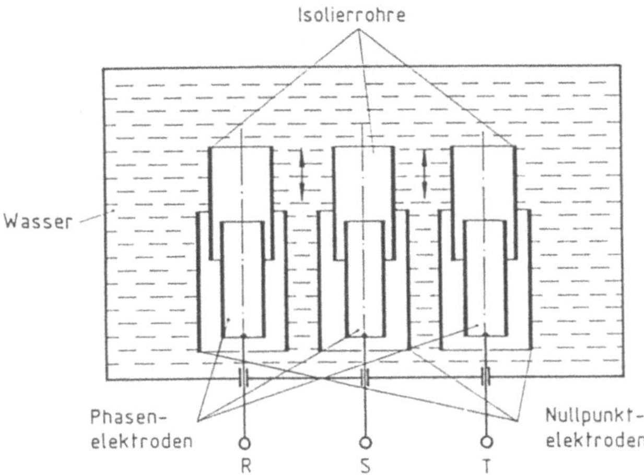

Bild 6.24 Elektrodenkessel als Heißwassererzeuger für Mittelspannung (Seitenansicht)

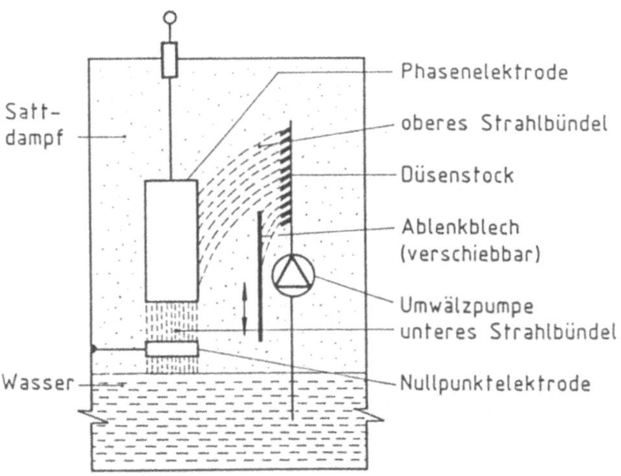

Bild 6.25 Wasserstrahl - Elektrodenkessel (Seitenansicht)

– meist aus Teflon – vertikal verschiebbar, wodurch sich der für den Stromfluß wirksame Querschnitt und damit auch die Leistung zwischen etwa 20 und 100 % des Nennwertes stufenlos verändern läßt.

- Strahlkessel für Mittelspannung bis 20 kV im Leistungsbereich von etwa 1,5 bis 50 MW zur Sattdampferzeugung (*Bild 6.25*). Über eine Umwälzpumpe wird ständig Wasser in den Düsenstock gefördert. Ein in der Höhe verstellbares Ablenkblech lenkt einen Teil des austretenden Wasserstrahls direkt nach unten ab, der andere Teil gelangt zur Phasenelektrode, wo er umgelenkt wird und in einem unteren Strahlbündel wieder austritt. Auf dem Weg des unteren Strahlbündels zur Nullpunktelektrode wird der Hauptteil der JOULEschen Wärme entwickelt. Entsprechend der variablen Strahlstärke läßt sich die Leistung stufenlos zwischen 0 und 100 % verändern.

Beim dreiphasigen Betrieb des Elektrodenkessels wird über die Nullpunktelektrode bzw. den Kesselmantel ein freier Sternpunkt gebildet. Dieser liegt bei Niederspannungskesseln praktisch auf Erdpotential, da der Sternpunkt in Niederspannungsnetzen in der Regel niederohmig geerdet ist. Anders ist es bei Mittelspannungsnetzen, weshalb Mittelspannungskessel isoliert aufgestellt und gegen Berührung gesichert werden.

Der Elektrodenkessel zeichnet sich besonders aus durch niedrige Investitionskosten, sehr trägheitsarme Steuerung und Regelung und automatischen Betrieb. Auf der anderen Seite sind die Energiekosten, verglichen mit brennstoffbefeuerten Kesseln, relativ hoch. Dementsprechend werden Elektrodenkessel oft als Reserveeinheiten bzw. zum Ausgleich rascher Belastungsschwankungen des Wärmebedarfs in Industriebetrieben, Fernheizungen und größeren Einzelobjekten wie z.B. Krankenhäusern eingesetzt.

7 Mittelbare Widerstandserwärmung

7.1 Funktionsprinzip und Anwendung

Bei der mittelbaren Widerstandserwärmung findet die Erzeugung von Wärme aus elektrischer Energie durch das Fließen eines elektrischen Stromes in einem Heizelement statt (*Bild 7.1*). Von diesem aus wird die Wärme durch *Wärmeleitung* (z.B. Kochplatte), *Konvektion* (z.B. Heißluft – Widerstandsofen) oder *Wärmestrahlung* (z.B. Infrarotofen) auf das zu erwärmende Objekt übertragen. In vielen Fällen treten diese Mechanismen der Wärmeübertragung auch in Kombination miteinander auf.

Die elektrische Infraroterwärmung ist nach dieser Systematik der mittelbaren Widerstandserwärmung zuzuordnen.

Eine Anlage zur mittelbaren Widerstandserwärmung wird meist als Widerstandsofen bezeichnet. Die wesentlichen Funktionseinheiten eines Widerstandsofens sind:

- der *Ofenraum*, in dem sich das zu erwärmende Gut während der Dauer seines Aufenthalts befindet und dessen Atmosphäre hinsichtlich Druck, Zusammensetzung, Austausch und Strömung den Erfordernissen der Erwärmungsaufgabe genügen muß;
- der *Objektträger* für Beschickung, Lagerung bzw. Transport des zu erwärmenden Gutes im Ofenraum;
- das *Ofengehäuse*, das den Ofenraum umgibt und damit in erster Linie den Energiehaushalt prägt, jedoch u.U. auch für die Stoffbilanz des Ofenraums wichtig sein kann;
- die *Heizelemente*, in denen durch den elektrischen Strom JOULEsche Wärme erzeugt wird. Je nach dem Erwärmungstyp handelt es sich dabei um Widerstands – Heizleiter oder um Infrarotstrahler.

Der Anwendungsbereich von Widerstandsöfen ist außerordentlich universell und erstreckt sich von den verschiedensten Arten der Wärmebehandlung metalli-

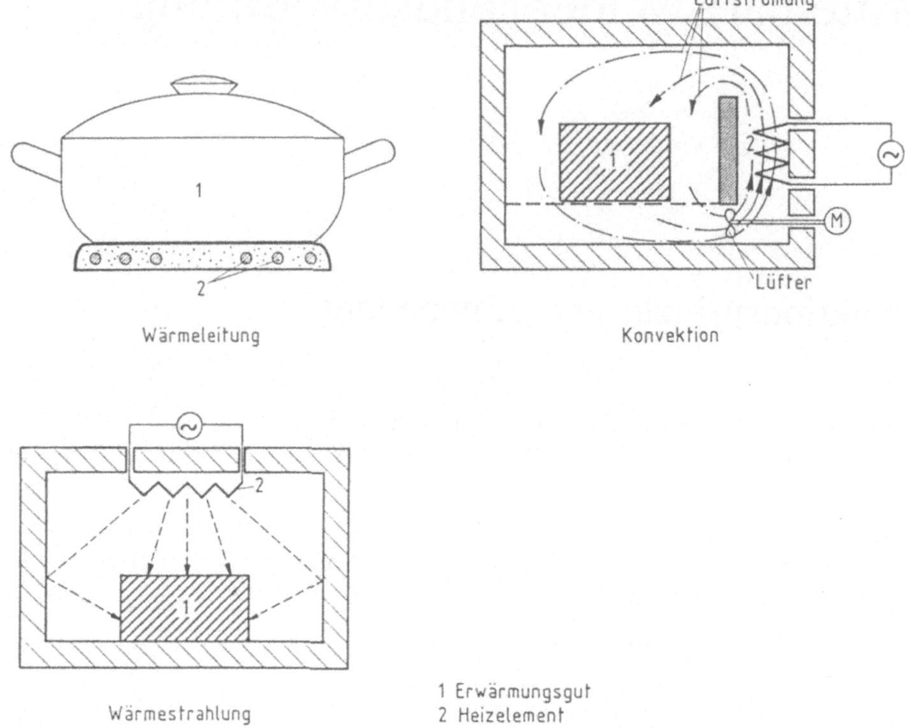

Bild 7.1 Grundtypen der mittelbaren Widerstandserwärmung

scher und nichtmetallischer Güter über das Schmelzen und Warmhalten von Metallen, das Brennen keramischer Stoffe sowie Trocknungsaufgaben bis hin zur Lebensmittel- und Wassererwärmung. Dementsprechend sind Widerstandsöfen in sämtlichen Bereichen von Industrie und Gewerbe und auch im Haushalt anzutreffen. Das Leistungsspektrum reicht von Bruchteilen eines kW zu mehreren MW.

7.2 Beschickung und Führung des Erwärmungsgutes

Literatur: [51; 99]

Hinsichtlich der Beschickung und Führung des Erwärmungsgutes im Ofen unterscheidet man zwei grundlegend unterschiedliche Systeme: Standofen und Durchlaufofen.

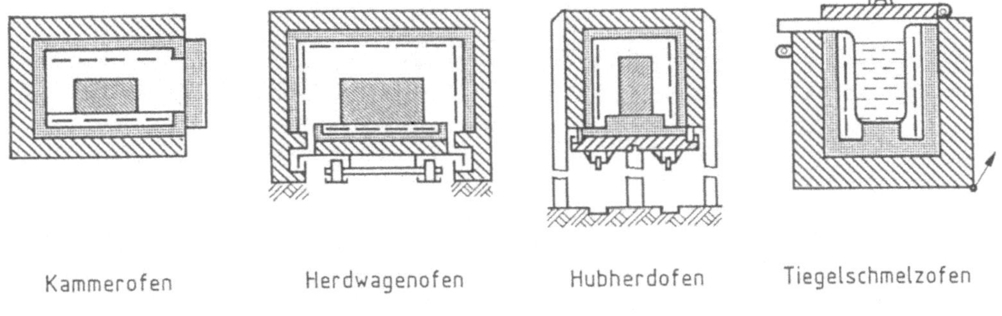

Bild 7.2 Einige Bauformen von Standöfen

Der *Standofen* (*Bild 7.2*) wird zu Beginn des Prozesses mit einer gewissen Menge des zu erwärmenden Gutes beschickt, das während der Aufenthaltsdauer in der Regel an der gleichen Stelle im Ofenraum verbleibt und danach entnommen wird. Anschließend kann sich dieser Vorgang wiederholen. Es handelt sich also um einen periodischen Chargenbetrieb.

Feste, stapelbare Erwärmungsgüter werden meist auf einer stählernen Herdplatte im Ofen gelagert. Um die Beschickung zu erleichtern, kann der Herd auch horizontal oder vertikal beweglich sein (z.B. Herdwagenofen, Hubherdofen).

Zur Aufnahme flüssiger Güter (hauptsächlich für das Schmelzen bzw. Warmhalten von NE-Metallen) dienen Behälter in Tiegel-, Wannen- oder Trommelform.

Im *Durchlaufofen* (*Bild 7.3*) wandert das Erwärmungsgut während seiner Aufenthaltsdauer stetig oder schubweise vom Ofeneingang zum Ofenausgang. Diese sind im Gegensatz zum Standofen nicht miteinander identisch. Beschikkung und Entnahme erfolgen kontinuierlich oder partienweise. Ein gewünschter zeitlicher Temperaturverlauf für das Erwärmungsgut wird dadurch realisiert, daß innerhalb des Ofenraums örtlich unterschiedliche Bedingungen geschaffen werden (Aufwärm-, Halte- und Abkühlzonen), die im Dauerbetrieb zeitlich konstant arbeiten. Dementsprechend eignet sich der Durchlaufofen vor allem zur quasi-kontinuierlichen Erwärmung größerer Mengen von Gütern mit hinreichend einheitlichen, nicht zu sperrigen Abmessungen.

Für den Transport des Gutes zwischen Ofeneingang und Ofenausgang gibt es eine Reihe unterschiedlicher Lösungen. Stückige Güter oder Schüttgüter in

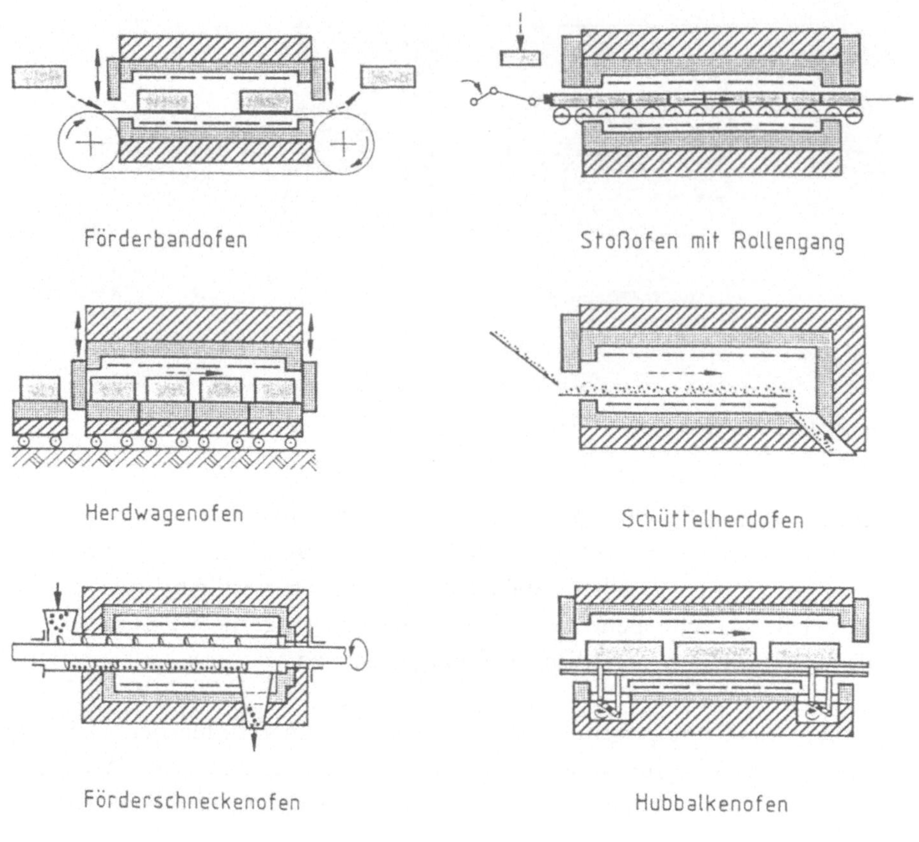

Bild 7.3 Einige Bauformen von Durchlauföfen

Behältern können auf Förderband, Rollengang, Hubbalken, Herdwagen oder Drehherd durch den Ofen wandern. Für die Förderung loser Schüttgüter eignet sich der Schüttelherd oder die Trommel mit Förderschnecke.

7.3 Ofenraum

Im Ofenraum befindet sich in den meisten Fällen Luft von atmosphärischem Druck. Durch Verwendung von *Schutzgas* lassen sich bestimmte chemische Vorgänge an der Oberfläche metallischer Erwärmungsgüter unterbinden (z.B. Oxidation oder Randentkohlung) bzw. herbeiführen (z.B. Entfernung von bereits vorhandenen Oxidschichten, Gasaufkohlen, Karbonitrieren usw.). Je nach Aufgabenstellung, Temperatur und Metallart kommen als Schutzgas hauptsächlich N_2, H_2, CO, CH_4 und Gemische daraus zum Einsatz.

Vakuumöfen arbeiten mit abgesenktem Druck im Ofenraum und werden angewendet zur Wärmebehandlung von reaktiven, leicht oxidierbaren Metallen wie Ti, Mo, Zr, wobei gleichzeitig eine Reinigung durch Entgasung, d.h. Ausdampfen von O_2 und anderen flüchtigen Verunreinigungen erfolgt. Eine Teilevakuierung des Ofenraums ist auch bei Trocknungsprozessen vorteilhaft. Finden im Zuge des Wärmebehandlungsprozesses chemische Reaktionen, Ausdampfung u.ä. statt, so ist ein gewisser Gasaustausch notwendig, damit eine geforderte Zusammensetzung der Ofenatmosphäre aufrechterhalten bleibt.

In Öfen, die auf einem Temperaturniveau unterhalb etwa 600 bis 700 °C arbeiten, dominiert für die Wärmeübertragung zwischen Heizelementen und Erwärmungsgut meist die Konvektion, während die Strahlung eine untergeordnete Rolle spielt. In diesen Fällen lassen sich durch erzwungene Luftumwälzung mit Hilfe von Ventilatoren im Ofenraum die Wärmeübergangsverhältnisse und teilweise auch die örtliche Gleichmäßigkeit der Erwärmung erheblich verbessern.

Eine noch wesentlich größere Steigerung des Wärmeübergangs erhält man, wenn sich das Erwärmungsgut in einem *Wirbelbett* befindet. Hierbei wird feinkörniger Keramiksand durch eine aufsteigende Gasströmung in freier Schwebe gehalten. Dieses Medium verhält sich dann in vieler Hinsicht wie eine Flüssigkeit.

7.4 Ofengehäuse

Literatur: [13; 32]

Größe und Form des Ofengehäuses richten sich nach der Leistung des Ofens, der Erwärmungsaufgabe und vor allem nach Art, Abmessungen und aufzunehmender Menge des zu erwärmenden Gutes. Zur chargenweisen Beschickung und Entnahme dient z.B. beim Kammerofen eine Tür an der Stirnseite, beim Schacht-, Topf- oder Tiegelofen ein Deckel auf der Oberseite. Beim Haubenofen ist das gesamte Oberteil abnehmbar. Befindet sich im Ofen Schutzgas oder Vakuum, so sind die Beschickungsöffnungen als Schleusen gestaltet. Durchlauföfen können ebenfalls durch Türen abgeschlossen sein, wenn das

Erwärmungsgut nicht vollkontinuierlich zugeführt und entnommen wird, sondern partienweise. Andernfalls bleiben die Ein- und Austrittsöffnungen unverschlossen, wobei z.T. durch spezielle Luftführung das Entweichen heißer Ofenatmosphäre minimiert wird.

Die Ofenwandung ist in der Regel aus drei Schichten aufgebaut:

- Eine hitzebeständige Innenschicht von genügender mechanischer Festigkeit, die für Niedertemperaturöfen aus Stahl, für Mittel- und Hochtemperaturöfen aus feuerfesten Baustoffen in Form von gemauerten Steinen oder Stampfmasse besteht. Das feuerfeste Material (z.B. Schamotte, Silika) setzt sich im wesentlichen aus einem Gemisch von Kieselsäure und Tonerde zusammen.
- Eine Wärmedämmschicht verringert die Wärmeabgabe an die Umgebung.
- Eine Blechhülle bildet den äußeren Abschluß des Ofengehäuses.

Die Höhe der äußeren Wärmeverluste der Ofenwand ist in starkem Maße abhängig von der Dicke der Wärmedämmschicht (s. Abschn. 4.4). Jedoch führt die Wärmedämmung auf der Außenseite auch zu einer Erhöhung der mittleren Temperatur und der in der inneren Feuerfestschicht gespeicherten Wärme. Damit verringert sich die Standzeit, und insbesondere bei intermittierender Betriebsweise können erhebliche zusätzliche Wärmeverluste in den Stillstandsphasen durch Entspeicherung auftreten.

Seit einigen Jahren werden keramische Fasermaterialien zu vakuumgeformten Bauteilen verarbeitet, deren mechanische Festigkeit für eine Verwendung als feuerfeste Zustellung ausreicht. Die in *Tafel 7.1* aufgeführten Vergleichsdaten

Tafel 7.1 Wärmetechnische Daten von Ofenbaustoffen

	Schamotte	Keramikfaser
Raumgewicht in kg/m^3	2000	100...200
Spezifische Wärmekapazität in kJ/(kg K) (als Mittelwert zwischen 0 und 1000 °C)	1,1	0,9
Wärmeleitzahl in W/(m K) (bei 1000 °C)	1,2	0,2

weisen aus, daß es hierdurch möglich wird, die Funktionen der feuerfesten Innenauskleidung und der Wärmedämmung in einer Wandschicht zu vereinen. Da diese Leichtbaustoffe zudem sehr wenig Wärme speichern, lassen sich die hieraus resultierenden Wärmeverluste beträchtlich senken.

7.5 Heizelemente

7.5.1 Widerstands – Heizleiter

Literatur: [16; 51; 99]

Widerstands – Heizleiter sind in Form von Bändern, gewendelten Drähten oder Stäben im Ofenraum angebracht. An den Seitenwänden können sie mit Haken befestigt sein oder auf Tragsteinen oder Regalen liegen. Am Boden und an der Decke verlaufen sie in Nuten oder Gewölbesteinen. In vakuumgeformte Bauteile aus Keramikfaser können beim Herstellungsprozeß Heizleiter verdeckt oder offen eingeformt werden.

Die Auswahl des Heizleitermaterials muß sich primär nach der Temperatur richten, die im Widerstandsofen erreicht werden soll. Die höchstzulässigen Temperaturen der gebräuchlichsten Heizleiterwerkstoffe sind in *Tafel 7.2* ange-

Tafel 7.2 Charakteristische Daten von Heizleiterwerkstoffen

Werkstoff	Höchstzulässige Temperatur °C	El. Leitfähigkeit (bei 1000 °C) 10^6 S/m
FeNiCr	1050	0,78
NiCr	1150	0,87
FeCrAl	1300	0,69
SiC	1600	0,001
$MoSi_2$	1600 / 1700 [1])	0,45
Ta	2200 [2]) / 2400 [3])	1,85
W	2400 [2]) / 3000 [3])	3,0

[1]) in oxydierender Atmosphäre
[2]) in Vakuum
[3]) in Edelgasatmosphäre

geben. Bei Überschreitungen dieser Temperaturen nimmt der Oxydationsprozeß (in oxydierender Ofenatmosphäre oder Luft) bzw. der Verdampfungsprozeß (in Schutzgasatmosphäre oder Vakuum) sehr stark zu, so daß sich die Lebensdauer des Heizleiters übermäßig verkürzt. Bei tieferen Temperaturen überziehen sich die Heizleiter in oxydierender Ofenatmosphäre mit einem dichten Oxidfilm, der ein Fortschreiten der Oxydation weitgehend verhindert. Die maximal empfohlenen Arbeitstemperaturen liegen durchweg um 100 bis 150 K unter den höchstzulässigen Werten, um gewisse Sicherheitsreserven zu bieten.

Zusätzlich ist zu beachten, daß die Temperaturen, die im Ofenraum erreicht werden, wiederum bis zu 200 K unter den Heizleitertemperaturen liegen.

In vielen Fällen – z.B. überall dort, wo die Ofentemperatur durch Zweipunktregelung gehalten wird – findet die Zufuhr elektrischer Leistung intermittierend statt. Der damit verbundene Temperaturwechsel der Heizleiter vollzieht sich wegen der geringen thermischen Trägheit sehr rasch. Das kann zu einem schuppenartigen Abblättern der schützenden Oxidschicht führen, weshalb sich in diesen Fällen des *Aussetzbetriebs* die zulässigen Heizleitertemperaturen nochmals um 50 bis 100 K verringern.

Die Menge m[kg] an Heizleitermaterial, die erforderlich ist, um eine bestimmte elektrische Leistung in Wärme umzusetzen, hängt von den Auslegungsparametern ab wie folgt:

$$m = C \varrho A^{1,25} \varkappa^{0,5} U n \varphi_{zul}^{-0,5}. \tag{7.1}$$

Hierbei bedeutet:

ϱ [kg/m³]: Dichte des Heizleitermaterials

A [m²]: Querschnittsfläche der Heizleiter, die aus Gründen der mechanischen Festigkeit nicht beliebig verkleinert werden kann;

$\varkappa$ [S/m]: Elektrische Leitfähigkeit des Heizleitermaterials;

n: Anzahl parallel geschalteter Heizleiterstränge;

φ_{zul} [W/m²]: Höchstzulässige Wärmestromdichte an der Oberfläche des Heizleiters. Die zulässige thermische Oberflächenbelastung liegt in der Größenordnung zwischen 1 und 10 W/cm², abhängig vom Heizleitermaterial, seiner Anordnung im Ofen und den Arbeitstemperaturen;

C: Dimensionsloser Faktor, in den die Querschnittsform des Heizleiters eingeht.

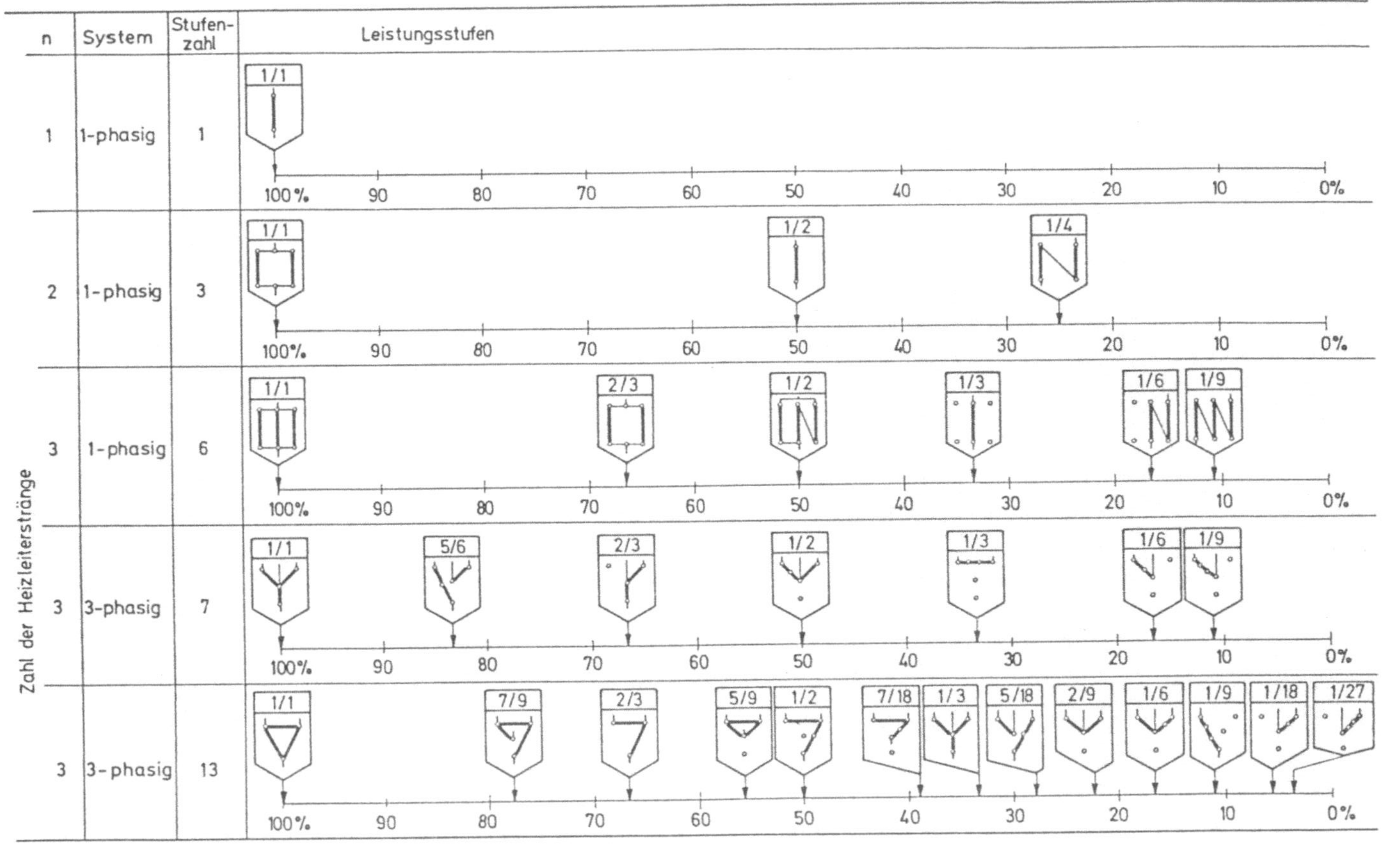

Bild 7.4 Möglichkeiten der Leistungsabstufung bei Widerstandsöfen

Um eine vorgegebene Erwärmungsaufgabe zu lösen, muß die von einer bestimmten Anordnung von Widerstands-Heizleitern erbrachte Heizleistung normalerweise reguliert werden können. Hierfür gibt es folgende Möglichkeiten:

- *Taktschaltung* mit Zweipunkt- Temperaturregelung. Vorteilhaft ist das einfache System, das schnelle Reagieren und die erreichbaren relativ kurzen Anheizzeiten. Nachteilig sind die starke Temperaturwechselbelastung der Heizleiter, da das grobe Regelungsprinzip zu relativ großen Temperaturschwankungen führt.
- *Stufenweise Spannungsstellung*, entweder über Stufentrafo (aufwendig) oder durch Ausnützen der unterschiedlichen Verschaltungsmöglichkeiten mehrerer Heizleiterstränge im Einphasen- bzw. Dreiphasensystem (*Bild 7.4*). Mit steigender Strangzahl nehmen die Abstufungsmöglichkeiten zu. Im Dreiphasensystem ist dies auch davon abhängig, ob die Heizleiterstränge zum Anschluß an Phasenspannung oder verkettete Spannung ausgelegt sind. Andererseits sind die Auswirkungen von Spannung U und Strangzahl n auf den erforderlichen Aufwand an Heizleitermaterial zu beachten. Außerdem

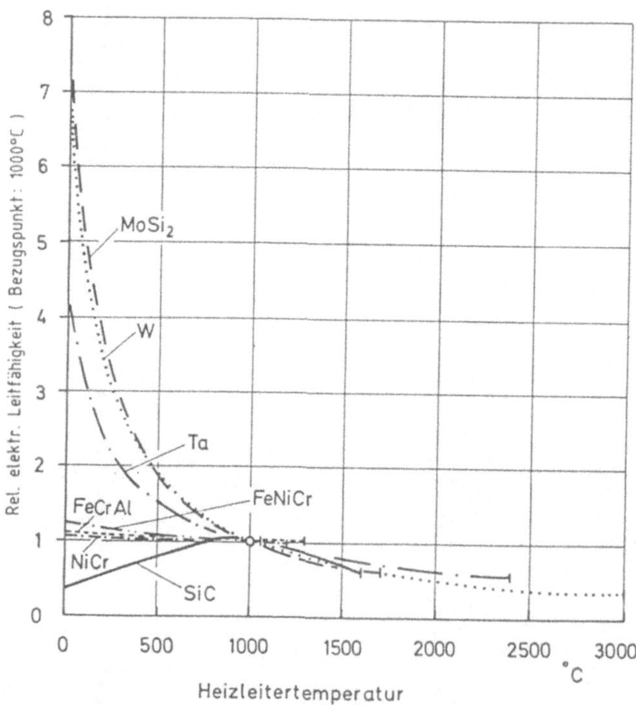

Bild 7.5 Temperaturabhängigkeit des elektrischen Leitwertes von Heizleitern (Bezugspunkt: 1000°C)

ergeben sich bei diversen Schaltungen Unterschiede in den Leistungen der einzelnen Stränge.
- *Stufenlose Spannungsstellung* durch Phasenanschnittsteuerung oder Impulsbreitensteuerung mit Thyristoren.

Im Zusammenhang mit der Leistungsregulierung ist die z.T. starke Temperaturabhängigkeit der elektrischen Leitfähigkeit von Bedeutung (*Bild 7.5*), da dies unter Voraussetzung konstanter Spannung mit einer proportionalen Änderung der JOULEschen Wärmeleistung verbunden ist. Eine mit zunehmender Temperatur fallende Charakteristik ist aus zwei Gründen günstig:
- Es stellt sich von selbst eine erhöhte Anheizleistung ein.
- Die Stabilität des stationären Betriebspunktes ist besser gewährleistet.

Fällt die Leitfähigkeit innerhalb des zu durchlaufenden Temperaturbereiches sehr stark ab, wie z.B. bei Ta und W, so muß i.a. die Spannung bei kalten Heizelementen reduziert werden, da sonst am Beginn der Aufheizung kurzzeitig ein zu hoher Strom aus dem Netz aufgenommen würde. Für Heizleiter mit steigender Charakteristik, wie z.B. SiC, ist in der Regel ebenfalls eine Spannungsstellung erforderlich, um mit steigender Heizleitertemperatur die Spannung zu reduzieren.

7.5.2 Infrarotstrahler

Literatur: [49; 65; 79; 80]

Nach dem hauptsächlich abgestrahlten Wellenlängenbereich bzw. nach der sichtbaren Strahlungscharakteristik werden die Infrarotstrahler (IR - Strahler) in drei Gruppen eingeteilt, deren charakteristische Daten in *Tafel 7.3* zusammengestellt sind.

a) Kurzwellige IR - Strahler, auch als *"Hellstrahler"* bezeichnet, sind in ihrer Bauweise eng mit Glühlampen verwandt (*Bild 7.6*). Der kugel - , parabol - oder zylinderförmige Glaskolben ist an der Rückseite durch Aufdampfen von Silber oder Reinstaluminium innenverspiegelt. Der Lampenkolben ist entweder evakuiert oder mit einem Schutzgas (z.B. N_2) gefüllt. Hochleistungsstrahler werden auch als Halogenlampen ausgeführt.

b) Mittelwellige Glühstrahler sind meist Quarzrohrstrahler (*Bild 7.7*). Der Widerstands - Heizleiter aus NiCr befindet sich in einem Hüllrohr aus Quarzglas, das zum Zweck der gerichteten Strahlungsabgabe auf der Rückseite innenverspiegelt sein kann oder mit einem äußeren Reflektor

Tafel 7.3 Kennwerte von Infrarot – Strahlern

Typ	Bauart, Einheiten – leistung	Strahler – temperatur °C	$\lambda_{(Max)}$ [1]) µm	Maximale Leistung [2]) kW/m²
Hell – strahler, kurz – wellig	Quarzrohr mit Wolframwendel 1...3 kW	2100	1,2	150 bis 600 [3])
	Glaskolbenlampe 100...375 W	2000	1,3	20
Glüh – strahler, mittel – wellig	Quarzrohr mit FeCrAl oder NiCr – Wendel, 0,5...7,5 kW	1100... ...850	2,1... ...2,6	85
	Flächenstrahler, gasbeheizt	1100... ...350	2,1... ...4,7	100
	Metallrohr elektr. beheizt bis 3 kW	800... ...400	3,1... ...4,3	30
Dunkel – strahler, lang – wellig	Keramischer Flächenstrahler, elektr. beheizt, 125...1000 W	700... ...300	3... ...5	60
	Plattenstrahler, flüssigkeits – beheizt	300... ...200	5... ...6	4

[1]) Wellenlänge des Strahlungsmaximums
[2]) in Strahlerebene
[3]) mit Reflektorkühlung

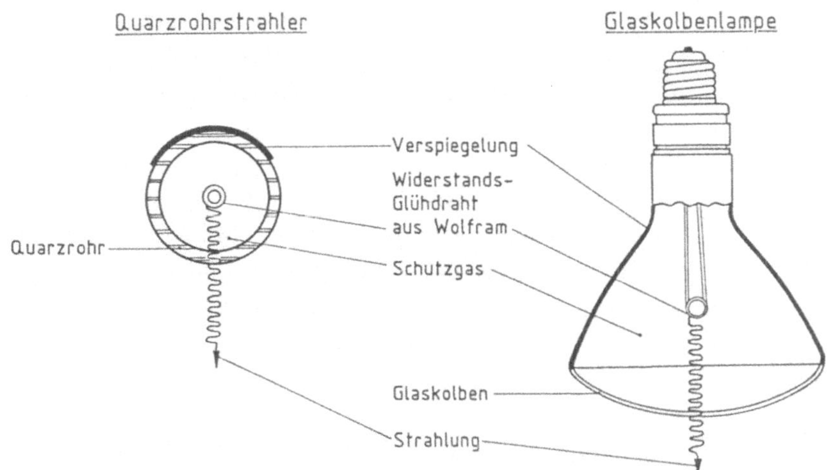

Bild 7.6 Bauarten von Infrarotstrahlern: Kurzwellige Hellstrahler

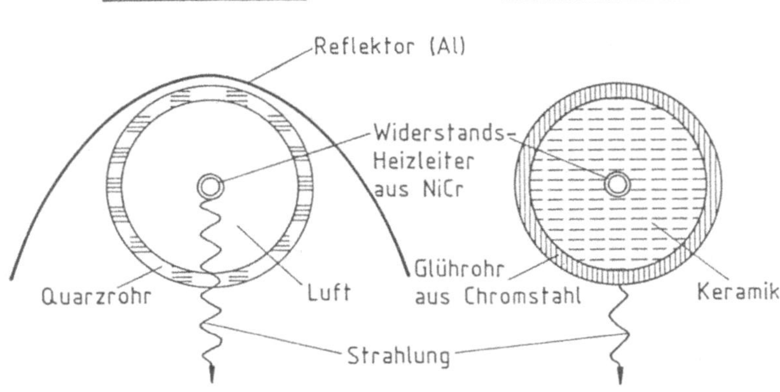

Bild 7.7 Bauarten von Infrarotstrahlern: Mittelwellige Glühstrahler

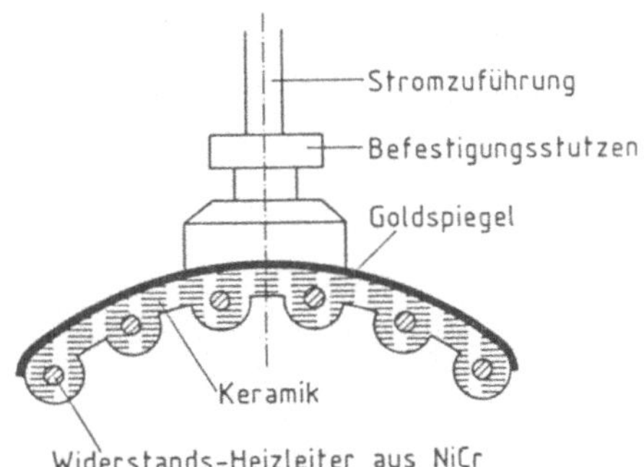

Bild 7.8 Bauarten von Infrarotstrahlern: Langwelliger Dunkelstrahler

versehen ist. Der Hauptanteil der vom Widerstandsdraht ausgestrahlten Leistung wird vom Hüllrohr durchgelassen, da Quarzglas erst für Wellenlängen über etwa 4 μm stärker absorbierend wirkt. Dementsprechend wird das Quarzrohr weit weniger heiß als der Strahlertemperatur entspricht. Meist liegt seine Oberflächentemperatur noch unter derjenigen von langwelligen Dunkelstrahlern. Deshalb ist die konvektive Wärmeabgabe von Quarzrohrstrahlern sehr gering, was i.a. bei der Infraroterwärmung sehr von Vorteil ist. Dagegen befindet sich beim Metallrohrstrahler das äußere Glührohr auf der Strahlertemperatur, die daher auch niedriger sein muß. Metallrohrstrahler können auch mit so niedrigen Temperaturen betrieben werden, daß sie als Dunkelstrahler wirken.

c) Langwellige *Dunkelstrahler* senden an ihrer Oberfläche kaum sichtbares Licht aus. Meist handelt es sich um keramische Flächenstrahler (*Bild 7.8*), bei denen Widerstands-Heizleiter aus NiCr in eine Keramikstruktur eingebettet sind. Diese besitzt an der Oberfläche eine hohe Emissionszahl und ist auf der Rückseite verspiegelt.

Neben den elektrischen Infrarotstrahlern gibt es auch gas-, flüssigkeits- und dampfbeheizte.

Das Strahlungsspektrum (*Bild 7.9*) hängt in erster Linie von der Strahlertemperatur ab. Je höher diese ist, umso kleiner ist die Wellenlänge des Strahlungs-

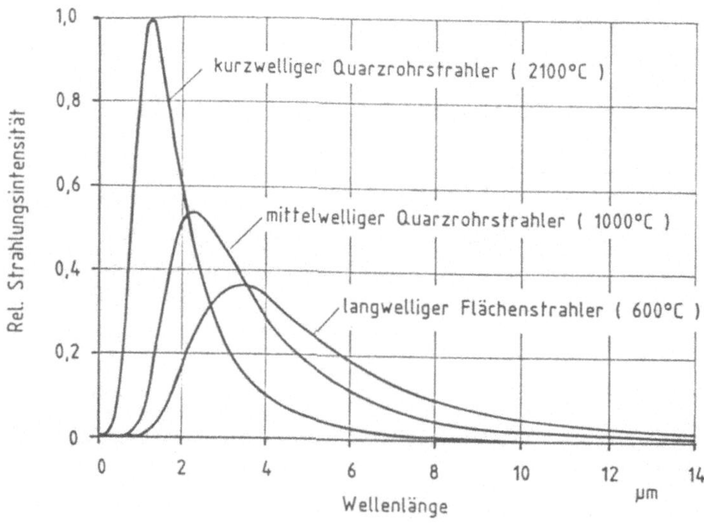

Bild 7.9 Emissionsspektren von Infrarotstrahlern gleicher Gesamtstrahlungsleistung

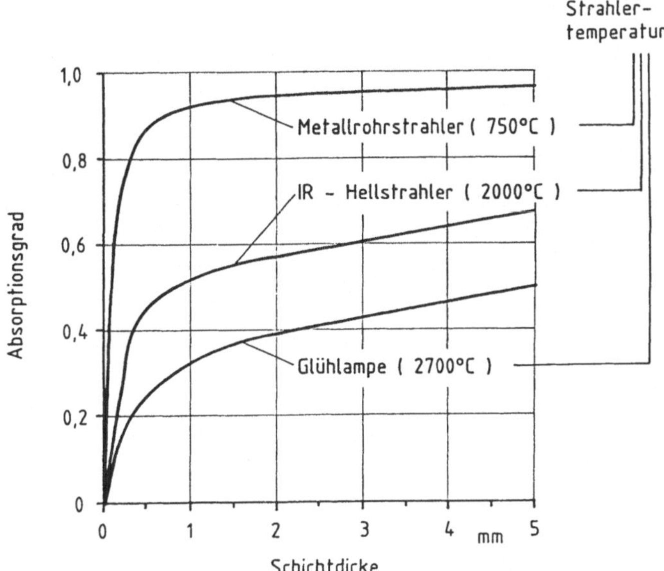

Bild 7.10 Absorptionsgrad einer Wasserschicht bei unterschiedlicher Infrarot – Bestrahlung

maximums, und umso ausgeprägter ist dieses Maximum. Im Hinblick auf das spektrale Absorptionsvermögen des zu erwärmenden Gutes ist dies eines der wesentlichsten Auswahlkriterien für den anzuwendenden Strahlertyp.

Speziell bei der Infrarottrocknung ist die Auswahl von Infrarotstrahlern wichtig, deren Spektrum der Schichtdicke des zu verdampfenden Wassers angepaßt ist: kurzwellige Strahler für dicke Schichten, langwellige für dünne Schichten (*Bild 7.10*).

Weitere charakteristische Merkmale der verschiedenen Strahlertypen liegen in der thermischen Trägheit (am größten für Dunkelstrahler) und in der Lebensdauer (mit durchschnittlich etwa 3000 bis 5000 h am geringsten beim Hellstrahler).

Nicht die gesamte im Strahler entwickelte Wärmeleistung wird in Form von Strahlung abgegeben, sondern ein Teil auch durch Konvektion an der heißen Strahleroberfläche. Diese Anteile sind meist nicht direkt für die Erwärmungsaufgabe nutzbar und deshalb als Verlust zu betrachten. Entsprechend wird der als Strahlung abgegebene Anteil durch den *Strahlerwirkungsgrad* gekennzeichnet. Er liegt für Glaskolben – Hellstrahler bei rd. 70 %, für Quarzrohrstrahler bei etwa 80 % und geht für Metallrohr – und Flächenstrahler mit sinkender Strahlertemperatur bis auf Werte um 40 % zurück.

7.6 Spezielle Ofenbauarten

7.6.1 Infrarotofen

Der Infrarotofen wird hauptsächlich zur Trocknung dünner Lackschichten, Textil- und Papierbahnen, zum Backen und Grillen sowie zur Erwärmung von Kunststoffen angewendet.

Als wärmeerzeugende Heizelemente dienen Infrarotstrahler; das zu erwärmende Gut nimmt Energie also in Form von Wärmestrahlung auf. Die zulässige Bestrahlungsstärke hängt von der Erwärmungsaufgabe ab. Anhaltswerte hierfür sind in *Tafel 7.4* aufgeführt.

Die Infrarotstrahler sind hinsichtlich Einheitenleistung, Entfernung vom Erwärmungsgut und gegenseitigem Abstand entsprechend der gewünschten Bestrahlungsstärke auszuwählen und zu positionieren. In Durchlauföfen lassen sich durch entsprechende Strahleranordnung auch Erwärmungszonen unterschiedlicher Bestrahlungstärke schaffen, z.B. zum schnellen Aufheizen des durchlaufenden Gutes und anschließenden Halten auf einer angestrebten Temperatur.

Die Anordnung der Infrarotstrahler im Ofen richtet sich auch nach der Form des zu erwärmenden Gutes. Für die Erwärmung von Platten, Bändern, Stoffbahnen u.ä. strebt man i.a. eine senkrecht auf die Oberfläche gerichtete Strahlung an. Dagegen kann für die Erwärmung von Gütern mit unregelmäßi-

Tafel 7.4 Zulässige Bestrahlungsstärken bei der Infraroterwärmung [65] in kW/m^2

Trocknen und Aushärten von Farben und Lacken	5...15
Trocknen von Textilien und Garnen	1...15
Trocknen von Papier und Pappe	3...20
Trocknen von Metalloberflächen	20...40
Trocknen von Getreide, Gemüse u.ä.	1... 5
Backen	5...20
Grillen	40...50

ger Oberfläche eine diffuse Strahlungsverteilung vorteilhaft sein. Um eine Verschmutzung der Strahleroberfläche zu vermeiden, erfolgt die Bestrahlung meist von oben oder von der Seite.

Zur Einstellung und Regulierung der Heizleistung kommen neben den bei Widerstands.- Heizleitern üblichen Methoden auch die Möglichkeiten einer mechanischen Verstellung oder Abdeckung der Strahlerebenen in Frage, insbesondere bei der Durchlauferwärmung empfindlicher Materialien mit Strahlern größerer thermischer Trägheit.

Die Energieflüsse in einem Infrarotofen sind in *Bild 7.11* veranschaulicht. Von der gesamten in den Strahlern erzeugten JOULEschen Wärme wird ein Teil über die heiße Strahleroberfläche konvektiv abgeführt (und z.T. auch über die Strahlerbefestigung abgeleitet). Der Rest ist Strahlungsenergie, die sich zusam-

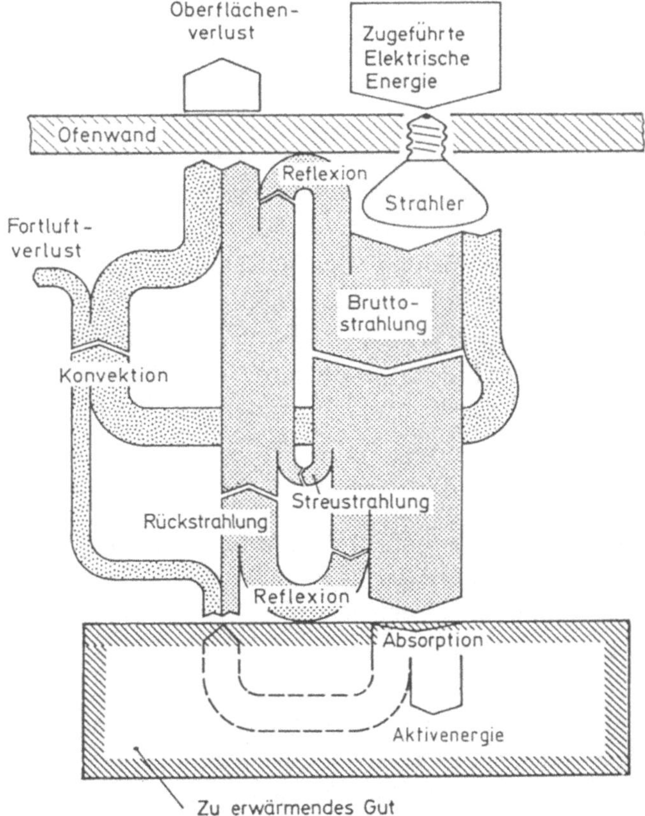

Bild 7.11 Schematische Darstellung der Energieflüsse in einem Infrarotofen

men mit der von der Ofeninnenwand reflektierten Strahlung zur *Bruttostrahlung* im Ofen summiert. Hiervon geht auch bei optimierter Gestaltung von Ofenraum und Strahleranordnung normalerweise ein Teil als *Streustrahlung* am Erwärmungsgut vorbei. Von der auftreffenden Strahlung wird ein Teil an der Oberfläche des Gutes reflektiert, der Rest wird absorbiert und dabei in Wärme umgewandelt. Von der absorbierten Energie ist jedoch wiederum nur ein Teil als Aktivenergie im Gut nutzbar. Da nämlich das Gut normalerweise wärmer ist als die umgebende Ofenatmosphäre, findet von der Gutsoberfläche eine konvektive Wärmeabgabe statt. Außerdem emittiert die erhitzte Gutsoberfläche Wärmestrahlung gegen die meist kühleren Ofeninnenwände. Diese ergibt zusammen mit dem reflektierten Anteil die *Rückstrahlung* vom Gut aus in den Ofenraum. Von der Strahlung, die insgesamt auf die Ofenwände trifft, soll möglichst viel reflektiert werden und damit der Bruttostrahlung zugutekommen. Daher werden die Ofeninnenwände meist mit Aluminium oder anderen gut reflektierten Materialien ausgekleidet. Eine gewisse Strahlungsabsorption der Ofenwand läßt sich jedoch nicht vermeiden. Ist die Ofenatmosphäre wärmer als die Wandflächen, so nehmen diese auch über Konvektion Wärme auf. Beide Wärmeanteile zusammen werden bei stationärem Zustand des Ofens zur Wandaußenseite geleitet und treten dort als Oberflächenverlust in Erscheinung.

Die Konvektionsvorgänge der Ofenatmosphäre bewirken beim Infrarotofen in der Regel keine nutzbare Wärmeübertragung an das Erwärmungsgut, sondern im Gegenteil einen Wärmeverlust sowohl an der Strahler- als auch an der Gutsoberfläche. Daher hält man Luftumwälzung und -austausch grundsätzlich so gering wie möglich. Gewisse Austauschraten können jedoch bei Trocknungsprozessen erforderlich sein, damit sich die Wasser- bzw. Lösungsmitteldämpfe nicht über eine gewisse Konzentration hinaus anreichern. Die Gründe hierfür können sein: Giftigkeit oder Entflammbarkeit von Lösungsmitteldämpfen, Beeinträchtigung der Trocknungswirkung sowie zu große Strahlungsabsorption durch die Ofenatmosphäre.

Günstig für die Infraroterwärmung ist ein hohes Absorptionsvermögen des zu erwärmenden Gutes, d.h. der Absorptionsgrad sollte möglichst dem Wert Eins nahekommen. Ist der Absorptionsgrad nicht für das gesamte Infrarotspektrum einheitlich, kann durch Auswahl von Strahlern mit geeigneter Strahlertemperatur die Energieabsorption des Gutes optimiert werden. Hierfür sollte das Emissionsmaximum des Strahlers im gleichen Wellenlängenbereich liegen, in dem das Absorptionsvermögen der Gutsoberfläche besonders groß ist. Zu beachten ist, daß das spektrale Absorptionsvermögen nicht nur vom zu erwärmenden Material, sondern auch vom Zustand seiner Oberfläche abhängt. So kann bereits ein leichter Wechsel in der Mattierung von Metalloberflächen deren Absorptionscharakteristik beträchtlich verändern. Auch die Feuchtigkeit spielt wegen der Absorptionseigenschaften von Wasser eine wichtige Rolle.

Bei der Infrarottrocknung von Wasser oder Lösungsmitteln bewirkt die teilweise Strahlungsdurchlässigkeit dieser Stoffe eine gewisse Tiefenwirkung des Energieeintrags. Da kurzwellige Infrarotstrahlung eine stärkere Tiefenwirkung besitzt als langwellige, kann speziell für die Lacktrocknung die Verwendung eines Infrarotstrahlers vorteilhaft sein, dessen Emissionsmaximum bei etwas kleineren Wellenlängen liegt als das Absorptionsmaximum des zu verdampfenden Lösungsmittels, so daß ein größerer Teil der Strahlung bis zum Lackuntergrund vordringt. Dadurch wird eine von innen nach außen fortschreitende Trocknung erreicht und damit die Bildung von Krusten und Blasen in der Lackschicht vermieden. Zudem wird die zulässige Trocknungsgeschwindigkeit wesentlich erhöht, was nicht nur die Trocknungszeiten verkürzt, sondern auch den Energieverbrauch verringert, weil sich der Lackträger i.a. nicht mehr voll miterwärmt.

7.6.2 Wirbelbettofen

Literatur: [19; 92; 93]

Der Aufbau eines elektrisch beheizten Wirbelbettofens ist schematisch in *Bild 7.12* dargestellt. In einer Retorte aus Edelstahl ist eine gasdurchlässige, metallische Diffusionsplatte horizontal angeordnet. Oberhalb dieser befindet sich das Wirbelbettmedium, bestehend aus hochschmelzender Oxidkeramik (meist Al_2O_3 oder SiO_2) mit einer Körnung von etwa 0,1 mm.

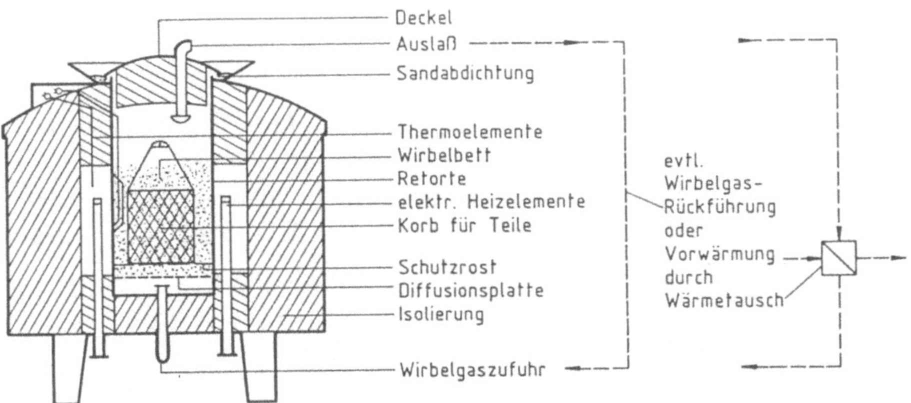

Bild 7.12 Schematischer Aufbau eines elektrisch beheizten Wirbelbettofens

Zum Betrieb wird ein Wirbelgas von unten nach oben durch die Retorte geführt. Von einer gewissen Strömungsgeschwindigkeit ab wird jede einzelne Partikel des Wirbelbettmediums in freier Schwebe gehalten. Dieser Zustand eines feinkörnigen Stoffes wird als *Fluidisation* bezeichnet, da sich das Medium in vieler Hinsicht wie eine Flüssigkeit verhält. Dies betrifft insbesondere die konvektiven Eigenschaften des Temperaturausgleichs im Wirbelbett sowie der Wärmeübertragung an ein darin befindliches Gut. Die praktisch erreichten Wärmeübergangszahlen liegen zwischen 300 und 800 $W/(m^2 K)$.

Die Beheizung von Retortenöfen kann elektrisch oder mit Brennstoffen erfolgen. Beim elektrischen Ofen sind verschiedene Anordnungen der Heizelemente denkbar:

- in das Wirbelbett eintauchend,
- außen an der Retorte,
- in der Zuführungsleitung des Wirbelgases.

Meist wird der zweitgenannte Weg beschritten. Das heiße Wirbelgas, das durch den Auslaß den Ofen verläßt, kann u.U. direkt rückgeführt oder mittels eines Wärmetauschers zur Vorwärmung des frisch zugeführten Wirbelgases genutzt werden.

Wirbelbettöfen für Temperaturen bis etwa 1300 °C und mit elektrischen Heizleistungen bis ca. 250 kW werden für verschiedene Arten der Wärmebehandlung metallischer Güter eingesetzt. Soweit es sich dabei um rein thermische Vorgänge ohne chemische Veränderungen am Gut handelt, wie z.B. Glühen, neutrales Härten, Anlassen, wird meist Luft als Wirbelgas verwendet. In besonderen Fällen, z.B. beim Rekristallisationsglühen von Cu, kann aber auch Schutzgas einer bestimmten Zusammensetzung (z.B. 98 % N_2 und 2 % H_2) erforderlich sein, um die Bildung einer Oxidschicht an der Gutsoberfläche zu verhindern.

Außerdem eignet sich der Wirbelbettofen auch zur Durchführung thermochemischer Wärmebehandlungen wie Aufkohlen, Nitrieren, Carbonitrieren usw., bei denen der Gehalt an Kohlenstoff und/oder Stickstoff in den oberflächennahen Bereichen eines Werkstücks gezielt verändert wird. Diese Veränderung wird erreicht durch Verwendung eines entsprechenden Prozeßgases als Wirbelgas.

Aufgrund der hohen Wärmeübergangszahlen sind im Wirbelbettofen relativ große Änderungsgeschwindigkeiten der Temperatur erreichbar. So beträgt beim Glühen von Zylindern mit 50 mm Durchmesser aus Al – Knetlegierung die Zeit bis zum Erreichen der erforderlichen Kerntemperatur von 495 °C im Wirbelbett 11 min. In einem normalen Kammerofen werden hierzu 75 min. benötigt. Es können auch vorgegebene zeitliche Temperaturverläufe nicht nur für Aufwärmvorgänge, sondern auch für Abkühl- und Abschreckvorgänge sehr exakt reproduziert werden. Die maximal mögliche Abkühlintensität liegt zwischen der mit Luft bzw. mit Öl erreichbaren.

Die Temperaturverteilung im Wirbelbett ist sehr gleichmäßig mit einer Gesamtstreuung von weniger als ±0,5 K. Größere Abweichungen können sich bei eingelegtem Erwärmungsgut an Stellen ergeben, an denen die Strömung des Wirbelgases so stark gestört ist, daß es dort zur Defluidisierung kommt. Dies ist in erster Linie bei waagerechten, nach oben gerichteten Flächen von gestuften Körpern der Fall, auf denen sich das Wirbelbettmedium ablagern kann.

Das Wirbelbettmedium ist im gesamten Temperaturbereich chemisch inaktiv und – im Gegensatz zu gewissen Salzbädern – nichttoxisch. Anfängliche Befürchtungen, die Gutsoberflächen könnten durch die feinen Sandpartikel abrasiv beschädigt werden, haben sich nicht bestätigt.

Wirbelbettöfen gibt es nicht nur als Standanlagen für diskontinuierlichen Betrieb, sondern auch als Durchlaufanlagen, z.B. zum Anlassen ölgehärteter Drähte. Die Ein- und Auslauföffnungen einer solchen Anlage befinden sich unterhalb der Oberfläche des Fluidbettes. Sie sind durch eine defluidisierte Aufschüttung des Wirbelbettmediums, durch die der Draht hindurchgezogen wird, nach außen abgeschlossen.

8 Induktive Erwärmung

8.1 Grundprinzipien

Bei der Erwärmung mit Hilfe der induktiven Energieübertragung sind zwei Grundprinzipien zu unterscheiden, die in *Bild 8.1* schematisch veranschaulicht sind:

- Induktive Erwärmung *mit* Eisenkern und
- Induktive Erwärmung *ohne* Eisenkern.

8.1.1 Erwärmung mit Eisenkern

Die Erwärmungsanordnung mit Eisenkern kann als Netzfrequenztransformator aufgefaßt werden. Eine auf den geblechten Trafokern gewickelte Primärspule

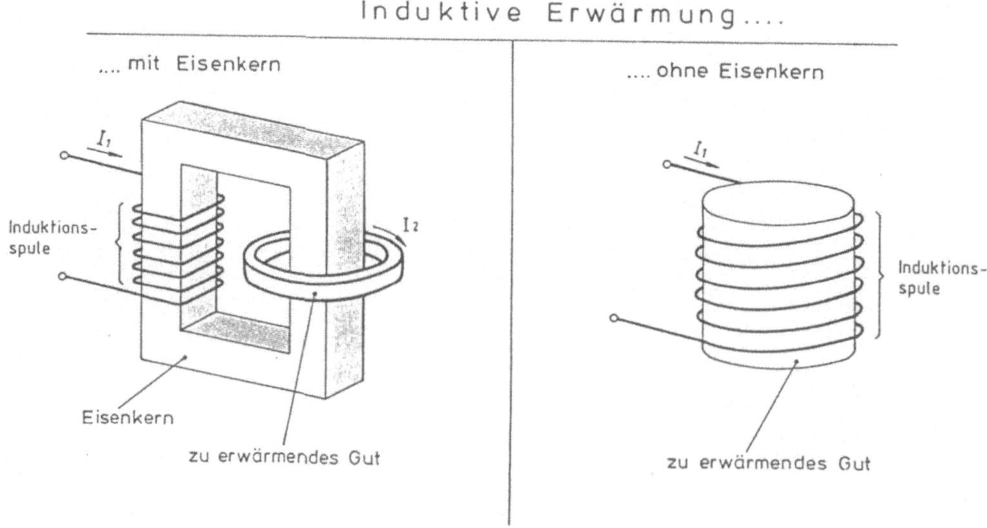

Bild 8.1 Grundprinzipien der induktiven Erwärmung

der Windungszahl N wird mit einem Wechselstrom I_1 gespeist, so daß im Kern ein magnetischer Wechselfluß hervorgerufen wird. In dem zu erwärmenden Gut, das die kurzgeschlossene Sekundärwicklung des Trafos darstellt, wird eine Wechselspannung induziert. Sie erzeugt entsprechend der elektrischen Leitfähigkeit einen Kreisstrom

$$I_2 \approx N I_1 . \tag{8.1}$$

Dieser bewirkt eine Erwärmung nach dem JOULEschen Gesetz.

Das Erwärmungsprinzip mit Eisenkern wird hauptsächlich angewendet beim Induktions-Rinnenofen, außerdem zur gleichmäßigen Erwärmung ringförmiger Metallteile, z.B. zum Aufschrumpfen von Laufkränzen auf Eisenbahnräder.

8.1.2 Erwärmung ohne Eisenkern

Die Erwärmungsanordnung ohne Eisenkern ist dadurch gekennzeichnet, daß der magnetische Hauptfluß durch das zu erwärmende Gut selbst geführt wird. Dadurch stehen dort die elektromagnetischen Feldgrößen zueinander in Wechselwirkung, so daß sie von der Gutsoberfläche aus nach innen abnehmen.

Die Stärke dieses Skineffektes (s. Abschn. 5.3.3) wird grundsätzlich durch das Eindringmaß des elektromagnetischen Feldes im unendlichen Halbraum bestimmt, mithin durch die Frequenz des Stromes und die elektrischen Materialeigenschaften (Leitfähigkeit und Permeabilität). Darüber hinaus hängt die örtliche Verteilung der induzierten Leistung ab von Größe und Form des zu erwärmenden Gutes und der Form und Anordnung der Induktionsspule.

Häufig handelt es sich um die Erwärmung eines zylindrischen Gutes in einer ebenfalls zylindrischen Induktionsspule. Nimmt man vereinfachend an, daß die Spulenlänge groß ist im Vergleich zu ihrem Durchmesser, und daß die Windungen dicht aneinanderliegen und somit keine Windungsstreuflüsse auftreten, so lassen sich mit Hilfe der BESSELschen Zylinderfunktionen allgemeine Gleichungen über die Zusammenhänge verschiedener wichtiger Größen aufstellen.

Ausgehend von einem Spulen-Wechselstrom I_1 mit konstantem Effektivwert in der Induktionsspule, zeigt *Bild 8.2* die je Längeneinheit im Erwärmungsgut insgesamt induzierte elektrische Wirkleistung in Abhängigkeit vom Quotienten aus Radius r des Erwärmungsgutes und Eindringmaß δ. Um überhaupt einen

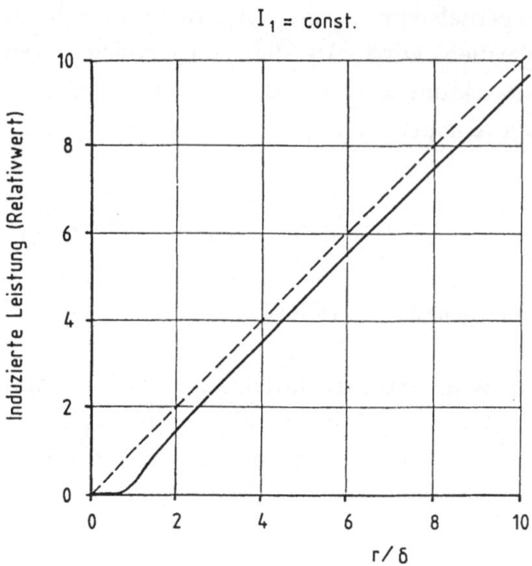

Bild 8.2 Induzierte Wirkleistung in einem Zylinder vom Radius r

nennenswerten Leistungseintrag zu erzielen, muß der Zylinderradius größer sein als das Eindringmaß.

Besteht die Aufgabe darin, einen Zylinder in seiner Gesamtheit zu erwärmen, so sollte hierfür die volumenbezogene Leistung möglichst groß sein. Geht man von einem Wechselstrom gegebener Größe I_1 und Frequenz f in der Induktionsspule aus, so wird, bezogen auf das Zylindervolumen, die maximale Leistung dann induziert, wenn der Zylinderradius das 1,8 – fache des Eindringmaßes beträgt (*Bild 8.3*). Liegt der Zylinderradius beim Doppelten dieses Optimalwertes, so ist die volumenbezogene induzierte Leistung um etwa 40 % kleiner.

Die induzierte Leistung ist nicht gleichmäßig über das gesamte Zylindervolumen verteilt. Wie *Bild 8.4* zeigt, ist die *Leistungsintensität* (also die in einem sehr kleinen Volumenelement induzierte Leistung) umso stärker auf den Zylinderrand konzentriert, je größer der Quotient aus Zylinderradius r und Eindringmaß δ ist. Wählt man also für die Erwärmung eines Zylinders eine sehr hohe Frequenz (womit das Eindringmaß sehr klein wird), so wird eine hohe Leistungsintensität in der äußersten Randschicht induziert. Diese erwärmt sich daher sehr rasch, während die Innenzone kalt bleibt, da dort weder in nennenswertem Umfang Leistung induziert wird, noch durch Wärmeleitung ein

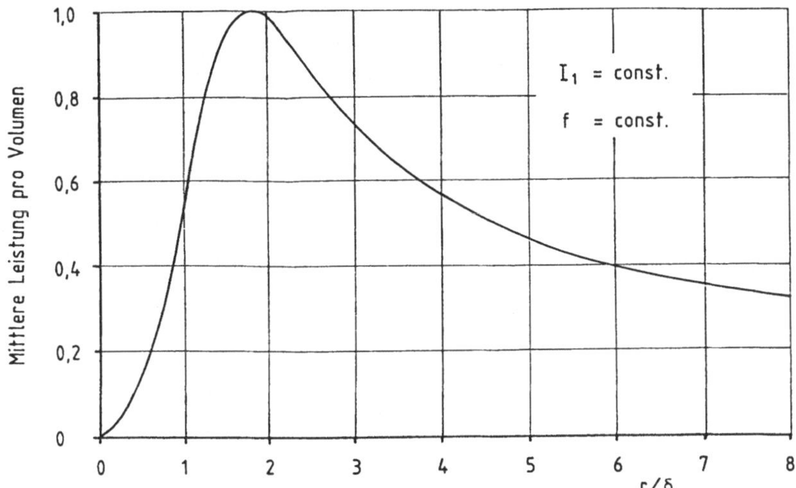

Bild 8.3 Mittlere induzierte Leistung pro Volumen eines Zylinders vom Radius *r*

Wärmetransport nach innen in so kurzer Zeit möglich ist. Diese Tatsache macht man sich z.B. beim Induktionshärten zunutze.

Die der Induktionsspule zuzuführende elektrische Wirkleistung

$$P_1 = P_2 + P_V \tag{8.2}$$

teilt sich auf in die induzierte Leistung P_2 und in die Verlustleistung P_V, die infolge des OHMschen Widerstandes der Induktionsspule dort in Wärme umgewandelt wird.

Der Induktions - Wirkungsgrad

$$\eta_{ind} = \frac{P_2}{P_1} \tag{8.3}$$

hängt vom Quotienten aus Zylinderradius r und Eindringmaß δ ab. Wie aus *Bild 8.5* hervorgeht, strebt für sehr hohe Frequenzen - und damit nach Gl. (5.64) sehr hohes r/δ - der Induktions - Wirkungsgrad einem Grenzwert η^*_{ind} zu:

$$\eta^*_{ind} = \lim_{r/\delta \to \infty} \eta_{ind} \; . \tag{8.4}$$

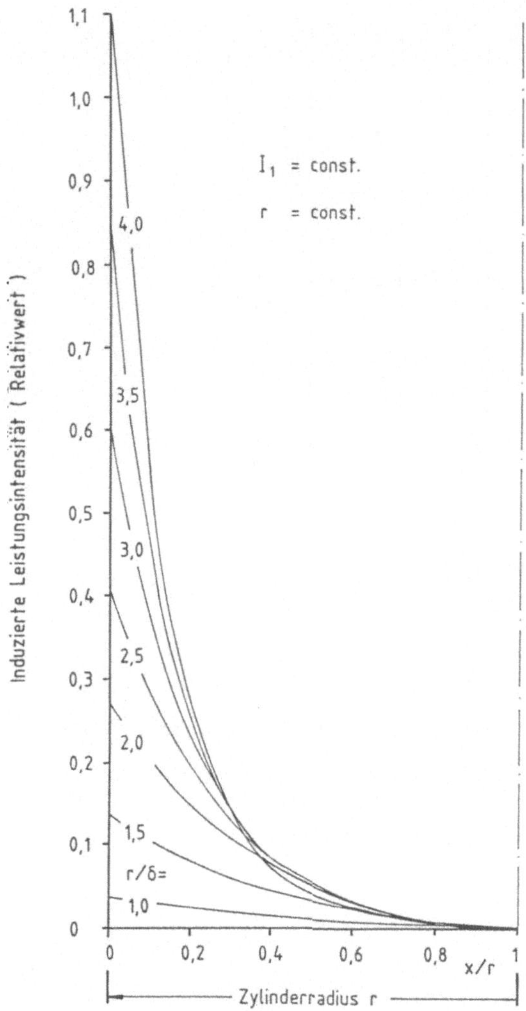

Bild 8.4 Örtlicher Verlauf der induzierten Leistungsintensität in einem Zylinder

Der *Induktions-Grenzwirkungsgrad* ist näherungsweise folgendermaßen bestimmt:

$$\eta_{ind}^{*} = [1 + (\frac{\varkappa_2\ \mu_{r1}\ A_1}{\varkappa_1\ \mu_{r2}\ A_2})^{1/2}]^{-1}\ . \tag{8.5}$$

Es gehen also ein die Quotienten der elektrischen Leitfähigkeiten $\varkappa$, der Permeabilitätszahlen μ_r und der axialen Querschnitte von Induktionsspule (A_1) und zu erwärmendem Zylinder (A_2).

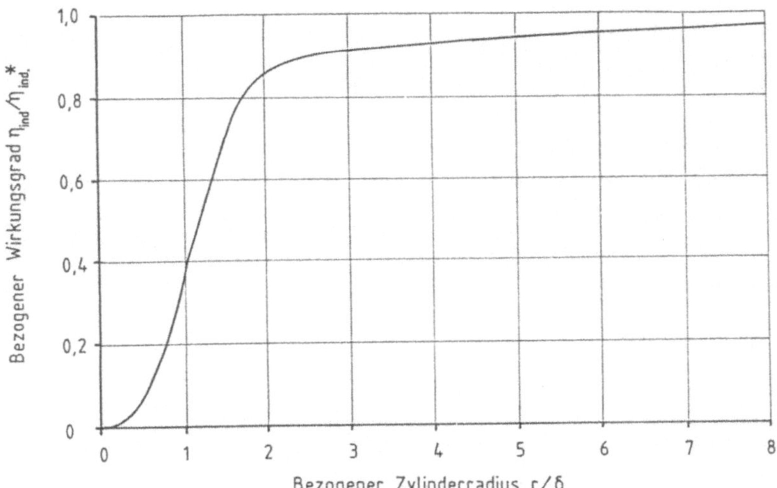

Bild 8.5 Induktions – Wirkungsgrad η_{ind} bezogen auf den Grenzwirkungsgrad η_{ind}^* bei sehr hoher Frequenz

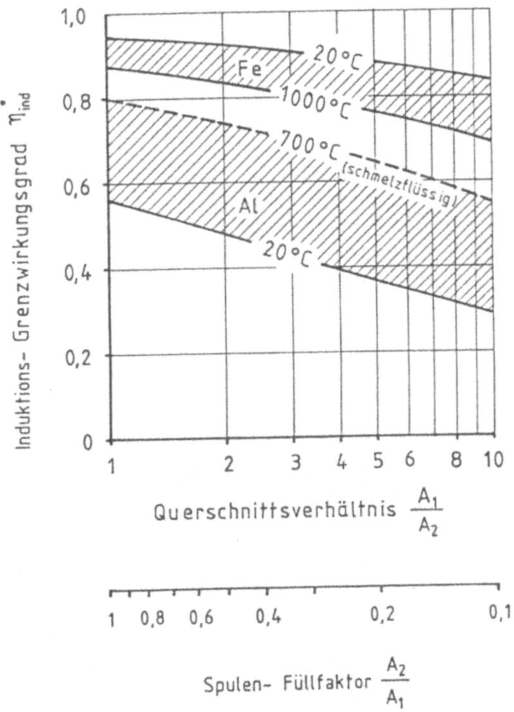

Bild 8.6 Induktions – Grenzwirkungsgrad

Für den meist vorliegenden Fall, daß die Induktionsspule aus einem wassergekühlten Kupferleiter besteht, sind in *Bild 8.6* die Werte des Induktions-Grenzwirkungsgrades für Aluminium und Stahl bei verschiedenen Temperaturen in Abhängigkeit vom Querschnittsverhältnis A_1/A_2 dargestellt. Dieses Querschnittsverhältnis ist der Kehrwert des Spulen-Füllfaktors. Der gegenläufige Einfluß der Temperatur für die beiden Materialien rührt von der erhöhten Permeabilität des Stahls unterhalb der CURIE-Temperatur her.

Der *Induktions-Leistungsfaktor*

$$\cos \varphi_{\text{ind}} = \frac{P_2}{S_2} \,. \tag{8.6}$$

ist der Quotient aus induzierter Wirk- und Scheinleistung. Seine Abhängigkeit vom Quotienten aus Zylinderradius r und Eindringmaß δ ist in *Bild 8.7* dargestellt. Für sehr hohe Frequenz bzw. sehr großen Zylinderradius strebt der Induktions-Leistungsfaktor dem Grenzwert $\cos \varphi^*_{\text{ind}} = 1/\sqrt{2}$ zu, der sich beim Eindringen eines elektromagnetischen Feldes in einen unendlich ausgedehnten, elektrisch leitenden Halbraum ergibt (s. Abschn. 5.3.3).

Der Leistungsfaktor an den Klemmen der Induktionsspule

$$\cos \varphi_{\text{Sp}} = \frac{P_1}{S_1} \,. \tag{8.7}$$

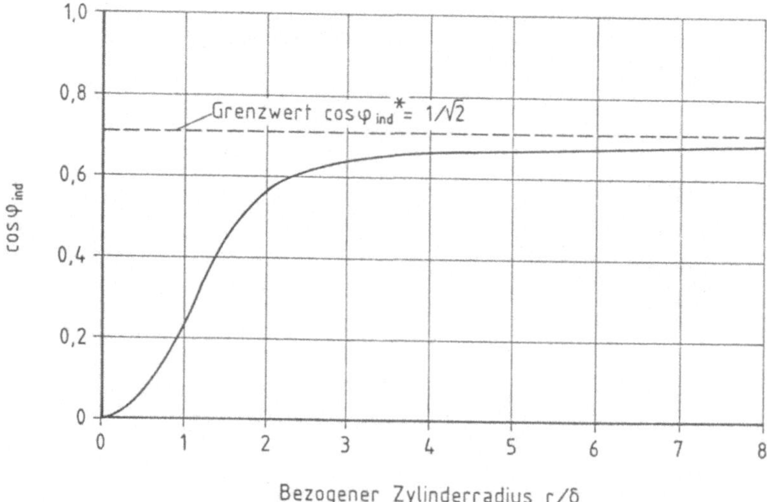

Bild 8.7 Induktions-Leistungsfaktor in einem Zylinder

ist nicht identisch mit dem Induktions-Leistungsfaktor. Ob er nach oben oder nach unten abweicht, hängt davon ab, ob der Einfluß des Wirkleistungsverlustes P_V in der Induktionsspule oder aber der Einfluß der durch die Streuflüsse hinzukommenden Blindleistung überwiegt. Maßgebend hierfür ist die verwendete Frequenz. So ist aus *Bild 5.25* zu entnehmen, daß mit steigender Frequenz der Leistungsfaktor an den Spulenklemmen eine degressive und damit zum Induktions-Leistungsfaktor gegenläufige Grundtendenz aufweist.

8.2 Frequenzerzeugung und Netzanschluß

Literatur: [28]

8.2.1 Frequenzbereiche

Die für die induktive Erwärmung verwendeten Frequenzen richten sich nach Größe, Form und Material der zu erwärmenden Güter sowie nach der Aufgabenstellung (gleichmäßige oder partielle Erwärmung, Höhe der Erwärmungstemperatur, zulässige Temperaturgradienten im Erwärmungsgut, angestrebte Erwärmungsgeschwindigkeit).

In *Tafel 8.1* sind die Frequenzbereiche, die zugehörige Erzeugungskomponente und ihr Wirkungsgrad sowie die größten zu versorgenden Anlagenleistungen zusammengestellt.

Tafel 8.1 Frequenzbereiche, Erzeugungsarten und deren Wirkungsgrade für die induktive Erwärmung

Frequenzbereich	Erzeugung	Wirkungsgrad	Max. Leistung
NF: 50 bzw. 60 Hz	(Trafo)	0,95...0,99	ca. 40 MW
MF: 150, 250, 450 Hz	Magnetkernumrichter	0,85...0,95	mehrere MW
0,5...10 kHz	Thyristorumrichter	0,85...0,97	mehrere MW
HF: 10 kHz...3 MHz	Röhrengenerator	0,50...0,70	bis ca. 1 MW

8.2.2 Versorgung mit Netzfrequenz (NF)

NF-Anlagen werden entweder direkt oder unter Zwischenschaltung eines Transformators an das Netz angeschlossen. Da die Induktionsspule in aller Regel einphasig ist, muß durch eine *Symmetriereinrichtung* die Last auf die drei Phasen des Netzes gleichmäßig aufgeteilt werden. Hierfür verwendet man die sog. STEINMETZ-Schaltung, die in *Bild 8.8* für den Fall einer Dreieckanordnung erläutert ist. Zwischen den drei Phasen liegen eine Kapazität *C*, eine Induktivität *L* und der Induktor, der zusammen mit dem zu erwärmenden Gut sich im Ersatzschaltbild als Reihenschaltung eines Wirkwiderstandes *R* und

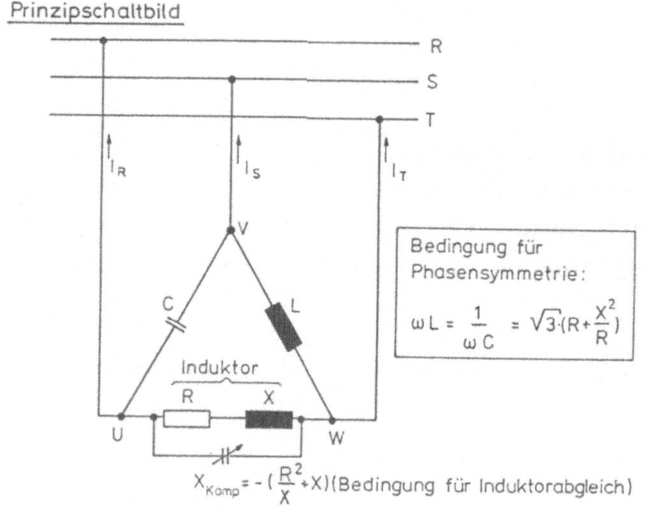

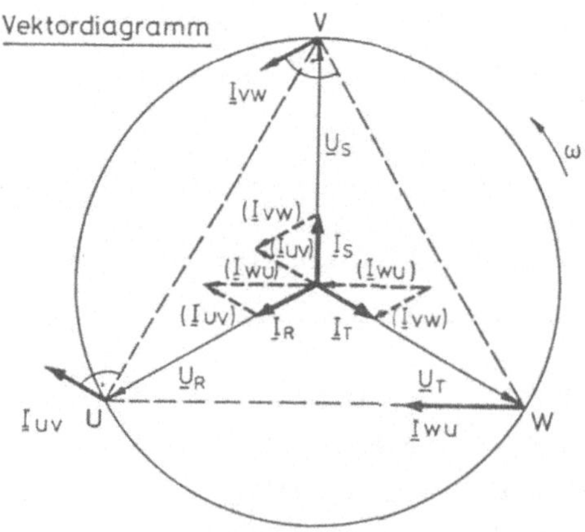

Bild 8.8 Symmetrierschaltung nach STEINMETZ

einer induktiven Reaktanz X darstellen läßt. Die Phasenfolge darf nicht vertauscht werden. Parallel zum Induktor sind Kompensationskondensatoren der Reaktanz X_{Komp} geschaltet. Die Blindleistung des Induktors wird gerade kompensiert, wenn

$$X_{Komp} = -\left(\frac{R^2}{X} + X\right) \tag{8.8}$$

ist. Unter dieser Voraussetzung läßt sich aus dem Vektordiagramm ableiten, daß alle drei Phasenströme gleich groß und in Phase mit den jeweiligen Phasenspannungen sind, wenn Kondensator C und Spule L so dimensioniert sind, daß die Bedingung

$$\omega L = \frac{1}{\omega C} = \sqrt{3}\left(R + \frac{X^2}{R}\right) \tag{8.9}$$

erfüllt ist. Bei Anlagenleistungen von weniger als 100 kW und entsprechend starkem Versorgungsnetz kann die Symmetrierung entfallen, ebenso wenn drei Anlagen etwa gleicher Leistung am Netz betrieben werden.

8.2.3 Frequenzvervielfacher

Literatur: [89]

Während 50 (bzw. 60) Hz aus dem öffentlichen Versorgungsnetz zur Verfügung stehen, kann die dreifache, fünf- und neunfache Netzfrequenz mit Hilfe eines statischen Vervielfachers gewonnen werden. *Bild 8.9* zeigt schematisch den Aufbau einer Trifrequenz-Anlage zur Erzeugung von 150 (bzw. 180) Hz. Der Magnetkernumrichter (Triduktor) entspricht einem Drehstromtransformator. Indem der Transformatorkern bis in den Bereich der Sättigung magnetisiert wird, erreicht man einen stark verzerrten und damit recht oberwellenhaltigen Magnetisierungsstrom in den Primärwicklungen. Durch Sternschaltung der Primärwicklungen und Hintereinanderschaltung der Sekundärwicklungen zu einem offenen Dreieck erfolgt eine bevorzugte Auslese der Oberwelle 3. Ordnung.

Die Kondensatorbatterie auf der Sekundärseite kompensiert die Blindleistung in der Induktionsspule (einschließlich Erwärmungsgut). Die Primärkondensatoren decken den Blindleistungsbedarf des Triduktors und schließen gleichzeitig die erzeugten Oberwellen kurz, so daß eine Rückwirkung auf das speisende Netz vermieden wird. Diesem Zweck dienen auch die dem Triduktor vorgeschalteten Sperrdrosseln.

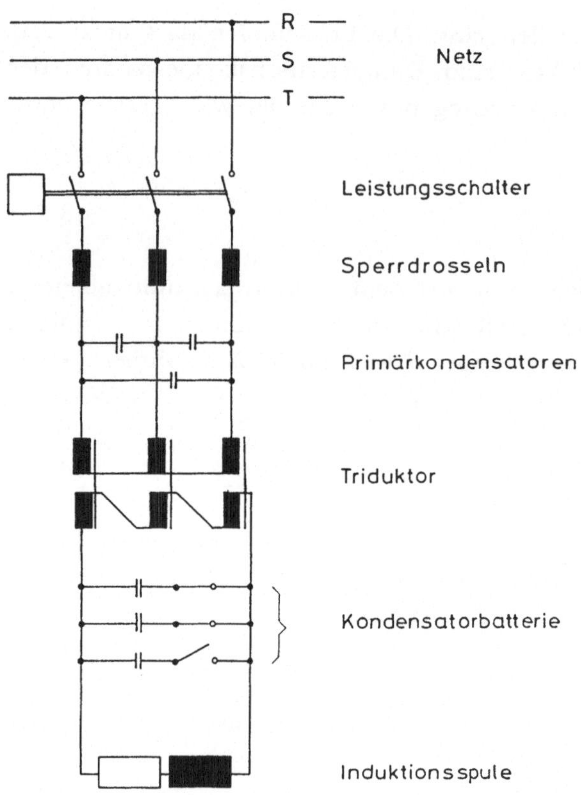

Bild 8.9 Prinzipschaltbild eines Magnetkern - Umrichters

Die Vollast - Wirkungsgrade liegen zwischen 88 und 93 %; ausgeführt sind Anlagen mit Leistungen bis zu 3 MW.

8.2.4 Rotierender Umformer

Literatur: [29; 44]

Der rotierende Umformer zur Erzeugung von Frequenzen im Bereich von 500 Hz bis 10 kHz stellt eine heute weitgehend veraltete Technik dar. Er besteht aus einem meist zweipoligen Drehstrom - Asynchronmotor, an den ein Mittelfrequenzgenerator starr gekuppelt ist. Da es sich hierbei um einen Synchrongenerator handelt, ist die erzeugte Frequenz durch die Motordrehzahl festgelegt. Von den in Kraftwerken üblichen Synchrongeneratoren weichen die Mittelfrequenzgeneratoren in der Bauart jedoch stark ab. Sie sind in der Regel als *Reluktanzmaschinen* ausgeführt, deren Läufer axial genutet ist, aber keine

Wicklung trägt. Die Gleichstrom - Erregerwicklung ist wie die Ankerwicklung im Ständer angebracht.

Damit der Generator hinsichtlich der Wirkleistungsabgabe möglichst gut ausgenutzt werden kann, muß die Erzeugung induktiver Blindleistung vermieden werden. Der Bedarf an induktiver Blindleistung, der von der Induktionsspule sowie zusätzlich von der bauartbedingt hohen Streureaktanz des Generators herrührt, wird daher nicht durch Übererregung des Generators gedeckt, sondern von einer zur Induktionsspule parallel geschalteten Kondensatorbatterie.

Die Nennwirkungsgrade von Umformern liegen im Bereich zwischen 0,80 und 0,90 und gehen bei Teillast relativ stark zurück (*Bild 8.10*) [27]. 500 - Hz - Umformer großer Leistung (ca. 1 MW) sind am oberen Rand des Bereichs angesiedelt, während kleine 10 - kHz - Umformer die niedrigsten Wirkungsgrade aufweisen.

Ein Parallelbetrieb mehrerer Umformereinheiten auf eine Mittelfrequenz - Sammelschiene ist möglich, wenn die Antriebsmotoren hinsichtlich ihrer Drehmoment - Schlupf - Charakteristik aufeinander abgestimmt sind. Bei Änderungen im Wirkleistungsbedarf der angeschlossenen Induktionsspulen werden dann einzelne Umformereinheiten zu- bzw. abgeschaltet. Dadurch läßt sich eine

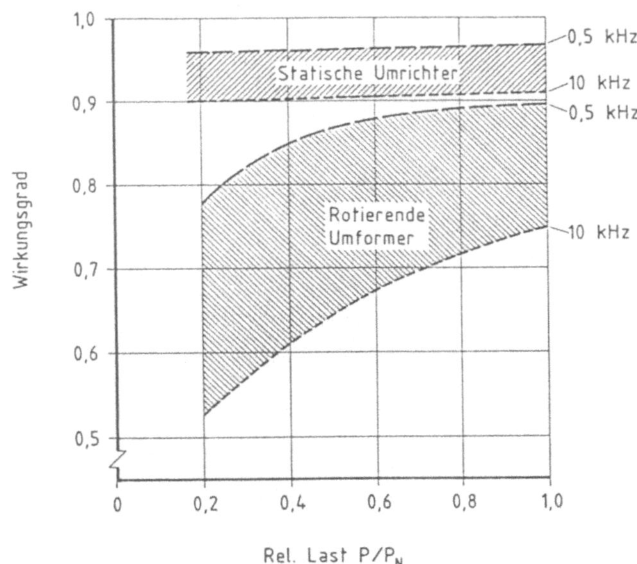

Bild 8.10 Wirkungsgrade für die MF - Erzeugung

hohe Auslastung der einzelnen Aggregate und damit auch ein Wirkungsgrad nahe des Vollastwertes erreichen.

8.2.5 Statischer Umrichter

Literatur: [8; 26; 58]

Statische Umrichter haben zur Frequenzerzeugung im MF-Bereich die rotierenden Umformer weitestgehend verdrängt. Die Leistungspulsation wird hier durch Einsatz leistungselektronischer Schaltelemente (heute in der Regel Thyristoren) bewirkt, so daß die Zwischenumwandlung in mechanische Energie, wie das beim rotierenden Umformer geschieht, entfällt. Daher ist der Umrichter wesentlich leichter und kompakter und wegen seiner Vibrationsfreiheit auch nicht auf ein besonderes Fundament angewiesen, so daß man hinsichtlich des

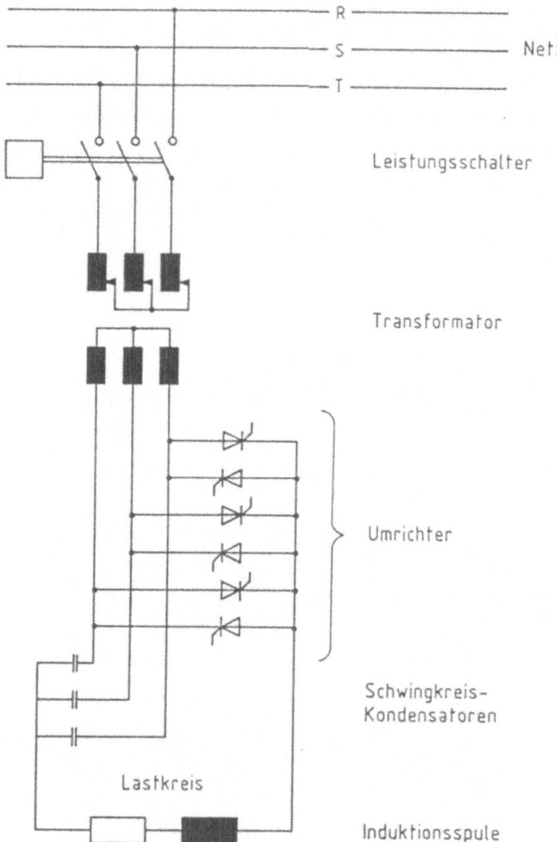

Bild 8.11 Prinzipschaltbild eines Direktumrichters

Aufstellungsortes wesentlich freier ist als beim Umformer. Weitere damit zusammenhängende Vorteile sind der praktisch geräuschlose Betrieb sowie weitgehende Verschleiß- und Wartungsfreiheit.

Vom Grundkonzept her läßt sich unterscheiden zwischen den Umrichtern ohne bzw. mit Energiespeicher.

Umrichter ohne Energiespeicher werden auch als *Direktumrichter* bezeichnet. Das Prinzipschaltbild eines Direktumrichters zeigt *Bild 8.11*. Hierbei wird die dem Netz dreiphasig entnommene Leistung durch drei antiparallele Thyristorpaare umgeformt, die hierzu im Takt der gewünschten Frequenz jeweils ein- und wieder ausschalten müssen. Daraus entstehen starke Oberschwingungen, die durch aufwendige Filterschaltungen (im Bild nicht eingezeichnet) kompensiert werden müssen, um die Netzrückwirkungen in tragbaren Grenzen zu halten. Der Aufwand für Steuerung und Regelung sowie Schutzeinrichtungen ist dagegen gering. Der industrielle Einsatz ist bisher auf Frequenzen unterhalb 3 kHz beschränkt. Ein MF-seitiger Parallelbetrieb mehrerer Umrichter ist nicht ohne weiteres möglich.

Bei den Umrichtern mit Energiespeicher gibt es eine Reihe unterschiedlicher Schaltungsvarianten, die sich jedoch alle aus folgenden Funktionselementen zusammensetzen:
- Gleichrichter mit stellbarer Ausgangsspannung,
- Zwischenkreis mit induktiven und/oder kapazitiven Energiespeichern,
- Wechselrichter,
- Lastkreis als Reihen- oder Parallelschwingkreis.

Heute hat sich weitestgehend das Konzept mit induktivem Energiespeicher und Parallelschwingkreis durchgesetzt. Das Prinzipschaltbild eines solchen *Parallelschwingkreis-Umrichters* ist in *Bild 8.12* dargestellt.

Die sechspulsige Drehstrom-Gleichrichterbrücke ermöglicht eine stufenlose Spannungsstellung durch Phasenanschnittsteuerung. Im Gleichstromkreis sorgen die Glättungsdrosseln als Energiespeicher für einen fast völlig geglätteten Stromfluß. Der als Zweiphasen-Brückenschaltung aufgebaute Wechselrichterteil wird somit von einer Konstantstromquelle versorgt.

Die beiden Wechselrichterzweige I und II werden wechselweise gezündet, und zwar jeweils gleichzeitig die beiden Thyristoren a und b. Dabei wird der Gleichstrom in trapezförmige Blöcke zerteilt (*Bild 8.13*), die in alternierender Richtung über die Generatorklemmen auf den Lastkreis übergehen. Dadurch

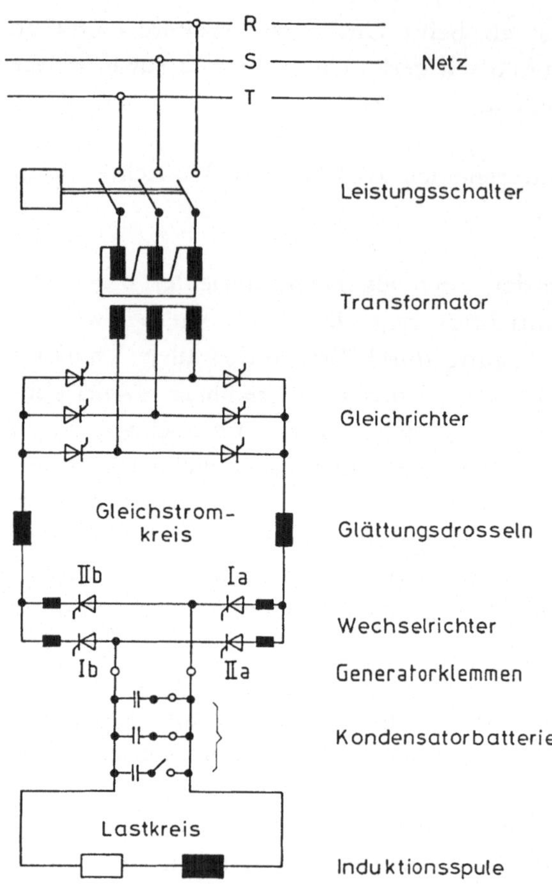

Bild 8.12 Prinzipschaltbild eines Parallelschwingkreis – Umrichters

wird im Lastkreis eine Schwingung angeregt, deren Frequenz durch die Abfolge der Thyristorzündungen bestimmt ist. Eine spezielle Steuerung hält die Zündfrequenz stets auf einem etwas höheren Wert, als es der jeweiligen Resonanzfrequenz des Lastkreises entspricht (*lastgetaktete* Zündung). Das führt zu einer kapazitiven Impedanz des Lastkreises und zu einem Nacheilen der Generatorklemmenspannung gegenüber dem Klemmenstrom.

Der Klemmenstrom ist aufgrund seiner annähernd rechteckigen Kurvenform stark oberwellenhaltig. Die Oberschwingungsanteile des Stromes werden von den Kondensatoren des Lastkreises aufgenommen, ohne daß es zu nennenswerten Oberschwingungen des Spannungsverlaufs kommt. Daher ist die Generatorklemmenspannung praktisch sinusförmig.

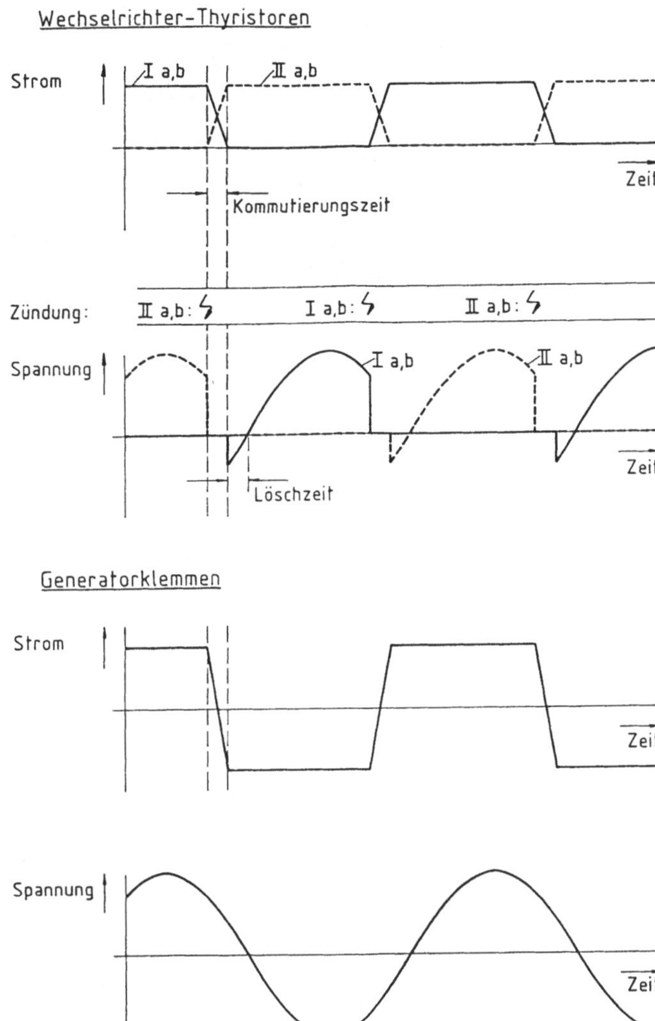

Bild 8.13 Zeitlicher Verlauf der elektrischen Größen eines Parallelschwingkreis – Umrichters

Im gleichen Maße, wie nach der Zündung eines Wechselrichterzweiges der Strom in diesem Zweig von Null bis auf den vollen Wert ansteigt, geht der Strom in dem anderen Wechselrichterzweig zurück. Der Stromfluß wird also während der Dauer der *Kommutierungszeit* von einem auf den anderen Wechselrichterzweig verschoben. Bewirkt wird diese Kommutierung durch den jeweils gerade herrschenden Ladezustand der Kondensatoren des Lastkreises, die dabei auch die Kommutierungsblindleistung decken. Die Wechselrichtung ist also *lastgeführt*.

Solange ein Thyristor Strom führt, ist die an ihm anliegende Spannung nur wenig von Null verschieden. Während der Kommutierung sind sämtliche Wechselrichterzweige leitend. Während dieser Zeit wird die Generatorklemmenspannung ausgeglichen durch Spannungen an relativ kleinen Induktivitäten, die zu den Wechselrichter – Thyristoren in Reihe geschaltet sind.

Ist nach Beendigung der Kommutierung der Strom in einem Thyristor zu Null geworden, so geht dieser wieder in den sperrenden Zustand über, und es liegt an ihm der komplementäre Momentanwert der Generatorklemmenspannung an. Für die Dauer einer *Löschzeit* muß diese anliegende Spannung negativ bleiben, da sonst die Gefahr besteht, daß der Thyristor auch ohne Zündimpuls wieder in den leitenden Zustand übergeht, weil sich im Silicium noch bewegliche Ladungsträger befinden. Die Zeitspanne, in der diese Ladungsträger durch Rekombination verschwinden, bezeichnet man als *Freiwerdezeit*; sie beträgt für die schnellsten Thyristoren nach dem bis heute hauptsächlich verwendeten symmetrisch sperrenden Konzept (SCR) etwa 10 μs. Die Löschzeit muß zur Sicherheit noch etwas größer sein als die Freiwerdezeit. Das ist der Hauptgrund, warum mit Thyristorumrichtern dieser Bauart z.Zt. noch keine höheren Frequenzen als rd. 10 kHz erzeugbar sind. (Bei 10 kHz beträgt die Dauer einer Halbwelle 50 μs).

Eine Erweiterung des Bereiches erzeugbarer Frequenzen bis etwa 30 kHz erscheint erreichbar durch die Variante des asymmetrisch sperrenden Thyristors (ASCR). Bei noch höheren Frequenzen kommt für kleine Leistungen der Leistungstransistor in Frage.

Der Parallelschwingkreis – Umrichter zeichnet sich durch mehrere Eigenschaften aus, die zu seiner dominierenden Stellung im gesamten Bereich der MF – Erzeugung geführt haben:

- Der Schaltungs – und Bauteileaufwand im Bereich der Leistungselektronik ist gering. Obwohl aufgrund der besonders großen dynamischen Beanspruchung der Thyristoren ein relativ großer Aufwand an elektronischen Einrichtungen für Steuerung, Regelung, Schutz und Überwachung erforderlich ist, sind die Herstellungskosten vor allem bei größeren Anlagen recht günstig.
- Der Umrichterwirkungsgrad liegt, je nach Frequenz, zwischen 0,91 und 0,97 und geht bei Teillast kaum zurück (*Bild 8.10*). Ein Leerbetriebsbedarf tritt nicht auf, da der Umrichter auch in kurzen Pausen abgeschaltet werden kann und nach dem Einschalten jeweils sofort betriebsbereit ist.
- Während des Erwärmungsvorganges ist ein Zu – oder Abschalten von Kondensatoren im Lastkreis nicht notwendig. Die selbsttätige Nachführung

der Zündfrequenz ermöglicht auch bei sich ändernder Resonanzfrequenz des Ladekreises eine gleichmäßig hohe Leistungsbeaufschlagung.

- Die in einer Anlage installierbare Umrichterleistung ist praktisch nicht begrenzt, da ein MF-seitiger Parallelbetrieb mehrerer Umrichter problemlos möglich ist.

8.2.6 Röhrengenerator

Literatur: [42; 100]

Zur Stromversorgung für die induktive Erwärmung im HF-Bereich wird – ebenso wie für die dielektrische Erwärmung im Kondensatorfeld – heute noch fast ausschließlich der Röhrengenerator eingesetzt.

Den Aufbau der meist angewendeten einstufigen, selbsterregten Oszillatorschaltung zeigt schematisch *Bild 8.14*. Der Induktor (bzw. der Heizkondensator) ist Teil des Schwingkreises, dessen Resonanzfrequenz die Arbeitsfrequenz bestimmt. Die Oszillatorröhre regt den Schwingkreis an und liefert die erforderliche Hochfrequenzwirkleistung. Die Selbsterregung wird durch Rückkopplung eines kleinen Leistungsanteils auf das Steuergitter der Triode erreicht. Durch Verwendung der Röhre im "Klasse-C-Betrieb" mit einem Stromflußwinkel von etwa 60° bis 70° werden die Anodenverluste so gering gehalten, daß im günstigsten Fall Röhrenwirkungsgrade bis 80 % erzielbar sind.

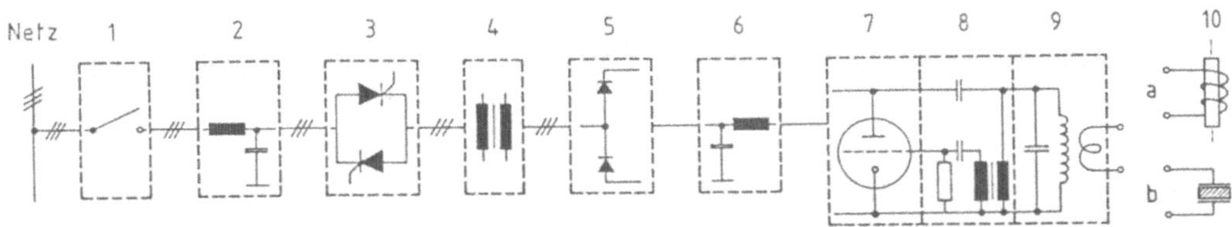

1 Hauptschalter
2 Oberwellenfilter
3 Thyristor-Drehstromsteller
4 Hochspannungstransformator
5 Hochspannungsgleichrichterbrücke.
6 Glättungs-Tiefpaß
7 Oszillatorröhre
8 Rückkopplungsteil
9 Schwingkreis- und Ankopplungsteil
10 Induktor (a) oder Heizkondensator (b)

Bild 8.14 Aufbauschema eines Röhrengenerators

Die Leistungsstellung des Generators erfolgt meist durch Veränderung der Anodenspannung über Thyristor-Drehstromsteller auf der Primärseite des Hochspannungstransformators. Anstelle der in *Bild 8.14* skizzierten Aufteilung des Schwingkreises mit zwischenliegendem Anpaßübertrager gibt es auch die Ausführung mit aperiodischem HF-Transformator im Anodenkreis. In diesem Fall liegen alle Schwingkreiselemente außerhalb des Generators; sie können bis zu 50 m entfernt angeordnet sein, da nicht der Schwingkreisstrom, sondern nur der wesentlich kleinere Anregungsstrom übertragen werden muß. Der Wirkungsgrad eines solchen Konzeptes ist deutlich höher, da der normale Anpaßübertrager eine besonders stark verlustbehaftete Komponente ist. Röhrengeneratoren mit aperiodischem HF-Transformator sind für Frequenzen im Bereich zwischen etwa 20 und 250 kHz einsetzbar. Für den Röhrengenerator als Ganzes kann mit Wirkungsgraden zwischen etwa 50 und 70 % gerechnet werden, je nach Größe der Nennleistung, Schaltungsart, Frequenz und Auslastung. In Generatoren, die mit einer Triode ausgerüstet sind, lassen sich HF-Leistungen von maximal etwa 600 kW erzeugen. Noch höhere Nennleistungen lassen sich durch Parallelschaltung mehrerer Röhren erreichen.

8.3 Induktives Erwärmen zum Warmumformen

Das Aufheizen von Stangen, Blöcken, Bolzen oder Brammen auf die zum Warmumformen (hauptsächlich Gesenkschmieden, Pressen oder Walzen) erforderliche Temperatur stellt eine der wichtigsten Anwendungen der induktiven Erwärmung dar.

8.3.1 Erwärmen im axialen Durchlauf

Erwärmungsverlauf und Frequenzwahl

Bei der Erwärmung im axialen Durchlauf werden die einzelnen Teile in Richtung ihrer Längsachse langsam durch eine oder mehrere Induktionsspulen befördert und nehmen dabei Energie auf.

Die zeitliche Entwicklung des Erwärmungsprofils für einen Stahlknüppel mit 90 mm Durchmesser ist in *Bild 8.15* dargestellt [18]. Zugrundegelegt ist dabei eine gleichmäßig gewickelte Induktionsspule mit einer Arbeitsfrequenz von

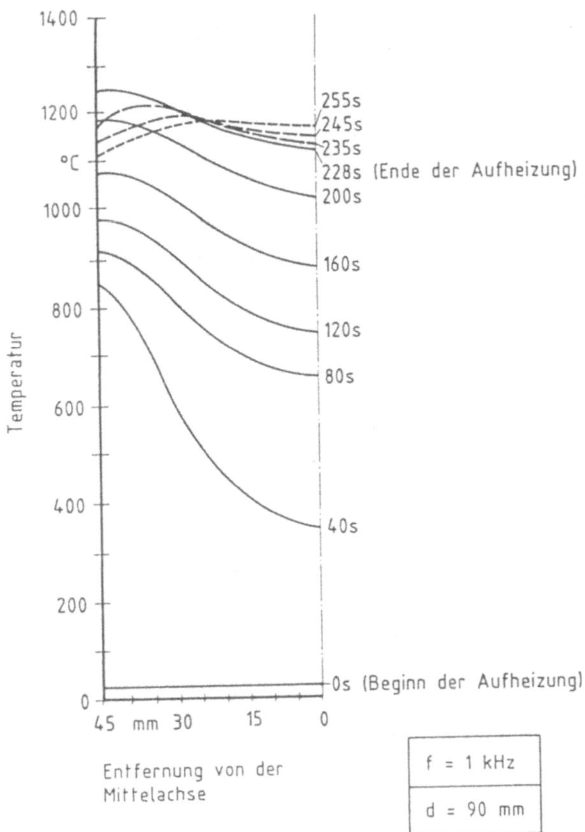

Bild 8.15 Temperaturprofile bei der induktiven Erwärmung eines Stahlknüppels

1 kHz. In den ersten Phasen der Aufheizung ist der Skineffekt am stärksten ausgeprägt, so daß sich die Randzonen zunächst wesentlich rascher erwärmen als die Mittelzone. Infolge der Temperaturabhängigkeit von elektrischer Leitfähigkeit und Permeabilität schwächt sich der Skineffekt mit steigender Materialtemperatur ab, insbesondere wenn bei Überschreiten der CURIE – Temperatur (760 °C) der Ferromagnetismus verschwindet.

Zudem findet durch Wärmeleitung ein radialer Energietransport zur Mitte hin statt, der zusammen mit dem Nachlassen des Skineffekts zu einem allmählichen Aufholen der Temperaturen in der Mitte des Zylinders führt.

Über die äußere Mantelfläche wird Wärme abgestrahlt. Das äußert sich in einer Abflachung des Temperaturprofils gegen den Zylinderrand hin. In der

Endphase der Aufheizung rückt die Zone maximaler Temperatur sogar vom Rand weg nach innen. Diese Tendenz verstärkt sich, wenn im gezeigten Beispiel nach 228 s das Material die Induktionsspule verläßt und somit keine weitere Leistung mehr induziert wird. Von diesem Moment an fällt die Randtemperatur wieder ab. Durch Wärmeleitung findet weiterhin ein Temperaturausgleich statt. Nach rd. 15 bis 20 s erreichen die Temperaturabweichungen über den gesamten Querschnitt ein Minimum von weniger als 50 K.

Das Erreichen einer derart gleichmäßigen Temperaturverteilung stellt das Ziel des Erwärmungsprozesses vor dem Warmumformen (z.B. durch Schmieden) dar. Hierfür ist es erforderlich, die verwendete Arbeitsfrequenz auf die Querschnittsabmessungen der zu erwärmenden Teile abzustimmen, wobei auch die werkstoffspezifischen Eigenschaften mit zu berücksichtigen sind. *Bild 8.16* zeigt den günstigsten Bereich der Zuordnung von Durchmesser (oder Kantenlänge) und Frequenz für die Erwärmung von Stahlblöcken auf 1200 °C. Für eine vorgegebene Frequenz ist jeweils ein Bereich von Durchmessern geeignet, der etwa zwischen dem 2,5 – fachen und dem 7 – bis 10 – fachen des Eindringmaßes bei 1200 °C liegt [28]. Ist der Durchmesser zu klein, so erhält man einen niedrigen Induktionswirkungsgrad und damit einen übermäßig hohen spezifischen Stromverbrauch. Bei zu großem Durchmesser dagegen bleibt die

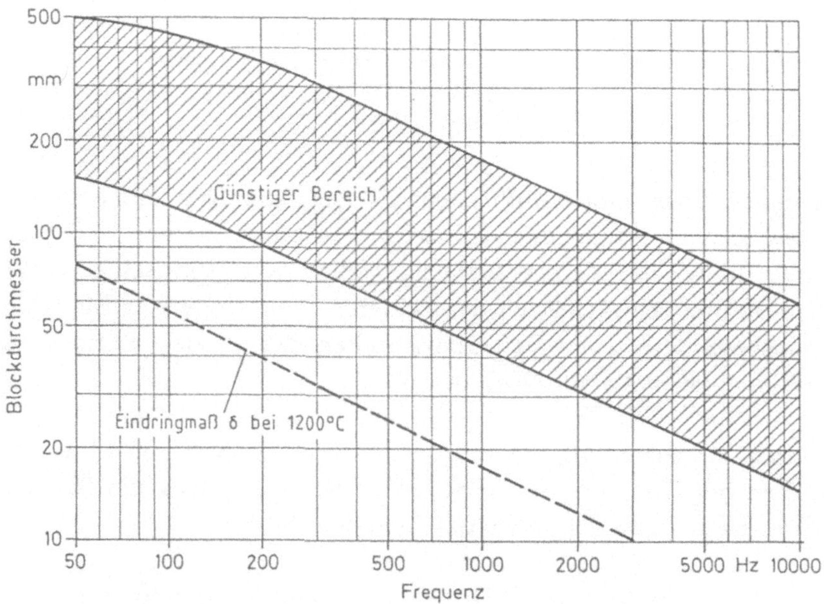

Bild 8.16 Induktionserwärmung von Stahlblöcken auf 1200°C

Mittelzone noch kalt, während die Randzone bereits auf Warmumformtemperatur gekommen ist. Da eine Überhitzung der Randzone nur in engen Grenzen zulässig ist, muß von da an die auf das Werkstück übertragene Leistung stark reduziert werden. Der anschließende Temperaturausgleich durch Wärmeleitung dauert relativ lange und ist begleitet von einer intensiven Wärmeabstrahlung übr die heiße Oberfläche. Dies führt wiederum zu einem erhöhten spezifischen Stromverbrauch.

Bei Verwendung einer gleichförmigen Spulenstrecke ("*Normalerwärmung*") ergibt sich bei Wahl einer geeigneten Frequenz ein Temperaturverlauf über der Aufheizzeit, wie er in *Bild 8.17* dargestellt ist. Die sattelförmige Abflachung im Bereich der CURIE-Temperatur rührt einerseits von der Verringerung der induzierten Leistung infolge des verschwindenden Ferromagnetismus her; die Hauptursache liegt jedoch in der Temperaturabhängigkeit der spezifischen Wärmekapazität. Im Bereich zwischen etwa 700 und 850 °C ist die "*wahre spezifische Wärmekapazität*" (das ist die differentielle Zunahme des spezifischen Wärmeinhalts mit der Temperatur) von Eisenwerkstoffen deutlich erhöht.

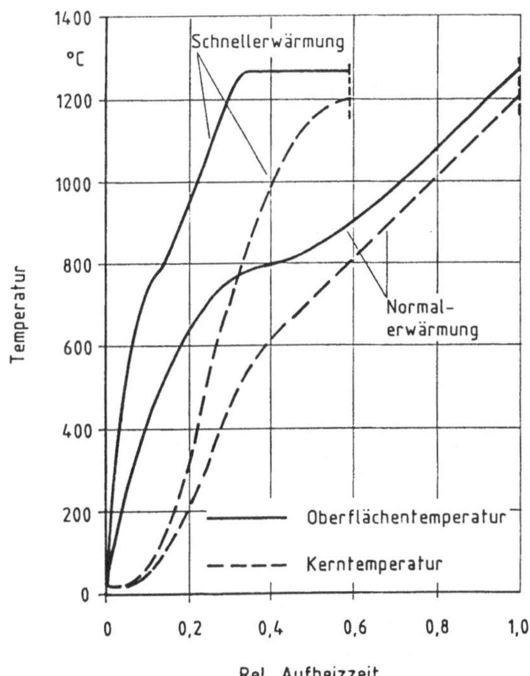

Bild 8.17 Temperaturverläufe bei Normalerwärmung und Schnellerwärmung

In Großanlagen für hohen Nenndurchsatz geht man in der Regel dazu über, die ersten Abschnitte der Erwärmungsstrecke für eine erhöhte Leistungsübertragung je Längeneinheit auszulegen, entweder durch eine vergrößerte Windungsdichte der Induktionsspulen oder durch erhöhte Spulenspannung. Diese *"Schnellerwärmung"* führt zu einem veränderten Temperaturverlauf (*Bild 8.17*). Im zweiten Teil der Erwärmungsstrecke muß die Leistungszufuhr so angepaßt sein, daß die Oberflächentemperatur auf ihrem Sollwert gehalten wird. Bei der Schnellerwärmung verkürzt sich die Aufheizzeit auf etwa 50 bis 60 % des entsprechenden Wertes für Normalerwärmung. Bei etwa gleicher Durchlaufgeschwindigkeit reduziert sich die erforderliche Länge der Erwärmungsstrecke im gleichen Maße. Auch der spezifische Stromverbrauch wird wegen der kürzeren Zeitdauer der Wärmeabstrahlung des Werkstücks etwas geringer. Andererseits sind Anlagen zur Schnellerwärmung weniger flexibel; bei Teilauslastungen unter 80 % des Nenndurchsatzes ist ein hinreichend gleichmäßiges Temperaturprofil schwer erreichbar, wobei insbesondere auch die Gefahr unzulässig hoher Temperaturen bis hin zur Anschmelzung wächst.

Energiebedarf

Die Warmumformtemperatur und der zugehörige Wärmeinhalt sind für einige Metalle in *Tafel 8.2* zusammengestellt. Zusätzlich zu diesem physikalisch notwendigen Wärmeinhalt sind noch Verlustenergien aufzubringen, die anhand des Energieflusses einer 1 kHz – Anlage zur Schmiedeblockerwärmung in *Bild 8.18* aufgeschlüsselt sind [82]. Insgesamt werden 37,5 % der eingespeisten Netzenergie in Verluste umgesetzt, an denen die Verluste im Schwingkreis mit rd. 3/5 den dominierenden Anteil ausmachen.

Tafel 8.2 Temperaturen und zugehörige Wärmeinhalte verschiedener Metalle beim Warmumformen

	°C	kWh/t
Stahl (un – bzw. niedriglegiert):	800...1250	160...250
Stahl (hochlegiert):	900...1300	190...270
Aluminium und Al – Legierungen:	400... 550	110...160
Kupfer:	850... 950	95...110
Messing:	700... 800	85...100

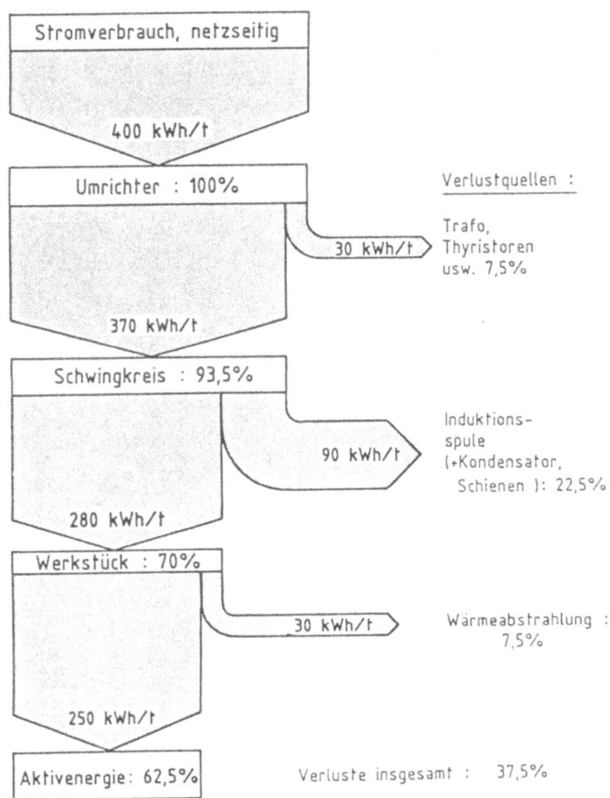

Bild 8.18 Vereinfachtes Energieflußbild einer MF – Schmiedeblockerwärmung

Aufbau einer Induktionsspule [18]

Eine schematisierte Darstellung einer Induktionsspule zur induktiven Blöckchenerwärmung mit Hubbalken – Transportsystem zeigt *Bild 8.19*. Die Werkstücke liegen auf einer wassergekühlten Tragrohrschiene aus unmagnetischem, hochtemperaturbeständigem Stahl, die innen von Kühlwasser durchflossen wird. Eine ebenso ausgeführte Hubrohrschiene besorgt den Weitertransport.

Der Spulenleiter ist um ein wärmedämmendes Keramikrohr gewickelt, das innen zum Schutz vor mechanischer Beschädigung mit unmagnetischem Blech ausgekleidet ist. Das lichte Innenprofil muß so bemessen sein, daß außerhalb des Werkstückquerschnittes noch Raum bleibt für Trag – und Hubrohre und außerdem deren Hubbewegung berücksichtigt wird. Jedoch sollten andererseits die Windungen des Spulenleiters den Werkstückquerschnitt möglichst eng umschließen, um einen hohen Induktionswirkungsgrad zu erzielen.

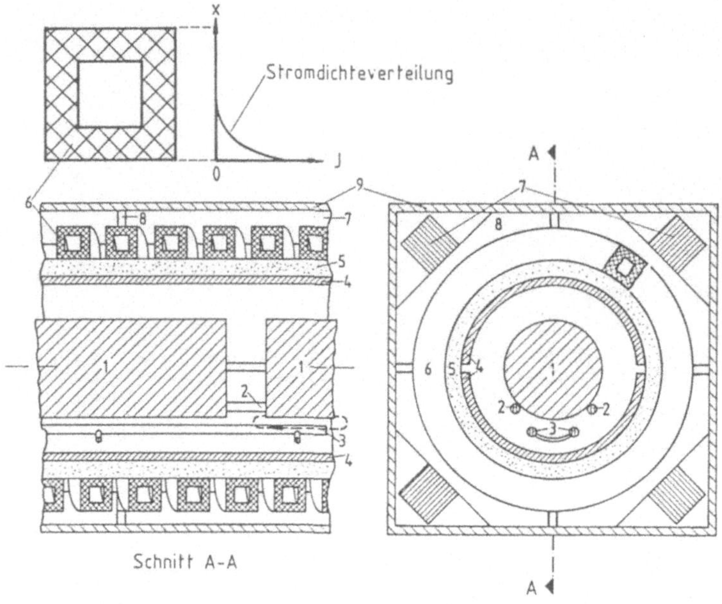

1 Werkstücke
2 Tragrohrschiene (wassergekühlt)
3 Hubrohrschiene (wassergekühlt) mit Bewegungsverlauf
4 Schutzblech (längsgeschlitzt)
5 keramisches Wärmedämmaterial
6 Spulenleiter (Kupferhohlprofil, wassergekühlt)
7 Rückschlußjoch (Trafoblech)
8 Halterungselemente
9 Blechmantel

Bild 8.19 Induktionsspule zur Blöckchenerwärmung (schematisch)

Der Spulenleiter besteht aus einem Kupferhohlprofil, das in seinem Inneren wassergekühlt ist. Damit werden sowohl die Stromwärmeverluste der Spule abgeführt als auch der größte Teil der Verlustwärme, die infolge Wärmeabstrahlung der heißen Werkstückoberfläche durch das Keramikrohr nach außen dringt. Der Strom im Spulenleiter verteilt sich nicht gleichmäßig über das gesamte Hohlprofil, sondern er ist auf die Seite des Profils konzentriert, die dem Werkstück zugewandt ist. Die Stromdichte ist am inneren Profilrand am größten und nimmt – von der Spulenachse her gesehen – radial nach außen hin exponentiell ab, wie in *Bild 8.19* angedeutet. Deshalb ist der für die

Stromwärmeverluste der Spule maßgebliche elektrische Wechselstromwiderstand wesentlich größer als der OHMsche Widerstand für Gleichstrom.

Anlagen zur Blöckchenerwärmung [5; 82]

Der häufigste Anwendungsfall ist die induktive Blöckchenerwärmung, also die Erwärmung von abgelängten Schmiederohlingen in der Serienfertigung. Für den Transport der abgelängten Materialblöcke durch die aus einer oder mehreren Induktionsspulen bestehende Erwärmungsstrecke sind zwei unterschiedliche Systeme gebräuchlich:

- Beim *Blockdrücker*-System werden die auf Gleitschienen liegenden Blöcke taktweise mit Hilfe eines Stoßstempels oder einer Greifzange oder kontinuierlich durch Treibrollen innerhalb der Erwärmungsstrecke weitergeschoben. Da benachbarte Blöcke an ihren Stirnflächen zwangsläufig miteinander in Kontakt stehen, ist eine gewisse Gefahr des Zusammenhaftens bei hohen Temperaturen gegeben, außerdem können im Inneren längerer Erwärmungsstrecken u.U. Klettereffekte auftreten. Wegen der einfachen und platzsparenden Bauweise ist dieses System für Blöckchen mit Durchmessern bzw. Kantenlängen zwischen 20 und 150 mm weitverbreitet, vor allem im Bereich kleiner Nenndurchsätze bis etwa 2 t/h bei Nennleistungen bis ca. 1000 kW.
- Für Teile mit größerem Querschnitt und/oder höhere Nenndurchsätze wird meist das *Hubbalken*-System angewendet. Die innerhalb der Induktionsspule auf einer festen Tragrohrschiene liegenden Blöcke werden durch eine bewegliche Hubrohrschiene etwas angehoben, durch entsprechende Längsbewegung der Hubrohrschiene axial weiterbefördert und dann wieder auf der Tragrohrschiene abgesetzt. Der Vorgang wiederholt sich periodisch. Die Induktionsspule eines Hubbalkensystems muß für gleiche Blockquerschnitte eine etwas größere Innenweite aufweisen als beim Blockdrückersystem. Anlagen mit einem Nenndurchsatz bis zu etwa 4 t/h und einer Nennleistung von 1650 kW werden als Kompaktanlagen hergestellt. Größere Anlagen werden aus getrennten Baueinheiten zusammengesetzt.

Anlagen zur Stangenerwärmung [5; 97]

Die vollständige Erwärmung von Stangenmaterial wird in Kombination mit einer nachgeschalteten Warmstufenpresse oder einer Heißschere zum Zerteilen der Stangen in Schmiedeblöcke angewendet. Die Erwärmungsstrecke besteht aus einer Anzahl hintereinanderliegender Induktionsspulen. Dazwischen befinden sich wassergekühlte Transportrollen, auf denen das Material kontinuierlich durch die Erwärmungsstrecke befördert wird. Eine der größten Anlagen ist für einen Nenndurchsatz von 25 t/h konzipiert, wobei die Erwärmungsstrecke insgesamt 25 m lang ist und eine elektrische Leistung von 10 MW besitzt.

8.3.2 Erwärmen im Querdurchlauf

Literatur: [5; 82]

Soll jeweils nur ein Teil einer Stange verschmiedet werden, so ist auch nur eine partielle Erwärmung dieses Teils erforderlich. Hierfür wird, je nach Durchsatzleistung und Automatisierungsgrad, entweder jede Stange mit dem zu erwärmenden Längenabschnitt in eine Einzelspule eingeführt, oder es liegen bis zu sechs Stangen nebeneinander in einer Flachovalspule (*Bild 8.20*). Bei diesem System wird taktweise an einer Seite die erwärmte Stange entnommen, die restlichen rücken in Querrichtung nach und auf der anderen Seite wird eine kalte Stange eingeführt. Bei kurzen Erwärmungsabschnitten und für hohe Durchsätze werden spezielle Tunnelinduktoren (*Bild 8.21*) verwendet, die einen kontinuierlichen Querdurchlauf der Stangen mit Taktzeiten von minimal 1 s ermöglichen.

8.3.3 Technologische und betriebliche Anwendungskriterien

Einige Gesichtspunkte für die Anwendung der induktiven Schmiedeblockerwärmung, die die betriebliche Wirtschaftlichkeit betreffen, sind in Abschnitt 2.3.2 behandelt.

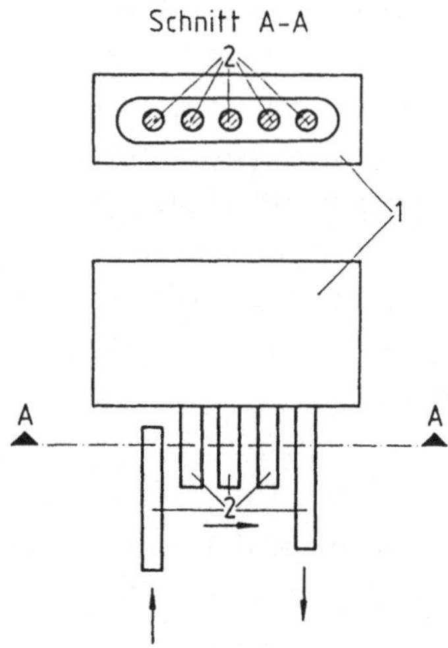

Bild 8.20 Partielle Stangenerwärmung in einer Flachovalspule

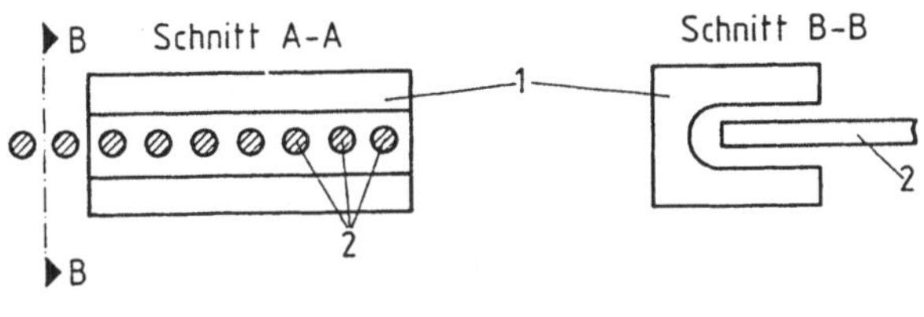

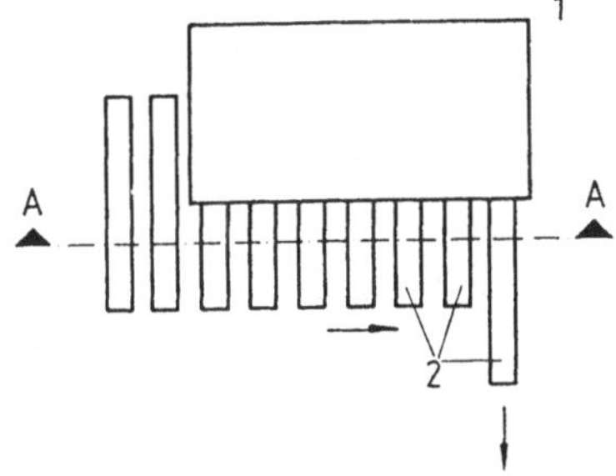

1 Tunnelinduktor
2 Werkstücke

Bild 8.21 Partielle Stangenerwärmung in einem Tunnelinduktor

Darüber hinaus weist die Induktionserwärmung zum Warmumformen gegenüber der Erwärmung in brennstoffgefeuerten Schmiedeöfen noch folgende Vorteile auf:

- geringere Verzunderung der Werkstückoberfläche aufgrund der wesentlich verkürzten Erwärmungsdauer,
- keine Grobkornbildung und keine Randentkohlung des Werkstücks,
- bessere Qualität der warmverformten Teile bei geringerem Ausschuß und geringerer Nachbearbeitung,
- längere Lebensdauer der Schmiedegesenke wegen der geringen Verzunderung und des gleichmäßigen Temperaturprofils,
- hoher Automatisierungsgrad,
- geringer Platzbedarf,
- sofortige Betriebsbereitschaft,
- angenehmere Arbeitsbedingungen in der Umgebung der Anlage.

8.4 Induktives Glühen

Literatur: [2; 28; 60]

Wird Stahl geschweißt, so entstehen im Bereich der Schweißnähte hohe Materialspannungen als Folge der örtlich begrenzten Zufuhr der Schweißwärme. Diese Eigenspannungen bleiben auch nach dem Erkalten bestehen und verringern die zulässigen Belastungen, denen die geschweißten Teile im Zuge ihrer Verwendung ausgesetzt sein dürfen, ohne daß es zu einem Überschreiten der Bruchfestigkeit kommt. Durch *"Spannungsarmglühen"* nach der Schweißung wird vorübergehend die Streckgrenze im Material erniedrigt, so daß die inneren Spannungen sich ausgleichen können. Hierzu wird das Material langsam und gleichmäßig auf eine Glühtemperatur gebracht, die für niedriglegierte Stähle zwischen 500 und 650 °C und für hochlegierte Stähle bis zu 750 °C beträgt. Nach einer Haltezeit auf dieser Temperatur folgt eine ebenfalls langsame und gleichmäßige Abkühlung.

Im Gegensatz zur Wärmebehandlung im Glühofen erlaubt die induktive Erwärmung die partielle Glühbehandlung der Werkstückzonen im Bereich der Schweißnaht. Sie wird verbreitet eingesetzt zum Wärmebehandeln von Schweißnähten an Rohren und Behältern bis hin zu größten Abmessungen (Durchmesser von 6 m und Wandstärken von 150 mm).

Die prinzipielle Anordnung zum Glühen einer Stumpfschweißnaht an einer Rohrstrecke zeigt *Bild 8.22*. Das Rohr wird auf einer Breite von meist etwa 1 m um die Schweißnaht außen und bei größeren Rohrweiten auch innen mit wärmedämmender Matte umkleidet. Im Bereich der Schweißnaht werden darauf einige Windungen wassergekühltes Kupferkabel aufgebracht. Anzahl und Dichte der Windungen müssen so gewählt werden, daß die Glühbreite etwa dem Zehnfachen der Wanddicke entspricht. Die Wärmedämmung führt zu einem flachen Temperaturabfall in axialer Richtung, was für den Abbau von Biegespannungen quer zur Nahtrichtung sehr wichtig ist. Durch temperaturgeführte Leistungsdosierung ist eine genaue Einhaltung des vorgeschriebenen zeitlichen Verlaufs der Glühtemperaturen gewährleistet. Die Verwendung einer transportablen Stromversorgungs- und Steuereinheit erlaubt die lokale Glühbehandlung von Rohrstrecken auf der Baustelle oder auch von Behältern oder Reaktoren, die wegen ihrer Größe in keinen Ofen eingesetzt werden können. Die Arbeitsfrequenz beträgt in der Regel 2 oder 10 kHz. Je nach erforderlicher Glühbreite sowie Durchmesser und Wandstärke der zu glühenden Teile kommen Anlagen mit Nennleistungen zwischen 20 und 400 kW zum Einsatz.

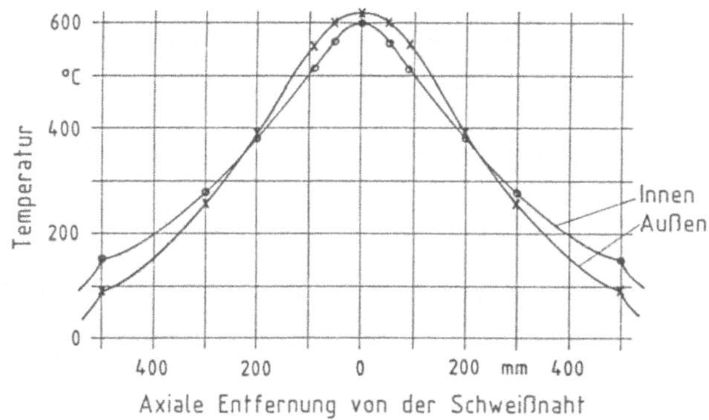

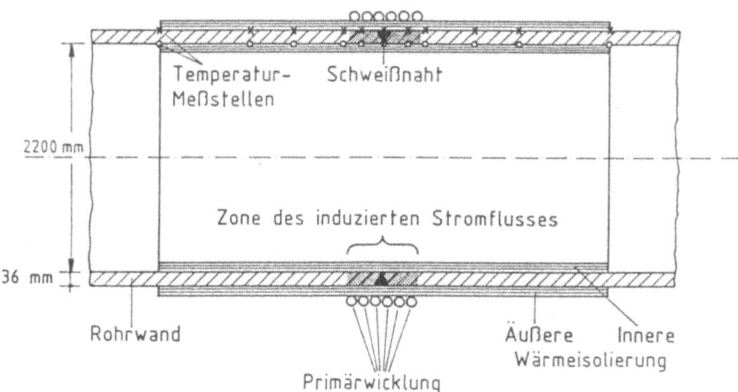

Bild 8.22 Induktions – Glühen einer Rohrschweißnaht

Das induktive Glühen wird auch im Durchlauf angewendet, und zwar für das "*Normalglühen*" längsnahtgeschweißter Rohre (s. Abschn. 8.7). Aufgrund der hohen Durchlaufgeschwindigkeiten reicht die mit Gasbrennern ("*Flammentspannung*") übertragbare Leistungsdichte nicht aus. Für die induktive Erwärmung sind mehrere Linieninduktoren hintereinander längs der Schweißnaht angeordnet. Sie sind zur magnetischen Abschirmung auf den drei abgewandten Seiten von einem Magnetkern mit U – förmigem Querschnitt umgeben. Auf einer Glühbreite von 20...30 mm kann so je Meter Induktorlänge eine Leistung von etwa 800 kW übertragen werden.

8.5 Induktives Härten

8.5.1 Vorgang und Zweck

Literatur: [54]

Durch bestimmte Gefügeumwandlungen, die man durch Erwärmen und anschließendes Abschrecken ("*Abschreckhärten*") von Fe – Werkstoffen erreichen kann, läßt sich deren Härte und damit Eigenschaften wie Verschleißfestigkeit, Dauerschwingfestigkeit und statische Festigkeit wesentlich erhöhen.

Die Umwandlungen bestehen im wesentlichen darin, daß zunächst das kubisch-raumzentrierte α – Eisen sowie die Eisenkarbidanteile des Ausgangsgefüges in das kubisch – flächenzentrierte γ – Eisen (*Austenit*) übergeführt werden. Hierzu muß das Material mindestens auf eine bestimmte *Umwandlungstemperatur* erwärmt werden. Diese beträgt bei Kohlenstoffgehalten oberhalb 0,9 % rd. 720 °C, erhöht sich für kohlenstoffärmeres Material und liegt für den kleinsten zur Härtung noch geeigneten C – Gehalt von 0,3 % bei rd. 850 °C. Das gilt unter der Voraussetzung, daß die Vorgänge sehr langsam ablaufen. Da jedoch die Umwandlung und die damit verbundenen Konzentrationsausgleichsvorgänge nicht nur temperatur – sondern auch zeitabhängig sind, müssen insbesondere für rasch ablaufende Verfahren wie das induktive Härten zur vollständigen Austenitisierung etwa um 100 bis 200 K höhere Temperaturen erreicht werden. Zu hohe Überhitzung führt jedoch zu unerwünschter Grobkornbildung sowie u.U. zu Materialerweichung mit der Gefahr einer Deformierung.

Bei langsamem Wiederabkühlen geht der Austenit wieder in die ursprünglichen Gefügebestandteile über. Wird dagegen eine *kritische Abkühlgeschwindigkeit* überschritten, so sind die im Austenitgitter angeordneten Kohlenstoffatome während der Rückumwandlung von γ – Eisen in α – Eisen nicht mehr in der Lage, die chemische Verbindung mit den Eisenatomen zu Fe_3C einzugehen, die für die *Perlit*– oder auch die *Zementit*bildung notwendig ist. Geht die schnelle Abkühlung bis unter eine Temperatur von 250 °C, so werden die Kohlenstoffatome im entstandenen α – Eisen in feiner Verteilung fixiert, da unterhalb dieser Temperatur der Kohlenstoff seine Wanderungsfähigkeit völlig verliert. Dieses spröde Gefüge wird *Martensit* genannt und besitzt eine hohe, vom Kohlenstoffgehalt abhängige Härte.

Die Höhe der kritischen Abkühlgeschwindigkeit hängt ebenfalls vom Kohlenstoffgehalt ab. Für niedriglegierte Stähle reicht sie von rd. 200 K/s bis herauf zu etwa 800 K/s bei einem C – Gehalt von 0,3 %. Derartige Abkühlgeschwindigkeiten sind durch Abschrecken in einer Wasserbrause erreichbar. Höhere Legierungsanteile setzen die kritische Abkühlgeschwindigkeit teilweise drastisch herab und machen gleichzeitig das Material anfälliger gegen Spannungsrißbildung bei zu rascher Abkühlung. Daher sind für höherlegierte Stähle die jeweiligen Abschreckbedingungen schwieriger einzuhalten. Als Abschreckmittel kommt hier meist Öl in Frage.

Auch Gußeisenwerkstoffe können gehärtet werden, sofern perlitisches Gefüge vorliegt und der Gesamtkohlenstoffgehalt zwischen 2 und 3 % liegt (davon zwischen 0,5 und 0,9 % gebunden). Besonders gut geeignet ist Sphäroguß, da aufgrund seiner kugeligen Graphitstruktur die Gefahr von Mikrohärterissen geringer ist als bei den Graugußqualitäten mit Lamellengraphit.

Das Erreichen eines gewünschten Härteergebnisses ist also an zwei Voraussetzungen gebunden:

- Das Gefüge muß mindestens auf die Höhe der austenitischen Umwandlungstemperatur erwärmt werden. Da bei der induktiven Erwärmung mit höheren Frequenzen sich die Aufheizung des Werkstücks auf die Randbereiche konzentriert, wird diese Voraussetzung bis zu einer gewissen Schichttiefe erfüllt, die man als "*Einwärmtiefe*" bezeichnet.
- Beim anschließenden Abschrecken darf die kritische Abkühlgeschwindigkeit nicht unterschritten werden, da sonst die zur Härtung notwendige Martensitbildung unterbleibt. Da nach den Gesetzen der Wärmeleitung die Abkühlgeschwindigkeit von der Oberfläche aus ins Werkstückinnere abnimmt, gibt es eine härtungswirksame "*Abschrecktiefe*", innerhalb der die kritische Abkühlgeschwindigkeit überschritten wird.

Die sog. "*Einhärttiefe*", also die Schichtdicke, in der eine Härtung erzielt wird, entspricht der kleineren der beiden vorgenannten Größen. Die Abschrecktiefe ist allerdings kaum zuverlässig auf einen gewünschten Wert hin zu steuern. Hingegen ist beim Induktionshärten eine exakte und reproduzierbare Einstellung der Einwärmtiefe möglich und deshalb kann die Härtung je nach Aufgabenstellung auch auf sehr dünne Randschichten (>0,1 mm) begrenzt werden.

Eine solche *Oberflächenhärtung* eines Werkstücks hat den Vorteil, daß die mechanisch besonders hochbeanspruchten Zonen (z.B. Laufflächen) verschleißfest gemacht werden, während die Zähigkeit des Materials im Innern und damit eine hohe Dauerfestigkeit des Werkstücks erhalten bleibt.

8.5.2 Prozeßparameter

Die Zusammenhänge zwischen den wichtigsten Prozeßparametern

- Frequenz,
- Leistungsdichte (d.h. je cm^2 Werkstückoberfläche induzierte Leistung),
- Heizzeit,
- Oberflächentemperatur am Ende der Heizzeit und
- Einwärmtiefe (bestimmt durch eine zur Austenitbildung erforderliche Mindesttemperatur von z.B. 800 °C.

sind in *Bild 8.23* am Beispiel eines Zylinders dargestellt, dessen Radius sehr groß im Vergleich zu den wirksamen Eindringmaßen sein soll [71]:

Je höher die verwendete Frequenz, desto dünner sind die Randschichten, auf die sich die Erwärmung konzentriert. Zur Verdeutlichung ist jeweils die Größe des Eindringmaßes δ der elektromagnetischen Feldgrößen bei den beiden Frequenzen 500 kHz und 10 kHz mit dargestellt. Grundsätzlich sind bei Anwendung höherer Frequenzen auch größere Leistungsdichten induzierbar als bei niedrigeren.

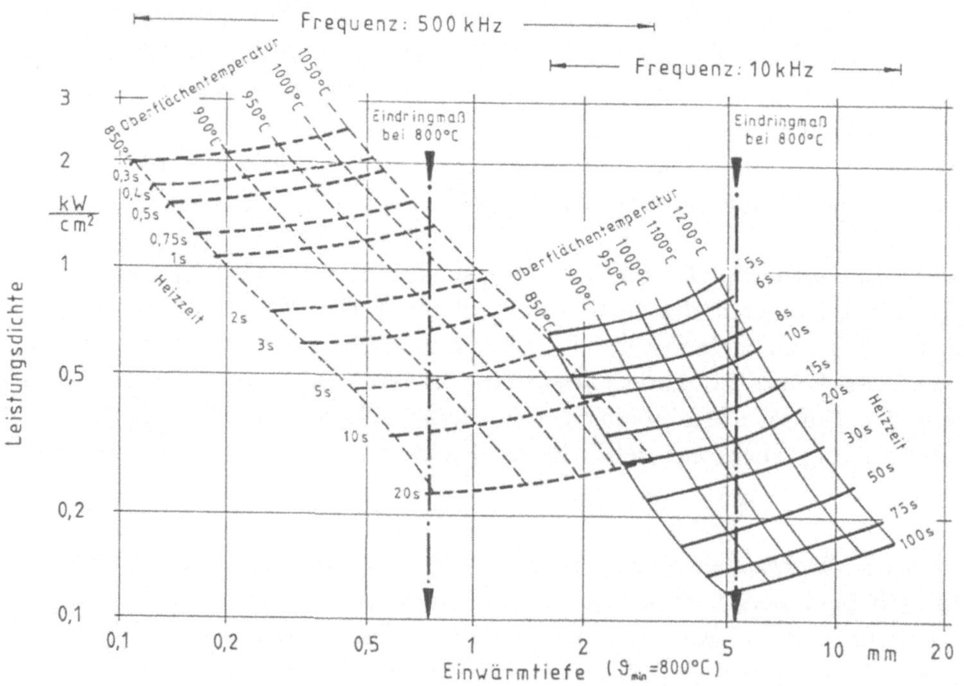

Bild 8.23 Prozeßparameter für die induktive Oberflächenhärtung von Stahl

Die mit einer bestimmten Frequenz erreichbaren Einwärmtiefen sind sowohl nach oben als auch nach unten begrenzt. Die obere Begrenzung ergibt sich zum einen aus der höchstzulässigen Oberflächentemperatur, um Grobkornbildung bzw. Materialerweichung auszuschließen, zum anderen aus der Forderung, die Heizzeiten nicht zu lang auszudehnen, da sonst der thermische Wirkungsgrad aufgrund der Wärmeabstrahlung nach außen und der Wärmeableitung nach innen zu niedrig wird. Die kleinstmögliche Einwärmtiefe ist zum einen durch die realisierbare Leistungsdichte vorgegeben und durch den notwendigen Sicherheitsabstand, den die Oberflächentemperatur über der Austenitisierungstemperatur haben sollte.

8.5.3 Der Induktor

Bei der Induktionserwärmung mit Hochfrequenz ist die Induktionsspule (meist als "Induktor" bezeichnet) in ihrer Form an die Erwärmungsaufgabe angepaßt. Für die Gestaltung des Induktors ist dabei auf folgende Faktoren zu achten:
- Gute magnetische Kopplung zum Werkstück, um die magnetischen Streuflüsse gering zu halten. Dies wirkt sich auf den Induktions - Leistungsfaktor wie auch auf den Induktions - Wirkungsgrad vorteilhaft aus.
- Gleichmäßige Erwärmung der zu härtenden Zonen und Vermeidung der Erwärmung nicht zu härtender Bereiche;
- Möglichst einfacher, automatisierbarer Bewegungsablauf für den Induktor und die zugehörige Abschreckvorrichtung.

Entsprechend den unterschiedlichen Aufgabenstellungen gibt es folgende Grundformen von Induktoren (siehe *Bild 8.24*): Geschlossener Außeninduktor, Inneninduktor, Linieninduktor (gerade oder gekrümmt), Flächeninduktor in Mäander- oder Spiralform.
Geschlossene Außeninduktoren weisen die besten magnetischen Kopplungseigenschaften auf. Sie können angewendet werden, wenn die zu härtende Zone den Umfang des Werkstücks umschließt und nicht benachbarte Querschnittsänderungen ein Überstülpen des Induktors verhindern. Der Querschnitt kann rund, eckig oder auch unregelmäßig geformt sein, je nach der Gestalt des Werkstückprofils. An Werkstückkanten besteht allerdings die Gefahr einer örtlichen Überhitzung. Bei der Vorschubhärtung kann ein solcher Induktor aus einer oder mehreren Windungen bestehen; bei der Standhärtung richtet sich die Windungszahl nach der Länge der zu härtenden Zone.

Inneninduktoren haben vergleichsweise nicht ganz so gute magnetische Kopplungseigenschaften. Sie werden z.B. zur Oberflächenhärtung von Bohrungen verwendet.

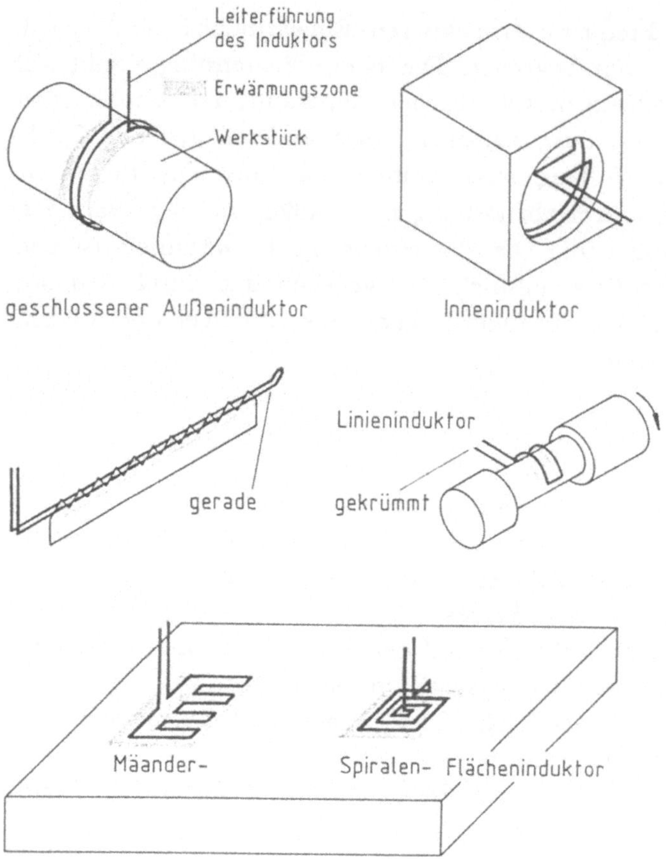

Bild 8.24 Grundformen von Induktoren

Bei Linien– oder Flächeninduktoren ist die magnetische Kopplung weitaus schlechter, da hierbei keine ganze Umschließung zwischen Induktor und Werkstück vorliegt. Die Spiralform des Flächeninduktors ist für die magnetische Kopplung tendenziell günstiger als die Mäanderform, dafür ermöglicht die Mäanderform einen über die Induktorfläche gleichmäßigeren Energieeintrag in das Werkstück.

Der Induktor wird meist aus einem Kupferhohlprofil mit quadratischem Querschnitt geformt. Das Leiterinnere wird von Kühlwasser durchsetzt, um die Stromwärmeverluste des Induktors abzuführen.

Für eine gute magnetische Kopplung ist es wichtig, daß der Strom im Induktor auf der Seite fließt, die der Werkstückoberfläche zugewandt ist. Bei Verwen-

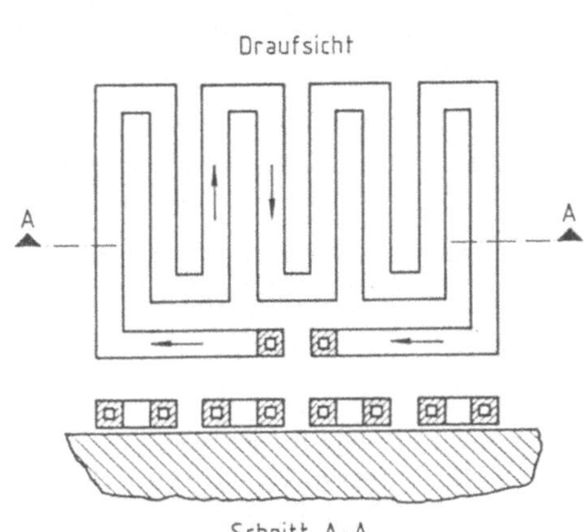

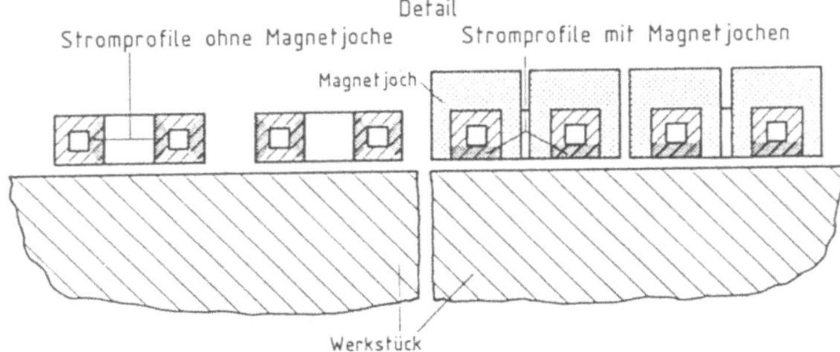

Bild 8.25 Auswirkung von Magnetjochen auf den Stromfluß in einem Mäander - Induktor

dung von Hochfrequenz und/oder bei geschlossenen Außeninduktoren ist dies in der Regel gegeben. Im Fall von Mittelfrequenz müssen insbesondere Inneninduktoren sowie Mäander - Flächeninduktoren mit Magnetjochen bestückt werden, um die Stromführung den Erfordernissen entsprechend zu ändern (*Bild 8.25* [71]).

8.5.4 Arbeitsverfahren und Anwendung

Literatur: [71]

Nicht nur in der Tiefe, sondern auch an der Werkstückoberfläche ist eine lokale Beschränkung der Erwärmung auf die Stellen möglich, deren Härtung wirklich beabsichtigt ist. Erreicht wird dies durch die Anpassung von Form und Größe des Induktors an die jeweilige Aufgabenstellung sowie ggf. Relativbewegung zwischen Induktor und Werkstück. Findet im Zuge der Erwärmung eine Vorschubbewegung des Induktors bzw. des Werkstücks statt, so spricht man von Vorschubhärtung, ansonsten von Standhärtung. Bei beiden Verfahren kann während des Härtungsvorgangs das Werkstück um seine Achse rotieren.

Bei der *Standhärtung* wird zunächst die gesamte zu härtende Zone simultan erwärmt und anschließend abgeschreckt (*Bild 8.26*). Daher wird das Verfahren auch Gesamtflächenhärtung genannt. Da der Induktor in seiner Größe der gesamten zu härtenden Zone angepaßt sein muß, eignet sich die Standhärtung vorzugsweise zur Härtung nicht allzu ausgedehnter Flächen.
Sollen rotationssymmetrische Teile auf dem gesamten Umfang gehärtet werden, so läßt man sie normalerweise innerhalb des Induktors rotieren, um eine möglichst gleichmäßige Aufheizung und Abschreckung sicherzustellen.

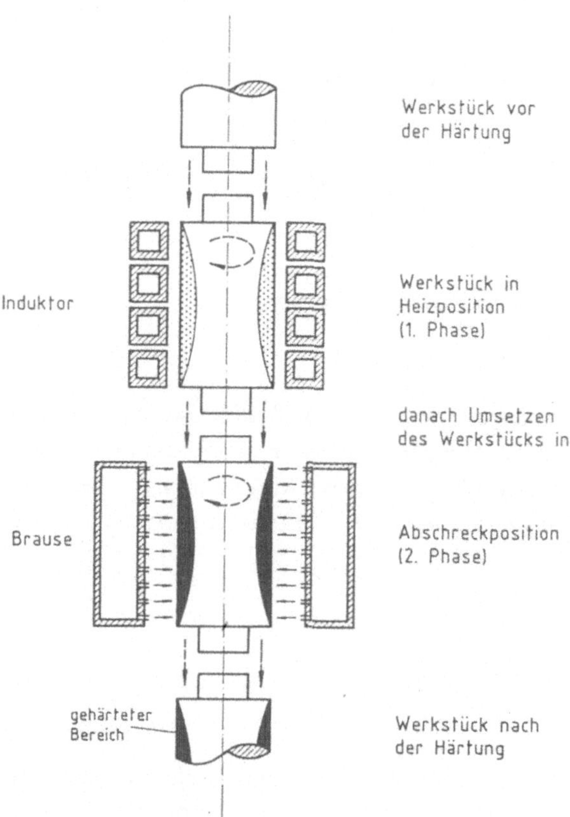

Bild 8.26 Prinzip der induktiven Standhärtung

Anlagen zur Standhärtung haben gegenüber Anlagen zur Vorschubhärtung bei gleicher Härtungsaufgabe eine größere Einheitenleistung bei kürzerer Bearbeitungszeit pro Stück. Daher wird der Standhärtung meist bei großen Stückzahlen und hoher Durchsatzleistung der zu härtenden Teile der Vorzug gegeben, sofern aus technologischer Sicht beide Verfahren in Frage kommen.

Bei der *Vorschubhärtung* sind Induktor und Abschreckbrause einander örtlich fest zugeordnet. Durch eine kontinuierliche Relativbewegung gelangen die im Induktor aufgeheizten Zonen der Werkstückoberfläche in den Bereich der Brause (*Bild 8.27*). Zur gleichmäßigen Umfangshärtung rotationssymmetrischer Teile läßt man letztere zusätzlich rotieren.

Im allgemeinen ist die Größe der jeweils vom Induktor und von der Brause abgedeckten Flächen klein gegenüber der Ausdehnung der zu härtenden Zone. Anlagen zur Vorschubhärtung haben gegenüber Anlagen zur Standhärtung bei gleicher Härtungsaufgabe eine längere Bearbeitungszeit pro Stück und somit eine kleinere Einheitenleistung. Sofern aus technologischer Sicht beide Verfahren in Frage kommen, wird der Vorschubhärtung meist bei geringerer Stückzahl und kleinerer Durchsatzleistung der Vorzug gegeben.

Die hauptsächliche Beschränkung für die Anwendbarkeit der Vorschubhärtung liegt in der möglichen Aufheizzeit und damit in der erreichbaren Einhärttiefe.

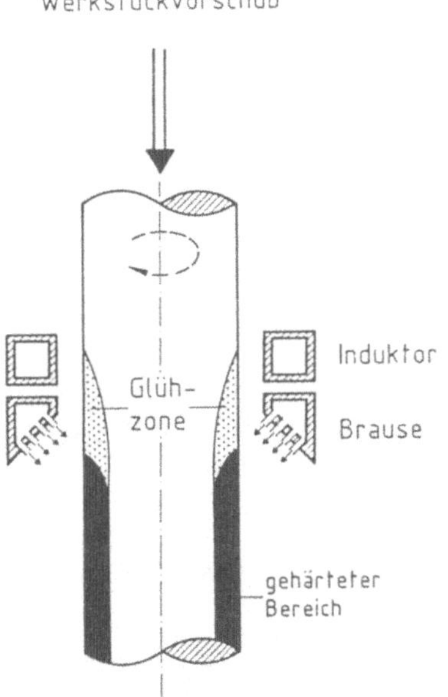

Bild 8.27 Prinzip der induktiven Vorschubhärtung

Die Vorschubgeschwindigkeit darf gewisse Mindestwerte nicht unterschreiten, weil sonst die Zeit zwischen Auslauf des Werkstücks aus dem Induktorbereich und Einlauf in den Abschreckbereich so groß wird, daß das angestrebte Härtungsergebnis u.U. nicht erzielt wird. Um die Aufheizzeit weiter zu vergrößern, muß daher die Länge des Induktors erhöht werden. Das kommt aber einer Annäherung an das Prinzip der Standhärtung gleich, und man begibt sich damit des Vorteils der Vorschubhärtung, ein Werkstück über die Vorschublänge besonders gleichmäßig zu erwärmen.

Der Hauptvorteil des induktiven Härtens im Vergleich zu anderen Arten des Oberflächenhärtens wie Einsatzhärten, Nitrierhärten oder Flammenhärten liegt darin, daß sich durch geeignete Wahl von Arbeitsverfahren, Induktorform und Prozeßparameter ein gewünschtes Härteprofil erreichen und präzise reproduzieren läßt. Eine partielle Härtung, d.h. Beschränkung auf gewünschte Härtezonen, ist auch bei komplizierten Werkstückformen in der Regel möglich. Infolge der kurzen Erwärmungsdauer ist die Zunderbildung gering und ein Nacharbeiten kann oft entfallen. Die unerwünschte Grobkornbildung läßt sich zuverlässig vermeiden. Der Verzug ist i.a. gering. Für manche Anwendungsfälle können bei einer Umstellung auf induktives Härten teuere legierte Einsatzstähle durch billige Vergütungsstähle ersetzt werden. Da nur Teile – meist geringe – der gesamten Werkstückmasse erwärmt werden, liegt im allgemeinen trotz der relativ hohen Verluste auf dem Weg von der Primärenergie zur induzierten Wärmeleistung der primärenergetische Wirkungsgrad höher als der vergleichbarer nichtelektrischer Verfahren.

Der Platzbedarf einer Anlage zum induktiven Härten ist gering, ihre Bedienung ist einfach und ihr Betrieb leicht automatisierbar. Da keine stofflichen Emissionen und nur geringe Wärmebelastung von der Anlage ausgehen, läßt sie sich sehr gut in Fertigungslinien integrieren.

Ein Nachteil sind die relativ hohen Anschaffungskosten einer Induktionsanlage. Hohe Auslastung bzw. große Stückzahlen sind daher i.a. eine Voraussetzung für einen wirtschaftlichen Einsatz.

Das induktive Härten wird für viele Arten von Werkstücken angewendet, wie z.B.

- Kurbelwellen und Nockenwellen,
- Ventile mit deren Antriebselementen,
- Achsen, Triebwellen und Lenkungsteile,
- Getriebeteile und Zahnräder,

- Gleiskettenteile,
- Führungen von Maschinenketten,
- Maschinenteile mit hoher Flächenbelastung wie Kaltwalzen, Biegewalzen, aber auch Papierwalzen,
- Schienen,
- Serienwerkzeuge,
- Kleinteile.

8.6 Induktives Löten

Literatur: [18; 28; 54]

Beim Löten werden zwei aus gleichem oder unterschiedlichem Metall bestehende Teile metallisch verbunden. Hierzu wird ein aus niedrigschmelzendem Metall bestehender Zusatzwerkstoff, das *Lot*, geschmolzen, so daß er die ebenfalls erwärmten Verbindungsstellen benetzt und nach dem Wiedererstarren und Erkalten eine feste Verbindung herstellt. In der Regel wird zusätzlich ein nichtmetallisches *Flußmittel* verwendet, um den Benetzungsvorgang zu unterstützen.

Die Temperatur an der Lötstelle muß mindestens so hoch sein, daß das Lot schmelzflüssig wird, sich an den zu verbindenden Werkstückoberflächen ausbreiten, fließen und den Grundwerkstoff benetzen kann. Andererseits darf die Temperatur nicht zu hoch sein, um Schädigungen des Lotes (z.B. durch Verdampfen von Legierungsbestandteilen) oder des Werkstücks (z.B. durch unzulässige Grobkornbildung) zu vermeiden.

Nach der Höhe der Löttemperatur unterscheidet man:
- *Weichlöten* bei Temperaturen bis zu 450 °C: Für Schwermetalle wird ein Lot aus Blei, Zinn bzw. einer Legierung daraus verwendet; die Löttemperaturen liegen meist zwischen 145 und 400 °C. Für Leichtmetalle besteht das Lot meist hauptsächlich aus Zn, mit Zusätzen von Cd, Sn oder Al, bei Löttemperaturen zwischen 260 und 430 °C.
- *Hartlöten* bei Temperaturen oberhalb 450 °C: Für Schwermetalle sind Messinglote am gebräuchlichsten. Die Löttemperaturen liegen im Bereich zwischen 810 und 1020 °C und lassen sich durch Beimengung von Silber auf 620...860 °C absenken. Für Leichtmetalle wird Aluminium mit Zusätzen von Zn, Sn oder Si bei Löttemperaturen zwischen 540 und 600 °C verwendet.

Das induktive Löten wird für alle Arten von Weich- und Hartlötungen angewendet. Bei der Standlötung (d.h. keine Relativbewegung zwischen Induktor und Werkstück) wird das Lot vorher als Formteil (z.B. Draht- oder Folienstück) an der Lötstelle so angebracht, daß durch die Kapillarwirkung ein Einfließen in den Lötspalt gewährleistet ist. Geschlossene Lot-Ringe sind zu vermeiden, da in diesen ein so hoher Strom fließt, daß das Lot zu früh schmilzt. Bei der Vorschublötung kann das Lot kontinuierlich zugeführt werden.

Der Induktor besteht aus wassergekühltem Kupferrohr und besitzt nur wenige Windungen. Die Form des Induktors ist so zu wählen, daß im Werkstück Ströme induziert werden, die zu einer möglichst begrenzten und dabei kontrollierten Erwärmung der Lötstelle auf die erforderliche Löttemperatur innerhalb weniger Sekunden führen. Auch die Frequenz muß den geometrischen Verhältnissen an der Lötstelle angepaßt sein. Für größere bzw. dickere Werkstücke mit ausgedehnten Lötzonen wird Mittelfrequenz zwischen 2 und 10 kHz verwendet. Für kleine bzw. dünne Werkstücke und eng begrenzte Lötzonen kommt Hochfrequenz von etwa 250 kHz bis 2,5 MHz in Frage.

Je nach Werkstückgröße werden beim Weichlöten Leistungen im Bereich von 0,5...5 kW, beim Hartlöten von 3...30 kW eingesetzt.

Das induktive Löten zeichnet sich durch folgende Besonderheiten aus:
- universelle Anwendbarkeit durch eine Vielzahl von Gestaltungs- und Dimensionierungsmöglichkeiten;
- der kontrollierte Erwärmungsvorgang mit sehr geringen Toleranzen erlaubt das Löten an Stellen in der Nähe temperaturempfindlicher Bereiche (z.B. an elektronischen Bauteilen).
- durch die kurzen Aufheizzeiten bleibt die Oberfläche der Lötstelle während des Lötens weitgehend zunderfrei;
- hohe, stets gleichbleibende Qualität der Lötverbindungen aufgrund der Reproduzierbarkeit des induktiven Erwärmungsvorgangs;
- geringer Verbrauch an Lotmaterial und Energie;
- gute Eignung für automatischen Betrieb.

8.7 Induktives Schweißen

Literatur: [18; 28]

Das induktive Schweißen wird in der Hauptsache bei der Herstellung längsnahtgeschweißter Rohre eingesetzt. Als Ausgangsmaterial dienen vorgerichtete Blechplatinen, die zunächst zu einem Endlosband zusammengeschweißt werden. Dieses durchläuft eine Reihe von Formrollen, wo es sukzessiv aufgebogen wird, so daß es als längsgeschlitztes Rohr in die Schweißeinrichtung einläuft.

Das Verfahrensprinzip beim Schweißen ist in *Bild 8.28* dargestellt. Der ein- oder mehrwindige Induktor umschließt das noch offene Schlitzrohr. In diesem

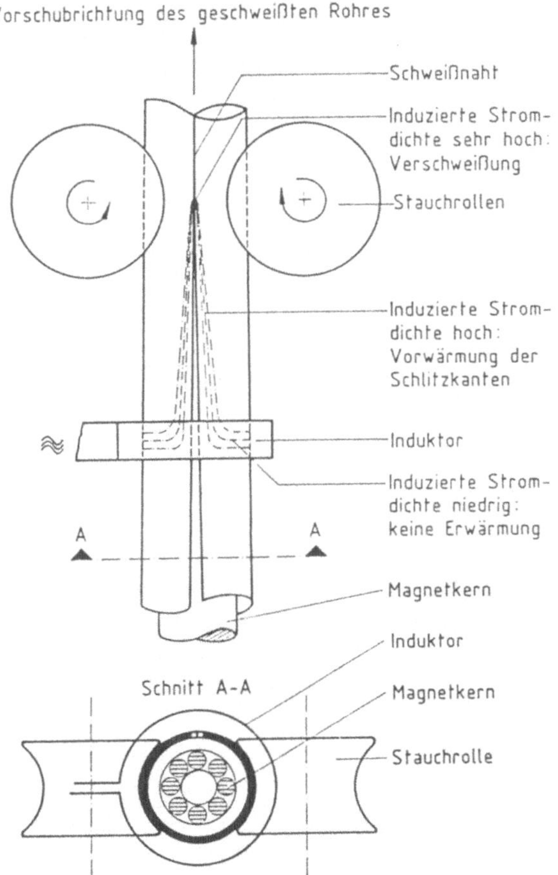

Bild 8.28 Verfahrensprinzip beim induktiven Längsnahtschweißen

wird ein Strom induziert, der entlang des Schlitzes verläuft, bis dieser durch die Stauchrollen geschlossen wird. An diesem Punkt wird die Stromdichte und damit die Leistungsintensität so groß, daß die bereits vorgewärmten Kanten sehr rasch verschweißen. Für die Verarbeitung von ferromagnetischem Rohrmaterial ist zur Erzielung hoher Schweißgeschwindigkeiten die Verwendung eines axial bis zur Schweißstelle ragenden Magnetkernes erforderlich.

Für das induktive Längsnahtschweißen eignen sich praktisch alle Arten von Stahl und Nichteisenmetallen. Auch metallisch beschichtete und plattierte Werkstoffe sind verarbeitbar.

Das Verfahren ist nicht nur auf die Herstellung von Rundrohren beschränkt, sondern auch für Rechteckprofile anwendbar. Die möglichen Innendurchmesser liegen zwischen 8 und ca. 500 mm, die Wanddicken zwischen 0,4 und 12 mm. Die Grenzen für die kleinste Wanddicke sind ebenso wie die maximalen Schweißgeschwindigkeiten von derzeit etwa 120 m/min allein durch die mechanischen Verformungseinrichtungen, nicht aber durch das induktive Schweißverfahren selbst festgelegt. Durch die berührungslose Energieübertragung ist auch die Verarbeitung nicht entzunderter Bänder ohne Schwierigkeit möglich.

Je nach Vorschubgeschwindigkeit, Wanddicke und Rohrdurchmesser liegen die Anlagenleistungen etwa zwischen 60 und 700 kW bei Arbeitsfrequenzen von 300 bis 400 kHz.

8.8 Induktives Schmelzen

Literatur: [12; 18; 78]

Zum Einschmelzen, Überhitzen und Warmhalten aller Arten von Eisen- und Nichteisenmetallen nach dem Prinzip der induktiven Erwärmung ist zwischen den Bauarten "*Rinnenofen*" (induktive Erwärmung mit Eisenkern) und "*Tiegelofen*" (induktive Erwärmung ohne Eisenkern) zu unterscheiden.

8.8.1 Induktions-Rinnenofen

Der Aufbau eines Induktions-Rinnenofens ist in *Bild 8.29* schematisch dargestellt.

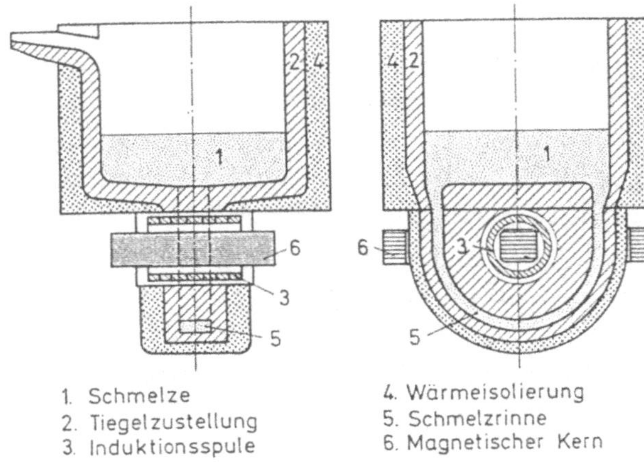

Bild 8.29 Schematischer Aufbau eines Induktions – Rinnenofens

Ein aus Stahlblech bestehendes und mit Rippen versteiftes Gefäß in Wannen – oder Tiegelform ist innen mit einer feuerfesten Zustellung ausgekleidet und außen von einer wärmeisolierenden Schicht umgeben. Im Inneren dieses Ofenkessels befindet sich die Schmelze. Die Induktionsrinne als wärmeerzeugendes Element ist ein U – förmiger Kanal, dessen beide Schenkel im Ofenkessel münden. Der die Rinnenöse durchsetzende Arm des Eisenkerns trägt die Windungen der Induktionsspule. Dadurch wird der Streufluß so klein wie möglich gehalten. Die Induktionsspule wird stets mit Netzfrequenz betrieben.

Der Rinnenofen kann also als Transformator mit gut gekoppelter kurzgeschlossener Sekundärwindung betrachtet werden. Aus diesen Gründen weist der Rinnenofen einen hohen Induktions – Wirkungsgrad von über 90 % sowie einen relativ geringen Blindleistungsbedarf auf (Leistungsfaktor bei Vollast: $\cos\varphi = 0{,}7...0{,}8$).

Das in der Rinne erschmolzene Metall wird durch den *"Pincheffekt"* in Bewegung versetzt. Hervorgerufen wird dieser Effekt durch Kraftwirkungen, die sich aus den in der Rinne und in der Primärwicklung fließenden Strömen ergeben. Hinzu kommen noch Auftriebskräfte infolge der relativ großen Temperaturdifferenz (bis 250 K) zwischen Rinne und Ofengefäß, da JOULEsche Wärmeleistung praktisch nur in der Rinne induziert wird. Beides zusammen bewirkt eine intensive Durchströmung der Rinne mit flüssigem Metall. Hieraus ergibt sich eine erhebliche thermische und mechanische Belastung der Rinnenauskleidung. Heute verwendet man Anlagen mit z.T. mehreren angeflanschten Rinneneinheiten, die nach Verschleiß ihrer Auskleidung leicht ausgetauscht werden können, während der Ofen in betriebswarmem Zustand verbleibt.

Der sekundäre Stromkreis des Schmelzmaterials durch die Rinne muß stets zuverlässig geschlossen sein, da sonst keine Leistung induziert werden kann. Deshalb leert man die Öfen nie vollständig, sondern hält einen genügend großen Metallsumpf bei verminderter Leistungszufuhr warm. Entsprechend seiner primären Aufgabe als Speicheraggregat für flüssiges Metall zwischen Schmelzen und Vergießen besitzt der Rinnenofen ein relativ großes Fassungsvermögen. Ausgeführt sind Anlagen bis 300 t Gußeisen.

Für reine Warmhalteöfen liegt die installierte Leistung, bezogen auf die Ofenfassung, zwischen 10 und 20 kW je Tonne Gußeisen. Ist der Rinnenofen dagegen auch für eine Überhitzung der Schmelze vorgesehen, so muß er mit einer höheren spezifischen Leistung (bis 50 kW/t) ausgestattet werden.

8.8.2 Induktions – Tiegelofen

Aufbau

Der Aufbau eines Induktions – Tiegelofens ist in *Bild 8.30* schematisch dargestellt.

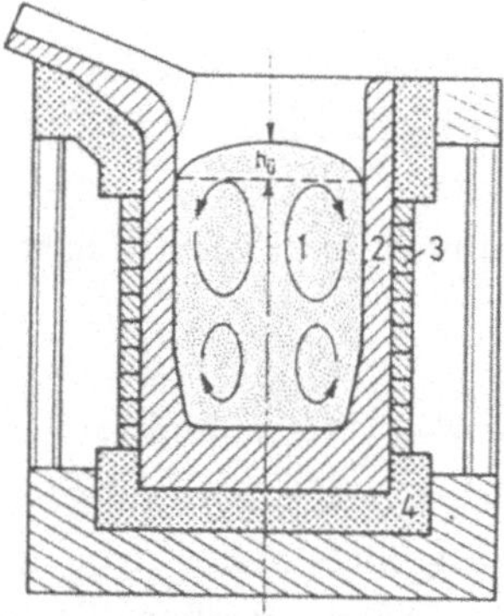

1. Schmelze
2. Tiegelzustellung
3. Induktionsspule
4. Wärmeisolierung

Bild 8.30 Schematischer Aufbau eines Induktions – Tiegelofens

Der das Schmelzmaterial enthaltende Tiegel besteht für gewöhnlich aus feuerfester keramischer Stampfmasse, wobei sich die Entwicklung JOULEscher Wärmeleistung aus den Wirbelströmen vollständig auf den metallischen Einsatz, also den Tiegelinhalt, beschränkt. Nur in gewissen Sonderfällen, in denen elektrisch leitende Tiegel verwendet werden (z.B. Stahltiegel für das Erschmelzen von Mg) werden bis zu 90 % der JOULEschen Leistung im Tiegel induziert. Bei Verwendung eines Graphittiegels ist es sogar möglich, Werkstoffe wie Quarz oder Glas induktiv zu schmelzen, die erst bei hohen Temperaturen elektrisch leitend werden, so daß dann der Stromfluß vom Tiegel in die Schmelze übergreift.

Die wassergekühlte Induktionsspule umgibt den Tiegel und dient dabei auch zu seiner Stützung. In ihr wird das elektromagnetische Feld erzeugt, das die Energie auf den Einsatz überträgt.

Bei größeren Öfen sind zur Führung des Induktionsflusses außerhalb der Spule Blechpakete zu einem Rückschlußjoch angeordnet, um das tragende Stahlgerüst abzuschirmen und es so vor unzulässiger Erwärmung zu schützen.

Badkräfte

Treten an irgendeiner betrachteten Stelle sowohl eine magnetische Induktion $\vec{B}$ als auch ein elektrischer Strom der Dichte $\vec{J}$ auf, so wird eine Volumenkraft (= Kraft je Volumenelement)

$$\vec{f} = \vec{J} \times \vec{B} \tag{8.10}$$

ausgeübt. Im schmelzflüssigen Einsatz des Induktionstiegelofens resultieren daraus die charakteristischen Erscheinungen der *Badkuppe* und der *Badbewegung*, die beide in *Bild 8.30* angedeutet sind.

Geht man zunächst von der Vorstellung aus, daß im gesamten Badvolumen das Magnetfeld und damit auch die magnetische Induktion axial gerichtet sind, so entstehen im Zusammenwirken mit den tangential verlaufenden induzierten Strömen Badkräfte, die im zeitlichen Mittel radial nach innen gerichtet sind. Diese Badkräfte ergeben einen Druck, der das zylinderförmige Schmelzbad zusammenzuquetschen versucht. Der Druck errechnet sich, indem man die Volumenkraft vom äußeren Rand her aufintegriert; er nimmt also in Richtung zur Mittelachse zu. Um diesen Druck auszugleichen, wölbt sich das Bad vom Rand aus zur Mitte hin auf. In der Mittelachse hat die Badkuppe die Höhe

$$h_K = \frac{1}{2\,\varrho\,g}\left(\frac{\varkappa\,\mu}{\pi\,f}\right)^{1/2}\frac{P_2}{A_M}, \qquad (8.11)$$

sofern der Radius des Einsatzes groß ist gegenüber dem Eindringmaß δ der elektromagnetischen Feldgrößen im Schmelzbad. In der Gleichung bedeuten ϱ die Dichte, $\varkappa$ die elektrische Leitfähigkeit und μ die Permeabilität des Schmelzbades. Ferner sind g die Fallbeschleunigung, A_M die äußere Mantelfläche des Schmelzbades und P_2 die in diesem induzierte Wirkleistung. Mit steigender Frequenz f wird unter sonst gleichen Bedingungen die Höhe der Badkuppe kleiner.

Tatsächlich trifft die Vorstellung eines axialen Magnetfeldverlaufs nur in Teilbereichen des Schmelzbades zu. Aufgrund der begrenzten Länge der Induktionsspule treten vor allem im oberen Teil des Schmelzbades, aber auch in Bodennähe radiale Magnetfeldkomponenten auf, während die axialen Komponenten dort verkleinert sind. Hieraus ergeben sich sowohl vom Betrag als auch von der Richtung her geänderte Volumenkräfte. Als Folge davon stellt sich eine Badbewegung ein, deren Strömungsfeld die Form eines Doppeltoroids besitzt. Die Intensität der Badbewegung ist auch abhängig von der kinematischen Zähigkeit des flüssigen Metalls und wird deshalb – unter der Voraussetzung gleichbleibender Leistungszufuhr – mit steigender Temperatur stärker.

Infolge der zusammenschnürenden Badkräfte wird die Tiegelwand entlastet. Das kann so weit gehen, daß sich der flüssige Metalleinsatz von der Seitenwand des Tiegels ablöst und freisteht. Allerdings ist dieser Fall ohne praktische Bedeutung. Die höchstens zulässige Badaufwölbung ist vielmehr durch die Intensität der Badbewegung bestimmt. Eine zu starke Badbewegung führt über mechanische und metallurgische Mechanismen zu einem unvertretbar hohen Verschleiß der Tiegelzustellung.

Die Badbewegung hat jedoch auch zwei positive Auswirkungen:
- Die Schmelze wird gut durchmischt und ist damit sowohl hinsichtlich ihrer Zusammensetzung als auch ihrer Temperatur homogen.
- Durch den Einrühreffekt entsteht kein erhöhter Abbrand bei nachchargierten Spänen und insbesondere bei Zusätzen zur Analysekorrektur.

Arbeitsfrequenz

Die Schmelzleistung eines Ofens, d.h. die je Stunde einschmelzbare Menge an Material, hängt primär von der im Einsatz induzierten elektrischen Leistung

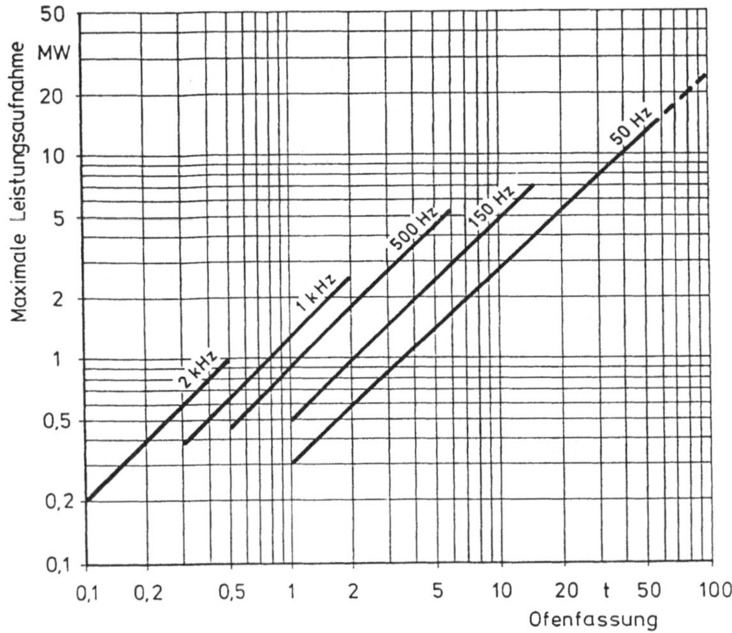

Bild 8.31 Maximale Leistungsaufnahme von Induktionstiegelöfen

ab. Diese ist bei gegebener Ofengröße und Frequenz in erster Linie durch die höchstzulässige Badaufwölbung begrenzt.

Bild 8.31 zeigt den Zusammenhang zwischen Ofenfassung und maximal zulässiger Leistungsaufnahme für die hauptsächlich verwendeten Frequenzen. Die Linien deuten jeweils den Bereich der Ofenfassungen an, die mit der betreffenden Arbeitsfrequenz üblicherweise realisiert werden. Liegt die Ofenfassung darunter, so geht der Induktionswirkungsgrad des Ofens stark zurück. Wird die Ofengröße über die Obergrenze gesteigert, so werden die Leistungsgrenzen durch die Beherrschbarkeit von Strom und Spannung in der Induktionsspule enger gesetzt, so daß sich die mögliche spezifische Leistungsaufnahme je Tonne Ofenfassung verringert. Anhaltszahlen für diese Größe in dem in *Bild 8.31* angegebenen Bereich sowie für die minimal erreichbaren Schmelzzeiten für Chargenbetrieb (ohne Nebenzeiten), sind in *Tafel 8.3* wiedergegeben.

Da die elektrodynamischen Badkräfte mit steigender Frequenz abnehmen, ist also bei höherer Frequenz eine größere Leistungsintensität zulässig, d.h. eine bestimmte stündliche Schmelzleistung kann von einem kleineren Ofen erbracht werden.

Tafel 8.3 Charakteristische Anhaltswerte für Induktions – Tiegelöfen

Frequenz Hz	Max. spezifische Leistungsaufnahme MW/t	Minimale Schmelzzeit h
50	0,3	2,6
150	0,5	1,5
500	0,9	0,8
1000	1,3	0,6
2000	2,0	0,4

Für Netzfrequenz baut man auch Induktions – Tiegelöfen mit einer reduzierten Höhe der Induktionsspule, bei denen eine kleinere als die für ihre Größe maximal zulässige elektrische Leistung installiert ist (für kombinierte Schmelz – und Speicheröfen etwa 1/3, für reine Speicheröfen etwa 1/10).

Für den Induktions – Tiegelofen ist ein hoher Blindleistungsbedarf charakteristisch. Das liegt zum einen in dem Prinzip der induktiven Erwärmung ohne Eisenkern begründet, zum anderen aber in den relativ großen Tiegelwandstärken (bei einem 30 t – Ofen bis zu rd. 20 cm), um den thermischen und mechanischen Belastungen des Schmelzbetriebes hinreichend lange standzuhalten. Dies hat beträchtliche Streuflußanteile zur Folge, die ebenfalls frequenzabhängig sind. Daher liegt der Leistungsfaktor cos φ beim Schmelzen von Gußeisen im Induktions – Tiegelofen für 50 Hz zwischen etwa 0,1 und 0,3, für für 500 Hz zwischen 0,06 und 0,1 und für 2 kHz zwischen 0,03 und 0,06. Die unteren Werte gelten jeweils für die größten Öfen und umgekehrt.

Betriebsweisen

Für das Einschmelzen von festem Einsatzmaterial gibt es beim Induktions – Tiegelofen zwei grundsätzliche Möglichkeiten:

1. Bei der "*diskontinuierlichen Betriebsweise*" ist der Ofen vor der Beschickung leer oder enthält nur einen kleinen Restsumpf. Werden nun die einzelnen,

meist unregelmäßig geformten Stücke eingefüllt, so liegen sie nur lose aufeinander. Ihre gegenseitigen Berührungsflächen sind klein, so daß die Gesetzmäßigkeiten der Feldverdrängung und der Leistungsabsorption sich praktisch auf jedes der Einzelstücke beziehen. Damit die induzierbare Leistung – vor allem beim Durchlaufen der Temperaturspanne zwischen CURIE – Punkt und Schmelzpunkt nicht zu gering ist, müssen die eingefüllten Stücke eine gewisse Mindestgröße aufweisen, die etwa das Sechsfache des Eindringmaßes betragen sollte. Für das Eisenschmelzen im Netzfrequenz – Tiegelofen (NFTO) liegt deshalb die kleinstzulässige Stückgröße bei rd. 250 mm.Da diese vielfach nicht verfügbar ist, bleibt die diskontinuierliche Betriebsweise in erster Linie dem Mittelfrequenz – Tiegelofen (MFTO) vorbehalten. Wird z.B. eine Arbeitsfrequenz von 1 kHz verwendet, so kann schon beim Einsatz von 60 mm großen Eisenstücken die volle Leistung induziert werden.

Tritt beim NFTO die Notwendigkeit auf, kalt anzufahren (z.B. nach einer längeren Betriebspause, in der sich das Warmhalten mit Sumpf nicht lohnt), so ist es im allgemeinen zweckmäßig, hierfür einen eigens zu diesem Zweck gegossenen Anfahrblock passender Größe einzusetzen, um den ersten Einschmelzvorgang zu verkürzen.

2. Bei der *"quasi – kontinuierlichen Betriebsweise"* wird jeweils nur ein Teil (30 bis 50 %) des schmelzflüssigen Ofeninhalts abgegossen, so daß das nachgefüllte feste Material aufgrund der Badbewegung in der restlichen Schmelze zirkuliert. Die Feldverdrängung wird somit auf den Tiegelinhalt als Ganzes wirksam. Da die elektrische Leitfähigkeit im kalten Material größer ist, bewirken hier die durchfließenden Ströme eine geringere JOULEsche Leistungsintensität als in der umgebenden Schmelze. Die Einsatzstücke werden also hauptsächlich durch konvektive Wärmeübertragung aus der Schmelze erwärmt.

   Die quasi – kontinuierliche Betriebsweise wird normalerweise beim NFTO angewandt, falls nicht eine Änderung in der Zusammensetzung des zu erschmelzenden Materials eine Entleerung erforderlich macht.

   Schrott, der in schmelzflüssigen Sumpf eingesetzt wird, darf nicht feucht oder ölverschmiert sein, da dies zu explosionsartiger Dampf- bzw. Gasbildung führen würde. Er muß daher vor dem Chargieren durch Vorwärmung auf etwa 350 °C gereinigt und getrocknet werden.

Das im Ofen erschmolzene Gußeisen kann natürlich nicht mit seiner Schmelztemperatur von rd. 1200 °C der Gießstrecke zugeführt werden, da es sonst örtlich vorzeitig erstarren würde. Es muß vielmehr auf Temperaturen von etwa 1450 bis 1500 °C überhitzt werden.

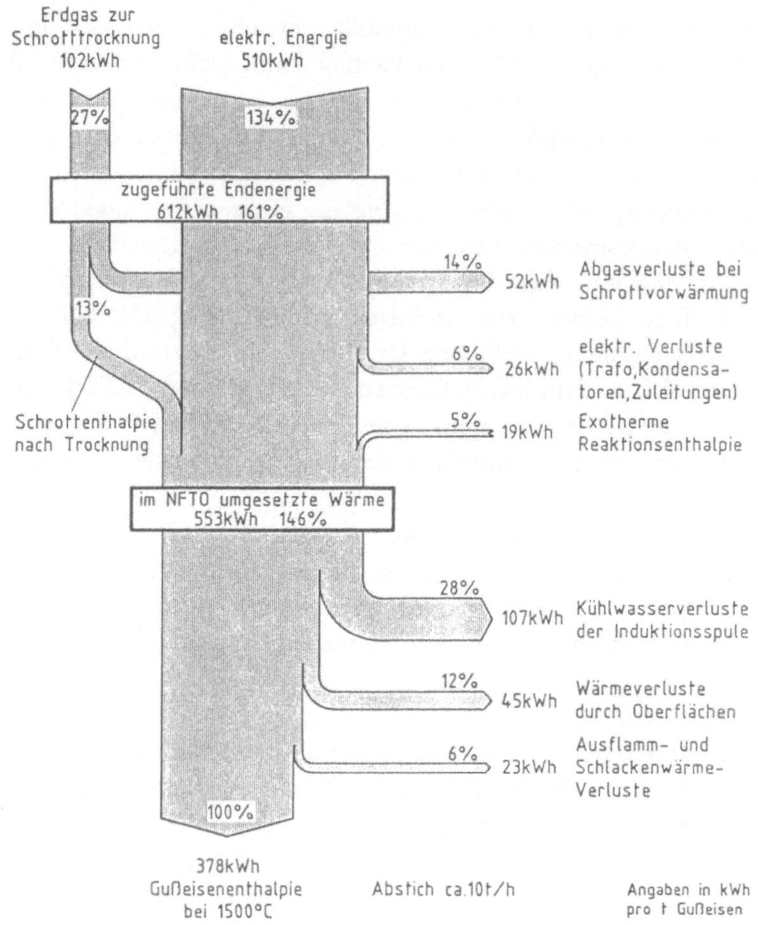

Bild 8.32 Energiefluß für einen 20 t – Netzfrequenz – Induktionstiegelofen mit Schrotttrocknung

Energieverbrauch

Als Beispiel für die Energiebilanz eines Induktions – Tiegelofens zeigt *Bild 8.32* [31] den Energiefluß für einen Netzfrequenz – Induktionstiegelofen (NFTO), mit einer Nennfassung von 20 t zum Erschmelzen von Gußeisen, in dem der Energieaufwand für die Vorwärmung zur Trocknung des Schrottes eingeschlossen ist. Der Ofen wird kontinuierlich mit einem Sumpf von 50 % seines Inhaltes betrieben.

Kühlt, wie häufig üblich, der Schrott durch Zwischenlagerung vor dem Chargieren wieder ab, so ist die Schrottenthalpie nicht für das Einschmelzen nutzbar. In diesem Fall erhöht sich der elektrische Energiebedarf unter Berücksichtigung der Verlustanteile auf rd. 580 kWh/t. Bei jeweils gleicher Betriebsweise ist die Höhe des spezifischen Energieverbrauchs gegenläufig zur Ofengröße. Für einen 10 t - Ofen ist z.B. mit einem Mehrverbrauch von etwa 30 kWh/t zu rechnen, da die äußere Wärmeverlustleistung nicht im gleichen Maße wie die Ofenfassung zurückgeht.

Der spezifische Stromverbrauch für einen Mittelfrequenz - Induktionstiegelofen liegt trotz der zusätzlichen Energieverluste des Frequenzumrichters häufig niedriger als beim NFTO. Die wesentlichen Gründe liegen darin, daß der MFTO bei gleicher Schmelzleistung kompakter ist, und daß er sich für die diskontinuierliche Betriebsweise eignet und somit nicht warmgehalten zu werden braucht. Im Induktionswirkungsgrad liegen beide Ofentypen mit rd. 80 % gleich. Als typischer Bereich für MFTO zwischen 2 und 8 t Nennfassung für Gußeisen kann mit Verbrauchswerten zwischen 580 und 570 kWh/t gerechnet werden.

8.8.3 Anwendung

Das größte Anwendungsfeld für das induktive Schmelzen ist die Eisengießerei. Hier wird Gußeisen durch Erschmelzen von Roheisen, Schrott und Kreislaufmaterial erzeugt, wobei zum Einstellen einer gewünschten Materialzusammensetzung Legierungsträger und andere Zuschläge zugegeben werden. Das dafür immer noch am häufigsten verwendete Aggregat ist der Kupolofen, ein koksbeheizter Schachtofen. Daneben setzt sich aber für das Einschmelzen zunehmend der Induktions - Tiegelofen durch. Er weist beträchtliche Vorteile metallurgischer und betrieblicher Art auf:

- Flexibilität hinsichtlich des Einsatzmaterials, da die Legierungszusammensetzung jederzeit durch Zugaben korrigiert werden kann. Damit verbunden ist eine sehr genaue Einstellmöglichkeit der gewünschten Analyse. Der Materialverlust durch Abbrand und die daraus folgende Veränderung der Legierungszusammensetzung sind sehr gering. Legierungswechsel sind problemlos und schnell möglich.
- Homogenität der Schmelze hinsichtlich Zusammensetzung und Temperatur aufgrund der Badbewegung. Dadurch kann auch die erforderliche Abgußtemperatur genau eingehalten werden.
- Vielseitigkeit der Betriebsweise (je nach Anforderungen der Gießstrecke und Ofentyp chargenweiser Betrieb mit jeweils vollständiger Leerung oder quasikontinuierlicher Betrieb mit häufiger Entnahme geringer Mengen).
- Einfachheit der Bedienung, dadurch geringer Personalbedarf bei relativ angenehmen Arbeitsbedingungen.

- Umweltfreundlichkeit: Es entstehen keine Verbrennungsabgase und der Staubanfall ist viel geringer als beim Kupolofen.

Werden sowohl das Einschmelzen als auch das anschließende Überhitzen im selben Ofen vorgenommen, so spricht man von "*Simplex – Betrieb*".
Beim "*Duplex – Betrieb*" wird dagegen das eingeschmolzene Material in einem anderen Aggregat überhitzt. Dabei sind beliebige Kombinationen der Schmelzaggregate Kupolofen bzw. Induktions – Tiegelofen mit den Überhitzungsaggregaten Induktions – Tiegelofen bzw. Induktions – Rinnenofen möglich. Dazu können noch Speicher – und Vergießöfen zum Warmhalten und kurzzeitigen Puffern treten. Durch diese Entkopplung wird die Bereitstellung überhitzten Materials wesentlich flexibler. Es kann z.B. der leistungsintensive Einschmelzvorgang in einem Induktions – Tiegelofen zur Verringerung der Stromkosten in die nächtliche Schwachlastzeit gelegt werden, während die Gießstrecke nur am Tage betrieben wird. Auch ist es dadurch bei entsprechender Konzeption der Anlagen möglich, die Kapazitäten besser auszunutzen.

Ob zum Überhitzen und Warmhalten beim Duplex – Betrieb der Induktions – Tiegelofen oder der Induktions – Rinnenofen vorzuziehen ist, hängt von mehreren Faktoren ab, die hauptsächlich auf die Eigenarten des Rinnenofens zurückzuführen sind. Dieser kommt nur dann in Frage, wenn keine Analysenkorrektur mehr erfolgen muß und kein grundsätzlicher und häufiger Legierungswechsel stattfindet. Unter dieser Voraussetzung besitzt der Rinnenofen zwei Vorteile:

- Die Anlagenkosten, bezogen auf das Fassungsvermögen, sind geringer als beim Tiegelofen.
- Der elektrische Leistungsbedarf bei gleicher Nutzfassung ist aufgrund des höheren Induktionswirkungsgrades ebenfalls geringer als beim Tiegelofen.

Vom Leistungsbedarf kann jedoch nicht ohne weiteres auf den spezifischen Energieaufwand geschlossen werden. Da der Rinnenofen auch in arbeitsfreien Schichten und an Wochenenden mit flüssigem Sumpf warmgehalten werden muß, kann er durchaus energetisch ungünstiger sein.

Der Induktions – Tiegelofen arbeitet entweder mit Netzfrequenz oder mit Mittelfrequenz. Unter technologischen und wirtschaftlichen Gesichtspunkten ist der Netzfrequenz – Tiegelofen als Einschmelzaggregat vorteilhaft für mittlere bis hohe Schmelzraten bei gleicher Schmelzgutzusammensetzung und für mehrschichtige Betriebsweise. Des weiteren eignet sich der NFTO sowohl zum Speichern, Überhitzen, Warmhalten und Vergießen, also auch zum Duplexbetrieb in Kombination mit anderen Anlagen.

Der Mittelfrequenz-Induktionstiegelofen (MFTO) wird dem NFTO meist dann vorgezogen, wenn die höheren Investitionen für die Frequenzumwandlung aufgewogen werden durch einen oder mehrere der folgenden Vorteile:

- die höhere spezifische Leistung bei vorgegebener Ofengröße und die damit kurzen Schmelzzeiten,
- häufiger Legierungswechsel, verbunden mit vollkommener Entleerung des Ofens,
- Anfahren ohne Restsumpf und mit kleinstückigem Einsatzgut,
- Einhalten kurzer Reaktionszeiten zwischen Schmelze und Innenwand durch hohe spezifische Leistung und somit kleine Schmelzzeiten, sowie
- Vermeiden von Abbrandverlusten, besonders bei hochwertigen Legierungen.

Das problemlose Anfahren des Ofens wirkt sich besonders günstig bei einschichtigem Betrieb auf den Energieverbrauch aus.

9 Dielektrische Erwärmung

Die dielektrische Erwärmung beruht auf dem Prinzip der Wärmeerzeugung in elektrisch polarisierten, meist nichtleitenden Stoffen unter der Einwirkung eines hochfrequenten elektrischen Feldes. Die Grundlagen hierzu sind in Abschn. 5.2 behandelt. Dort ist auch die Grundgleichung (5.33) für die *Leistungsintensität* bei der dielektrischen Erwärmung hergeleitet:

$$p = 2\pi f \varepsilon_0 \varepsilon_r'' E^2 . \tag{9.1}$$

Der zeitliche Mittelwert der je Volumeneinheit in Wärme umgewandelten Leistung ist also umso höher,

- je größer die Feldstärke des äußeren elektrischen Feldes E an dieser Stelle ist (weil davon das Dipolmoment abhängt),
- je höher die Schwingungsfrequenz f dieses Feldes ist (mit jeder Umpolung des Feldes müssen sich die Dipole neu ausrichten),
- je größer der dielektrische Verlustwert ε_r'' des Stoffes an dieser Stelle ist.

Bei der dielektrischen Erwärmung unterscheidet man zwei Technologien:

- *Hochfrequenzerwärmung* im elektrischen Feld eines Kondensators,
- *Mikrowellenerwärmung* im elektromagnetischen Strahlungsfeld von fortschreitenden oder stehenden Wellen.

9.1 Kondensatorfelderwärmung

9.1.1 Frequenz, Feldstärke, Elektrodenanordnung

Bei der Hochfrequenzerwärmung im Kondensatorfeld wird eine Spannung mit einer Frequenz im Bereich zwischen 2 und 100 MHz zwischen zwei oder mehreren Elektroden angelegt. In *Tafel 9.1* sind die drei Frequenzbänder innerhalb dieses Bereiches genannt, innerhalb derer die zulässige nach außen

Tafel 9.1 Industriefrequenzen für die Kondensatorfelderwärmung [77]

Frequenz MHz	Wellenlänge m	Toleranz %
13,560	22,12	±0,06
27,120	11,06	±0,6
40,680	7,37	±0,05

abgestrahlte Störfeldstärke keiner Begrenzung unterliegt. Die mittlere dieser drei Industriefrequenzen ist, schon wegen der größeren Toleranz, am gebräuchlichsten.

Die Spannung zwischen den Elektroden muß auf Werte beschränkt werden, bei denen zuverlässig auszuschließen ist, daß an irgendeiner Stelle elektrische Durchschläge oder Überschläge stattfinden können. Die elektrische Feldstärke muß deshalb überall genügend unterhalb der betreffenden Durchschlagsfeldstärke liegen. Dies gilt nicht nur für das Innere des zu erwärmenden Gutes, das ja in der Regel den Raum zwischen den Elektroden nicht vollständig ausfüllt, sondern auch für die lufterfüllten Zwischenräume. Dort sollte bei normal trockener Luft unter atmosphärischem Druck die Feldstärke auf Werte um 3 kV/cm begrenzt werden. Bei Trocknungsprozessen kann die Durchschlagsfeldstärke infolge von Feuchtigkeitsanreicherung im Luftspalt und Kondensation z.B. an den kalten Elektroden wesentlich reduziert sein, so daß unter diesen Bedingungen die Feldstärke an den Elektroden nicht über 1 bis 1,5 kV/cm hinausgehen darf. Zu beachten ist, daß an Stellen unregelmäßiger Feldgeometrie eine erhöhte Feldstärke herrschen kann, z.B. an konvexen Krümmungen von Formelektroden, aber auch an inhomogenen Stellen im Gut. Außerdem ist die Spannung nicht an jedem Punkt der Elektroden die gleiche. Vor allem bei schmalen, langgestreckten Elektrodenformen ergeben sich mit zunehmender Entfernung von der Einspeisestelle Spannungserhöhungen aufgrund von Wellenphänomenen, was durch Mehrfacheinspeisung unter Verwendung von Anpaßgliedern vermieden werden kann.

Form und Anordnung der Elektroden können je nach Erwärmungsaufgabe sehr unterschiedlich sein. Das Ziel ist dabei stets, das elektrische Feld so zu gestalten, daß die angestrebte Erwärmungsaufgabe bestmöglich erfüllt wird (z.B. schnelle/gleichmäßige/partielle/selektive Erwärmung eines homogenen/inhomogenen Gutes gegebener Größe und Form). Häufig wird ein Heizkondensator mit planparallelen Platten verwendet, gebräuchlich sind auch Formelektroden und Streufeldelektroden.

9.1.2 Energieversorgung

Zur Energieversorgung dient ein Röhrengenerator, der in Aufbau und Funktion weitgehend den für die induktive HF – Erwärmung verwendeten Anlagen entspricht (s. Abschn. 8.2.6).

Eine weitere Möglichkeit besteht in der Frequenzerzeugung durch einen Quarzoszillator mit nachgeschaltetem Leistungsverstärker. Der besondere Vorteil hierbei ist, daß die Frequenz ohne besonderen Aufwand konstant gehalten werden kann.

Als Verbindungsleitung zwischen Generator und Heizkondensator dient ein konzentrisches Kabel oder eine Lecherleitung. Eine sorgfältige Abschirmung von Generator, Heizkondensator und Leitung ist Voraussetzung dafür, daß Funkstörungen vermieden werden.

Durch ein entsprechend bemessenes Anpaßglied kann die Ausbildung stehender Wellen auf der Leitung verhindert werden, so daß die erzeugte HF – Leistung praktisch vollständig in den Arbeitskondensator gelangt und dort in Wärme umgesetzt wird. Im Falle eines frequenzstabilisierten Generators kann durch Verstellen dieses Anpaßgliedes die Nutzleistung reduziert werden. Eine andere Möglichkeit zur Leistungseinstellung besteht darin, den Elektrodenabstand des Arbeitskondensators und damit die wirksame Feldstärke zu verändern.

9.1.3 Erwärmung im Plattenkondensator

Homogenes Gut

Besteht die Erwärmungsaufgabe darin, ein homogenes, elektrisch nichtleitendes Gut gleichmäßig zu erwärmen, so ist zunächst eine einheitliche Feldstärke im gesamten Gutsvolumen anzustreben. Diese Bedingung ist im Heizkondensator mit planparallelen Platten näherungsweise erfüllt, wenn das Erwärmungsgut eine quaderähnliche Form aufweist und nach den Seiten hin genügend weit durch die Elektrodenplatten überragt wird.

Die prinzipielle Anordnung eines quaderförmigen homogenen Erwärmungsgutes in einem Plattenkondensator ist in *Bild 9.1* skizziert. Normalerweise befindet sich zwischen Kondensatorplatten und Erwärmungsgut ein Luftspalt. Damit dort nicht die Durchschlagsfeldstärke E_d erreicht wird, muß die Spannung U zwischen den Platten unterhalb des Grenzwertes U_d liegen, der in *Bild 9.2* in Abhängigkeit vom Füllfaktor d/D dargestellt ist:

$$U_d = E_d\, D\left[1 - \frac{d}{D}\left(1 - \frac{1}{\varepsilon_r^*}\right)\right] . \tag{9.2}$$

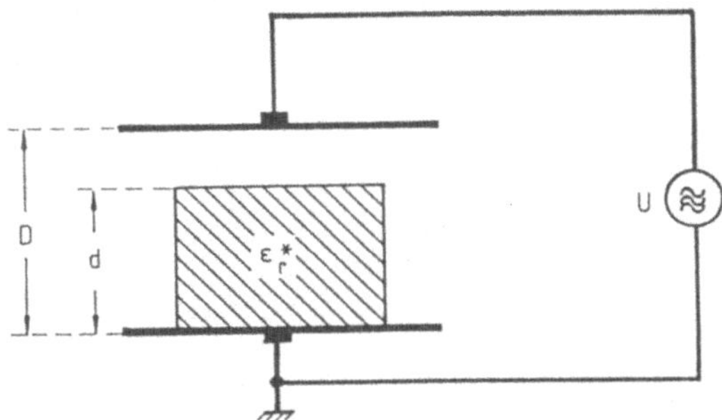

Bild 9.1 Erwärmungsgut im Heizkondensator

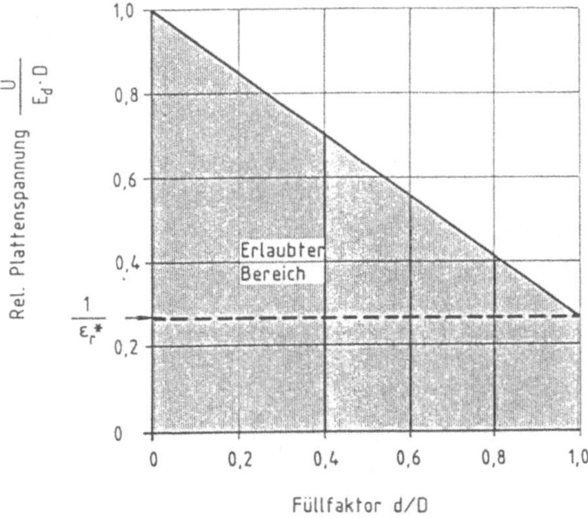

Bild 9.2 Höchstzulässige Spannung zwischen den Platten eines Heizkondensators

Bei einem Füllfaktor nahe Eins, d.h. sehr kleinem Luftspalt, wird der zulässige Wert für die Plattenspannung durch den Reziprokwert der Permittivitätszahl ε_r^* des Erwärmungsgutes bestimmt.

Die Leistung je Volumeneinheit (Leistungsintensität p), die das Erwärmungsgut im Heizkondensator aufnimmt, ist von folgenden Faktoren abhängig:

- Spannung U an den Kondensatorplatten,
- Abstand D der Kondensatorplatten,
- Dicke d des Erwärmungsgutes,
- dielektrische Kenngrößen ε_r^* und $\tan\delta$ des Erwärmungsgutes.

Bei einer höchstzulässigen Feldstärke E_{zul} im Luftspalt ist

$$p_{max} = 2\,\pi\,f\,\varepsilon_0\,E_{zul}^2\,\frac{\tan\delta}{\varepsilon_r^*}\,. \tag{9.3}$$

In *Bild 9.3* ist die erreichbare Leistungsintensität p_{max} für die Erwärmung einiger Stoffe bei den drei Industriefrequenzen aufgeführt, wenn im Luftspalt eine Feldstärke von $E_{zul} \leqq 3$ kV/cm zugelassen wird. Die hiermit sich ergebenden Erwärmungsgeschwindigkeiten liegen je nach Art des Stoffes und der Höhe der verwendeten Frequenz zwischen etwa 0,05 K/s (d.h. 3 K/min) und rd. 2 K/s.

Der zeitliche Verlauf der Erwärmungsleistung hängt davon ab, wie sich die Stoffwerte ε_r^* und $\tan\delta$ mit steigender Temperatur verändern. Dies ist für die einzelnen Materialien sehr verschieden; es kommen sowohl temperaturbegrenzende Selbstregeleffekte vor als auch eine Zunahme der Leistungsaufnahme und damit der Erwärmungsgeschwindigkeit mit wachsender Temperatur.

Werden an die Gleichmäßigkeit der Erwärmung sehr hohe Ansprüche gestellt, so kann es sich auch bei quaderförmigem Erwärmungsgut als notwendig erweisen, von der planparallelen Plattenanordnung für den Heizkondensator abzugehen, und zwar aus zwei Gründen:

- Die Spannung zwischen den Kondensatorelektroden nimmt im Falle großflächiger Platten und mittiger Einspeisung gegen den Rand hin ab.
- Über die Gutsoberfläche findet mit zunehmender Temperatur eine Wärmeabgabe an die Umgebung statt.

Durch eine leichte Konkavwölbung der Elektrodenplatten lassen sich die beiden Erscheinungen in gewissem Umfang kompensieren.

Geschichtetes Gut

Besteht ein Erwärmungsgut aus Schichten mit unterschiedlichen dielektrischen Stoffwerten, so gibt es zwei prinzipielle Möglichkeiten, die Grenzfläche zwi-

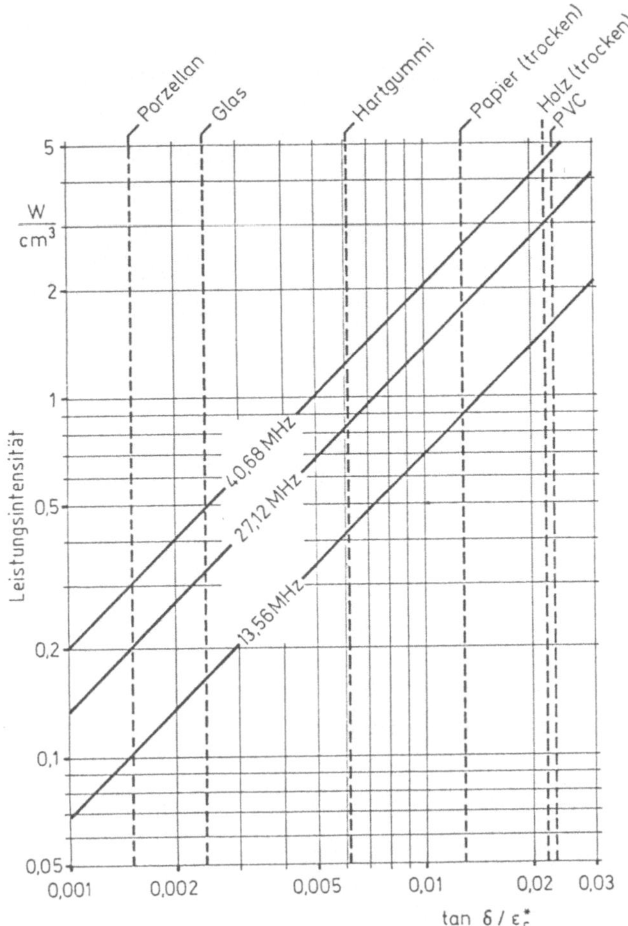

Bild 9.3 Erreichbare Leistungsintensität im Plattenkondensator

schen den Schichten in Bezug auf die Richtung des elektrischen Feldes auszurichten:

- Bei der *Längsfelderwärmung* verläuft das elektrische Feld tangential zur Grenzfläche.
- Bei der *Querfelderwärmung* steht die Richtung des elektrischen Feldes senkrecht zur Ebene der Grenzfläche.

In *Bild 9.4* sind diese beiden Erwärmungstypen anhand der Anordnung eines geschichteten Quaders in einem Plattenkondensator dargestellt und die charak-

	Längsfelderwärmung	Querfelderwärmung
Anordnung des Gutes:	① ② ①	① ② ①
	$\varepsilon^*_{r2} > \varepsilon^*_{r1}$	
Elektr. Feldstärke: im Luftspalt im Medium ② im Medium ①	$E_L < E_{d,L}$ $E_2 = E_L/\varepsilon^*_{r2}$ $E_1 = E_2$	$E_L < E_{d,L}$ $E_2 = E_L/\varepsilon^*_{r2}$ $E_1 = E_2 \cdot \frac{\varepsilon^*_{r2}}{\varepsilon^*_{r1}} > E_2$
Leistungsintensität: im Medium ② im Medium ①	$p_2 = 2\pi f \varepsilon_0 \varepsilon''_{r2} \cdot E_2^2$ $p_1 = p_2 \cdot \frac{\varepsilon'_{r1}}{\varepsilon'_{r2}} \cdot \frac{\tan\delta_1}{\tan\delta_2} < p_2$	$p_2 = 2\pi f \varepsilon_0 \varepsilon''_{r2} \cdot E_2^2$ $p_1 \approx p_2 \cdot \frac{\varepsilon'_{r2}}{\varepsilon'_{r1}} \cdot \frac{\tan\delta_1}{\tan\delta_2}$
Charakteristik der Erwärmung:	Selektive Erwärmung von Medium ②	Tendenz zur selektiven Erwärmung uneinheitlich

Bild 9.4 Erwärmung eines geschichteten Gutes im Plattenkondensator

terisierenden Größen der elektrischen Feldstärke und der Leistungsintensität jeweils für die Schichten 1 und 2 zueinander in Relation gesetzt. Geht man davon aus, daß die zulässige Feldstärke im Luftspalt, E_L, unter der Durchschlagsfeldstärke $E_{d,L}$ bleiben muß, so ist dadurch in beiden Anordnungen die erreichbare Feldstärke in der Schicht mit der höheren Permittivität (Schicht 2) festgelegt. Die Schicht mit der geringeren Permittivität (Schicht 1) weist im Falle der Längsfelderwärmung die gleiche elektrische Feldstärke auf, während diese bei Querfelderwärmung größer ist als in Schicht 2.

Für die Leistungsintensität in den beiden Schichten folgt daraus:

- Bei der Längsfelderwärmung ist die Leistungsintensität in der Schicht 1 geringer als in Schicht 2, d.h. die Schichten mit der größeren Permittivität ε_r^* werden schneller und stärker erwärmt (*"selektive Erwärmung"*).
- Bei der Querfelderwärmung ist die Tendenz zur selektiven Erwärmung des Stoffes mit dem größeren ε_r^* deutlich schwächer ausgeprägt und kann sich sogar ins Gegenteil verkehren.

Handelt es sich bei der Schicht 2 um ein wäßriges Dielektrikum (wie z.B. eine Leimschicht bei der Holzverleimung), so bewirkt die elektrische Leitfähigkeit aufgrund der teilweisen Dissoziation in dieser Schicht eine zusätzliche Entwicklung JOULEscher Wärme im Falle der Längsfeldanordnung. Dabei erhöht sich die Selektivität der Erwärmung noch über das Maß hinaus, das durch die Gesetze des Kondensatorfeldes gegeben ist.

9.1.4 Andere Kondensatorarten

Außer dem Plattenkondensator gibt es noch eine Reihe anderer Möglichkeiten für Form und Anordnung der Elektroden. Für die Auswahl sind im wesentlichen zwei Ziele maßgebend:
- konstante Feldstärke in dem zu erwärmenden Gutsvolumen zum Zweck einer gleichmäßigen Erwärmung auch bei nicht quaderförmigem Gut;
- möglichst hohe Feldstärke in dem zu erwärmenden Gutsvolumen und damit möglichst hohe Leistungsintensität, ohne daß in den angrenzenden Luftschichten die Durchschlagsfeldstärken erreicht werden.

Formelektroden

Bringt man ein Gut von ungleichmäßiger Dicke in einen Kondensator mit planparallelen Plattenelektroden vom Abstand D (*Bild 9.5a*), so ist die Feldstärke E im Gut abhängig von der örtlichen Gutsdicke d:

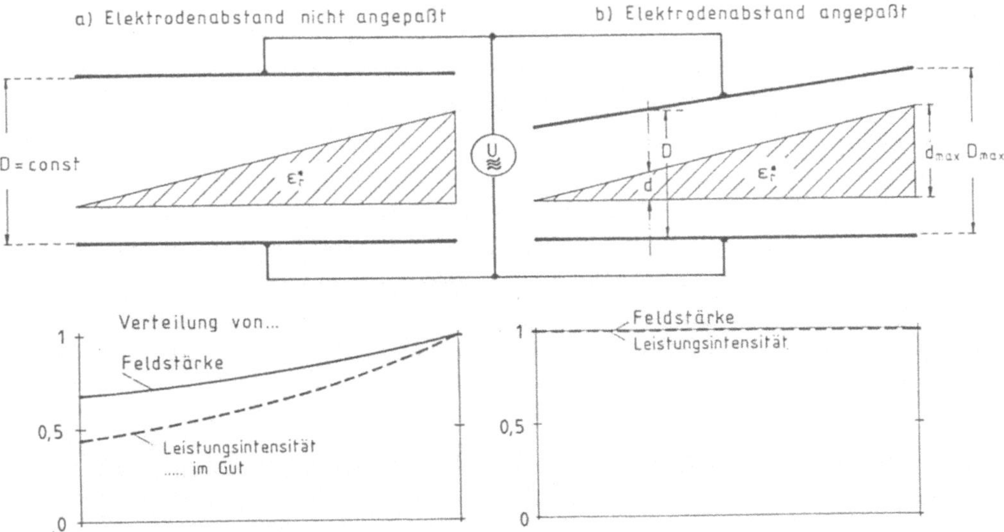

Bild 9.5 Erwärmung eines Gutes von ungleichmäßiger Dicke im Kondensatorfeld

$$E = \frac{U/D}{\varepsilon_r^* - (\varepsilon_r^* - 1)\, d/D} . \tag{9.4}$$

Da die Leistungsintensität im Gut nach Gl. (9.1) quadratisch von der Feldstärke im Gut abhängt, erwärmen sich dabei die dickeren Stellen des Gutes schneller als die dünneren. Will man eine Reduzierung der Leistungsintensität an den dünneren Stellen des Gutes vermeiden, so muß man dort den Elektrodenabstand vermindern (*Bild 9.5b*), so daß für die Zuordnung von Elektrodenabstand D und Gutsdicke d an jeder Stelle gilt:

$$D_{max} - D = (d_{max} - d)(1 - 1/\varepsilon_r^*) . \tag{9.5}$$

Diese Vorschrift trifft auch für unregelmäßig geformte Güter zu, solange ihre Oberfläche nur sanft geschwungen ist. Ist sie stark zerklüftet oder weist sie ausgeprägte Spitzen, Kanten, Krater o.ä. auf, so treten dort Abweichungen vom normalen Feldverlauf auf, die sich mit Hilfe von Formelektroden i.a. nicht ausgleichen lassen.

Streufeldelektroden

Während bei einer Anordnung der Elektroden als Platten mit geringem Abstand voneinander sich das elektrische Feld im wesentlichen auf den Innenraum des Heizkondensators beschränkt, erstreckt sich bei nichtflächigen Streufeldelektroden das elektrische Feld nach allen Seiten hin. Daher ist eine besonders sorgfältige elektrische Abschirmung gegen den Außenraum notwendig.

Die Anwendung von Streufeldelektroden hat Vorteile gegenüber Plattenelektroden in den Fällen, in denen dünne, langgestreckte Güter oder Teile davon einer dielektrischen Erwärmung unterzogen werden sollen. Durch geeignete Formgebung und Anordnung von Streufeldelektroden kann man eine Lage des Gutes in möglichst spitzem Winkel zur Feldrichtung und damit eine Annäherung an die Verhältnisse bei Längsfelderwärmung erreichen. Mit dieser Art der "*Schrägfelderwärmung*" ist vor allem in Materialien hoher Permittivität eine höhere Leistungsintensität erzielbar als bei einer Querfelderwärmung zwischen Plattenelektroden. Dieser Vorteil ist anhand eines Zahlenbeispiels in *Bild 9.6* dargestellt.

Besitzt der Kondensator Plattenelektroden (Fall *a*), so schneiden die elektrischen Feldlinien das Gut senkrecht und die Feldstärke im Gut erreicht bei den zugrundegelegten Daten einen Wert von 0,5 kV/cm, was zu einer Leistungsintensität von 0,56 W/cm^3 führt.

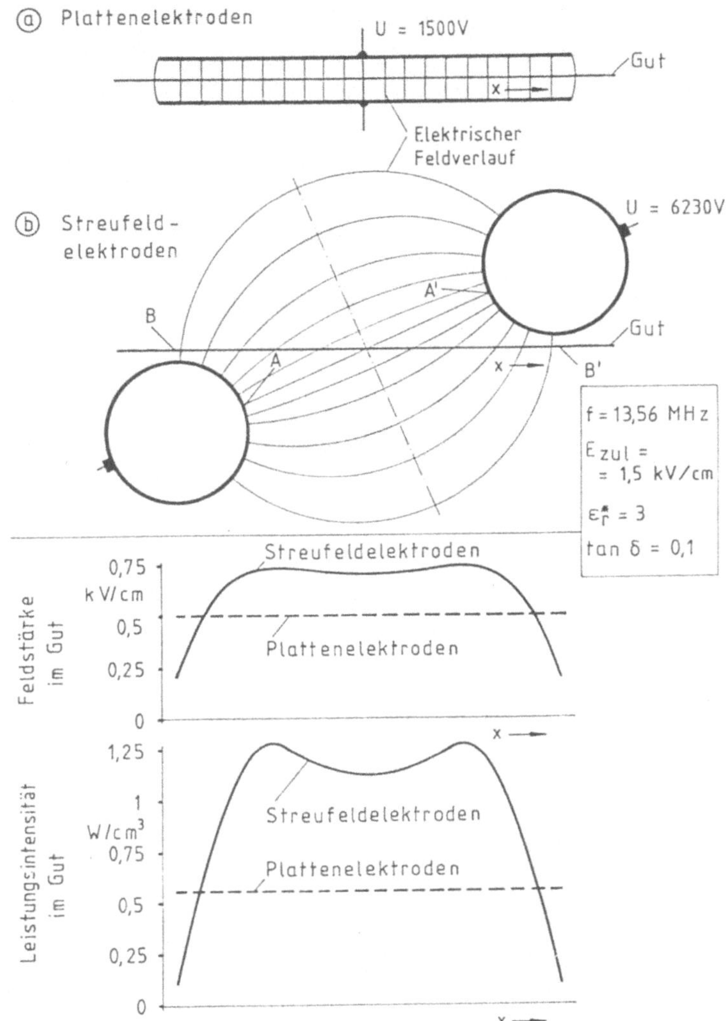

Bild 9.6 Erwärmung eines dünnen Gutes im Kondensatorfeld

Als Fall *b* ist ein Paar zylindrischer Streufeldelektroden in Diagonalanordnung aufgeführt. Anders als beim Plattenkondensator ist hier die elektrische Feldstärke örtlich ungleichmäßig, die Höchstwerte treten an der Oberfläche der Zylinderelektroden (Punkte A und A') auf. Zur Vermeidung von Koronaentladung darf dort ein höchstzulässiger Wert für die Feldstärke, $E_{zul,L}$, nicht überschritten werden. Geht man von dieser Voraussetzung aus, so ist die Spannung, die man zwischen den Zylinderelektroden anlegen darf, abhängig vom Verhältnis Mittelpunktabstand:Durchmesser der Elektroden. Das Optimalverhältnis hat den Wert 2,925, da dann die zulässige Spannung maximal ist.

Die Streufeldelektroden sollen grundsätzlich möglichst nah an dem zu erwärmenden Gut sitzen. Insbesondere bei Durchlauferwärmung muß jedoch vermieden werden, daß die durchlaufende Gutsbahn an den Elektroden scheuert. An den Punkten B und B' ist die Feldstärke im Gut auf rd. 0,25 kV/cm reduziert. Im Raum dazwischen liegt die Feldstärke im Gut jedoch durchweg höher als im Fall der Plattenelektroden, obwohl die Feldstärke in der an das Gut angrenzenden Luft zur Mitte zwischen den Punkten B und B' hin stark abnimmt. Jedoch wird gleichzeitig der Neigungswinkel, unter dem die Feldlinien auf die Gutsoberfläche auftreffen, recht groß. Dadurch dominiert die Tangentialkomponente der Feldstärke, die sich unverändert in das Gut hinein fortsetzt.

Im unteren Diagramm von *Bild 9.6* sind die Verläufe der Leistungsintensität im Gut aufgetragen. Durch Integrieren über die Strecke zwischen den Punkten B und B' ergibt sich im betrachteten Beispielfall, daß mit den Streufeldelektroden eine knapp doppelt so große Erwärmungsleistung in die Gutsbahn eingetragen werden kann, als das auf der gleichen Länge mit Plattenelektroden möglich ist. Gemeinsame Randbedingung ist dabei die gleiche maximal zugelassene Feldstärke in Luft von 1,5 kV/cm.

Oft ist es erwünscht, die Schrägfelderwärmung durch Streufeldelektroden über eine größere Gutslänge hin anzuwenden. Hierfür bestehen im Prinzip zwei Möglichkeiten: Entweder man vergrößert den Elektrodenabstand, was natürlich eine entsprechende Erhöhung der angelegten Spannung und des Elektrodendurchmessers erfordert. Dieser Weg wird jedoch wegen der hohen erforderlichen Spannung und des großen Streuanteils des elektrischen Feldes nicht beschritten. Man erhöht in solchen Fällen die Anzahl der Elektroden, die dann entweder im Zickzack (auf beiden Seiten des Gutes) oder in einer Reihe (auf einer Seite des Gutes) angeordnet und alternierend an die beiden Pole der Spannungsquelle angeschlossen sind. Die Hauptvorteile einer solchen Addition von Elektroden sind:

- Die zu verwendende Spannung erhöht sich dadurch nicht.
- Streubereich und Streustärke des elektrischen Feldes bleiben relativ gering, da sie ab einer gewissen Entfernung praktisch nur noch durch die ganz außen liegenden Elektroden verursacht werden.

9.1.5 Spannungsverteilung an den Kondensatorelektroden

Bei den verwendeten hohen Frequenzen werden die aus der Leitungstheorie bekannten Wellenphänomene wirksam. Man kann also nicht mehr ohne weiteres annehmen, daß der Effektivwert U_0 der Spannung am Einspeisepunkt unverändert für die gesamte Elektrodenausdehnung gilt. Für schmale langgestreckte Elektrodenformen erhöht sich die Spannung mit zunehmender Entfernung von der Einspeisestelle. Die maximal auftretende Spannung

$$U_{max} = \frac{U_0}{\cos(2\pi L_{max}/\lambda)} \qquad (9.6)$$

bestimmt sich aus dem Verhältnis der größten vorkommenden Entfernung L_{max} an irgendeiner Stelle der Platte von der nächsten Einspeisestelle zu der Wellenlänge λ im Kondensator bei der Arbeitsfrequenz f. Hierbei gilt:

$$\lambda = \frac{c_0}{f\,\varepsilon_r'^{\,1/2}} \,. \qquad (9.7)$$

$c_0 = 0{,}3 \cdot 10^9$ m/s ist die Lichtgeschwindigkeit im Vakuum.

Die Spannungserhöhung ist zum einen deswegen problematisch, weil sie u.U. zur lokalen Überschreitung der Durchschlagsfeldstärke im Kondensator führen kann, zum anderen wird dadurch die Leistungsintensität in dem zu erwärmenden Gut ungleichmäßig.

In *Bild 9.7* ist der Sachverhalt anhand eines Zahlenbeispiels erläutert. Die Wellenlänge einer Schwingung von 27,12 MHz in einem Erwärmungsgut der Permittivitätszahl $\varepsilon_r' = 2{,}75$ beträgt 6,67 m. Werden die 1 m langen Kondensatorplatten nur an einem Ende an die Spannung U_0 gelegt (Fall *a*), so tritt am anderen Ende eine um 70 % erhöhte Spannung auf, was dort nahezu zu einer Verdreifachung der Leistungsintensität führt. Wird dagegen in Elektrodenmitte eingespeist (Fall *b*), so geht die Spannungserhöhung auf rd. 12 % zurück, was mit einer Steigerung der Leistungsintensität an den Elektrodenenden von rd. 26 % verbunden ist. Noch wesentlich gleichmäßiger werden die Verteilungen von Spannung und Leistungsintensität, wenn zwei Einspeisestellen zweckmäßig angeordnet sind (Fall *c*).

Günstigere Verhältnisse ergeben sich bei großflächigen Plattenelektroden. Liegt der Einspeisepunkt im Zentrum der Platte, so wird die Spannung gegen den Plattenrand hin allmählich kleiner. Zwar ist somit auch hier die Spannung zwischen den Kondensatorplatten nicht überall die gleiche, jedoch kann man davon ausgehen, daß die Einspeisespannung an keiner Stelle überschritten wird. Dadurch lassen sich die maximal auftretenden Feldstärken wesentlich sicherer bestimmen.

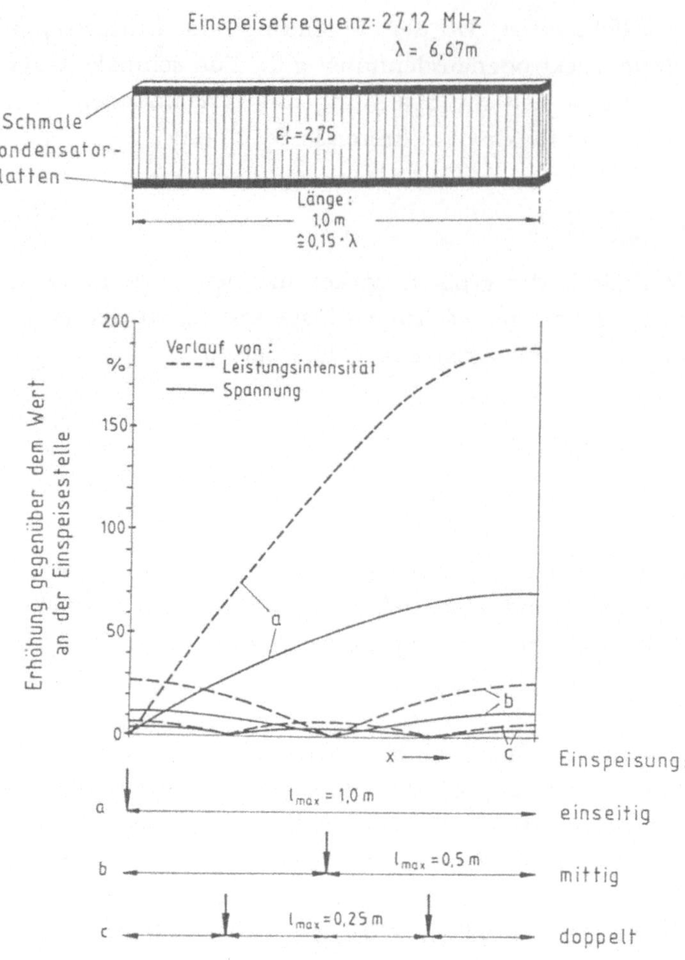

Bild 9.7 Spannung und Leistungsintensität in einem schmalen Heizkondensator

9.1.6 Hochfrequenz – Trocknung

Erwärmt man ein wasserhaltiges Gut im Kondensatorfeld, so gelten die in Abschn. 5.2.5 behandelten Gesetzmäßigkeiten des gemischt leitenden Dielektrikums. Daraus ergeben sich für die Hochfrequenz – Trocknung folgende Besonderheiten gegenüber dem konventionellen thermischen Trocknen im Konvektionstrockner, Strahlungstrockner oder Kontakttrockner:

- Durchgreifender Trocknungseffekt: die zur Wasserverdampfung notwendige Wärme wird unmittelbar im Inneren des zu trocknenden Gutes aus der

Energie des hochfrequenten elektrischen Feldes erzeugt. Statt der üblichen, von außen nach innen fortschreitenden thermischen Trocknung ist also beim Hochfrequenz-Trocknen eine weitgehend gleichmäßige Reduzierung der Feuchte im gesamten Gutsvolumen erreichbar.

- Selektive Energieaufnahme der Wasserpartikeln: Da die Wassermoleküle einen besonders ausgeprägten Dipolcharakter besitzen, sind sie besonders zur Aufnahme elektrischer Energie und ihrer Umwandlung in Wärme befähigt. Hinzu kommt noch eine Entwicklung JOULEscher Wärme, da die Moleküle des feuchten Materials teilweise in Ionen dissoziiert sind und damit eine OHMsche Leitfähigkeit aufweisen. Wie stark die Selektivität der Energieaufnahme zwischen Wasserpartikeln und Trockensubstanz an jeder Stelle des zu trocknenden Gutes ausgeprägt ist, hängt allerdings vom lokalen Feuchtegrad ab. Während für einen Wassergehalt über etwa 10 % (bezogen auf die Masse an Trockensubstanz) die Energieabsorption praktisch ausschließlich in den Wasserpartikeln vor sich geht und sich die Trockensubstanz lediglich mittelbar erwärmt, verschwindet die Fähigkeit der selektiven Energieaufnahme der Wasserpartikeln, wenn der Wassergehalt nur mehr wenige Prozent beträgt.

- Rückgang der Energieaufnahme des Trocknungsgutes mit abnehmendem Wassergehalt. Wie *Bild 9.8* am Beispiel von Fichtenholz zeigt, hängt der für die Energieaufnahme maßgebliche dielektrische Verlustwert ε_r'' sehr stark vom Wassergehalt des zu trocknenden Materials ab [49]. Entsprechend geht bei Annahme konstanter elektrischer Feldstärke die Leistungsumsetzung im Erwärmungsgut mit fortschreitender Trocknung zurück.

Wie sich diese Besonderheiten auf Verlauf und Ergebnis eines Trocknungsvorgangs auswirken, ist anhand von *Bild 9.9* schematisch dargestellt. Das zu trocknende Gut (z.B. Garnspulen) hat bei Trocknungsbeginn an seiner Oberfläche bereits etwas Wasser verloren. Beim Vergleich zwischen Hochfrequenz-Trocknung in einem plattenförmigen Heizkondensator und Konvektionstrocknung in einem Heißluftofen ergeben sich für die Hochfrequenz-Trocknung folgende Vorteile:

- *Schnellere Trocknung*: Eine angestrebte Endfeuchte u_E wird aufgrund der höheren Trocknungsgeschwindigkeit wesentlich rascher erreicht. Die höchstzulässige Trocknungsgeschwindigkeit ist durch die Dampfdurchlässigkeit des zu trocknenden Materials begrenzt, da es bei zu hohen Verdampfungsraten zu übermäßigem Druckanstieg und folglich zu inneren Zerstörungen des Stoffgefüges kommen kann.

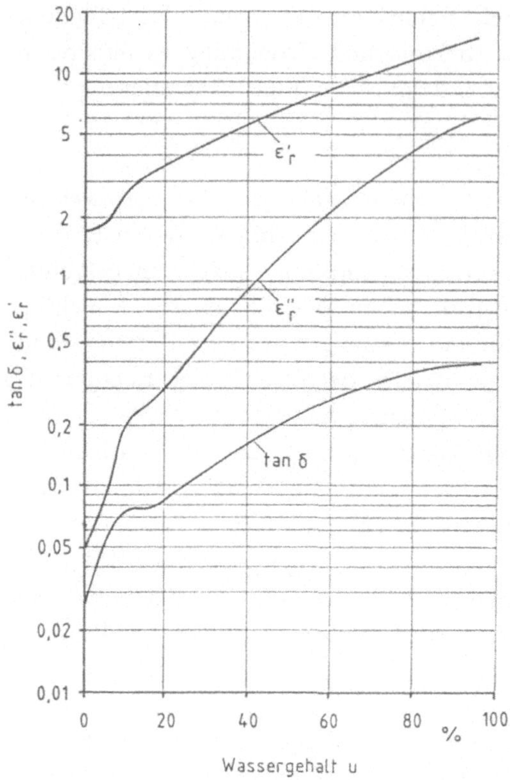

Bild 9.8 Dielektrische Kenngrößen von Fichtenholz im Radialschnitt (f= 27,12 MHz)

- *Gleichmäßigere Trocknung*: Die Unterschiede in der Endfeuchte an verschiedenen Stellen des Gutes sind äußerst gering, auch wenn zu Beginn des Trocknungsvorgangs das Gut einen lokal unterschiedlichen Wassergehalt aufgewiesen hat.
- *Einheitliche Trocknung*: Auch bei gleichzeitiger Trocknung mehrerer Stücke unterschiedlicher Anfangsfeuchte und/oder Größe bewirkt die individuell mit fortschreitender Trocknung zurückgehende Energieaufnahme einen Selbstregelungseffekt, der zu einem bemerkenswert einheitlichen Trocknungsergebnis führt, ohne daß dafür Aufwand hinsichtlich Temperatur- oder Feuchtemessung nötig wäre.
- *Geringere thermische Belastung des Gutes*: Die Temperatur des Gutes bleibt auch in der Phase der maximalen Trocknungsgeschwindigkeit geringer und nimmt danach in der Regel wieder ab, so daß die Gefahr der Überhitzung nicht gegeben ist, wie sie bei der Konvektionstrocknung vor allem für die Gutsoberfläche besteht.

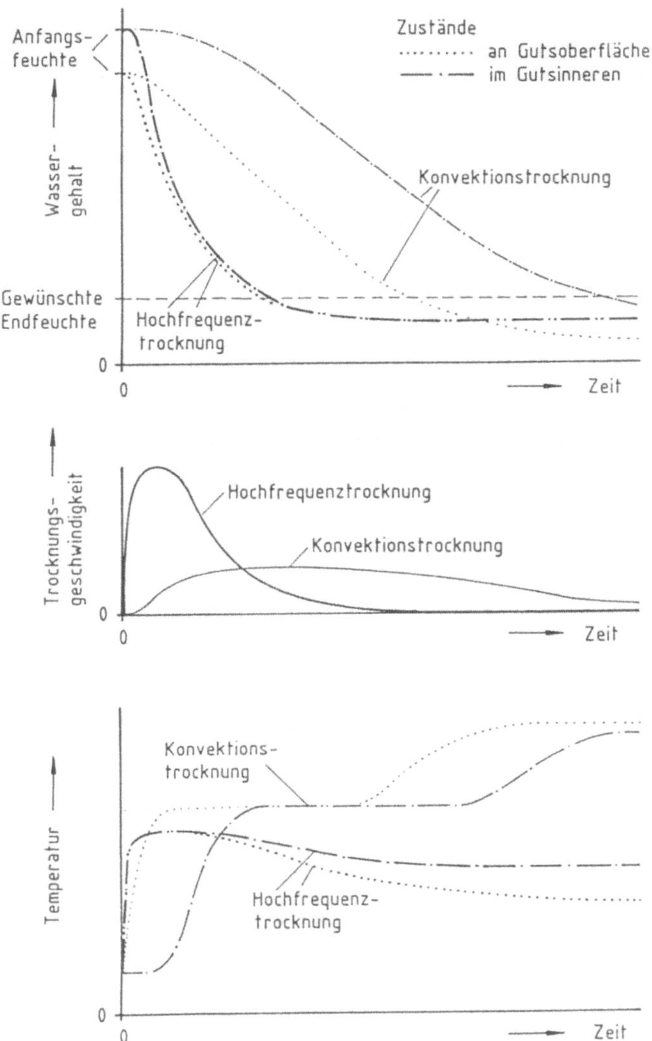

Bild 9.9 Vergleich der Abläufe bei Konvektionstrocknung und bei Hochfrequenztrocknung

9.1.7 Anwendungsgebiete

9.1.7.1 Allgemeines

Die Kondensatorfelderwärmung kommt für eine Vielzahl unterschiedlichster Anwendungsfälle in Frage. Das Potential an Einsatzmöglichkeiten ist heute bei weitem noch nicht ausgeschöpft. In vielen Fällen steht allerdings die HF-Erwärmung in Konkurrenz mit konventionellen thermischen Verfahren, wobei meist zwei Faktoren die Durchsetzung erschweren:

- Die Investitionskosten von Anlagen zur Kondensatorfelderwärmung sind relativ hoch.
- Gerade in Anwendungsbereichen, für die noch wenig Betriebserfahrungen vorliegen, muß eine Anlage zur Kondensatorfelderwärmung sehr sorgfältig geplant und erprobt werden, um die Risiken z.B. einer lokalen Materialüberhitzung zuverlässig auszuschalten und ein optimales Erwärmungsergebnis zu erreichen.

Nicht immer ist eine Kondensatorfeldanlage wirtschaftlich vorteilhaft gegenüber ihren konventionellen Alternativen. Jedoch bestehen für diese Erwärmungstechnologie noch gute Aussichten für ein weiteres Vordringen, hauptsächlich aufgrund folgender Gesichtspunkte:

- Die Anlagen sind kompakt und ermöglichen einen viel schnelleren Prozeßablauf aufgrund der Wärmeerzeugung im Gutsinneren bzw. der selektiven Energieumsetzung bei Trocknungsprozessen. Dadurch können sich auch Vorteile beim spezifischen Energieverbrauch ergeben, trotz des relativ niedrigen Wirkungsgrades der HF – Erzeugung.
- Hinsichtlich Qualität, Gleichmäßigkeit und Reproduzierbarkeit des Erwärmungsergebnisses bietet die Kondensatorfelderwärmung oft entscheidende Vorteile. Diese kommen oft dann am besten zur Geltung, wenn die HF – Erwärmung als Nachschaltprozeß mit einem konventionellen Verfahren kombiniert wird.

Die Erwärmungsaufgaben, für die eine Kondensatorfelderwärmung in Betracht kommt, sind in *Tafel 9.2* zusammengestellt.

9.1.7.2 Schweißen von thermoplastischen Kunststoffen [11; 17; 99]

Thermoplastische Kunststoffolien oder – platten lassen sich durch dielektrische Erwärmung verschweißen, wenn ihre Dicke zwischen 0,1 und 1 mm liegt und ihr Verlustfaktor $\tan\delta > 0{,}01$ ist. Dies trifft in erster Linie für Materialien auf PVC – Basis zu.

An den zu verschweißenden Stellen (Punkt – oder Längsnähte) werden die Folien mit einem Druck zwischen 1 und 10 bar durch entsprechend geformte Elektroden aneinandergepreßt. Je nach der Foliendicke muß die angelegte Spannung so bemessen sein, daß eine Feldstärke von 50...60 kV/cm im Material nicht überschritten wird.

Tafel 9.2 Überblick über die wichtigsten Anwendungsbereiche der Kondensatorfeld – erwärmung

Vorgang	Materialien
Schweißen	Thermoplaste
Vorwärmen	warmhärtende Kunstharze, Gummi
Konservieren	tierische und pflanzliche Rohstoffe, Lebensmittel, Arzneien
Auftauen	Lebensmittel
Backen	Lebensmittel
Trocknen	Chemie – , Glas – , Textilfasern, Papier, Holz, Gießkerne, Lebensmittel
Verleimen	Holz, Zellstoffprodukte

Das Material wird im Raum zwischen den Elektroden dielektrisch erwärmt. Jedoch erfolgt diese Erwärmung nicht gleichmäßig über die gesamte Dicke; vielmehr bleiben wegen der Wärmeabfuhr über die Elektroden die Außenseiten der Folien zunächst relativ kühl. Deshalb beginnt die plastische Erweichung an den Innenseiten der Folien. Wenn nach wenigen Sekunden dieser Zustand eingetreten ist, verschweißen infolge des Anpreßdruckes die Folien miteinander. Gleichzeitig wird die HF – Spannung abgeschaltet, um ein weiteres Durchweichen der Folie zu vermeiden. Unter der Kühlwirkung der weiterhin angepreßten Elektroden erstarren die verschweißten Stellen sehr schnell.

Bei der Herstellung von Büro – , Spiel – und Sportartikeln, Kfz – Innenauskleidungen, Verpackungen usw. werden Anlagen mit einer HF – Leistung zwischen 1 und 100 kW je nach Foliendicke und Größe der zu verschweißenden Fläche eingesetzt.

9.1.7.3 Vorwärmung von Kunstharz – Preßmassen [11; 99]

Eine große Vielfalt von Teilen aller Art (wie z.B. Apparate – Gehäuse) wird aus warmhärtenden Kunstharzen durch Pressen geformt. Um die Fließfähigkeit zu verbessern und das anschließende Aushärten zu beschleunigen, werden die zu pressenden Massen vorgewärmt. Heizt man die Preßmassen durch Wärmezufuhr von außen im Ofen auf, so ergibt sich wegen der geringen Wärmeleitfähigkeit des Materials ein nach innen stark abfallendes Temperaturprofil, außerdem dürfen wegen der langen Aufheizzeit Maximaltemperaturen von ca. 90 °C nicht überschritten werden, um einen vorzeitigen Beginn der Aushärtung zu vermeiden.

Heute wird diese Vorwärmung des meist pulver-, granulat- oder tablettenförmigen Materials fast ausschließlich in Kondensatorfeldanlagen durchgeführt. Hierbei erreicht man eine sehr gleichmäßige Erwärmung des Materials in etwa 2 min auf rd. 120 °C, ohne daß vor Beendigung des anschließenden Preßvorgangs eine Aushärtung einsetzen würde. Bei dieser hohen Temperatur weist das zu pressende Material sehr gute Fließeigenschaften auf. Daher verringert sich der erforderliche Preßdruck um 20 bis 40 %, womit sich auch die Lebensdauer der Preßwerkzeuge erheblich verlängert und der Energiebedarf verringert. Für die Fertigungsqualität ist wichtig, daß auch bei dünnwandigen oder kompliziert geformten Preßstücken keine vorzeitigen lokalen Erstarrungen auftreten. Ein einwandfreies Durchhärten ist auch bei großen Wandstärken gewährleistet. Es ergibt sich eine wesentliche Verbesserung der mechanischen und elektrischen Eigenschaften der so erzeugten Produkte.

Je nach der zu erwärmenden Chargenmenge liegen die Anlagenleistungen zwischen 0,3 und 15 kW.

Anlagen bis 50 kW Leistung werden für die Vorwärmung phenolharzgebundener Schleifscheiben eingesetzt. Hierbei wird die kalt vorgepreßte Scheibe innerhalb einer Zeit von etwa 3 bis 10 min auf eine Temperatur von 80...100 °C erwärmt. Dies ergibt sehr gute Fließeigenschaften, wodurch man beim anschließenden Fertigpressen Schleifscheiben von sehr gleichmäßiger Härte und Dichte erhält.

9.1.7.4 Holzverleimung [11; 33]

Bei der dielektrischen Holzverleimung werden je nach Art der Holzverbindung ganz unterschiedliche Elektrodenanordnungen verwendet (*Bild 9.10*), um eine möglichst große Komponente des elektrischen Feldes in der Längsrichtung der Leimfuge zu erhalten. Dadurch wird die Leimfuge in sehr kurzer Zeit (einige s bis zu 2 min) auf die gewünschte Temperatur gebracht, während das Holz praktisch kalt bleibt. Die Vorteile sind hohe Produktionsgeschwindigkeit, geringer Energieverbrauch und Vermeidung von Überhitzungen im Holz. Je nach Anordnung können die Elektroden gleichzeitig auch die Stücke zusammenhalten und die zur Herstellung einer dauerhaften Verbindung erforderliche Anpreßkraft übertragen.

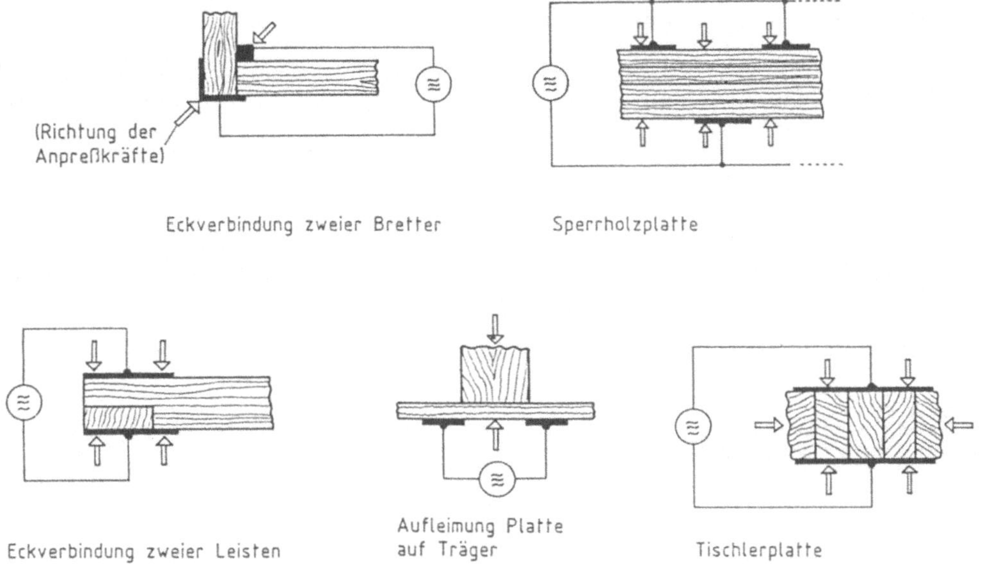

Bild 9.10 Elektrodenanordnungen zur dielektrischen Holzverleimung

Mit dem Vorgang der Polymerisation – bei den meist verwendeten Leimen auf der Basis warmhärtender Kunstharze ist dies bei einer Temperatur zwischen 90 und 130 °C der Fall – ändern sich die dielektrischen Kennwerte des Leimes erheblich. Der dielektrische Verlustwert geht bis auf etwa ein Hundertstel bis ein Tausendstel zurück. Das führt zu einem erheblichen Rückgang des Leistungseintrags in die Leimschicht. Dieser Selbstregelungseffekt wirkt der Gefahr einer Überhitzung des Leimes entgegen und ermöglicht durch die damit verbundene Änderung der elektrischen Daten eine automatische Prozeßführung.

Für die Aushärtung von Faser- und Spanplatten kann die übliche Kontakterwärmung an den beheizten Preßplatten mit einer dielektrischen Erwärmung im Kondensatorfeld kombiniert werden. Eine größere Produktivität der Preßanlage wird erreicht, wenn man die beiden Prozesse entkoppelt und im Kondensatorfeld die leicht vorgepreßten Spankuchen in ungefähr 45 s auf etwa 90 °C vorwärmt. Damit halbiert sich die Verweilzeit der Platte in der Fertigpresse auf etwa die gleiche Zeit, außerdem reduzieren sich die notwendigen Preßkräfte auf rund 1/6. Dadurch kann die Presse wesentlich leichter gebaut werden, außerdem entfällt der anlagentechnisch aufwendige HF-Anschluß der Preßplatten. Je nach Ausdehnung und Dicke der zu fertigenden Platten sind Anlagen mit einer HF-Leistung bis zu 300 kW im Einsatz.

9.1.7.5 Textil- und Chemiefasertrocknung [37; 96]

In der faserherstellenden und faserverarbeitenden Industrie gibt es eine Vielzahl von Trocknungsaufgaben feuchter Ballen, Spulen, Bahnen und Fadenscharen.

Zur Trocknung von gewaschenen und geschleuderten Färbespulen sowie zur Trocknung von Muffs und Stranggarn werden in Färbereien weltweit eine Vielzahl von HF-Trocknern mit Leistungen von 15 bis 250 kW bei einer Betriebsfrequenz von 13,56 und 27,12 MHz eingesetzt. Zur Trocknung kommen Wolle, Baumwolle, Acryl- und PES-Fasern sowie Mischgewebe.

Als Konkurrenzverfahren zur HF-Trocknung von Wickelkörpern sind die Verfahren der Konvektions- und der Durchströmungstrocknung von Bedeutung. Bei der Konvektionstrocknung im Hurden- bzw. Kammertrockner werden die Spulen nach einer Vorentwässerung durch Zentrifugieren von der aufgeheizten Luft umspült und auf diese Weise langsam aufgewärmt. Die Feuchtigkeit muß vom Innern des Wickelkörpers an die Oberfläche wandern, bevor sie durch die Umgebungsluft abtransportiert werden kann. Dementsprechend ergeben sich auch lange Trockenzeiten von 1 bis 2 Tagen. Die Gefahr des Übertrocknens ist, besonders an den äußeren Garnlagen, recht groß, da mit aufgeheizter Frischluft gearbeitet wird, deren relative Feuchte sehr niedrig ist.

Bei der Durchströmungstrocknung im Schnell- bzw. Drucktrockner wird die Trocknungsluft durch die Spulen hindurchgedrückt. Dadurch verkürzt sich die Trockenzeit auf Werte von etwa 1 bis 3 h, jedoch ist ein leistungsstarkes Gebläse erforderlich. Ungleiche Spulenhärten sind nachteilig, da weichere Spulen mehr Luft durchlassen und entsprechend schneller trocknen als härtere. Die Gefahr des Übertrocknens ist vor allem beim Schnelltrockner außerordentlich hoch.

Im Vergleich zu diesen Verfahren schafft die HF-Trocknung in idealer Weise wesentliche Voraussetzungen für den wirtschaftlichen Einsatz von Großspulen, da hier bei etwa gleicher Wickelhöhe und gleichem zu trocknendem Material die gewünschte Endfeuchte praktisch unabhängig von Wickeldichte, Wickelgröße, Farbton und Schwankung der Eingangsfeuchte erreicht wird. Die Trocknungszeiten liegen dabei ähnlich wie die günstigsten Werte bei Durchströmungstrocknung.

HF-Trockner für Garnspulen sind als Durchlauftrockner mit einem variablen Elektrodensystem und einem Entlüftungssystem zur Abfuhr der feuchten Ofenluft ausgeführt. Die Spulen wandern aufrecht stehend oder liegend auf einem Förderband durch das Elektrodenfeld. Die Elektroden sind so angeordnet, daß im Einlauf eine Schnellaufheizung auf ca. 95 °C erfolgt.

Für andere Anwendungen, wie z.B. die Trocknung und Fixierung von naßgekräuselten Polyesterfaserkabeln, die Trocknung von Rohwollballen, Rayon-Spinnkuchen oder textiler Glasseide verkürzen sich die Trocknungszeiten durch die Behandlung im Kondensatorfeld von Stunden oder sogar Tagen auf wenige Minuten.

Die Ergebnisse bei der Trocknung von Baumwollbahnen sind in *Bild 9.11* [36] für konvektive Trocknung im Umluftofen und Hochfrequenztrocknung im

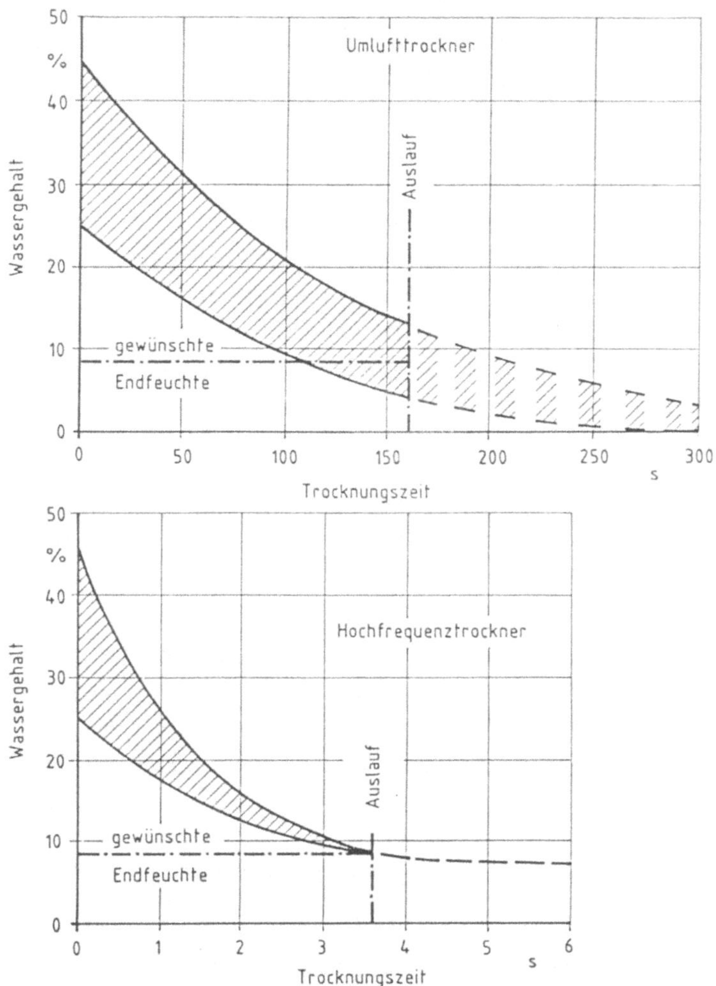

Bild 9.11 Durchlauftrocknung von Baumwollbahnen

Kondensatorfeld verglichen. Da die Eingangsfeuchte des Materials zwischen etwa 25 und 40 % schwankt, ergeben sich nach der zwangsläufig einheitlichen Durchlaufzeit im Umluftofen entsprechende Schwankungen der Endfeuchte zwischen etwa 4 und 12 % und damit erhebliche Abweichungen vom angestrebten Wert. Bei der Hochfrequenztrocknung ist dagegen die Energieabsorption selektiv und umso stärker, je höher die Feuchte ist. Dadurch werden Schwankungen in der Anfangsfeuchte rasch nivelliert und die angestrebte Endfeuchte mit sehr geringen Toleranzen zum annähernd gleichen Zeitpunkt erreicht. Auch örtliche Feuchtenester werden zuverlässig ausgetrocknet.

Bei dieser Art der Hochfrequenzerwärmung mit Schrägfeldelektroden lassen sich bei geeigneter Auslegung Leistungsdichten zwischen 30 und 100 kW/m^2 auf die Stoffbahn übertragen. Das ermöglicht den Bau von Trocknern, die auch bei Bahngeschwindigkeiten von mehr als 100 m/min nicht länger als 5 bis 10 m sind. Die Trocknungszeiten betragen nur wenige Sekunden gegenüber einigen Minuten bei der konvektiven Trocknung.

Die langsamere Trocknung mit geringer werdendem Feuchtegehalt ist verbunden mit einem Rückgang der Energieabsorption und damit auch der HF-Leistung. Daher ist der spezifische Energieverbrauch (netzseitig: rund 2 kWh je kg verdampftes Wasser) relativ wenig abhängig vom Feuchteniveau, bei dem das Wasser verdampft wird. Da der spezifische Energieaufwand bei der konventionellen thermischen Trocknung mit abnehmender Feuchte stark ansteigt, ist die Endtrocknung als Nachschaltprozeß ein besonders interessantes Anwendungsgebiet der Kondensatorfelderwärmung. Trocknet man beispielsweise Zellwolle im herkömmlichen Umlufttrockner nur bis auf 15 % Feuchte und schaltet einen HF-Trockner nach, der die gewünschte Endfeuchte von 10 % herstellt, so bringt das außer der sehr geringen Toleranz dieser Endfeuchte noch den Vorteil, daß sich die notwendige Baulänge des konventionellen Trockners auf die Hälfte reduziert. Da die zusätzliche HF-Anlage sehr kompakt ist, ergibt sich eine erhebliche Platzersparnis. Dabei benötigt der HF-Trockner nur knapp soviel elektrische Energie aus dem Netz, wie ansonsten für Lüfter und Antriebsmotor des substituierten herkömmlichen Trocknerteils verbraucht worden wäre.

9.1.7.6 Papiertrocknung [37]

Eine ähnliche Einsatzmöglichkeit wie vorstehend genannt ergibt sich bei der Papierherstellung, wo insbesondere bei großen, schnellaufenden Papiermaschinen eine gleichmäßige Feuchteverteilung in der gesamten Papierbahn von entscheidender Bedeutung ist. Bei der konventionellen Trocknung über dampfbeheizten Zylindern muß man hierzu die Papierbahn zunächst übertrocknen und anschließend konditionieren. Führt man dagegen eine Resttrocknung als Nachschaltprozeß im Kondensatorfeld durch, so erreicht man die angestrebte Endfeuchte der Papierbahn mit sehr guter Gleichmäßigkeit und Konstanz.

Die hierzu erforderliche Trockenstrecke wird in mehrere senkrecht stehende Teilstrecken mit Zwischenumlenkungen unterteilt. Das Papier wird im Abstand von wenigen mm an jeweils mehreren stabförmigen Streufeldelektroden vorbeigeführt, die quer zur Bahnrichtung über die volle Bahnbreite angeordnet sind. Es findet eine völlig gleichmäßige Trocknung der gesamten Papierbahn statt, da die Stärke der elektrischen Erwärmung vom Feuchtigkeitsgehalt abhängt und somit bei ungleichmäßiger Feuchte im Material ein Selbstregeleffekt auftritt. Außerdem ist der Trocknungsgrad (Endfeuchte) genau einstellbar.

Die erforderliche HF – Leistung richtet sich nach dem Flächengewicht (geeignet für 35 bis 1000 g/m^2), der Breite (bis zu 12 m) und der Durchlaufgeschwindigkeit (bis über 1000 m/min) der Papierbahn, außerdem nach dem Grad der angestrebten Restentfeuchtung (z.B. von 15 % auf 9 %). Anlagen bis zu einer HF – Leistung von 900 kW sind bereits in Betrieb.

Infolge der erreichbaren Qualitätsverbesserungen durch exaktes Feuchteprofil ist der HF – Trockner besonders geeignet für Zeitungspapier, Feinpapier, Wellpappenrohpapier, Verpackungspapier und Karton.

Eine nachgeschaltete Trockenstrecke mit Hochfrequenzerwärmung kann zu einer Reihe technologischer Vorteile führen:
- durch eine Vergleichmäßigung des Feuchteprofils wird ein gleichmäßiger Schrumpf und damit eine bessere Planlage des Papiers erreicht,
- die gefürchteten "Waffelmuster" in der aufgerollten Papierbahn werden vermieden,
- bei gestrichenen Papieren ist die Annahme der Streichmasse wesentlich gleichmäßiger,
- die Bedruckbarkeit der Papiere wird infolge der Vergleichmäßigung besser,
- Geschwindigkeiten für Rollen- und Querschneider sowie bei Wellpappmaschinen lassen sich um 10 – 15 % steigern,
- der Ausschuß vermindert sich um bis zu 5 % der Gesamtproduktion,
- die Verkaufsfeuchte liegt wegen der kleineren Toleranzen des Feuchteprofils i.a. höher.

9.1.7.7 Trocknung und Aushärtung von Gußkernen [35]

Für die Ausformung der Innenkonturen von Gußstücken werden in der Gießereitechnik Kerne benötigt, die getrennt von der Form hergestellt und nachträglich in diese eingelegt werden. Die Kerne werden aus Quarzsand mit einer Beimischung von etwa 2 bis 3 % Bindemittel geformt. Anschließend werden sie erwärmt, um den üblicherweise zwischen 2 und 4 % liegenden Feuchtegehalt zu entfernen und um das Bindemittel auszuhärten, damit der Gußkern die erforderliche Festigkeit erhält. Die hierzu notwendigen Aushärtetemperaturen liegen bei 100 °C für Quellbinder wie Stärke, Zellulose usw. und zwischen etwa 140 und 180 °C für phenolharzhaltige Bindemittel.

Führt man die Erwärmung von Gußkernen z.B. in einem Kammerofen mit Luftumwälzung durch, so ist bei Innentemperaturen im Bereich von 200 bis 280 °C eine Verweilzeit von mehreren Stunden erforderlich, um auch bei starkwandigen Kernen ein vollständiges Ausbacken bis in die Innenzonen hinein zu erreichen.

Heute wird dieser Erwärmungsvorgang vielfach im Kondensatorfeld durchgeführt. Zur Anwendung gelangen hierfür Durchlauföfen mit Förderband, das geerdet ist und als eine der Kondensatorplatten dient. Die Gegenelektrode ist in ihrer Höhe verstellbar. Da meist Kerne ganz unterschiedlicher Form und Größe gleichzeitig durch den Ofen geschickt werden, muß man den Elektrodenabstand möglichst groß machen, um eine hinreichend einheitliche Feldstärke und damit auch Leistungsdichte in allen Kernen zu erzielen. Wählt man den Abstand der beiden Kondensatorplatten z.B. doppelt so groß wie die maximale Höhe der durchlaufenden Kerne, so ist aus Gl. (9.4) zu ermitteln, daß bei einer Permittivitätszahl von $\varepsilon_r^* = 3$ die Feldstärke in den flachsten und höchsten Stücken im Verhältnis 2:3 variiert. Entsprechend ist die Leistungsintensität in den flachsten Stücken knapp halb so groß wie in den höchsten.

Trotzdem werden in einer solchen Anlage alle eingebrachten Kerne während ihrer Durchlaufzeit sehr gleichmäßig getrocknet und ausgehärtet. Dies liegt an dem in *Bild 9.12* gezeigten Selbstregelungseffekt des Erwärmungsvorgangs. Die Erwärmung des Kernes auf 100 °C und die Ausdampfung kommen fast ausschließlich durch die Energieaufnahme des Wassers zustande, wobei etwaige Unterschiede in der Anfangsfeuchte sehr schnell ausgeglichen werden. Da die Feldstärke von der Kernhöhe abhängt, ist dieser Vorgang in den höchsten Kernen am ehesten beendet. Danach nimmt die Kernsandmischung im HF-Feld fast keine Energie mehr auf, so daß sich das getrocknete Material sogar

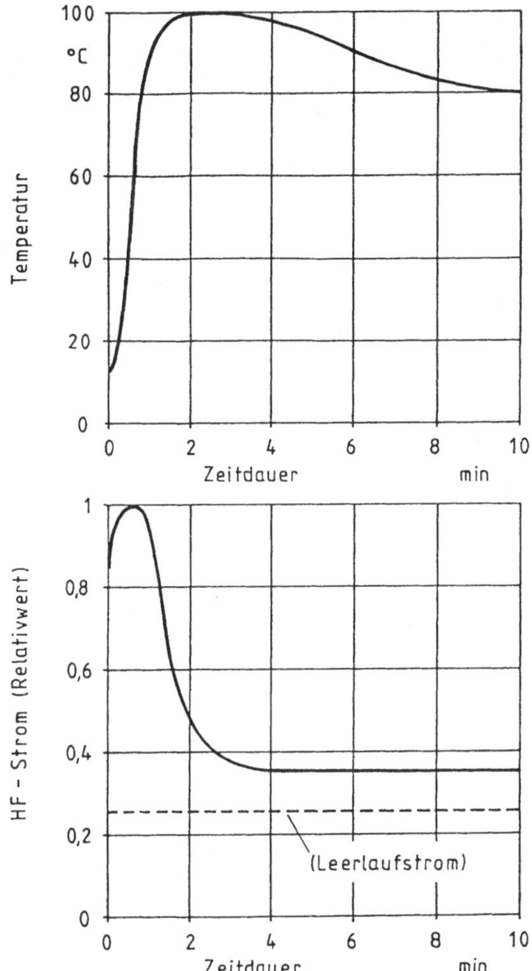

Bild 9.12 Erwärmung eines Gußkernes mit Quellbinder im Kondensatorfeld

wieder leicht abkühlt. Die Durchlaufzeit kann also so gewählt werden, daß die flachsten Kerne zuverlässig trocknen und aushärten, ohne daß für die hohen Kerne die Gefahr einer Überhitzung besteht. Allerdings gilt dieser Sachverhalt nur bedingt für phenolharzhaltige Bindemittel, da diese auch nach der Wasserverdampfung noch Energie aus dem HF – Feld aufnehmen.

Im Einsatz befinden sich Anlagen bis zu einer HF – Leistung von 60 kW. Je nach eingestelltem Plattenabstand werden Spannungen bis 30 kV verwendet.

Der auf die Kernmasse bezogene spezifische Energieverbrauch aus dem Netz liegt etwa zwischen 70 und 100 kWh/t, wovon ungefähr die Hälfte bei der Umwandlung in Hochfrequenz verloren geht. Rund 20 kWh/t sind für die Erhitzung der Trockensubstanz auf 100 °C erforderlich. Der Rest entfällt im wesentlichen auf die Wasserverdampfung. Die Anfangsfeuchte ist somit der hauptsächliche Einflußfaktor für die Höhe des spezifischen Energieverbrauchs.

9.2 Mikrowellenerwärmung

9.2.1 Frequenzbänder

Von den für wissenschaftliche, medizinische und industrielle Anwendungen zugelassenen Frequenzbändern werden im Mikrowellenbereich hauptsächlich die beiden in *Tafel 9.3* angegebenen verwendet.

9.2.2 Energieeintrag in das Erwärmungsgut

Die Mikrowellenleistung der entsprechenden Frequenz wird in einem Magnetron erzeugt und über Hohlleiter und ggf. Strahler dem zu erwärmenden Gut zugeführt.

Beim Auftreffen der Mikrowellenstrahlung auf die Oberfläche des zu erwärmenden Gutes wird nach den Gesetzmäßigkeiten der elektromagnetischen Wellen ein Teil reflektiert. Der Reflexionsgrad hängt außer von Einfallswinkel und Polarisation der Strahlung von den elektrischen Stoffeigenschaften (Ohmsche

Tafel 9.3 Frequenzbänder für die Mikrowellen-erwärmung [11]

Nennfrequenz	Toleranz	Wellenlänge [1])
915 MHz	±13 MHz	32,8 cm
2450 MHz	±50 MHz	12,2 cm

[1]) im Vakuum

Tafel 9.4 Eindringmaße der 2450 – MHz – Mikrowelle

Stoff	Eindringmaß $1/\alpha$ cm	bei Temperatur °C
Kartoffelbrei	1,3 / 1,5	20 / 60
Gekochtes Rindfleisch	1,9 / 2,0	20 / 60
Gekochte Karotten	1,9 / 1,6	20 / 60
Leitungswasser	2,4 / 5,2 / 7,4	20 / 60 / 85
Papier	42	25
Porzellan	110	25
Eis	3100	– 2

Leitfähigkeit $\varkappa$, Permittivitätszahl ε_r^*, Verlustwinkel δ) und den Abmessungen des Gutes ab. Beispielsweise werden bei einer 2450 – MHz – Mikrowelle, die senkrecht auf die Oberfläche eines größeren Volumens von normalem Leitungswasser auftrifft, 47 % der Leistung reflektiert.

Die nicht reflektierte Strahlung dringt ins Erwärmungsgut ein und wird dort (im Falle homogenen Materials) mit konstanter Rate absorbiert und in Wärme umgewandelt. Einige Werte für das Eindringmaß der 2450 – MHz – Mikrowelle in verschiedene Stoffe sind in *Tafel 9.4* angegeben.

Die örtlichen Verläufe der Strahlungsdichte und der Leistungsintensität bei verschiedenen Werten des Eindringmaßes $1/\alpha$ sind in *Bild 9.13* für die einseitige Bestrahlung eines dicken Körpers und in *Bild 9.14* für die zweiseitige Bestrahlung eines dünnen Körpers mit Mikrowellen der Frequenz 2450 MHz dargestellt. Es lassen sich daraus folgende für die Erwärmung charakteristische Gesetzmäßigkeiten – jeweils ausgehend von gleicher über die Oberfläche eindringender Strahlungsdichte $S(0)$ – ableiten:

- Die Erwärmungsleistung in einer sehr dünnen Oberflächenschicht eines Körpers ist umgekehrt proportional zum Eindringmaß des Materials, aus dem er besteht.
- Je kleiner das Eindringmaß in Relation zu den geometrischen Abmessungen des Körpers ist, desto ungleichmäßiger erfolgt die Erwärmung.
- Übersteigt die Dicke eines Körpers das Zweifache des Eindringmaßes, so

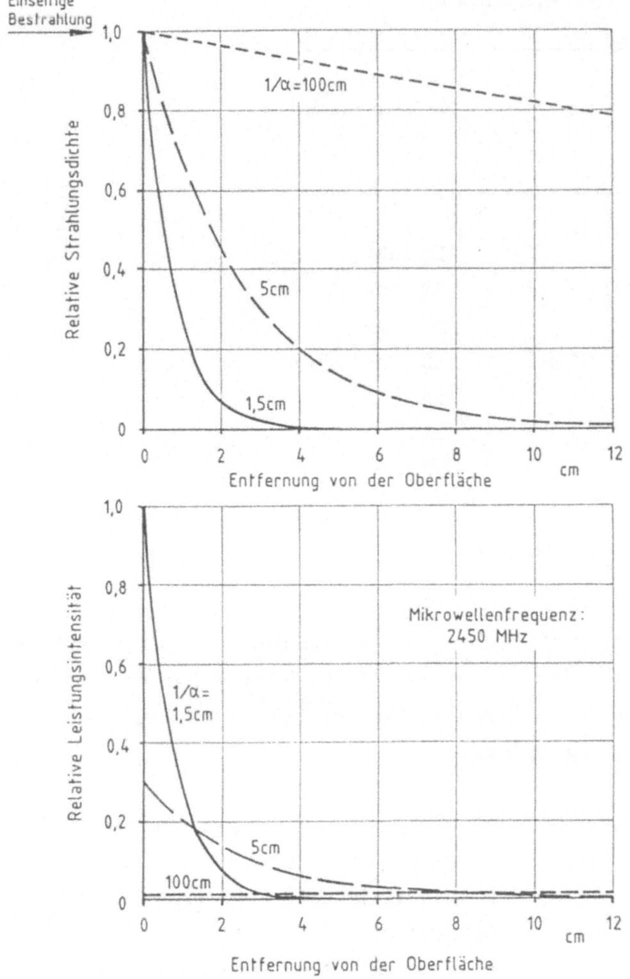

Bild 9.13 Eindringverhalten von Mikrowellenstrahlung in sehr dicke Körper bei einseitiger Bestrahlung

treten weniger als 2 % der über die Oberfläche eintretenden Strahlungsleistung auf der anderen Seite wieder aus.

- Mit zunehmenden Abmessungen eines Körpers von gegebenem Material erwärmt sich dieser in seiner Gesamtheit langsamer.
- Mit zunehmendem Eindringmaß des Materials eines Körpers gegebener Abmessungen geht die Gesamtabsorption und damit die Erwärmungsgeschwindigkeit des Gesamtkörpers ebenfalls zurück. *Bild 9.15* zeigt dies anhand eines plattenförmigen Körpers der Dicke *D*, gültig sowohl für ein – als auch zweiseitige Bestrahlung.

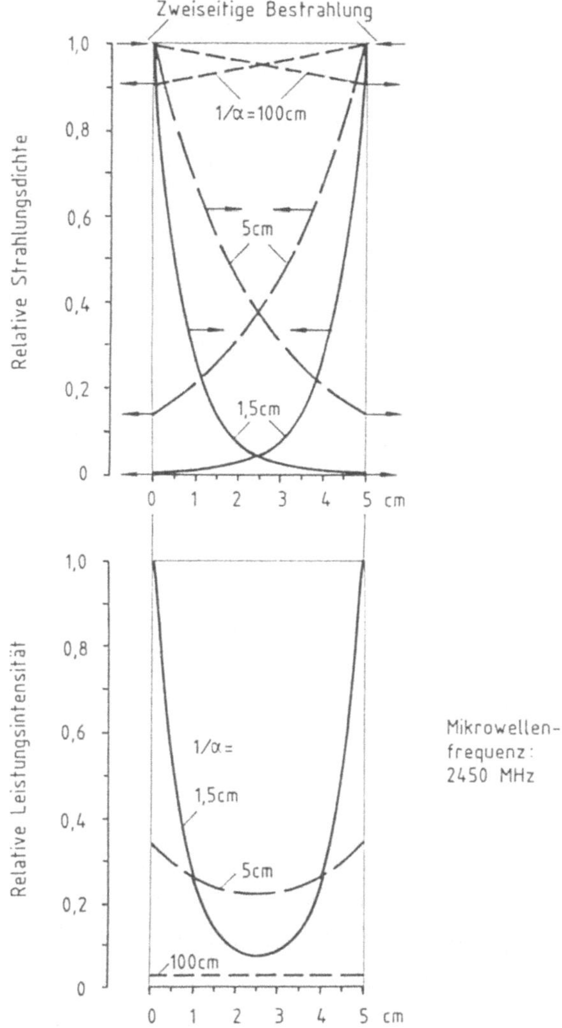

Bild 9.14 Eindringverhalten von Mikrowellenstrahlung in 5 cm dicke Platte bei zweiseitiger Bestrahlung

9.2.3 Erwärmungsanlage

Literatur: [69; 99]

Die Hauptbestandteile einer Anlage zur Mikrowellenerwärmung sind die Stromversorgungseinrichtungen wie Hochspannungstransformator und Gleichrichter, das Magnetron, die Mikrowellen – Übertragungsglieder (Hohlleiter) so-

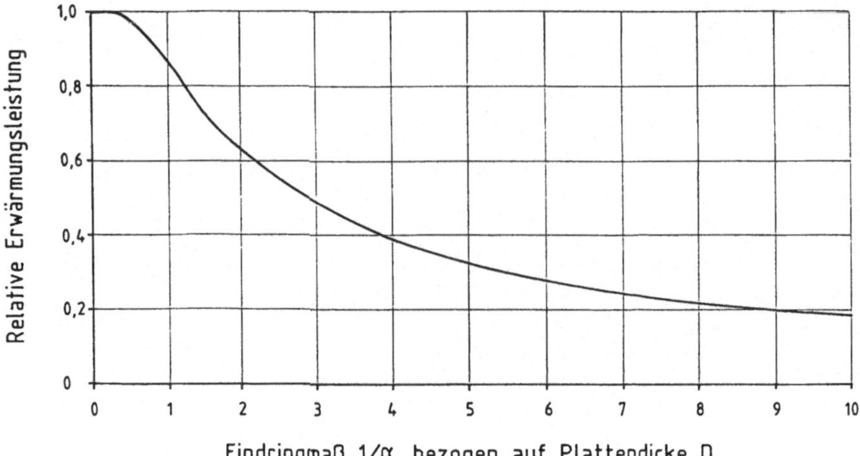

Bild 9.15 Erwärmungsleistung eines plattenförmigen Körpers in Abhängigkeit vom Eindringmaß

wie die eigentliche Erwärmungsvorrichtung. Je nach der Art der Wellenführung unterscheidet man dabei:

- Hohlraumresonator,
- Wanderwellensystem,
- Antennenstrahler.

Der *Hohlraumresonator* (*Bild 9.16*) ist ein quaderförmiger Hohlraum mit metallischen Umschließungsflächen und einer oder mehreren Energieeinkopplungsstellen. Durch eine Vielzahl von Reflexionen bildet sich ein System stehender Wellen aus. Meist wird zum Zweck einer gleichmäßigen Erwärmung des Gutes eine möglichst einheitliche Energiedichteverteilung im Resonanzraum angestrebt, wofür eine möglichst große Anzahl von Resonanzarten erwünscht ist. Aus diesem Grund ist ein möglichst großer Resonanzraum mit abgerundeten Ecken vorteilhaft. Um alle Resonanzarten, die möglich sind, auch tatsächlich zum Schwingen anzuregen, sind "Feldrührer" und Drehteller gebräuchlich, mit deren Hilfe die Impedanz des Gesamtsystems laufend variiert wird. Die bekannteste und am meisten verbreitete Art des Mikrowellenofens mit Hohlraumresonator ist das haushaltübliche Mikrowellengerät. Daneben gibt es für den industriellen Einsatz auch Systeme für die Durchlauferwärmung, bei denen das Erwärmungsgut auf einem Förderband durch den Hohlraumresonator geführt wird. Die hierbei notwendigen Ein- und Austrittsöffnungen in den Hohlraumwänden müssen mit geeigneten Filterkonstruktionen versehen sein, um die nach außen entweichende Leckstrahlung unterhalb der höchstzulässigen Werte (im Normalbetrieb 5 mW/cm^2 in 5 cm Abstand vom Gerät) zu halten.

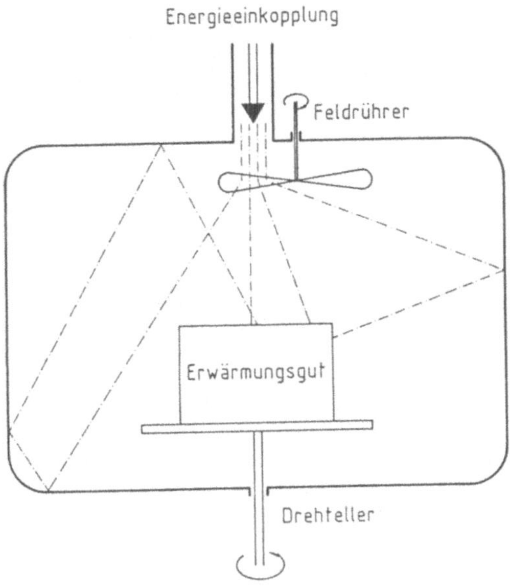

Bild 9.16 Schema eines Hohlraumresonators zur Mikrowellenerwärmung

Bei den *Wanderwellensystemen* ist am gebräuchlichsten eine mäanderartige Anordnung von Rechteckhohlleitern mit transversal-elektrischer Wellenführung. Das platten- oder bahnenförmige Erwärmungsgut wird durch schlitzförmige Öffnungen in der Mittelebene der Hohlleiter-Breitseite gezogen (*Bild 9.17*). In dieser Ebene erreichen die Effektivwerte von elektrischer Feldstärke und Verschiebungsstrom ihr Maximum. Da die Wandströme des Hohlleiters bei dieser Anordnung des Schlitzes praktisch nicht gestört werden, ergibt sich nur eine sehr geringe seitliche Ausstrahlung. Die Erwärmung erfolgt durch die in Längsrichtung der Bahn laufenden Verschiebungsströme der Dichte J_V. Die Leistungsabsorption nimmt vom Punkt A aus über die Bahnbreite exponentiell ab, entsprechendes gilt für den nächsten Mäanderzug des Hohlleiters von Punkt B aus usw. Die am Mäanderende noch im Hohlleiter verbliebene Mikrowellenleistung wird in einem Abschlußwiderstand absorbiert.

Antennenstrahler werden meist nicht in einem geschlossenen Ofenraum verwendet, sondern als Freiraumstrahler in der medizinischen Diathermie. Je nach Größe und Lage der zu behandelnden Körperzonen kommen dabei Kleinflächenstrahler (für außenliegende Gewebebezirke bis etwa 10 cm^2), Stabstrahler (für Körperhöhlen) sowie Rundfeld- oder Langfeldstrahler (für größere außenliegende Gewebebezirke) zur Anwendung.

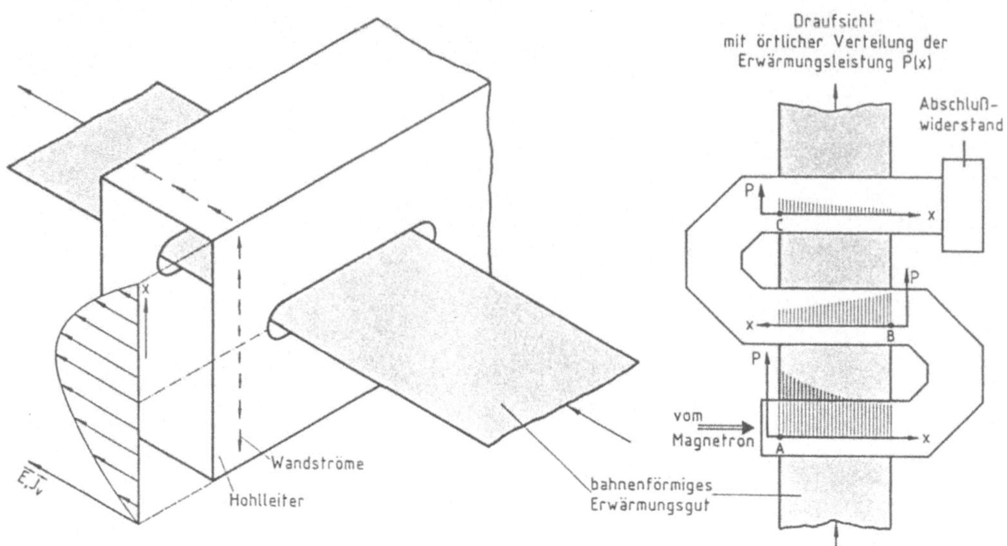

Bild 9.17 Mikrowellenerwärmung mit Wanderwellensystem

9.2.4 Magnetron

Literatur: [69]

Zur Umwandlung der aus dem elektrischen Versorgungsnetz entnommenen Leistung in die hochfrequente Mikrowellenleistung dient eine laufzeitgesteuerte Elektronenröhre. Im hauptsächlich gebräuchlichen Leistungsbereich bis 5 kW wird in der Regel das *Querfeldmagnetron* eingesetzt. Seine beiden Hauptbestandteile sind die Hochvakuumdiode und das Magnetsystem. Letzteres erzeugt über Permanentmagnete und Joche zur Flußführung ein homogenes Magnetfeld, das die Diode in axialer Richtung durchsetzt.

Der grundsätzliche Aufbau der Hochvakuumdiode ist aus der Schemadarstellung in *Bild 9.18* ersichtlich. Die stabförmige Kathode aus thoriertem Wolfram wird mit Hilfe einer innenliegenden Heizwendel elektrisch beheizt, um thermische Emission von Elektronen zu ermöglichen. Die zylindrische Anode besteht aus Kupfer und besitzt eine gerade Anzahl radialer Zwischenwände (meist 16 oder 20), die an der Innenseite durch zwei Paare von Koppelringen wechselweise miteinander verbunden sind.

Durch diese Anordnung wird das Innere der Diode unterteilt in:

- den *Wechselwirkungsraum* zwischen der Kathode und den Stirnseiten der Zwischenwände. Hier wird die zwischen Kathode und Anode anliegende

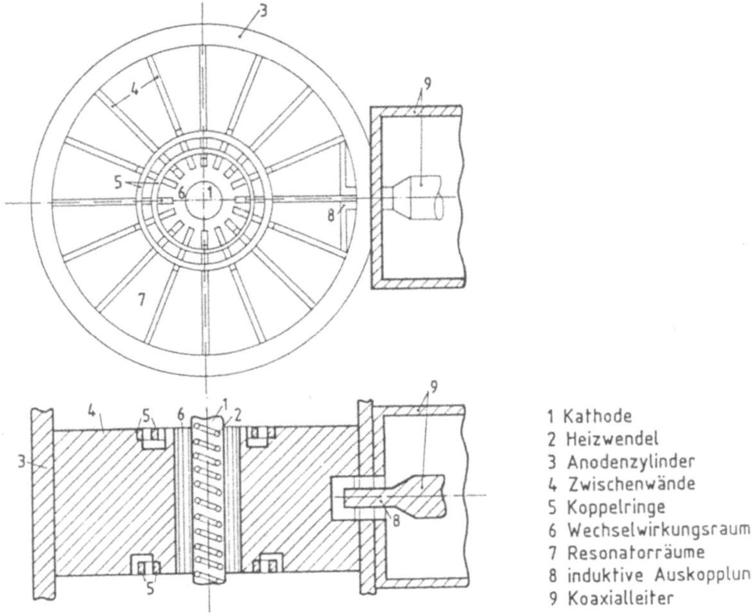

Bild 9.18 Aufbau der Hochvakuumdiode eines Magnetrons

hohe Gleichspannung wirksam. Diese wird vom Versorgungssystem (Hochspannungstrafo und Gleichrichter) geliefert.

- die *Resonatorräume* sind die Bereiche, die durch jeweils zwei Zwischenwände und ein Stück Außenwand begrenzt sind. Infolge der Induktivität und der Kapazität jedes Resonatorraumes stellt sich als Resonanzschwingung ein hochfrequentes elektrisches Wechselfeld zwischen den inneren Enden benachbarter Zwischenwände ein. Die Koppelringe sollen dabei eine gegenphasige Schwingung jeweils zweier benachbarter Resonatorräume sicherstellen (sog. "π – *Modus*").

Auf jedes von der Kathode emittierte Elektron wirken drei Kräfte:

a) Das elektrische Feld zwischen Kathode und Anode übt eine radial nach außen gerichtete Kraft aus, deren Größe im gesamten Wechselwirkungsraum nur wenig unterschiedlich und außerdem zeitlich konstant ist.

b) Das axiale Magnetfeld übt eine Kraft senkrecht zur momentanten Geschwindigkeit des Elektrons aus. Die Größe dieser Kraft ist proportional zur momentanten Geschwindigkeit des Elektrons.

c) Das hochfrequente elektrische Wechselfeld reicht von den Resonatorräumen aus nach innen in den Wechselwirkungsraum hinein und hat dort Kräfte auf die Elektronen hauptsächlich in tangentialer Richtung zur Folge.

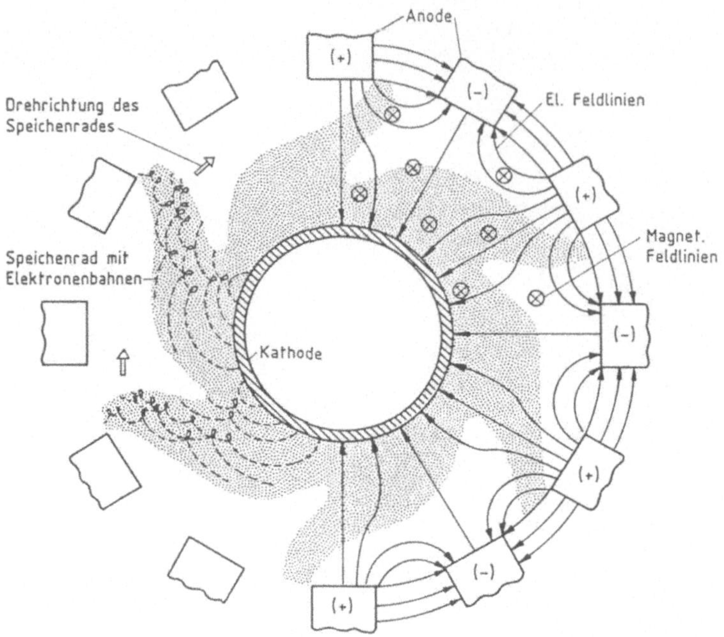

Bild 9.19 Elektronenbahnen im Wechselwirkungsraum eines Magnetrons

Als Resultat des Zusammenwirkens dieser Kräfte bildet sich eine Elektronenwolke, welche die Form eines Speichenrades besitzt (*Bild 9.19*). Die Speichenzahl ist halb so groß wie die Zahl der Resonatorräume. In Richtung des magnetischen Flusses gesehen, läuft das Speichenrad im Uhrzeigersinn um die Kathode. Die Umfangsgeschwindigkeit der Speichen steht dabei in direktem Zusammenhang mit der Frequenz der Resonanzschwingungen in den Resonatorräumen, so daß das Speichenrad synchron mit der Polung der Anoden-Zwischenwände umläuft.

Innerhalb des Speichenrades bewegen sich die Elektronen auf zykloidähnlichen Bahnen nach außen. Je näher ein Elektron an die vordere Speichenfront (in Umlaufrichtung gesehen) gelangt, umso stärker wird es abgebremst und in Form einer Schleife umgelenkt. Dagegen erfährt ein Elektron an der Speichenrückseite eine Beschleunigung, die wegen des Magnetflusses hauptsächlich in der Drehrichtung des Speichenrades wirkt. Das führt zu einem ständigen Hin und Her jedes Elektrons in tangentialer Richtung innerhalb der Speichenbreite auf seinem Weg von der Kathode zur Anode. Die Zwischenräume zwischen den Speichen sind "verbotene Bereiche"; für die Elektronen gibt es aufgrund der Kraftwirkungen keine Möglichkeit, dorthin zu gelangen.

Die Emission von Elektronen erfolgt zwar ständig über den gesamten Umfang der Kathode. Jedoch gibt es gewisse Zonen, in denen die emittierten Elektronen so stark beschleunigt und damit auch umgelenkt werden, daß sie wieder zur Kathode zurückkehren.

Aufgrund der Synchronbewegung des Speichenrades werden die Elektronen in den äußeren Bereichen der Speichen unter der Wirkung des hochfrequenten elektrischen Wechselfeldes (Kraftwirkung c) tangential abgebremst. Dadurch geben die Elektronen einen Teil ihrer kinetischen Energie ab und tragen so zur Verstärkung der Resonanzschwingung bei. Die so erzeugte Mikrowellenleistung wird in zwei benachbarten Resonatorräumen durch eine induktive Auskopplung abgezogen und über ein koaxiales Leiterstück einem Hohlleiter zugeführt, über den sie als elektromagnetische Welle zum Erwärmungsgut geführt wird.

Das Betriebsverhalten eines Magnetrons wird hauptsächlich durch folgende Parameter bestimmt:

- die magnetische Induktion durch den Dauermagneten,
- den Gleichstrom – Mittelwert des Anodenstroms, $I_{A,0}$, der in der Regel durch eine stabilisierte Spannungsversorgung annähernd konstant gehalten wird.
- die am Ausgang des Magnetrons wirksame Abschlußimpedanz, für die in erster Linie die resultierende Impedanz des Arbeitsraumes samt zu erwärmendem Gut maßgeblich ist.

Die Lage des resultierenden Arbeitspunktes im Betriebskennfeld kann durch folgende Größen charakterisiert werden:

- die Mikrowellen – Ausgangsleistung des Magnetrons,
- die Mikrowellen – Frequenz,
- die Welligkeit und die Phasenlage der elektromagnetischen Welle zwischen Magnetronausgang und Erwärmungsgut.

Diese Welle setzt sich zusammen aus einem hinlaufenden und einem reflektierten, zum Magnetron zurücklaufenden Anteil, entsprechend einem *Reflexionsfaktor r*. Daraus ergibt sich der *Welligkeitsfaktor*

$$s = \frac{1 + r}{1 - r}, \tag{9.8}$$

der somit ein Maß für die elektrische Anpassung der Abschlußimpedanz an das Magnetron ist.

Insbesondere bei Mikrowellen – Kammeröfen wird die Abschlußimpedanz durch

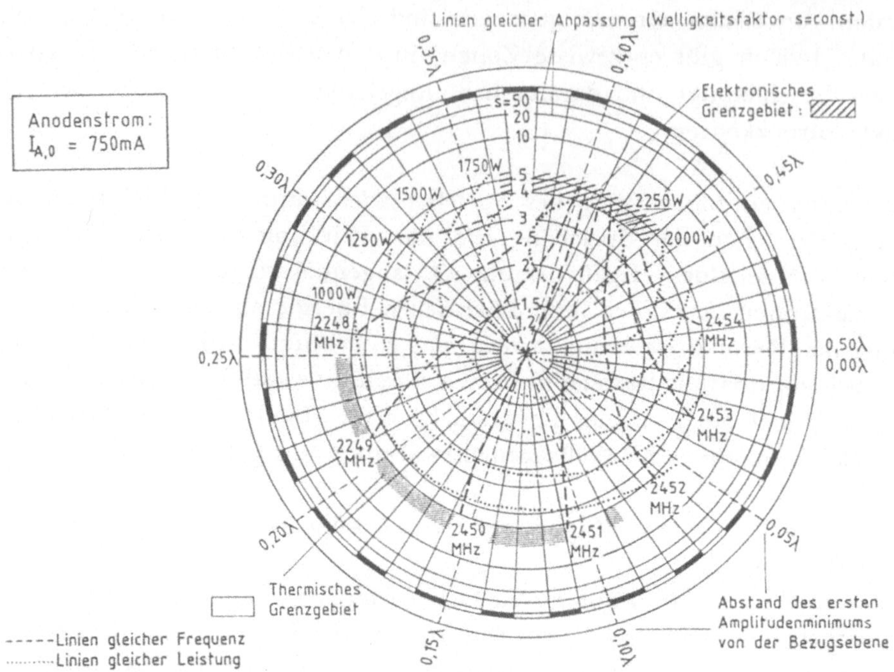

Bild 9.20 RIEKE – Diagramm eines Magnetrons

Feldrührer oder Drehteller ständig variiert, was zu einer schleifenförmigen Wanderung des Arbeitspunktes führt.

Das Betriebskennfeld wird üblicherweise als Generatordiagramm im Polarkoordinatensystem (sog. RIEKE – Diagramm) dargestellt. *Bild 9.20* zeigt ein durch Meßreihen in einer Testanordnung ermitteltes RIEKE – Diagramm. Ein solches Diagramm gilt stets für einen bestimmten, konstant gehaltenen Wert des Anodenstroms. Im voll angepaßten Betriebspunkt ($s = 1$), der im Zentrum des Diagramms liegt, gibt das Magnetron bei der Nennfrequenz von 2450 MHz eine Leistung von 2000 W ab. Die Leistungsabgabe kann sich bei gewissen Werten der Fehlanpassung noch bis zu etwa 15 % steigern.

Allerdings nähert sich in diesem Bereich der Arbeitspunkt dem "*elektronischen Grenzgebiet*", in dem kein stabiler Betrieb möglich ist. Der Grund ist die stark vergrößerte Raumladungsdichte der Elektronenwolke im Wechselwirkungsraum. Die abstoßenden Kräfte führen in diesem Fall zum Auseinanderfallen der speichenradförmigen Struktur der Elektronenwolke. Dies ist verbunden mit einem Frequenzsprung in einen anderen als den π – Modus.

Auf der anderen Seite des Diagramms liegt das "*thermische Grenzgebiet*". Es ist durch überbreite Speichen der im Wechselwirkungsraum umlaufenden Elektronenwolke gekennzeichnet, so daß ein Großteil der Elektronen aufgrund falscher Phasenlage Energie aus der Resonanzschwingung entnimmt. Damit wächst der Anteil an Elektronen, die wieder zur Kathode zurückgelenkt werden, stark an, so daß dort eine übermäßige thermische Belastung auftritt.

Der *Wirkungsgrad* des Magnetrons ergibt sich als Quotient der Mikrowellen-Ausgangsleistung und der Gleichstrom-Eingangsleistung. Letztere ist das Produkt aus Speisespannung und Anodenstrom. Im voll angepaßten Betriebspunkt des Magnetrons, also bei einer Mikrowellenausgangsleistung von 2000 W, liegt zwischen Kathode und Anode eine Gleichspannung von 4,6 kV an. Somit beträgt die Eingangsleistung 3,45 kW und der Wirkungsgrad rd. 58 %. Die Verlustleistung von 1,45 kW wird in Wärme an der Kathode (durch kinetische Energie zurückkehrender Elektronen) und an der Anode (durch kinetische Energie auftreffender Elektronen sowie Stromwärmeverluste in den Begrenzungsflächen der Resonatorräume) umgewandelt und muß durch Luft- oder Wasserkühlung abgeführt werden. Hinzu kommt die Leistung der Kathodenheizung von rd. 70 W.

9.2.5 Energiebilanz

Als Beispiel für die energetische Bilanzierung bei der Mikrowellenerwärmung sind in *Bild 9.21* die Leistungsflüsse bei einem für die Verwendung im Haushalt typischen Mikrowellen-Kammerofen dargestellt [4]. Die Werte wurden ermittelt bei der Erwärmung von 2×1 l Wasser in Plexiglasgefäßen bei voller Leistung.

Von der vom Netz aufgenommenen Leistung von 1305 W werden 24 W für Kleinspannungstrafo, elektronische Steuerungsbauteile und Zeitschaltuhr verbraucht, 39 W für die Kammer-Beleuchtung und 36 W für den Lüfter, welcher der Kühlung von Hochspannungstrafo und Magnetron und zusätzlich der Durchlüftung der Resonatorkammer dient.

Dem Hochspannungstransformator werden 1206 W zugeführt, wovon 176 W im wesentlichen als Eisen- und Kupferverluste abgehen. Die Gleichstrom-Eingangsleistung für das Magnetron beträgt 1005 W, hinzu kommt die Kathodenheizleistung von 25 W, die ebenfalls über den Hochspannungstrafo geführt wird. Da das Magnetron eine HF-Leistung von 720 W abgibt, hat es einen Wirkungsgrad von 70 %.

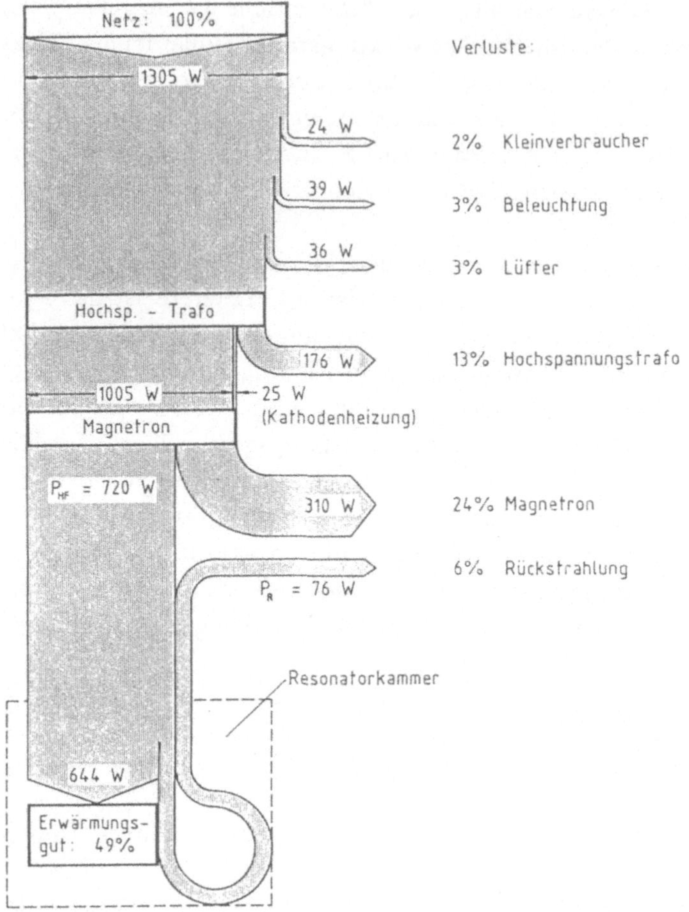

Bild 9.21 Leistungsflüsse in einem Mikrowellen – Kammerofen

Die in die Resonatorkammer übertragene HF – Leistung P_{HF} wird nicht vollständig vom Erwärmungsgut absorbiert. Ein Anteil von $P_R = 76$ W wird nach mehrfacher Reflexion an den Wänden und an der Gutsoberfläche wieder zum Magnetron zurückgeleitet. Entsprechend der Beziehung

$$P_R = r^2 P_{HF} \tag{9.9}$$

ergibt sich im vorliegenden Fall ein resultierender Reflexionsgrad $r = 0,32$. Damit errechnet sich nach Gl. (9.8) ein Welligkeitsfaktor $s = 1,96$.

Der Gesamtwirkungsgrad der Anlage als Verhältnis der vom Erwärmungsgut aufgenommenen Leistung zur Netzleistung liegt bei 49 %.

9.2.6 Anwendung
Literatur [11; 99]

Im Haushalt ist der Mikrowellen - Kammerofen mit HF - Leistungen bis etwa 850 W bereits heute weit verbreitet. Bei moderneren Geräten ist die Erwärmungsleistung in der Regel stufenlos verstellbar. Realisiert wird dies durch Taktbetrieb des Magnetrons mit variabler Pulsbreite. Für die hauptsächlichen Einsatzzwecke

- Erwärmen von Fertiggerichten, Getränken usw.,
- Garen von Lebensmitteln,
- Auftauen von tiefgefrorenen Lebensmitteln,

ergeben sich im Vergleich zu den herkömmlichen Arten der Erwärmung teilweise erhebliche Einsparungen sowohl bei der Behandlungszeit als auch im Energieverbrauch. Diese Vorteile der Mikrowellenerwärmung treten umso stärker hervor, je geringer die zu erwärmenden Chargenmengen sind, wie *Bild 9.22* am Beispiel des Garens von Kartoffeln zeigt. Mikrowellengeräte haben im Gegensatz zu Kochplatten nur einen sehr geringen lastunabhängigen Grundbedarf. Jedoch verlaufen die lastabhängigen Kennlinien wegen der beträchtlichen Umwandlungsverluste relativ steil, verglichen mit den entsprechenden Kennlinien einer Automatik - Kochplatte.

Da bei der Mikrowellenerwärmung die Oberflächentemperaturen relativ niedrig bleiben, ist sie für Anwendungen, bei denen eine Bräunung der Gutsoberfläche gewünscht wird, nur unter speziellen Bedingungen (Verwendung von sog. "*Bräunungsgeschirr*") geeignet.

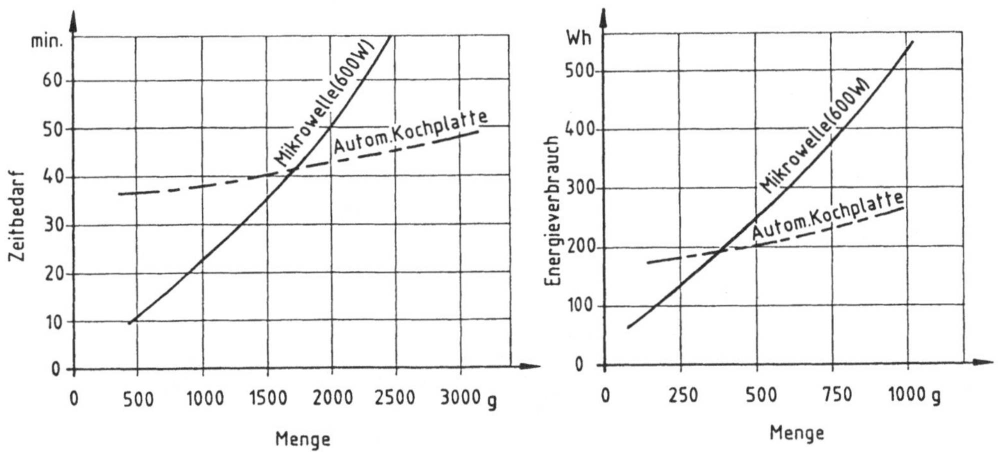

Bild 9.22 Lastabhängige Kennlinien für das Garen von Kartoffeln

Die Mikrowellenerwärmung von Lebensmitteln, die von einer festen Haut oder Schale umgeben sind, wie z.B. Eier oder Kastanien, ist problematisch. Infolge eines raschen, nicht kontrollierbaren Dampfdruckanstiegs können solche Lebensmittel bei der Erwärmung u.U. explodieren.

Werden tiefgefrorene Lebensmittel mit zu hoher Leistung aufgetaut, so können sich dabei Wassernester bilden, die noch von gefrorenen Zonen eingeschlossen sind. Daraus können sehr rasch Dampfblasen entstehen, was ebenfalls zu einer Explosion des Gutes führen kann.

Werden Menüs erwärmt, deren Einzelbestandteile unterschiedliche Absorptionseigenschaften aufweisen, so kommt es zu unterschiedlich starker Erwärmung dieser Bestandteile. Auch eine örtlich ungleichmäßige Erwärmung kann je nach der Form des Erwärmungsgutes vorkommen, vor allem können die Eckbereiche von festen Gütern mit relativ geringer Wärmeleitfähigkeit überhitzt werden.

Im Gastronomiegewerbe bieten sich ähnliche Aufgaben für die Mikrowellenerwärmung wie im Haushaltsbereich. Hinzu kommen noch eine Vielzahl von Einsatzmöglichkeiten, von denen die folgenden bereits heute größere Bedeutung erlangt haben:

- Gummiindustrie: Erwärmung von Gummi auf rd. 200 °C zum Vulkanisieren
- Kunststoffindustrie: Erwärmen zum Aushärten von Teilen aus Epoxydharz, Verschweißen von thermoplastischen Kunststoffteilen, Erwärmen zum Strangpressen thermoplastischer Kunststoffe.
- Lebensmittelindustrie: Erwärmen zur Haltbarmachung (Pasteurisieren, Sterilisieren), Trocknen (z.B. bei der Teigwarenherstellung), Backen.
- Medizinische Anwendung: Diathermie, Erwärmung von Frischblutkonserven, Auftauen tiefgefrorener Spenderorgane.

10 Lichtbogenerwärmung

10.1 Lichtbogenofen zum Eisen- und Stahlschmelzen

10.1.1 Drehstrom - Lichtbogenofen

Aufbau, Kenngrößen [46; 67; 88]

Lichtbogenöfen zum Eisen- und Stahlschmelzen arbeiten heute fast ausschließlich mit Drehstrom. Meist handelt es sich um Öfen der Bauart HEROULT, bei denen drei Elektroden senkrecht über dem Schmelzbad stehen.

Der Aufbau ist aus *Bild 10.1* ersichtlich. Die Lichtbögen brennen zwischen jeder der drei Elektroden und dem Stahlbad; letzteres bildet also den elektrisch gegen den Ofenmantel isolierten Sternpunkt. Der Mantel des Ofengefäßes ist aus Stahlblech geschweißt oder genietet und meist mit Stahlringen verstärkt. Innen ist der Mantel mit einer Wärmeisolierschicht (z.B. leichte Schamottesteine) und dem Feuerfestmaterial zugestellt, das die Schmelze umschließt. Je nach den metallurgischen Erfordernissen des Schmelzprozesses ist dieses Material basisch (z.B. Magnesit), sauer (z.B. Quarzit) oder neutral (z.B. Korund).

Bei modernen Lichtbogenöfen reicht die Auskleidung mit Feuerfestmaterial nur noch bis knapp über die Höhe des Badstandes einschließlich Schlacke und ist nur im Bereich der Gießschnauze hochgezogen. Die darüberliegenden Wandteile sind nicht zugestellt, sondern bestehen aus wassergekühlten Stahlsegmenten. Dadurch werden die Probleme des erhöhten Ausmauerungsverschleißes in diesem Bereich weitgehend vermieden, die sonst durch Wärmestrahlung des Lichtbogens auftreten und sehr stark durch den Abstand der Elektroden vom Einsatz bestimmt sind. Auf diese Weise ist es möglich, solche Öfen mit größeren Lichtbogenlängen (bis ca. 30 cm) und damit besonders hoher Leistungsintensität zu betreiben.

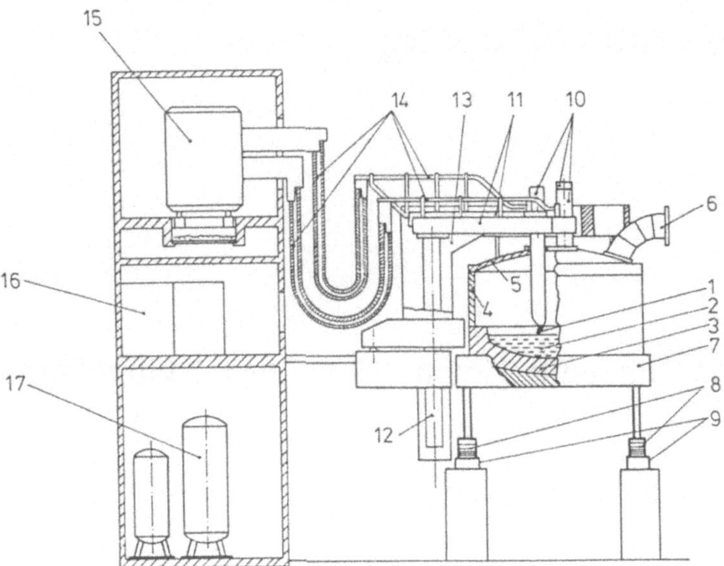

1 Lichtbogen
2 Stahlbad
3 Gefäßunterteil
4 Wassergekühlte Wandelemente
5 Ofendeckel
6 Absaugstutzen
7 Wiegenrahmen
8 Kippwiege (Kipprichtung senkrecht zur Bildebene)
9 Wälzbahn
10 Elektroden
11 Elektrodentragarme
12 Elektroden - Hubzylinder
13 Portal mit Deckelhubwerk
14 Hochstromleitungen
15 Ofentransformator
16 Meß- und Regeleinrichtungen
17 Druckwasseranlage

Bild 10.1 Drehstrom – Lichtbogenofen (schematischer Aufbau)

Das gesamte Ofengefäß liegt in einer runden Kippwiege auf einer Wälzbahn, damit es zum Abstich über die Gießschnauze gekippt werden kann. Eine moderne Alternative ist der Abstich durch ein exzentrisch angeordnetes Loch im Ofenboden, das durch eine Außenklappe verschließbar ist. Die Vorteile liegen in erster Linie im Wegfall der aufwendigen Kippwiege sowie in der Möglichkeit, einen noch größeren Bereich des Ofenmantels aus wassergekühlten Wandelementen zu bilden. Zudem wird beim Abstich weniger Schlacke mitgerissen und der Gießstrahl kommt weniger mit Luft in Berührung als beim herkömmlichen Abkippen.

Zum Beschicken des Ofens wird das Schrottmaterial in einen Chargierkorb gefüllt, der über das offene Ofengefäß gehoben und dann an seiner Unterseite geöffnet wird.

Bei größeren Öfen werden in der Regel Graphit-Elektroden eingesetzt, da sie wegen ihres geringen elektrischen Widerstandes Stromdichten bis zu 30 A/cm^2 erlauben. Mit den größten Elektroden von 610 mm Durchmesser lassen sich somit Stromstärken bis etwa 80 kA realisieren. Ein Überschreiten dieser Grenze für extrem leistungsstarke Öfen erfordert die Verwendung selbstbackender SÖDERBERG-Elektroden. Für kleinere Öfen mit relativ geringen Stromstärken können auch billigere Elektroden aus amorphem Kohlenstoff wirtschaftlich vorteilhaft sein.

Jede der drei Elektroden hängt an einem waagerechten Tragarm, an dessen Ende sie in einer Fassung fest eingeklemmt ist. Zur Einstellung bzw. Regelung des Elektrodenabstandes über dem Einsatz müssen die Tragarme einzeln in vertikaler Richtung bewegt werden können. Hierfür werden kurze Ansprechzeiten (0,1 s), hohe Verstellgeschwindigkeit (150 mm/s) und weitgehendes Vermeiden von Überschwingungsvorgängen gefordert. Der Antrieb für das Heben und Senken der Elektroden erfolgt elektromechanisch (mit Seilzug) oder elektrohydraulisch.

Der Ofentransformator wandelt die Spannung von der Versorgungsebene (meist 10 oder 20 kV, bei großen Einheiten 110 oder 220 kV) um in die Arbeitsspannung, deren Nennwert je nach Ofengröße etwa zwischen 230 und 750 V liegt. Eine Reduzierung der Arbeitsspannung und damit ein Zurückfahren der Ofenleistung geschieht entweder über oberspannungsseitige, unter Last schaltbare Trafoanzapfungen oder mit Hilfe eines Trafo-Zwischenkreises bei festem Windungsverhältnis zwischen Primär- und Sekundärwicklung.

Der Ofenstrom wird den Elektroden durch die Fassungen meist über wassergekühlte Kupferrohre zugeführt, die isoliert auf den Elektrodentragarmen abgestützt sind. Damit die Impedanzen der drei Phasen möglichst wenig voneinander abweichen, ordnet man nicht nur die Elektrodenachsen als Ecken eines gleichseitigen Dreiecks an, sondern symmetriert auch die Zuleitungen soweit als möglich hinsichtlich Länge und induktiver Beeinflussung. Darüber hinaus kann man durch individuelle Wahl der Sekundärspannung des Ofentransformators für jede einzelne Phase die noch vorhandenen Impedanzunterschiede zwischen *"scharfer"* und *"toter"* Phase ausgleichen. Das Ziel dabei ist die Symmetrierung der Wirkleistungen der drei Lichtbögen, was wegen der Vergleichmäßigung der thermischen Belastung für die Haltbarkeit der Ofenausmauerung bedeutsam ist.

Das Fassungsvermögen moderner Großöfen liegt meist zwischen 100 und 120 t, bei einem Durchmesser des Ofengefäßes zwischen 6 und 7 m und einer spezifischen Anschlußleistung zwischen 0,5 und 0,7 MVA/t.

Elektrisches Betriebsverhalten

Das elektrische Ersatzschaltbild des Ofenstromkreises sowie die Stromortskurve für eine Phase zeigt *Bild 10.2*. Hierin ist:

U_0: die der eingestellten Spannungsstufe entsprechende Leerlaufspannung gegen das Stahlbad (Sternpunkt),

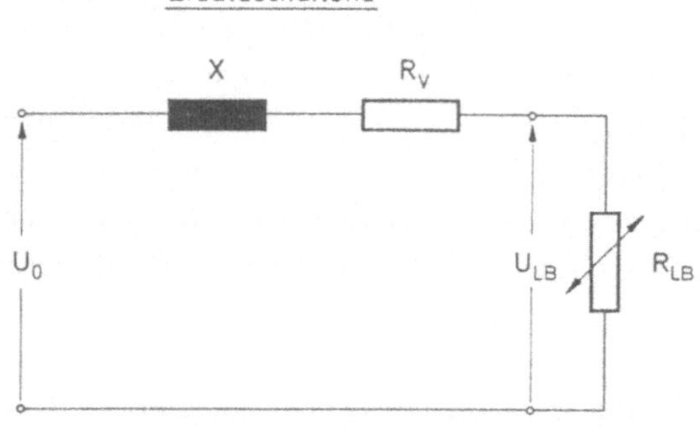

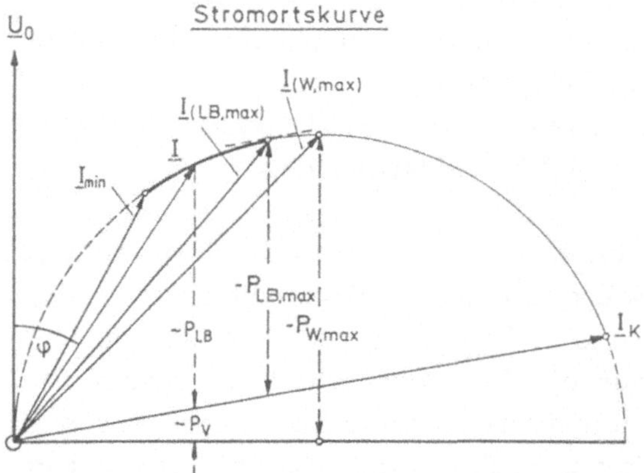

Bild 10.2 Ersatzschaltbild und Stromortskurve für einen Drehstrom – Lichtbogenofen

X: die Summe der induktiven Reaktanzen des Ofenstromkreises einschließlich Trafo,
R_V: die Summe der OHMschen Widerstände in Trafo, Zuleitungen, Elektroden und Badeinsatz,
P_V: die dort umgesetzte Wirkleistung,
R_{LB}: der OHMsche Widerstand des Lichtbogens,
P_{LB}: die im Lichtbogen umgesetzte Wirkleistung.

Die Ortskurve des Stromzeigers $\underline{I}$ in Abhängigkeit vom Lichtbogenwiderstand R_{LB} (und damit von der Lichtbogenlänge) ist ein Kreis. Der mögliche Bereich der Lichtbogenströme liegt zwischen dem Kurzschlußstrom $\underline{I}_K$ beim Bogenwiderstand $R_{LB} = 0$, und dem Minimalwert des Stromes beim größtmöglichen Elektrodenabstand, bei dem der Lichtbogen noch stabil brennt.

Für andere Spannungsstufen ergeben sich Ortskreise, die ebenfalls durch den Ursprung gehen und deren Radius proportional zur Höhe der Leerlaufspannung U_0 ist. Aus der Stromortskurve lassen sich mehrere wichtige Betriebsgrößen ableiten, die in Abhängigkeit von der Höhe des Lichtbogenstromes I in *Bild 10.3* dargestellt sind.

Die gesamte im Lichtbogenstromkreis umgesetzte Wirkleistung ist

$$P_W = U_0 \, I \cos \varphi \, . \tag{10.1}$$

Der Abstand des Arbeitspunktes auf der Stromortskurve von der Abszisse (*Bild 10.2* unten) ist ein Maß für die jeweilige Größe dieser Wirkleistung. Der Maximalwert $P_{W,max}$ tritt beim Phasenwinkel $\varphi = \pi/4$ auf; der zugehörige Lichtbogenstrom $I_{(W,max)}$ beträgt im vorliegenden Beispiel 72 % des Kurzschlußstromes I_K.

Die Wirkleistung setzt sich aus zwei Anteilen zusammen:

$$P_W = P_{LB} + P_V \, . \tag{10.2}$$

Der Verlauf der Lichtbogenleistung

$$P_{LB} = R_{LB} \, I^2 \tag{10.3}$$

über dem Lichtbogenstrom weist wie die Wirkleistung ebenfalls ein Maximum $P_{LB,max}$ auf, allerdings bei einem kleineren Strom $I_{(LB,max)}$, der hier bei 66 % des Kurzschlußstromes liegt. Der entsprechende Arbeitspunkt auf der Strom-

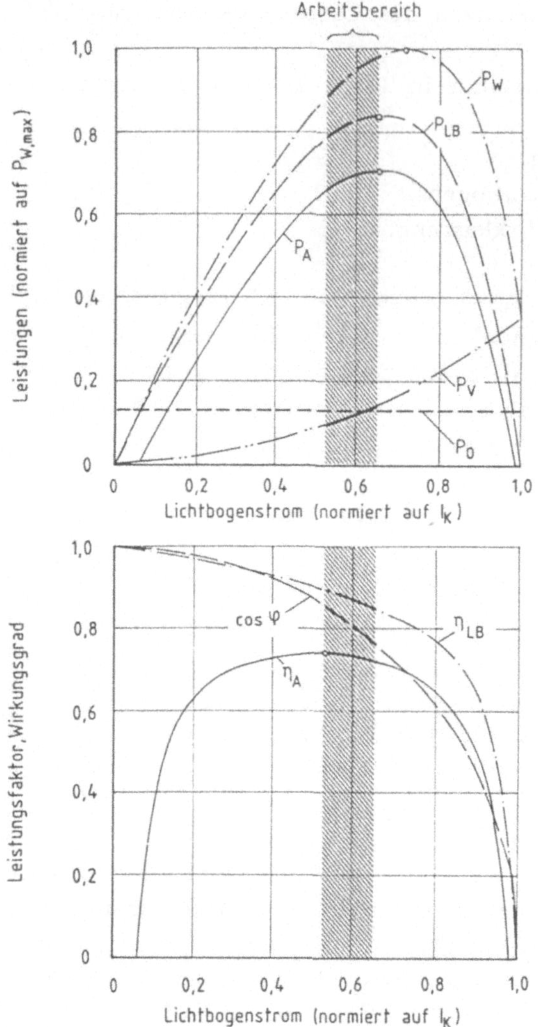

Bild 10.3 Arbeitsdiagramme für einen Drehstrom – Lichtbogenofen

ortskurve (*Bild 10.2*) liegt dort, wo die Kreistangente parallel zum Zeiger $\underline{I}_K$ des Kurzschlußstroms ist.

P_V ist die Summe der übrigen JOULEschen Leistungen im Hochstromkreis:

$$P_V = R_V I^2 . \qquad (10.4)$$

Darin ist auch ein Anteil enthalten, der zur gewünschten Erwärmung des Einsatzes beiträgt: Rd. 1/3 bis 1/4 des Leistungsumsatzes in den Elektroden sowie die JOULEsche Leistung durch den Stromfluß im Einsatz selbst. Der beträchtliche Rest von P_V ist als Verlust aufzufassen. In der Stromortskurve (*Bild 10.2*) ist die Größe der Leistung P_V aus dem jeweiligen Streckenabschnitt zwischen dem Vektor des Kurzschlußstroms und der Abszisse ablesbar. Dieser Sachverhalt beruht auf der aus Gl. (10.4) abgeleiteten Beziehung

$$P_V = U_0 I \sin\varphi \frac{R_V}{X} . \tag{10.5}$$

Der *Lichtbogen – Wirkungsgrad*

$$\eta_{LB} = \frac{P_{LB}}{P_W} \tag{10.6}$$

sinkt mit größer werdendem Strom stetig ab. Sein Verlauf über dem normierten Lichtbogenstrom ist im unteren Diagramm von *Bild 10.3* eingezeichnet.

Die Aktivleistung P_A ist diejenige Leistung, die zum Schmelzen bzw. Überhitzen des im Ofen eingesetzten Gutes verfügbar ist. Sie ergibt sich in erster Näherung, indem man von der Lichtbogenleistung P_{LB} einen Anteil P_0 für die Deckung der äußeren Wärmeverluste abzieht, der nicht von der Größe des Lichtbogenstroms abhängt:

$$P_A = P_{LB} - P_0 . \tag{10.7}$$

Somit erreicht im Betriebspunkt der maximalen Lichtbogenleistung auch die Aktivleistung ihren Höchstwert. Das bedeutet, daß auch die Produktivität des Ofens in diesem Betriebspunkt am größten ist.

Im Hinblick auf den spezifischen Energieverbrauch ist der "*Aktiv – Wirkungsgrad*"

$$\eta_A = \frac{P_A}{P_W} \tag{10.8}$$

von Bedeutung. Sein Optimum liegt bei einem Lichtbogenstrom, der im vorliegenden Fall rd. 53 % des Kurzschlußstroms beträgt.

Der angestrebte Arbeitspunkt des Ofens liegt normalerweise im Bereich zwischen den Punken der maximalen Produktivität und des besten Aktiv – Wirkungsgrades. Erreicht wird er durch Einstellung eines entsprechenden Elektrodenabstandes von der Badoberfläche. Die automatische Elektrodenregelung dient dann zur Beibehaltung dieses Betriebszustandes.

Um die Ofenleistung zu steuern, bedient man sich der Spannungsanzapfungen des Ofentransformators: Je höher die gewünschte Ofenleistung, umso größer muß die Sekundärspannung am Ofentransformator sein. Da sich damit auch der Durchmesser des Strom-Ortskreises proportional ändert, muß die Elektrodenregelung nicht nur den Strom, sondern auch die Spannung als Regelgröße berücksichtigen, um für jede Spannungsstufe einen Arbeitspunkt innerhalb des anzustrebenden Bereichs einregeln zu können. Bei der heute üblichen Impedanzregelung wird der Elektrodenabstand so eingeregelt, daß die Ofenimpedanz und damit auch der Leistungsfaktor $\cos\varphi$ näherungsweise konstant gehalten werden.

Am Anfang eines Einschmelzvorganges, wenn der Einsatz noch weitgehend aus festem Schrott besteht, brennt der Lichtbogen besonders unruhig, was selbst bei flink reagierender Elektrodenregelung laufend große Stromschwankungen bis hin zum Kurzschlußstrom zur Folge hat. Um diese Kurzschlußströme auf den 1,8- bis 2-fachen Wert des Ofen-Nennstromes zu begrenzen und um außerdem die Stromschwankungen möglichst gering zu halten, fährt man in dieser Betriebsphase mit reduzierter Ofenspannung. Wie weit man die Spannung zurücknehmen muß, um den Kurzschlußstrom auf die genannten Werte zu begrenzen, hängt im wesentlichen von der Größe der Induktivitäten im Lichtbogenstromkreis ab. Bei kleinen Öfen sind diese Induktivitäten so gering, daß man mit der erforderlichen Reduzierung der Ofenspannung an Grenzen stößt. Zum einen muß nämlich die Spannung noch genügend groß sein, damit ein stabiler Lichtbogen gewährleistet ist. Außerdem will man gerade beim Einschmelzen die Ofenleistung, die für eine bestimmte Stromstärke quadratisch von der Spannung abhängt, möglichst wenig absenken. Aus diesem Grund sind Ofenanlagen kleinerer Leistung meist mit einer Drosselspule ausgerüstet, die auch bei nicht so stark reduzierter Spannung den Kurzschlußstrom hinreichend begrenzt. Sie liegt im Primärkreis des Transformators und kann nach Beendigung der kritischen Einschmelzphase kurzgeschlossen werden.

Netzrückwirkungen [10; 38]

Ein Drehstrom-Lichtbogenofen kann in mehrfacher Weise störend auf das Versorgungsnetz zurückwirken, nämlich durch:
- unsymmetrische Belastung in den drei Phasen;
- Oberschwingungen und
- unregelmäßige Belastungsschwankungen.

Die *Unsymmetrien* in der Belastung ergeben sich vorwiegend durch Reaktanzunterschiede zwischen den einzelnen Phasen der Hochstromleitungen im Ofenkreis. Sie können durch magnetisch symmetrische Leitungsführung und erforderlichenfalls individuelle Regelung der einzelnen Phasenspannungen weitgehend behoben werden.

Die *Oberschwingungen* werden durch die nichtlineare Strom - Spannungs - Kennlinie des Lichtbogens verursacht. Je größer die Lichtbogenlänge ist, desto stärker wird die Lichtbogenspannung durch ungradzahlige Oberschwingungen verzerrt. Diese Oberschwingungen lassen sich durch entsprechend abgestimmte und bemessene Filterkreise zum größten Teil vom Versorgungsnetz fernhalten. Die in diesen LC - Filterkreisen enthaltenen Kondensatoren können gleichzeitig für die Kompensation der Grundschwingungs - Blindleistung mitbenutzt werden.

Die *unregelmäßigen Belastungsschwankungen* rühren von stochastischen Veränderungen der Lichtbogenlänge und damit des Lichtbogen - Widerstandes her, verursacht durch elektromagnetische Kraftwirkungen auf die Strombahnen der Lichtbögen, Oberflächenbewegungen des Bades sowie insbesondere in der Einschmelzperiode durch die Bildung neuer Lichtbogenfußpunkte nach einem Strom - Nulldurchgang und damit das "Umspringen" des Lichtbogens.

Die hauptsächliche Folge dieser Vorgänge ist eine stochastische Amplitudenmodulation von Ofenspannung und - strom in einem Frequenzbereich zwischen 3 und 10 Hz. Dies setzt sich in Form einer Scheinleistungsschwankung in das Versorgungsnetz hinein fort und führt dort zu Schwankungen der Spannungsabfälle an den Netzimpedanzen und damit zu Spannungsschwankungen bei allen aus diesem Netz versorgten Verbrauchern. Bei Glühlampen ist das mit entsprechenden Änderungen der Lichtemission (auch als "*Flicker*" bezeichnet) verbunden. Da das menschliche Auge für Schwankungen von Beleuchtungsstärken gerade in dem betreffenden Frequenzbereich besonders empfindlich ist, leitet sich daraus eine Begrenzung der zulässigen Spannungsmodulation auf Werte von etwa 0,3 % ab. Um dieser Anforderung zu genügen, muß die subtransiente Netzkurzschlußleistung am kritischen Verknüpfungspunkt mindestens beim 80...100 - fachen der dort im Nennbetrieb des Ofens zu übertragenden Scheinleistung liegen.

Dieser Mindestfaktor reduziert sich auf Werte von 30...40, sofern die Ofenanlage mit einer Einrichtung zur *dynamischen Blindleistungskompensation* ausgerüstet ist. Damit soll der Längsspannungsabfall an den Netzreaktanzen möglichst konstant gehalten werden. Erreicht wird dies durch Veränderung des Blindstroms aus drei Parallelinduktivitäten auf der Oberspannungsseite des Ofentransformators mittels Phasenanschnittsteuerung durch antiparallele Thyristoren.

Energiebilanz [31]

In *Bild 10.4* ist die Energiebilanz eines Ofens moderner Konzeption dargestellt. Sein Fassungsvermögen beträgt 55 t bei einer spezifischen Anschlußleistung von 652 kVA/t. Der Ofenmantel ist auf einer Fläche von 27 m^2 mit wassergekühlten Wandelementen versehen.

Die einzelnen Bilanzposten sind in ihrer Höhe jeweils von verschiedenen Einflußfaktoren abhängig:

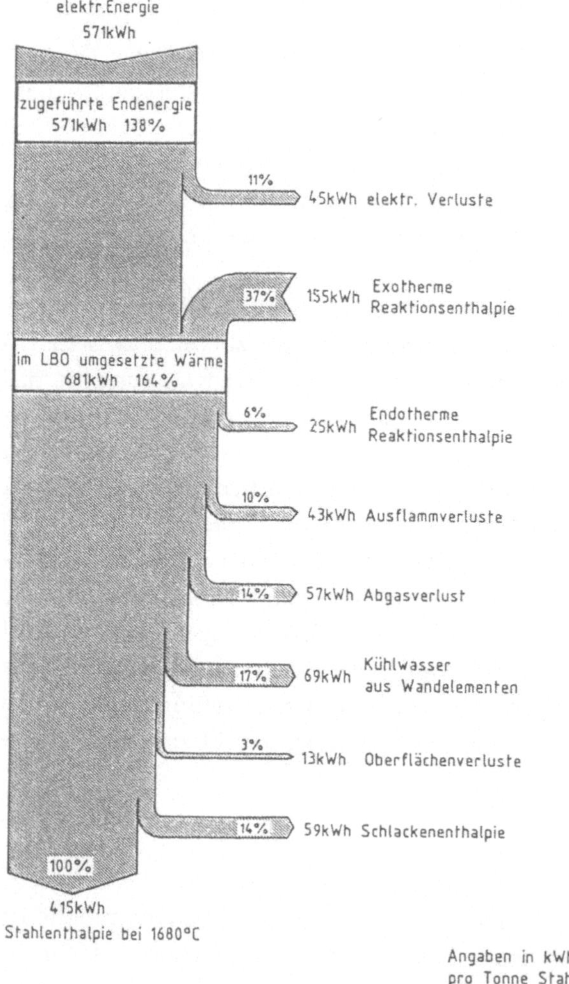

Bild 10.4 Energiebilanz eines Lichtbogenofens

- *Stahlenthalpie:*
  Die Stahlenthalpie wird durch die Abstichtemperatur bestimmt. Bei einer niedrigen Abstichtemperatur von z.B. 1620 °C, wie sie bei einer Fahrweise mit Ofenmetallurgie bzw. bei reinem Duplex – Schmelzbetrieb (s. Abschn. 10.1.3) typisch ist, liegt die Stahlenthalpie bei rd. 390 kWh/t. Bei einer Fahrweise mit Pfannenmetallurgie sind hohe Abstichtemperaturen bis etwa 1750 °C mit Stahlenthalpien von rd. 425 kWh/t erforderlich.

- *Schlackenenthalpie:*
  Die Schlackenenthalpie wird ebenfalls durch die Höhe der Abstichtemperatur bestimmt und ist i.a. nicht mehr nützbar. Die Schlackenmengen betragen je nach Zusätzen von Schlackebildnern 5...20 % des Abstichgewichtes. Ihre fühlbare Wärme liegt zwischen ca. 30 und 100 kWh je t Stahlguß.

- *Oberflächenverluste:*
  Die Oberflächenverluste sind eine Funktion der spezifischen Oberflächenverlustleistung und der Chargenzeit. Die spezifische Oberflächenverlustleistung hängt primär von der Ofengröße und damit vom Verhältnis Oberfläche zu Volumen ab. Übliche Werte liegen bei 35...50 kW/t für einen 10 – t – Ofen und 10...25 kW/t für einen 100 – t – Ofen.
  Beim Einsatz von wassergekühlten Wand – und Deckelelementen erhöht sich die Verlustleistung als Summe aus Oberflächen – und Kühlwasserverlusten je nach Größe des Ofens um 10 bis 30 kW/t. Weitere Kühlwasserverluste entstehen durch wasserführende Ofentüren, durch Ofendeckel – und Elektrodenring – Kühlung.
  Die Chargenzeiten werden durch die Höhe der installierten spezifischen Leistung (kVA/t) und die Leistungsausnutzung bei der jeweiligen Ofenfahrweise bestimmt und liegen im Bereich von ca. 1,5 bis 7 h.
  Insgesamt bewegen sich die Oberflächenverluste meist in einem Bereich zwischen 80 und 140 kWh/t.

- *Abgasverluste:*
  Die Größe des Abgasverlustes richtet sich zum einen nach der Chargendauer, zum anderen hat auch die für den Betrieb notwendige Absaugvorrichtung entscheidenden Einfluß. Hierbei werden zwei Arten unterschieden. Bei der Direktabsaugung wird die Ofenatmosphäre direkt durch ein zusätzliches Deckelloch aus dem Ofen abgesaugt. Durch den erhöhten Luftdurchsatz vergrößern sich für diesen Fall die Verluste. Bei der Hallenabsaugung befindet sich über dem Ofen eine Esse, es wird also die direkte Umgebungsluft des Ofens abgesaugt.
  Eine weitere Einflußgröße für die Abgasverluste ist die Menge der brennbaren Anteile im Einsatzgut. Dem erhöhten Verlust bei höheren Anteilen steht dabei aber auch ein entsprechender Wärmegewinn aus der Verbren-

nung im Ofen gegenüber. Als Richtgröße für die im Abgas enthaltene Wärme kann mit Werten zwischen 50 und 90 kWh/t gerechnet werden.

- *Elektrische Verluste:*
  Die elektrischen Verluste entstehen als Eisen- und Kupferverluste im Netztransformator und als OHMsche Verluste in den Hochstromseilen und in den Elektroden. Einflußgrößen sind die Stromstärke und die Widerstände, insbesondere der Elektroden. Es ergeben sich für lange Chargenzeiten von 5 bis 8 h je nach Ofengröße Verluste von 95 bis 135 kWh/t. Für Chargenzeiten um 2 h liegen die Werte zwischen ca. 30 und 50 kWh/t.
- *Saldo aus exothermen und endothermen Reaktionen:*
  Durchschnittliche Werte für die saldierten Reaktionsenthalpien liegen zwischen 130 und 140 kWh/t. Es handelt sich um einen Wärmeeintrag, da die exothermen Reaktionen überwiegen. In diesem Saldo ist auch der Elektrodenabbrand enthalten. Die Werte ändern sich je nach Anteilen brennbarer Substanzen in den Einsatzstoffen und nach den nötigen metallurgischen Arbeiten.
- *Endenergieverbrauch:*
  Der Gesamtverbrauch an elektrischer Energie für das Einschmelzen und die nachfolgende metallurgische Behandlung im Drehstrom-Lichtbogenofen liegt in der Regel zwischen 500 und 700 kWh/t.

10.1.2 Gleichstrom-Lichtbogenofen

Literatur: [15; 27]

In den letzten Jahren wurden zum Schmelzen von Stahl Gleichstrom-Lichtbogenöfen neu entwickelt. Der Aufbau entspricht in vieler Hinsicht dem des Drehstrom-Lichtbogenofens. Anders als dieser hat der Gleichstrom-Lichtbogenofen jedoch nur eine in der Mittelachse des Ofengefäßes senkrecht durch ein Deckelloch geführte Graphitelektrode, die als Kathode geschaltet ist. Durch das Fehlen von Skineffekt und Proximity-Effekt ist die Stromdichte über dem Elektrodenquerschnitt sehr gleichmäßig. Dies läßt für eine Elektrode von 610 mm Durchmesser eine Stromstärke bis ca. 100 kA zu. Damit liegt die Obergrenze für einen Gleichstrom-Lichtbogenofen mit einer Zentralelektrode bei einer maximalen Wirkleistung von ca. 50 MW und einer Nennfassung von etwa 100 t.

Die Anode ist in den Ofenboden eingelassen (*Bild 10.5*), kommt also mit dem Lichtbogen nicht in Berührung und unterliegt daher auch keinem Abbrand. Dafür muß stets ein guter elektrischer Kontakt zum Einsatzgut gewährleistet sein, weshalb ein Anfahren des Ofens mit schmelzflüssigem Sumpf zweckmäßig

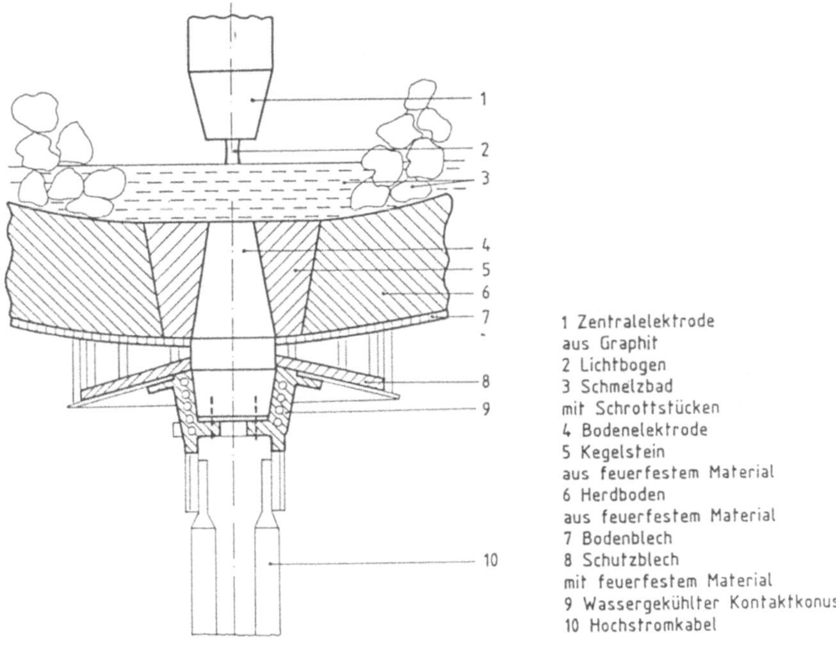

Bild 10.5 Anordnung der Bodenelektrode beim Gleichstrom-Lichtbogenofen

ist. Stattdessen kann auch eine erste Teilcharge Späne oder besonders kleinstückiger Schrott eingesetzt werden. Um eine befriedigende Standzeit der Anode zu erreichen, muß ein Erweichen oder gar Aufschmelzen der mit dem Einsatzgut in Berührung stehenden Teile zuverlässig vermieden werden. Daher wird die Anode von unten her mit Wasser oder mit Luft intensiv gekühlt.

Das Schema des elektrischen Anschlusses geht aus *Bild 10.6* hervor. Als Gleichrichter wird eine vollgesteuerte 6- oder 12-pulsige Drehstrom-Brückenschaltung mit wassergekühlten Scheibenthyristoren verwendet. Über die Steuerung des Zündwinkels des jeweils nächsten zu zündenden Thyristors wird der Ofenstrom konstant auf dem gewählten Sollwert gehalten. Diesem Stromregelkreis überlagert sich ein Spannungsregelkreis, in dem der ebenfalls wählbare Sollwert für die Lichtbogenspannung über die vertikale Verstellung der Zentralelektrode als Stellglied gehalten wird. Eine Drosselspule im Gleichstromkreis dient zur Dämpfung zeitlicher Stromänderungen bei sehr raschen Änderungen der Lichtbogenspannung z.B. infolge von Schrottzusammenbrüchen. Durch die Anschnittsteuerung der Thyristoren ergeben sich drehstromseitig Oberschwingungen, die durch Saugkreise für die 5., 7., 11. und 13. Harmoni-

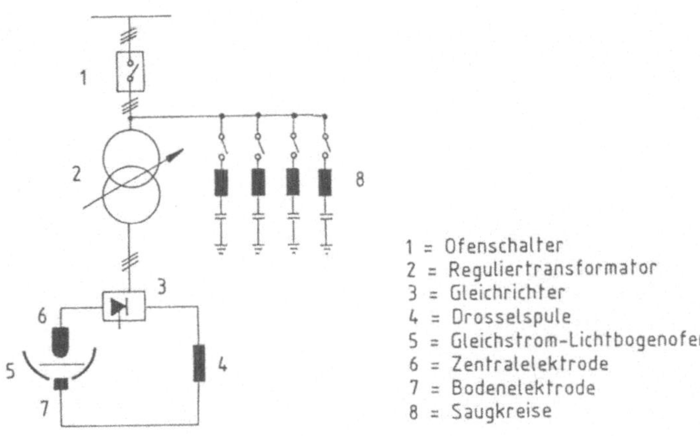

Bild 10.6 Prinzipschaltbild des elektrischen Anschlusses für einen Gleichstrom – Lichtbogenofen

sche so ausgefiltert werden können, daß der Summenklirrfaktor unter 1 % liegt.

Der Gleichstromlichtbogen brennt unter allen Betriebsbedingungen wesentlich ruhiger als die Lichtbögen eines Drehstrom – Lichtbogenofens, außerdem sind die am Ofentrafo des Gleichstrom – Lichtbogenofens auftretenden Blindleistungsschwankungen nur halb so groß. Beide Gründe zusammen führen dazu, daß die Netzrückwirkungen in Form von Spannungsschwankungen beim Gleichstrom – Lichtbogenofen unter sonst gleichen Bedingungen nur etwa die Hälfte bis ein Drittel der Werte für einen Drehstrom – Lichtbogenofen betragen, der nicht dynamisch kompensiert ist.

Im Energieverbrauch je Tonne erschmolzenen Stahls unterscheidet sich der Gleichstrom – Lichtbogenofen nicht wesentlich von einem Drehstrom – Lichtbogenofen gleicher Leistung, Bauart (z.B. bezüglich des Anteils wassergekühlter Wandelemente) und Betriebsweise. Zusätzliche Verluste entstehen beim Gleichstrom – Lichtbogenofen im Gleichrichter, dies wird jedoch ausgeglichen durch die geringeren Ohmschen Verluste in den Hochstromleitungen und den Elektroden.

Der für die Wirtschaftlichkeit des Gleichstrom – Lichtbogenofens wesentliche Vorteil liegt im geringeren Verbrauch an Graphitelektroden von weniger als 2 kg je Tonne abgestochenenen Stahls. Beim Drehstrom – Lichtbogenofen beträgt der Elektrodenverbrauch heute in der Regel zwischen 3 und 6 kg/t.

Die Ursachen für diese Verbesserung sind:

- geringerer elektromechanischer Graphitabtrag aufgrund des ruhigen Brennverhaltens des Gleichstromlichtbogens,
- geringerer Graphitabbrand an der Seitenfläche der Zentralelektrode aufgrund der kleineren Gesamtoberfläche,
- geringere Graphitverdampfung am kathodischen Fußpunkt des Gleichstromlichtbogens wegen der dort um mehrere hundert K niedrigeren Temperaturen.

Unter Berücksichtigung der Tatsachen, daß ein Gleichstrom-Lichtbogenofen in den Investitionskosten etwa 35 % über einem vergleichbaren Drehstrom-Lichtbogenofen liegt und die Instandhaltung der Bodenelektrode nennenswerte zusätzliche Aufwendungen verursacht, wurde eine Amortisationszeit der Mehrinvestition für den Gleichstrom-Lichtbogenofen von nur rd. 1 Jahr errechnet. Der Kostenvergleich bezieht sich auf eine Ofennennfassung von 40 t.

Ein weiterer Vorteil des Gleichstrom-Lichtbogenofens liegt in dem deutlich geringeren Lärmpegel, wenn man von einer nur wenige Minuten dauernden Phase zu Einschmelzbeginn absieht, in der er etwa gleich laut ist wie der Drehstrom-Lichtbogenofen. Nachteilig für den Gleichstrom-Lichtbogenofen ist, daß bei ihm die moderne Entwicklungslinie des Bodenabstichs grundsätzlich nicht in Frage kommt.

10.1.3 Einsatzgebiete, Betriebsweise, Energiebedarf

Literatur: [31]

Die bedeutendsten Einsatzgebiete des Lichtbogenofens liegen bei der Stahlerzeugung und der Stahlverarbeitung (Stahlgießerei). Die elektrische Stahlerzeugung, deren Anteil an der Rohstahlerzeugung heute in der Bundesrepublik Deutschland bei rd. 20 % liegt (weltweit über 25 %), wird in der Hauptsache auf der Basis von Stahlschrott als Ausgangsrohstoff im Drehstrom-Lichtbogenofen durchgeführt; vom Gleichstrom-Lichtbogenofen sind erst einzelne neuentwickelte Anlagen in Betrieb.

Die Betriebsweise ist diskontinuierlich. Die gesamte Behandlung einer Charge gliedert sich in das Niederschmelzen des Schrottes, das Frischen (Oxidationsphase zur Herabsetzung des Phosphor-, Kohlenstoff- und Schwefelgehaltes), das Feinen (Desoxidation des Metallbads durch Reaktionen mit reduzierender Schlacke) sowie ggf. das Legieren durch Zugabe von NE-Metallzusätzen wie Nickel, Chrom und Vanadium. Aufgrund der meist fehlenden Badbewegung sind relativ lange Auflösungszeiten für die beigegebenen Zusätze erforderlich.

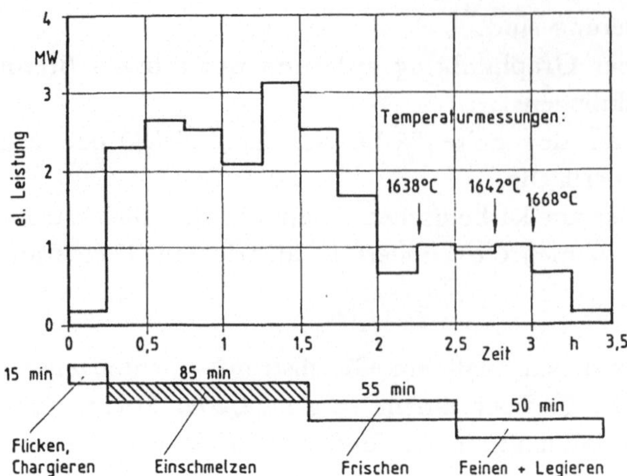

Ofenfassung:	10 t
Anfangszustand:	Ofenfutter warm
Einsatzstoffe:	4500 kg Stahlschrott 4000 kg leg. Umlaufmaterial 225 kg metallische Zusätze
O_2-Bedarf:	20 m^3
Materialabbrand:	725 kg ≙ 8,3% des Einsatzes
Abstich:	8000 kg bei 1661 °C
Energieverbrauch:	5400 kWh
Spezif. Energieverbrauch:	675 kWh/t

Bild 10.7 Daten und Ablauf eines Schmelzvorgangs von Stahl im Drehstrom – Lichtbogenofen

Wie aus *Bild 10.7* ersichtlich, tritt der hohe Leistungsbedarf, für den der Lichtbogenofen und seine Versorgungseinrichtungen ausgelegt sind, im wesentlichen in der Einschmelzphase auf. Zur besseren Ausnutzung von Anlagenkapazität und Verrechnungsleistung des Strombezugs werden deshalb zunehmend die metallurgischen Behandlungsphasen in nachgeschaltete Gießpfannen verlegt ("*Pfannenmetallurgie*"). Dadurch können bei modernen Lichtbogenöfen die Zeiten zwischen zwei Abstichen bis auf weniger als 1 h verkürzt werden. Dabei muß jedoch die Schmelze ausreichend überhitzt werden (Abstichtemperaturen bis über 1700 °C), damit am Ende der Behandlungszeit in der Pfanne die Temperatur noch für das Vergießen ausreicht. Bei modernen Stahlerzeugungsanlagen wird auch eine separate Lichtbogenbeheizung für Pfannen eingesetzt, um die Schmelze während der metallurgischen Behandlung und beim nachfolgenden Stranggießen warmzuhalten.

Hinsichtlich der Beschaffenheit des einzusetzenden Schrottes bestehen kaum Beschränkungen. Die maximalen Stückgrößen sind lediglich durch die Abmessungen des Chargierkorbes begrenzt. Späne können nur anteilig eingesetzt werden, da sonst der Futterverschleiß beim Einschmelzen stark zunimmt. Der Rostanteil ist beliebig und beeinflußt lediglich etwas die Höhe des Energieverbrauchs und des Futterverschleißes. Einsatz von Roheisen ist ebenfalls möglich, erfordert jedoch einen höheren Sauerstoffverbrauch zur Entkohlung. Eine Vorwärmung der Einsatzstoffe ist nicht erforderlich.

Der spezifische Stromverbrauch je Tonne erschmolzenen Stahls liegt für das Einschmelzen bei Werten zwischen 400 und 550 kWh. Die Spannweite ist hauptsächlich bedingt durch Unterschiede in Größe und Konzeption des Ofens sowie in der Betriebsweise. Für die metallurgische Bearbeitung muß mit einem zusätzlichen Stromverbrauch von 100 bis 150 kWh/t gerechnet werden, bei der Edelstahlerzeugung mit mehrfachem Schlackenwechsel bis zu 250 kWh/t.

Neben der Stahlerzeugung aus Schrott kann die Lichtbogenerwärmung auch zur Stahlerschmelzung aus vorreduziertem Eisenschwamm angewendet werden. Aufgrund der Gleichmäßigkeit von Form (z.B. Pellets) und chemischer Zusammensetzung des Einsatzmaterials ist hierbei eine kontinuierliche Betriebsweise möglich. Durch Heißchargierung unter Ausnutzung der Abgaswärme des Lichtbogens sind hierbei Stromverbrauchswerte von unter 400 kWh/t erreichbar.

Kleinere Lichtbogenöfen bis zu etwa 10 t Fassungsvermögen werden in Stahlgießereien eingesetzt. Bei hoher Kapazitätsausnutzung (erreichbar durch Duplex-Betrieb, d.h. Überhitzen in nachgeordneten Ofeneinheiten) können in rascher Folge verschiedenste Stahlgußqualitäten erschmolzen werden. Durch problemlos möglichen Legierungswechsel ergibt sich eine bestmögliche Flexibilität des Gießprogramms.

10.2 Lichtbogen – Reduktionsofen

Literatur: [81; 99; 102]

10.2.1 Aufbau und Arbeitsweise

Der Lichtbogen - Reduktionsofen ist von der Gestalt des Ofengefäßes her ein *Niederschachtofen* von in der Regel rundem, seltener ovalem oder rechteckigem Grundriß und relativ geringer Höhe (ähnlich dem Lichtbogenofen zum Stahlschmelzen). Er dient zum reduzierenden Erschmelzen von Metallen, Calciumcarbid und Phosphor.

Die Füllung des Ofens besteht aus mehreren übereinanderliegenden Schichten. Die unterste ist flüssige Schmelze, die außer beim Phosphorofen aus dem erschmolzenen Material besteht und kontinuierlich abgestochen wird. Darüber liegt eine mehr oder weniger dicke Schlackeschicht und auf dieser der *Möller*, also das Einsatzmaterial für den jeweiligen Prozeß einschließlich Reduktionskoks. Die Aufbereitung des Möllers und die Beschickung erfolgen heute meist kontinuierlich über automatisierte Misch - und Transportanlagen.

Die Elektroden hängen von oben her in den Ofenraum und sind über eine hydraulische Reguliereinrichtung vertikal verstellbar. Meist sind drei Phasenelektroden im gleichseitigen Dreieck angeordnet; rechteckige Großraumöfen, für schlackereiche Prozesse, arbeiten teilweise mit sechs Elektroden in Reihenanordnung. In der Regel werden selbstbackende Söderberg - Elektroden verwendet. Sie bestehen aus einer Mischung aus Anthrazit, Koks, Pech und Teer, die sich in einem Mantel aus Stahlblech mit rundem Querschnitt (Durchmesser bis 1300 mm) befindet. Im oberen Teil der Söderberg - Elektrode, wo die Masse sich noch im teigigen Einfüllzustand befindet, gibt der mit Innenrippen versehene Blechmantel der Elektrode die notwendige mechanische Festigkeit und übernimmt außerdem die Leitung des elektrischen Stromes.

Nach unten hin wird die Söderberg - Masse zunehmend verfestigt, da sie sowohl durch den Stromfluß als auch durch die Ofenwärme erhitzt wird und dadurch verbackt und schließlich gebrannt wird. Dadurch erhöht sich die elektrische Leitfähigkeit, so daß der Strom im unteren Teil der Elektrode von der Kohle geführt wird, während der Blechmantel dort abschmilzt. In einer Übergangszone geht der Stromfluß vom Blechmantel auf die Söderberg - Masse über, wobei in diesem Bereich die Innenrippen zur Vergrößerung der Kontaktfläche dienen.

Der Materialnachschub zum Ausgleich des Abbrandes erfordert bei SÖDERBERG – Elektroden keinerlei Betriebsunterbrechung. Hierzu wird am oberen, freien Ende der in Betrieb befindlichen Elektrode ein neues Mantelstück angeschweißt. Der so entstandene Füllraum wird dann mit SÖDERBERG – Masse beschickt.

Die Elektroden tauchen durch die Möllerschicht hindurch in die Schlackeschicht ein. Je nach deren Dicke und Zusammensetzung geht ein mehr oder weniger großer Teil des Stromes in einem oder vielen kurzen, verdeckten Lichtbögen von den Elektroden aus. Die restliche Energieumsetzung erfolgt durch Widerstandserwärmung, die der elektrische Strom im Schmelzbad, in der Schlacke und z.T. auch im Möller hervorruft. Bei schlackereichen Prozessen (z.B. Gewinnung von Ferromangan oder elektrisches Erschmelzen von Kupferstein) dominiert dieser Anteil gegenüber dem der Lichtbogenerwärmung.

Die Ofenspannungen liegen meist nur zwischen 100 und 200 V, dafür wird mit sehr hohen Stromstärken bis etwa 150 kA gearbeitet. Der Leistungsbereich erstreckt sich, je nach Prozeß, zwischen 300 kVA bis über 100 MVA.

Im Reduktionsofen entstehen beim Betrieb laufend große Mengen an Reaktionsgasen, die zum größten Teil aus CO bestehen. Bei der Herstellung von Phosphor fällt auch dieser gasförmig an. Phosphoröfen sind deshalb stets geschlossen ausgeführt, der Phosphor wird in einem dem Ofen nachgeschalteten Sprühturm aus dem Abgas kondensiert. Auch bei den sonstigen Reduktionsöfen verwendet man nach Möglichkeit gasdicht geschlossene Ofengefäße, sowohl wegen der besseren Möglichkeiten der Abgasreinigung und – nutzung als auch wegen des geringeren Energiebedarfs. Technische Schwierigkeiten ergeben sich bei Si – reichen Ofenfüllungen, da sich hier oxidische Si – Verbindungen bilden, die zum Zersetzen der Gasableitungsrohre führen können. Solche Öfen besitzen eine Gasabsaughaube und sind seitlich mit Kettenvorhängen oder absenkbaren Schilden versehen, damit möglichst wenig Frischluft in den Ofen gelangt.

10.2.2 Einsatzbereiche, Energieverbrauch

Der Lichtbogen – Reduktionsofen wird in erster Linie zur elektrothermischen Gewinnung von Ferrolegierungen, Silicium, Calciumcarbid und Phosphor eingesetzt. *Tafel 10.1* nennt Anhaltswerte des spezifischen Stromverbrauchs sowie die hauptsächliche Verwendung der betreffenden Produkte. Die erhebliche Spannweite bei den Verbrauchszahlen für die Ferrolegierungen geht in erster Linie auf die unterschiedliche Zusammensetzung der verschiedenen Produktsor-

Tafel 10.1 Einsatzbereiche des Lichtbogen – Reduktionsofens

Produkt	Spez. Verbrauch kWh/kg	Verwendung
Ferrosilicium	5,5...11,5	Desoxidationsmittel (Stahlerzeugung)
Ferrochrom	4...9	Edelstahlherstellung
Ferromangan	2...8	Desoxidationsmittel (Stahlerzeugung)
Silicium	ca. 12	Vorprodukt für Rein – Si (Halbleitertechnik)
Calciumcarbid	ca. 3	Vorprodukt für $CaCN_2$ (Düngemittel)
Phosphor	ca. 13	Wasch – , Futter – , Düngemittel usw.

ten zurück, des weiteren auf die Qualität der eingesetzten Erze und die Größe der Ofeneinheit.

Als Ausgangsstoffe dienen Metalloxide als Erz oder Konzentrat, für die Carbidherstellung gebrannter Kalk und für die Phosphorerzeugung Calciumphosphat. Als Reduktionsmittel dient in der Regel Kohlenstoff, selten Si oder Al. Die durchweg sehr hohen Werte des spezifischen Stromverbrauchs bringen eine erhebliche Energiekostenbelastung des jeweiligen Produktes mit sich. Da alternative Herstellungsverfahren aus technischen Gründen allenfalls bedingt konkurrenzfähig sind, besteht ein z.T. starker Trend zur Produktionsverlagerung an Standorte mit besonders billiger elektrischer Energie.

10.3 Vakuum – Lichtbogenofen

Literatur: [55; 65]

Für das Umschmelzen von Blöcken bis etwa 1 m Durchmesser aus Stahl oder Sondermetallen zum Reinigen, Entgasen und Homogenisieren steht der Vakuum – Lichtbogenofen in Konkurrenz zu den Verfahren des Elektro – Schlacke – Umschmelzens und des Elektronenstrahlschmelzens.

Aufbau und Funktion des Ofens sind schematisch in *Bild 10.8* dargestellt. Der Ofen wird mit negativer Gleichspannung an der Abschmelzelektrode im Bereich von 30...45 V betrieben. Der Tiegel mit dem bereits abgeschmolzenen Material

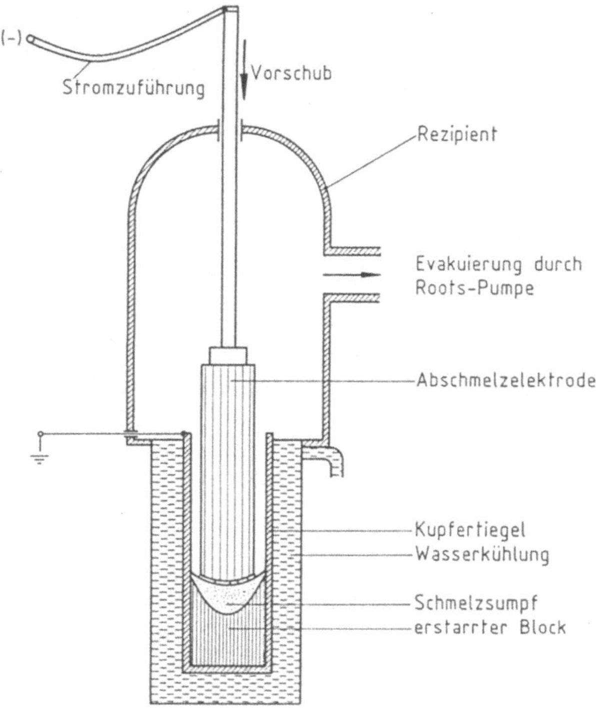

Bild 10.8 Schema eines Vakuum – Lichtbogenofens

(*Ingot*) ist geerdet. Eine Vorschubregelung sorgt für einen konstanten Abstand zwischen Elektrode und Schmelzsumpf von etwa 5...10 mm und somit auch für konstanten Strom (bei großen Öfen 25...35kA). Die größten bisher erschmolzenen Blockgewichte liegen bei 100 t. Die kontrollierte langsame und kontinuierliche Erstarrung des umgeschmolzenen Blockes gewährleistet eine sehr gleichmäßige Gefügestruktur ohne Lunker und Seigerungen.

Durch das Schmelzen im Hochvakuum (10^{-2} bis 10^{-4} mbar, je nach umzuschmelzendem Material) bleibt der Gehalt an Legierungsbestandteilen nahezu unverändert, da keine Reaktionen des Einsatzgutes mit Gasen oder dem Tiegelmaterial stattfinden. Gleichzeitig wird eine weitgehende Entgasung und Entfernung leichtflüchtiger Verunreinigungen erreicht. Aus diesen Gründen kann man durch Umschmelzen im Vakuum – Lichtbogenofen hochreine Sondermetalle (z.B. Ta, Ti, Zr, Mo, Nb, Hf, W) sowie Edelstähle und Superlegierungen gewinnen, die hinsichtlich Warmfestigkeit, Verformbarkeit, Schlag – und Ermüdungsfestigkeit hervorragende Eigenschaften aufweisen.

Der Energieverbrauch für das Umschmelzen im Vakuum - Lichtbogenofen ist erheblich. Für Ti liegt er mit rd. 4,0 kWh/kg etwa beim Zehnfachen der theoretisch erforderlichen Aktivenergie.

10.4 Lichtbogenschweißen

Beim Lichtbogenschweißen gibt es eine Reihe unterschiedlicher Technologien für die verschiedensten Anwendungszwecke. Sie lassen sich nach der Führung des Lichtbogens unterscheiden.

10.4.1 Lichtbogen zwischen Elektrode und Werkstück

Es handelt sich hierbei um *Schmelzschweißverfahren* mit Zusatzwerkstoff.

Offener Lichtbogen

Beim Schweißen mit offenem Lichtbogen wird zwischen Schweißelektrode und Werkstück eine Schweißspannung (Gleich - oder Wechselspannung) gelegt, die beim Handschweißen mit normalen Mantelelektroden zwischen 20 und 35 V und beim Automaten - Schweißen mit kurzem Lichtbogen etwa 15 V beträgt. Die Elektrode besteht aus dem zu schweißenden Material, das durch die Lichtbogenerwärmung abschmilzt und sich mit den aufgeschmolzenen Werkstückteilen in der Schweißfuge verbindet. Die Elektrodenummantelung enthält oxidationshemmende Stoffe. Den Zusammenhang zwischen Elektrodendurchmesser, zu schweißender Blechdicke und Schweißstrom für Handschweißungen zeigt *Bild 10.9* [54]. Das Schweißen mit offenem Lichtbogen ist am meisten verbreitet und für nahezu alle Arten von Konstruktionsschweißungen anwendbar.

Lichtbogen unter Schutzgas [1]

Beim Schweißen mit offenem Lichtbogen können Stickstoff, Sauerstoff und Wasserdampf der Umgebungsluft mit dem schmelzflüssigen Metall der Schweißnaht reagieren und dadurch Poren, Risse, Oxideinschlüsse und Oberflächenfehler durch Entkohlung oder Abbrand verursachen und außerdem die Stabilität des Lichtbogens beeinträchtigen. Beim Schutzgasschweißen werden sowohl das schmelzflüssige Schweißbad als auch der Lichtbogen durch eine

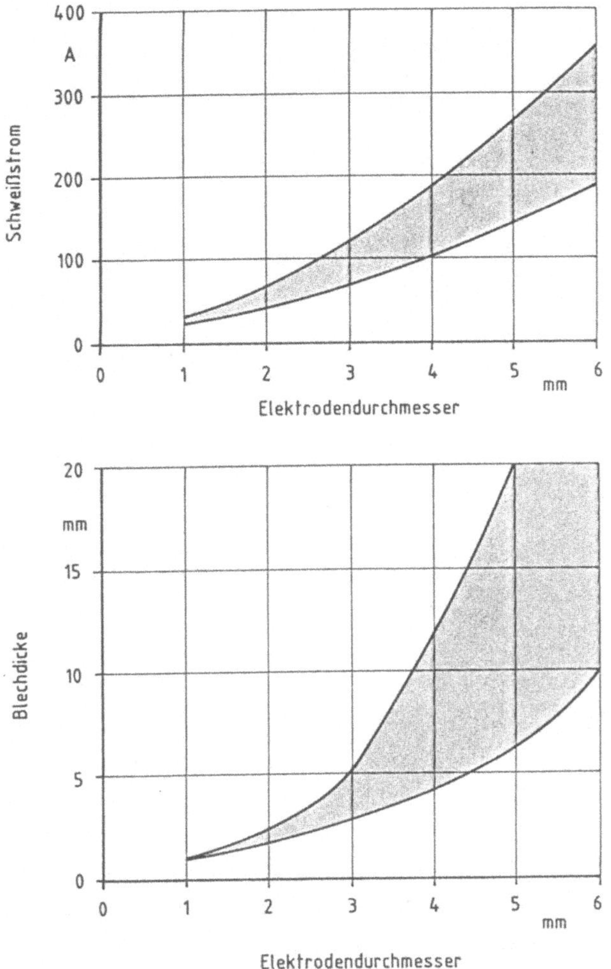

Bild 10.9 Richtwerte für das Handschweißen von Stahlblechen

umhüllende Schutzgasströmung von der Atmosphäre abgeschirmt, so daß die genannten Nachteile vermieden werden.

Die größte Bedeutung haben erlangt:
- das *M*etall - *A*ktivgas - Schweißen (*MAG*), und
- das *W*olfram - *I*nertgas - Schweißen (*WIG*).

Die beiden Verfahrensprinzipien sind in *Bild 10.10* einander gegenübergestellt. Beide Verfahren lassen sich sowohl manuell als auch vollmechanisiert einsetzen.

Beim *MAG - Schweißen* brennt der Lichtbogen zwischen Schweißdraht und Schweißnaht. Am Schweißdraht wird hierzu eine positive Gleichspannung ange-

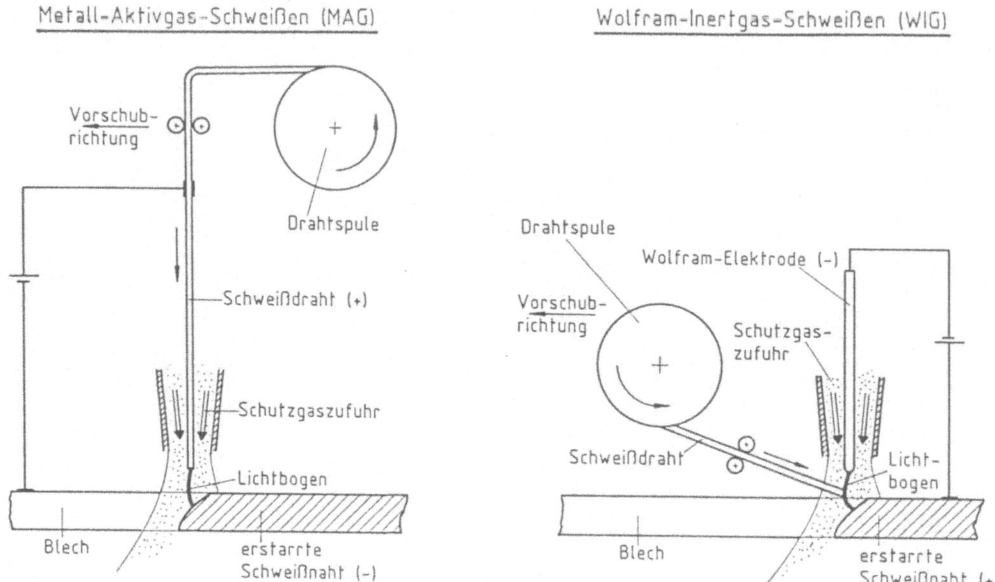

Bild 10.10 Lichtbogen – Schweißverfahren unter Schutzgas (schematisch)

schlossen, damit ist an seiner Spitze die Temperatur besonders hoch. Als Schutzgas wird entweder CO_2 verwendet oder ein Mischgas auf Argonbasis mit Zusätzen von CO_2 und O_2. Das Verfahren zeichnet sich durch einen weiten Anwendungsbereich hinsichtlich Abmessungen und Stahlart der zu verschweißenden Teile, Nahtform und Schweißlage aus. Je nach dem eingehaltenen Abstand zwischen der Spitze der Drahtelektrode und der Schweißnaht ergeben sich unterschiedliche Arten der Werkstoffübertragung, die sich wiederum auf Schweißeigenschaften wie die Höhe der erreichbaren Abschmelzleistung und auf das Schweißergebnis auswirken.

Bild 10.11 zeigt die Zusammenhänge zwischen den wichtigsten Daten für die verschiedenen Lichtbogenklassen bei den üblicherweise verwendeten Elektrodendurchmessern. Der lange Lichtbogen wird wegen des sehr feintropfigen Werkstoffübergangs in der Norm DIN 1910, Teil 4, als "*Sprühlichtbogen*" bezeichnet. Er wird verwendet für Kehlnähte in Wannenlage und waagerechte Füllagen an Mittel- und Grobblechen. Den "*Kurzlichtbogen*" wählt man für Dünnbleche in allen Schweißpositionen sowie für Zwangslagen und Wurzelschweißungen an Mittel- und Grobblechen.

Beim *WIG-Schweißen* brennt der Lichtbogen zwischen einer stabförmigen Wolframelektrode und der Schweißnaht. Damit der Abbrand der Wolframelek-

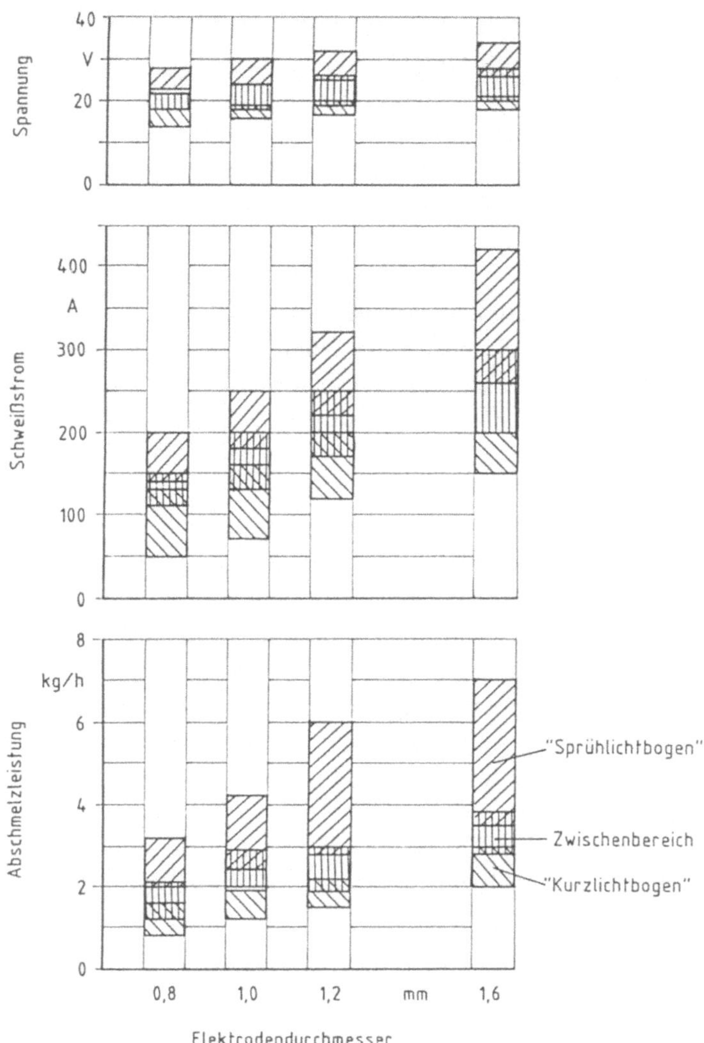

Bild 10.11 Charakteristische Daten für das MAG – Schweißen

trode so gering wie möglich bleibt, wird sie als Kathode verwendet und ist damit nicht so hohen Temperaturen ausgesetzt. Der seitlich zugeführte Schweißdraht schmilzt am Lichtbogen ab und tropft auf die Schweißstelle. Das WIG – Schweißen ergibt Schweißnähte mit außerordentlich hohen mechanischen Gütewerten und sehr gutem Nahtaussehen bei sehr geringem Verzug, es ist jedoch generell teurer als das MAG – Schweißen. Es wird daher hauptsächlich zum Schweißen hochlegierter Stähle eingesetzt, bei denen die für das MAG –

Schweißen verwendeten Schutzgase wegen erhöhten Abbrandes von Legierungsbestandteilen bzw. Aufkohlung problematisch ist.

Für spezielle Schweißaufgaben im Bereich kleiner Blechdicken oder bei Zwangslagen z.B. im Rohrleitungsbau, wird der Schweißstrom gepulst. Dadurch wird die Zufuhr sowohl der Wärme als auch des Schweißwerkstoffes an die Schweißstelle besonders genau dosiert.

Auch eine Reihe von NE – Metallen sind unter Schutzgas schweißbar. Wegen der Gefahr unerwünschter elektrochemischer Reaktionen an den Oberflächen von Elektrode bzw. Schweißstelle scheidet die Verwendung von Gleichstrom beim Schweißen unedler NE – Metalle wie Aluminium aus; es muß mit Wechselstrom geschweißt werden.

Von diesem Sonderfall abgesehen, wird die Gleichstromschweißung bevorzugt, da hierbei der Lichtbogen nicht in jeder Halbwelle neu gezündet werden muß. Die Strom – Spannungskennlinie einer Schweißstromquelle muß hinsichtlich ihrer kennzeichnenden Größen Leerlaufspannung, Dauerkurzschlußstrom und Kennliniensteilheit im Bereich des Arbeitspunktes so ausgelegt sein, daß betriebliche Sicherheit, gute Zündeigenschaften und Lichtbogenstabilität gewährleistet sind. Kritisch sind insbesondere die dynamischen Strom – /Spannungsverläufe beim Abtropfvorgang von der Schweißelektrode bzw. im Kurzschlußfall bei erloschenem Lichtbogen. Moderne Gleichstromquellen mit Leistungshalbleitern und elektronischer Steuerung haben extrem kurze Reaktionszeiten (bis herab zu 30 μs) und können damit auch hochdynamische Vorgänge ausregeln [70].

Verdeckter Lichtbogen

Es sind zwei Schweißverfahren mit verdecktem Lichtbogen gebräuchlich, bei denen Lichtbogen und Schweißstelle durch eine feste Abdeckung von der Atmosphäre abgeschlossen sind:
– das Unterpulverschweißen und
– das Unterschienenschweißen.

Das Prinzip des *Unterpulverschweißens* zeigt *Bild 10.12* [48]. Der Ablauf ist in der Regel vollmechanisiert. Vor der Schweißstelle wird über einen Zuführungsschlauch Schweißpulver in den Schweißspalt eingefüllt. Der kontinuierlich zugeführte Schweißdraht taucht in diese Pulverschüttung ein. Der zwischen Schweißdraht und Schweißstelle brennende Lichtbogen (Gleich – oder Wechselstrom) schmilzt einen Teil des Pulvers zu einer Schlacke, die sich um die

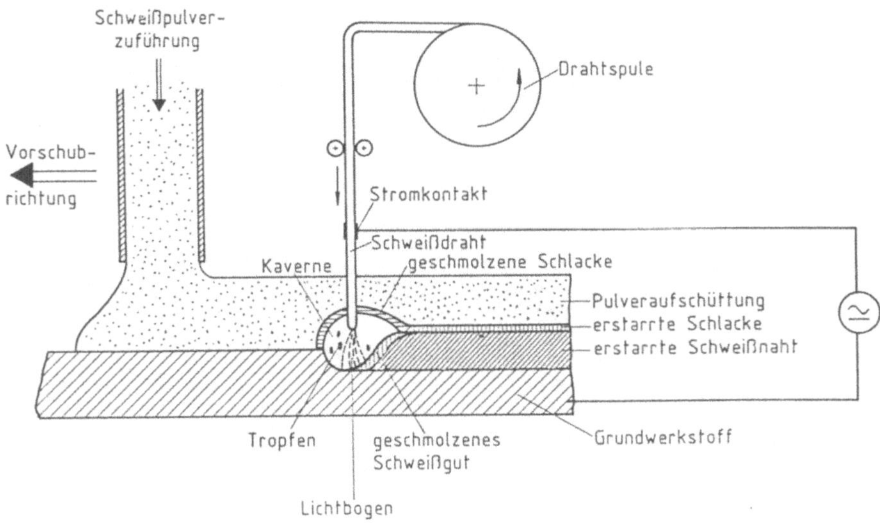

Bild 10.12 Unterpulver – Schweißen

Schweißstelle herum zu einer mit teilionisiertem Gas gefüllten Kaverne aufbläht. Der abgeschmolzene Elektrodenwerkstoff geht tropfenweise auf die Schweißstelle über. Nach dem Erstarren kann die Schlacke von der Schweißnaht leicht entfernt werden.

Das Verfahren zeichnet sich durch sehr hohe Abschmelzleistungen aus. Insbesondere mit den Varianten des simultanen Mehrdrahtschweißens in einer Schweißnaht werden bei Gesamtströmen bis ca. 3500 A bis etwa 80 kg/h abgeschmolzen.

Das Unterpulverschweißen ist für die meisten Stahlsorten ab etwa 5 mm Dicke geeignet und wird im Rohrleitungsbau, Behälter – , Kessel – und Apparatebau, im Stahlhoch – und Brückenbau sowie im Schiffsbau verbreitet angewendet.

Beim *Unterschienenschweißen* (*Bild 10.13*) werden dick umhüllte, gerade Elektroden mit einem Kerndrahtdurchmesser bis zu 12 mm in die zu verschweißende V – oder Kehlnaht eingelegt. Eine dicke unmagnetische Abdeckschiene mit einer Papierzwischenlage hält die Elektrode in ihrer Position. Durch den Lichtbogen (Gleich – oder Wechselstrom) zwischen Elektrode und Schweißstelle brennt die Elektrode kontinuierlich ab. Das Papier bindet beim Abbrennen den Sauerstoff und verhindert damit den Zutritt zur Schweißstelle. Geeignet ist das Verfahren für lange gerade Nähte im Stahlbau [54].

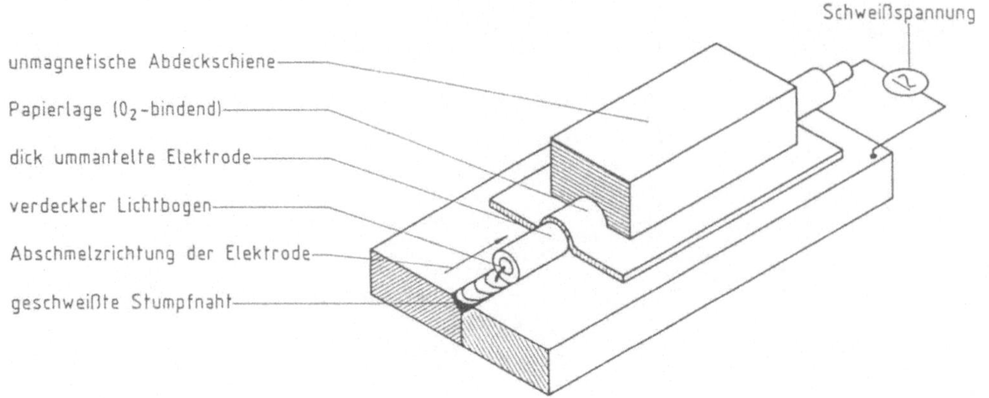

Bild 10.13 Unterschienen - Schweißen

10.4.2 Lichtbogen zwischen den zu verschweißenden Teilen

Bei diesen *Preßschweißverfahren* ohne Zusatzwerkstoff sind zwei Technologien gebräuchlich:

- das Bolzenschweißen mit Hub- oder Spitzenzündung [68] und
- das Hohlprofilschweißen mit magnetisch bewegtem Lichtbogen [103].

Das *Bolzenschweißen* dient zum vollflächigen Verbinden der Stirnfläche eines stiftförmigen Teiles mit einer planen Oberfläche. Der Lichtbogen zwischen den beiden Teilen wird entweder nach Anlegen der Spannung durch Anheben des zuvor aufgesetzten Bolzens gezündet (*Hubzündung*), oder durch Entladung eines Kondensators über eine kalibrierte Zündspitze an der Stirnfläche des Bolzens (*Spitzenzündung*).

Die überwiegend angewendete Hubzündung ergibt Verbindungen von höchster Festigkeit und ist daher für statisch oder dynamisch hoch belastete Bauteile einsetzbar. Zum Schutz der Schweißstelle wird in der Regel ein Keramikring passender Größe angelegt. Die Schweißstromstärke reicht von 400 A für die kleinsten schweißbaren Bolzendurchmesser von 6 mm bis ca. 2500 A für 25 mm dicke Bolzen. Die Schweißzeit liegt je nach Bolzendurchmesser zwischen 0,1 und 1,5 s. Das Bolzenschweißen dient hauptsächlich zum Aufbringen von Kopfbolzen auf Stahlträger und ist in vielen Bereichen des Stahlbaus etabliert.

Die prinzipielle Anordnung beim *Hohlprofilschweißen* mit magnetisch bewegtem Lichtbogen zeigt *Bild 10.14*. Zunächst werden die beiden zu verschweißen-

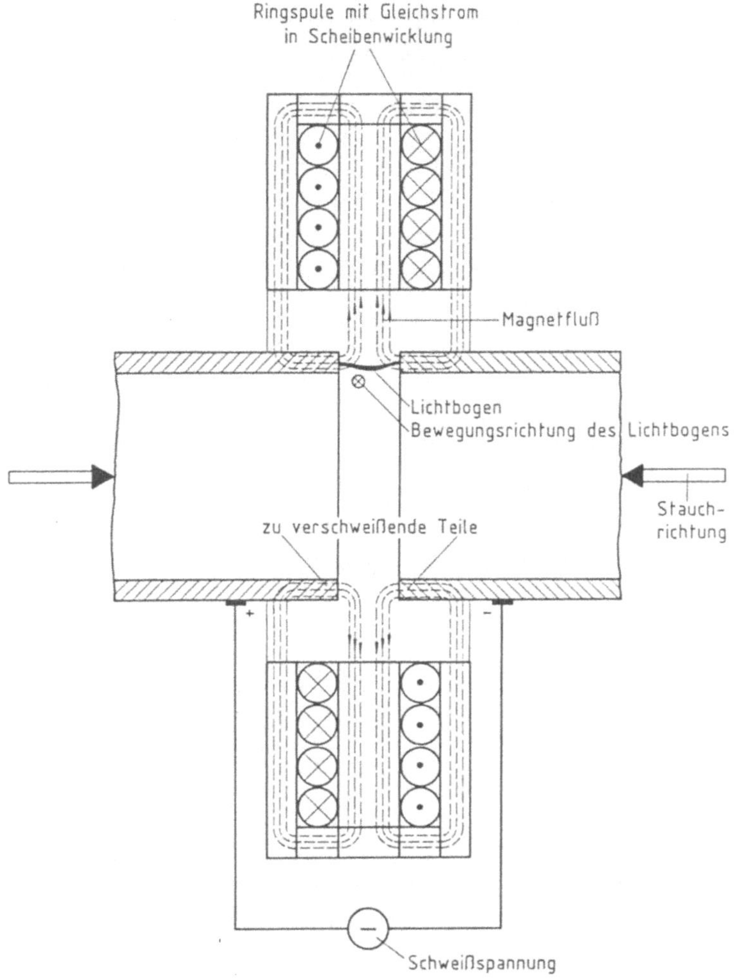

Bild 10.14 Hohlprofilschweißen mit magnetisch bewegtem Lichtbogen

den Rohrstücke eingespannt und dann bis zum Berühren aneinander gefahren. Sodann wird die Schweißspannung an die beiden Rohrstücke gelegt, der Gleichstrom in der Magnetspule eingeschaltet und Schutzgas zugeführt. Durch anschließendes Auseinanderziehen der beiden Rohrstücke auf eine definierte Spaltweite zündet der Lichtbogen. Durch den gegenläufigen Gleichstrom in den beiden Scheibenwicklungen der Ringspule wird ein Magnetfluß erzeugt. Dessen radiale Komponente bewirkt, daß der Lichtbogen in der Mantelebene der Rohrstücke rotiert. Dabei werden die Stoßflächen sehr rasch und gleichmäßig erwärmt und angeschmolzen. Nach einer vorgegebenen Zeitdauer bzw. einer Anzahl von Lichtbogenumläufen werden die beiden Rohrenden zusammengefahren. Mittels Stauchzylinder werden die Stoßflächen aneinandergepreßt und so verschweißt. Gleichzeitig werden Schweißstrom, Magnetspule und Schutzgaszufuhr abgeschaltet.

Das auch als *Magnetarc - Schweißen* bezeichnete Verfahren läßt sich für das Stumpfschweißen von geschlossenen Hohlprofilen jeglicher Kontur mit Wandstärken zwischen 0,7 und 5 mm einsetzen. Von der Wirtschaftlichkeit her liegt die Obergrenze für den Profildurchmesser etwa bei 300 mm. Folgende Besonderheiten zeichnen das Verfahren aus:
- extrem kurze Schweißzeiten (meist im Bereich zwischen 0,5 und 5 s),
- praktisch kein Werkstückverzug.
- Rundlauf- und Plangenauigkeit von wenigen Hundertstel mm,
- keine Nacharbeit erforderlich
- volle Integrationsmöglichkeit in Fertigungslinien,
- Erschließen neuer Konstruktionsmöglichkeiten aus kostengünstig herstellbaren Einzelteilen, die durch Magnetarc - Schweißen zusammengefügt werden.

10.5 Funkenerodieren

Literatur: [17]

Das Funkenerodieren ist ein abtragendes Fertigungsverfahren zum thermischen Trennen von Metallen durch Lichtbogenerwärmung. Diese wird hervorgerufen durch zeitlich voneinander getrennte, pulsförmige elektrische Entladungen.

10.5.1 Anlagenaufbau und Funktionsweise

Aufbau und Funktion einer funkenerodierenden Bearbeitungsanlage sind schematisch aus *Bild 10.15* ersichtlich. Die vom Impulsgenerator erzeugten Gleichspannungspulse liegen zwischen Werkzeug und Werkstück. Durch eine Vielzahl rasch aufeinanderfolgender punktueller Abtragungsvorgänge bildet sich die Kontur des Werkzeugs im Werkstück ab. Zur Aufrechterhaltung einer bestimmten Arbeitsspaltweite zwischen Werkzeug und Werkstück, deren Sollwert je nach geforderter Bearbeitungsgenauigkeit zwischen 10 und 200 μm liegt, dient eine u.U. mehrachsige Bewegungseinrichtung für das Werkzeug, teilweise auch für das Werkstück. Werkstück und Werkzeug sind in ein flüssiges Dielektrikum getaucht. Hierfür werden Kohlenwasserstoffe wie Kerosin, Petroleum oder Testbenzin, aber auch entionisiertes Wasser verwendet. Durch eine

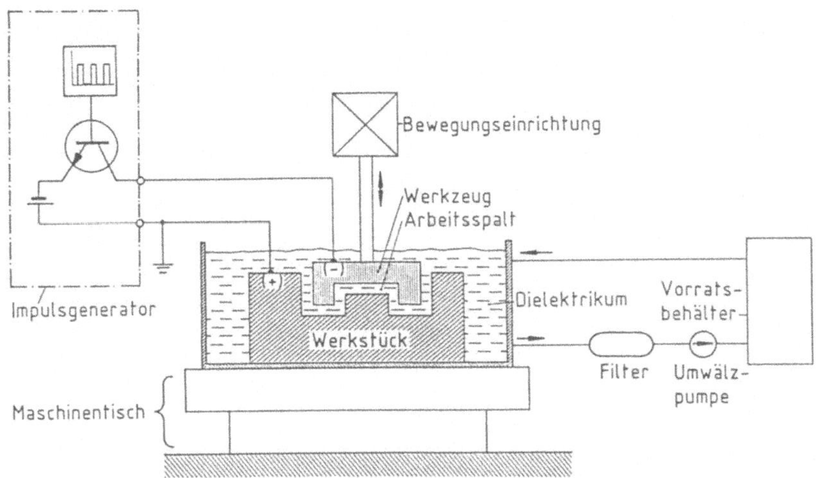

Bild 10.15 Anlage zur Funkenerosion (schematisch)

Umwälzpumpe wird dafür gesorgt, daß der Arbeitsspalt ständig durchspült wird, und das Dielektrikum eine Filteranlage durchläuft, wo es sowohl von den mitgeführten Abtragsprodukten als auch ggf. von den durch elektrolytischen Zerfall entstehenden Kohlenstoffpartikeln gereinigt wird.

Der Ablauf der punktuellen Abtragung während eines Spannungspulses ist in *Bild 10.16* skizziert. Zunächst baut sich die Leerlaufspannung des Impulses auf, die normalerweise zwischen 80 und 200 V liegt. Der Abstand zwischen Werkzeug und Werkstück ist aber noch so groß, daß die Durchbruchsfeldstärke nicht erreicht wird. Dies ist nach einer ***Zündverzugszeit*** T_v der Fall, wenn durch Vorschub der Bewegungseinrichtung sich die Spaltweite hinreichend verkleinert hat, oder durch einen kurzen Zündimpuls mit zusätzlich erhöhter Spannung die Zündung eingeleitet wird. Während der Ausbildung des Entladungskanals bricht die Spannung auf rd. 25 V zusammen, und der Funkenstrom baut sich auf, bis nach der ***Strom – Impulszeit*** T_i der Generator die Spannung abschaltet.

Solange der Funkenstrom fließt, wird an der Arbeitsstelle elektrische Leistung in Wärme umgesetzt, die folgende Wirkungen hat:

- Materialabschmelzung und -verdampfung am Werkstück (erwünschter Abtrag) sowie Verlust durch Wärmeableitung ins Werkstückinnere,
- Materialabschmelzung und -verdampfung am Werkzeug (unerwünschter Abtrag) sowie Verlust durch Wärmeableitung ins Werkzeuginnere,
- Entstehung einer Druckwelle durch Bildung einer Gasblase um den Entladungskanal und Erwärmung des Dielektrikums.

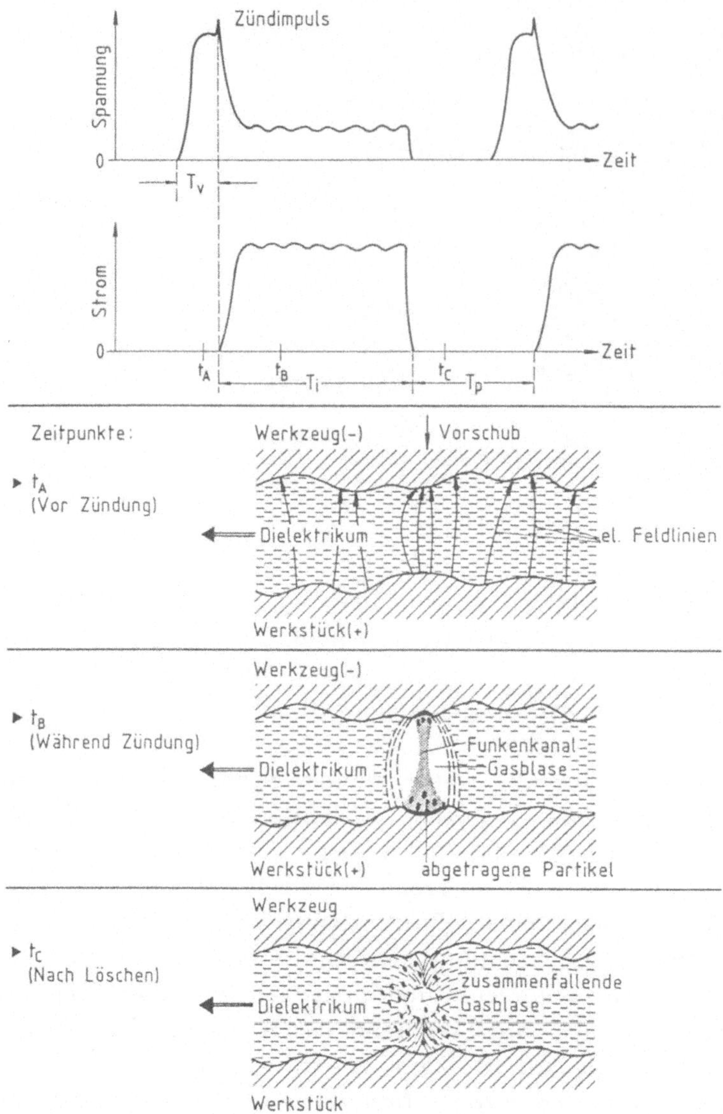

Bild 10.16 Vorgänge bei der Funkenerosion

Nach Beendigung des Pulses und damit Löschung des Funkens fällt die Gasblase wieder zusammen. Die damit verbundenen Ausgleichsströmungen reißen die abgetragenen Partikel vom Abtragungsort weg. Der fühlbare und latente Wärmeinhalt des abgetragenen Materials geht im Zuge der Wiedererstarrung ebenfalls auf das Dielektrikum über, ebenso die Restenergie des Funkenkanals.

Die nächste Funkenzündung nach der *Pausenzeit* T_p erfolgt an der Stelle, wo der Abstand zwischen Werkstück- und Werkzeugoberfläche in diesem Moment am geringsten ist. Meist ist dies in unmittelbarer Nachbarschaft zur vorangegangenen Abtragungsstelle der Fall. Allerdings führt nicht jeder Spannungspuls notwendigerweise zur Funkenzündung und damit zu einem Materialabtrag. Als Wirkverhältnis wird das Verhältnis der abtragswirksamen Funkenentladungen zur Anzahl der vom Generator im gleichen Zeitraum abgegebenen Spannungsimpulse bezeichnet. Es liegt im praktischen Betrieb zwischen 40 und 95 %.

Der Impulsgenerator arbeitet entweder nach dem Konzept des *Speichergenerators*, bei dem ein Kondensator als Energiespeicher über einen Schwingkreis periodisch be- und entladen wird. Die andere Möglichkeit besteht darin, die Entladestrecke über einen gesteuerten Schalter direkt mit der Spannungsquelle zu verbinden. Als Schalter werden dabei – je nach Anforderung hinsichtlich Schaltfrequenz, Strom und Spannung – Thyristoren, Transistoren oder Röhren verwendet. Dieses Konzept des *speicherlosen Impulsgenerators* hat sich heute weitgehend durchgesetzt, da es hiermit möglich ist, die Dauer, Folgefrequenz und Form der Entladungsimpulse freizügig im Hinblick auf optimale Arbeitswerte hin einzustellen und durch sehr flinke Regelung einzuhalten.

10.5.2 Bearbeitungskenngrößen und Betriebsparameter

Ähnlich wie bei den spanenden Trennverfahren läßt sich das Arbeitsergebnis bei der Funkenerosion durch folgende Größen charakterisieren:
- Abtragsleistung,
- Werkzeugverschleiß,
- Rauhtiefe der Oberfläche.

Ihre gegenseitige Beeinflussung sowie ihr Zusammenhang mit den Betriebsparametern
- Impulsstrom und
- Pulsfolgefrequenz

sind in *Bild 10.17* qualitativ dargestellt.

Die *Abtragsleistung* ergibt sich aus der Summe der je Zeiteinheit durch die einzelnen Entladungen vom Werkstück abgetragenen Teilvolumina. Folglich hängt die Abtragsleistung ab von der je Einzelentladung umgesetzten Energie ($10^{-3}...10^{+2}$ J) sowie von der Folgefrequenz dieser Entladungen (200 Hz bis

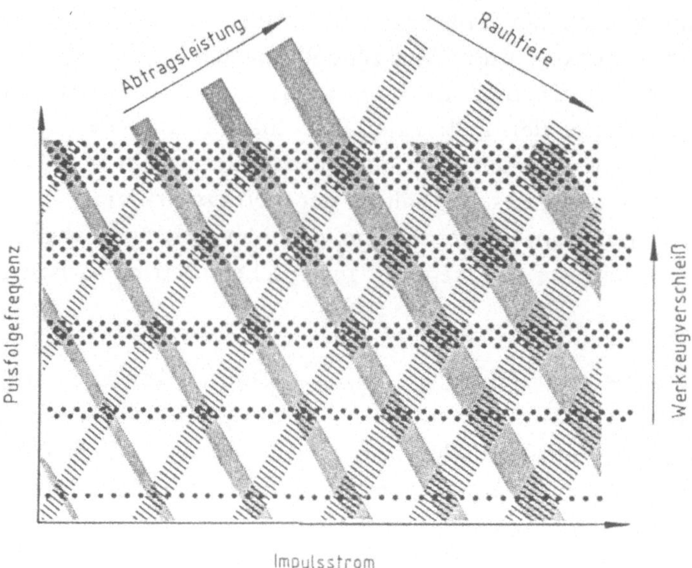

Bild 10.17 Qualitative Zusammenhänge zwischen Betriebsparametern und Bearbeitungskenngrößen bei der Funkenerosion

200 kHz). Von Einfluß sind ferner die Materialeigenschaften des Werkstücks, in erster Linie Wärmeleitfähigkeit und Schmelzwärme. Große Anlagen mit Impulsströmen bis 400 A können zum Schruppen Abtragsleistungen von mehreren tausend mm^3/min erreichen.

Der *Werkzeugverschleiß* wird meist in Form einer Relativgröße als Verhältnis der abgetragenen Volumina von Werkzeug:Werkstück angegeben. Der Verschleiß des Werkzeugs wird durch geeignete Werkstoffwahl (z.B. Kupfer, Messing oder Graphit) und kathodische Schaltung (geringere Temperatur des Lichtbogenfußpunktes) so klein als möglich gehalten. Der Materialabtrag am Werkzeug ist innerhalb jedes Funkenpulses in der Phase des Kanalaufbaus am stärksten. Daher hängt der Werkzeugverschleiß stark von der Impulsfolgefrequenz ab. Bei den höchsten angewendeten Frequenzen kann der relative Werkzeugverschleiß 50 % und mehr betragen, die geringstmöglichen Werte liegen bei etwa 1 %.

Die *Rauhtiefe* der funkenerosiv bearbeiteten Fläche kann in einem Bereich zwischen etwa 1 und 500 μm liegen. Sie ist durch die Tiefe und Überlagerungsdichte der einzelnen Erosionskrater bestimmt und ist deshalb abhängig von der Größe des Einzelabtrages je Puls sowie von der Pulsfolgefrequenz.

Aus der Darstellung in *Bild 10.17* wird ersichtlich, daß die drei technologischen Bearbeitungskenngrößen Abtragsleistung, Werkzeugverschleiß und Rauhtiefe sich nicht unabhängig voneinander optimieren lassen, sondern daß für eine Bearbeitungsaufgabe stets Kompromisse zu schließen sind.

10.5.3 Funkenerodierendes Senken

Das funkenerodierende Senken wird zum Herstellen von Durchbrüchen gleichen oder veränderlichen Querschnittes oder von Raumformen in einem Werkstück angewendet. Entspricht die Form der Werkzeugelektrode dem Positiv der Einsenkung, so ist nur ein einachsiger Werkzeugvorschub erforderlich.

Eine wesentliche Erweiterung der Bearbeitungsmöglichkeiten ist beim sog. *Planetarerodieren* gegeben (*Bild 10.18*). Durch die Überlagerung mehrachsiger Bewegungskomponenten sowohl des Werkzeuges als auch des Werkstückes wird es möglich, mit relativ einfach geformten Werkzeugkörpern komplizierteste Geometrien herzustellen, z.B. unsymmetrische Einstiche und Hinterschneidungen, konus-, kugel- oder zykloidförmige Flächen usw. Durch gleichzeitigen Einsatz mehrerer Werkzeuge lassen sich in einem Werkstück Mehrfachformen herstellen oder mehrere Werkstücke simultan bearbeiten.

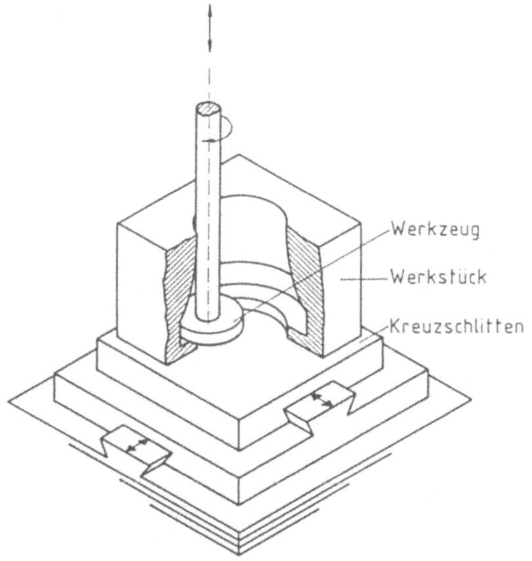

Bild 10.18 Bewegungsachsen von Werkzeug und Werkstück beim Planetarerodieren

Das funkenerosive Senken findet vorwiegend Einsatz im Werkzeugbau zur Herstellung von Düsen, Preßformen, Schnittplatten, Matrizen, Kokillen, Gesenken und Formwerkzeugen, in der Fertigung zur Bearbeitung hochfester oder gehärteter Werkstoffe, z.B. Einspritzdüsen, Hydraulikelemente, Turbinenschaufeln, Triebwerksteile u.ä.

10.5.4 Funkenerodierendes Schneiden

Beim funkenerodierenden Schneiden hat die Werkzeugelektrode in der Regel die Form eines Drahtes. Band- oder scheibenförmige Werkzeuge werden nur selten verwendet.

Der Draht besteht aus Messing, Kupfer oder Wolfram und liegt mit seinem Durchmesser zwischen 0,02 und 0,2 mm. Bei einer Ablaufgeschwindigkeit zwischen 10 und 100 mm/s erodiert er einen Schnitt entlang einer vorgegebenen Spur in ein plattenförmiges Werkstück, ausgehend vom Rand oder von einer Bohrung. Auch Schrägschnitte sind möglich. Die maximale Schneidgeschwindigkeit beim Schneiden von Stahlblech bis zu etwa 15 mm Stärke liegt bei ungefähr 2 mm/min, bei einer Rauhtiefe in der Schnittfuge zwischen 10 und 20 μm. Der Hauptvorteil des funkenerodierenden Schneidens liegt in der außerordentlich geringen Schnittfugenbreite (0,05...0,5 mm), bei beliebiger Schnittform. Es eignet sich hauptsächlich für die Direktbearbeitung komplizierter Werkzeugbauteile wie Schnittplatten, Stempel, Niederhalter, Ausstoßer, Preß- oder Extrudierprofile, Spinn- oder Kalibrierdüsen. Eine Nachbearbeitung der Schnittflächen ist in der Regel nicht erforderlich.

11 Plasmastrahlerwärmung

Die Technologie der Plasmastrahlerwärmung [76] beruht auf der Erzeugung eines sehr heißen Strahls von ionisiertem Plasma, von dem aus eine Wärmeübertragung auf das zu erwärmende Gut in erster Linie konvektiv erfolgt. Das Plasma wird durch Eintrag elektrischer Energie in ein Arbeitsgas erzeugt. Meist wird hierfür eine Bogenentladung angewendet. Plasmastrahlerwärmung und Lichtbogenerwärmung sind also miteinander verwandt, da auch bei letzterer Technologie die Gassäule des Lichtbogenkanals sich im Plasmazustand befindet. Es gibt jedoch einen wesentlichen Unterschied, der dafür spricht, beide Technologien separat zu behandeln. Im Gegensatz zur Lichtbogenerwärmung wird bei der Plasmastrahlerwärmung mit einem strömenden Gas gearbeitet, so daß das Plasma gezielt für den Energietransport zum Erwärmungsgut und für die Wärmeübertragung auf dasselbe genutzt wird. Entsprechend unterschiedlich sind auch die hauptsächlichen Mechanismen der Wärmeübertragung bei den beiden Technologien.

11.1 Plasmastrahlerzeugung

11.1.1 Aufgabenstellung

Literatur: [64]

Ein Plasmastrahl wird durch die Kombination zweier Faktoren erzeugt:
- Erzeugung einer Gasströmung und
- konzentrierter Energieeintrag.

Die Gasströmung wird dadurch erzeugt, daß ein gewisser Mengenstrom an Arbeitsgas durch ein Düsensystem geführt wird, wobei ein definiertes Strömungsprofil entsteht. Die Parameter und Charakteristika dieser Gasströmung können den Erfordernissen der Anwendung entsprechend gewählt werden. Die hauptsächlich verwendeten Arbeitsgase sind Ar, H_2, N_2 und Luft.

Durch den Eintrag elektrischer Energie geht das strömende Arbeitsgas in den Plasmazustand über. Der Plasmazustand ist bei den üblichen Anwendungsbereichen der Plasmastrahlerwärmung durch folgende Merkmale charakterisiert:

- Die *Temperatur* liegt im Bereich zwischen 5 und $50 \cdot 10^3$ K. Damit handelt es sich nach den Begriffen der Plasmaphysik um ein "*Niedertemperaturplasma*".
- Im Plasma herrscht ein *Druck* in der Größenordnung des atmosphärischen Druckes. Bei einem solchen "*Hochdruckplasma*" ist die mittlere freie Weglänge (Größenordnung 1 μm) eines Elektrons zwischen je zwei ionisierenden Zusammenstößen mit Molekülen so klein und damit der Impuls- und Energieaustausch so intensiv, daß man näherungsweise von einem thermodynamischen Gleichgewicht zwischen Elektronen, Ionen und Molekülen ausgehen kann.
- Den *Ionisierungsgrad* einiger Hochdruckplasmen in Abhängigkeit von der Temperatur gibt *Bild 11.1* wieder. Ein hoher Ionisierungsgrad bedeutet eine gute elektrische Leitfähigkeit und ist damit Voraussetzung für einen konzentrierten Eintrag elektrischer Energie.

Damit ein Gasmolekül ionisiert wird, muß ein bestimmter Energiebetrag aufgebracht werden, der für die meistverwendeten Arbeitsgase um die 15 eV liegt. Zugeführt wird diese Energie durch den unelastischen Stoß eines genügend schnellen freien Elektrons, das dabei einen entsprechenden Betrag an kinetischer Energie verliert.

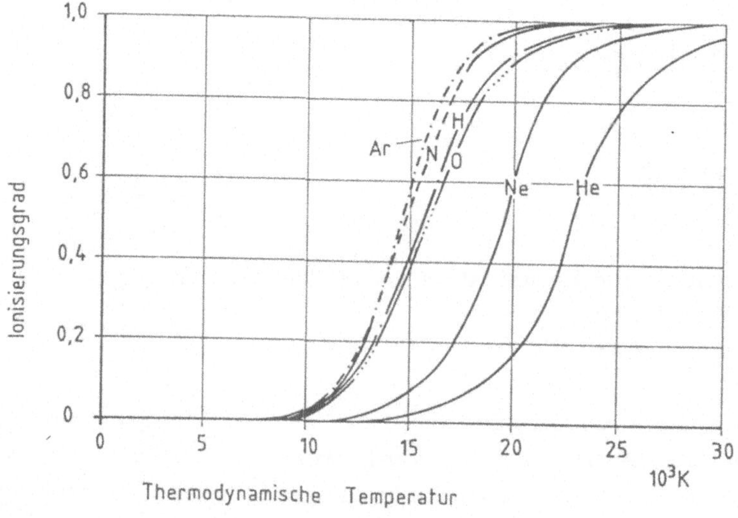

Bild 11.1 Ionisierungsgrad von Plasma bei Atmosphärendruck

Der inverse Vorgang ist die *Rekombination* eines Ions mit einem Elektron. Dabei wird die Ionisierungsenergie wieder abgegeben, und zwar in Form kinetischer Energie an ein drittes Teilchen (Elektron, Ion, Molekül), das dadurch translatorisch beschleunigt wird. Es handelt sich dabei also um eine Wechselwirkung zwischen drei Teilchen ("*Dreierstoß*").

Zwischen Ionisierung und Rekombination besteht ein dynamisches Gleichgewicht. Das bedeutet, daß in einem bestimmten Plasmavolumen laufend beide Vorgänge stattfinden. Je nachdem, ob die Häufigkeit der Ionisierungs- oder der Rekombinationsvorgänge überwiegt, wächst der Ionisierungsgrad an oder er nimmt ab.

Aufgrund des herrschenden thermodynamischen Gleichgewichtszustandes ist für die Geschwindigkeitsverteilung der Elektronen die *kinetische Gastheorie* gültig. Der Anteil an Elektronen, deren Geschwindigkeit für einen ionisierenden Stoß ausreicht, ist dabei umso größer, je höher die Temperatur ist.

Daneben gibt es auch noch andere Stoßvorgänge im Plasma, bei denen geringere Energiebeträge ausgetauscht werden, die also auch von langsameren Elektronen bewirkt werden können. Die energetisch wichtigsten dieser Vorgänge sind:

- *Thermische Dissoziation*, d.h. Aufspaltung in Einzelatome bei Verwendung von Molekülgasen als Arbeitsgas. Für die Dissoziation eines H_2-Moleküls ist ein Energiebetrag von 4,4 eV erforderlich, bei N_2 sind es 9,7 eV. Die weitgehende Dissoziation z.B. von H_2 oberhalb ca. 4000 K und von N_2 oberhalb etwa 8000 K macht einen beträchtlichen Teil des Energieinhaltes der betreffenden Plasmen aus.
- *Elektronische Anregung*, d.h. Sprung eines gebundenen Elektrons auf einen energiereicheren Schalenplatz unter Absorbierung eines Energiebetrages, der kleiner ist als die Ionisierungsenergie. Der gleichermaßen stattfindende inverse Vorgang ist verbunden mit der Emission elektromagnetischer Energiequanten und ist somit verantwortlich für die Strahlung des Plasmas.

Die Einkopplung der elektrischen Energie wird in der Hauptsache durch Beschleunigung freier Elektronen im elektrischen Feld bewirkt. Hierfür werden im wesentlichen zwei Techniken angewendet:

- Bogenentladung zwischen zwei oder mehreren Elektroden, an denen das heiße Gas bzw. Plasma vorbeigeführt wird. Hierbei wird auch ein gewisser Anteil an Elektronen durch kathodische Emission zugeführt.
- Induzieren eines hochfrequenten elektromagnetischen Wechselfeldes durch eine außenliegende Induktionsspule. Zum Starten ist in diesem Fall eine

gewisse Vorionisierung des Arbeitsgases notwendig, was z.B. durch kurzzeitige Zündung eines Hilfslichtbogens erreicht wird. Im stationären Betrieb erhält sich die Plasmaerzeugung dagegen von selbst aufrecht.

11.1.2 Plasmagenerator mit Bogenentladung

Literatur: [104]

In den meisten Fällen wird ein Gleichstromlichtbogen verwendet. Die stab- oder topfförmige Kathode wird vom Arbeitsgas umströmt.

Für die Lichtbogenführung gibt es zwei grundsätzlich unterschiedliche Möglichkeiten:

- Beim *übertragenen Lichtbogen* bildet das zu erwärmende Werkstück selbst die Anode (*Bild 11.2a*). Voraussetzung dafür ist, daß das Werkstück elektrisch leitend ist.
- Beim *nichtübertragenen Lichtbogen* (*Bild 11.2b*) wird dagegen die Austrittsdüse des Plasmagenerators als Anode geschaltet.

Am häufigsten wird eine kombinierte Anordnung angewendet (*Bild 11.2c*), bei welcher der Düse ein Zwischenpotential aufgeprägt ist. Dadurch wird der

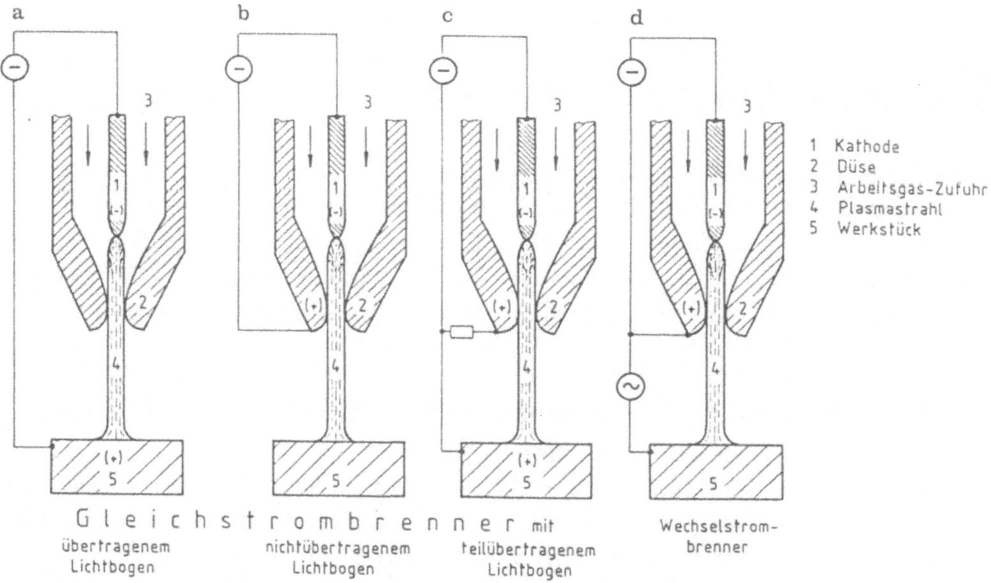

Bild 11.2 Schaltungsarten eines Plasmagenerators mit Bogenentladung

Bogenstrom entsprechend dem Verhältnis der elektrischen Widerstände im Stromkreis zwischen Düse und Werkstück aufgeteilt (*teilübertragener Lichtbogen*).

An den Fußpunkten des Lichtbogens sind die Elektroden sehr stark thermisch belastet. Um trotzdem eine hinreichend lange Lebensdauer (i.a. zwischen 10 und 100 h) zu erreichen, wird eine Wanderung des Lichtbogenfußpunktes – vor allem auf der meist höher belasteten Anode im Falle des nichtübertragenen Lichtbogens – herbeigeführt. Hierbei gibt es folgende Möglichkeiten, die in *Bild 11.3* schematisch dargestellt sind:

- Einwirkung eines axial gerichteten Magnetfeldes,
- Drallströmung des Arbeitsgases durch tangentiale Gaszufuhr,
- rotierende Scheibenelektrode.

Kathode und Düse sind in der Regel wassergekühlt. Die hierbei abzuführende Verlustleistung liegt für die Kathode zwischen 4 und 10 % der umgesetzten elektrischen Leistung. Ein etwa gleich großer Leistungsanteil geht an der Düse im Falle eines übertragenen Lichtbogens verloren. Ist die Düse als Anode geschaltet, so ist die Verlustleistung dort wesentlich höher.

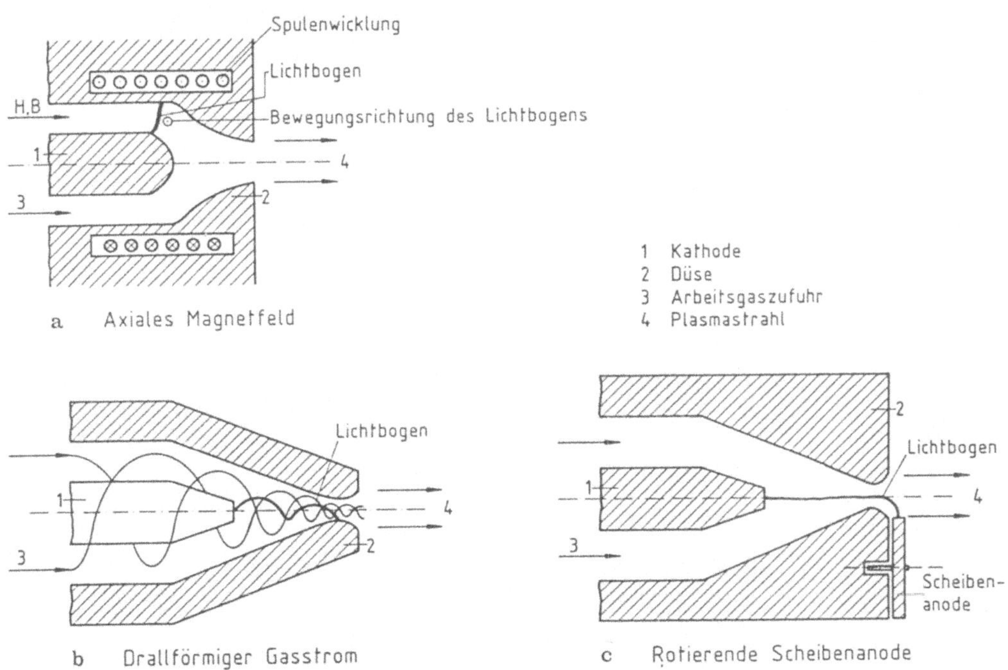

Bild 11.3 Möglichkeiten zur Bewegung des Lichtbogenfußpunktes

Seltener wird ein Wechselstromlichtbogen für die Energiezufuhr zum Plasma verwendet. Meist wird hierbei ein Leistungsanteil von etwa 5 % durch einen zusätzlichen Gleichstromlichtbogen aufgebracht, um während der Nulldurchgänge des Wechselstroms ein stabiles Bogenplasma aufrechtzuerhalten (*Bild 11.2d*). Für den Plasmaschmelzofen wurde eine Anordnung entwickelt, bei der drei Wechselstrom – Plasmabrenner mit der Düse an ein Drehstromsystem angeschlossen sind, dessen Sternpunkt an die Schmelze gelegt wird.

Der Leistungsbereich von Plasmageneratoren mit Bogenentladung reicht von einigen Watt bis zu mehreren MW.

11.1.3 Plasmagenerator mit HF – Feld

Literatur: [90]

Die Energieeinkopplung erfolgt in der Regel induktiv, selten kapazitiv oder über Mikrowellen.

Den schematischen Aufbau eines induktiven Plasmagenerators zeigt *Bild 11.4*. Die wassergekühlte Induktionsspule ist an einen HF – Generator mit einer Arbeitsfrequenz im Bereich zwischen 1 und 30 MHz angeschlossen. HF – Leistungen bis 40 kW sind realisiert.

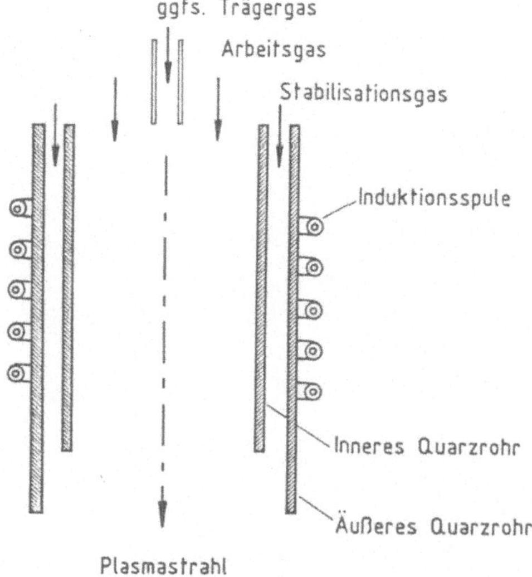

Bild 11.4 Induktiver Plasmagenerator

Aufgrund des Skineffektes findet die Energieeinkopplung in das Arbeitsgas hauptsächlich in dem Bereich nahe des inneren Quarzrohres statt, wo somit auch die höchsten Plasmatemperaturen erreicht werden. Dagegen liegt die Temperatur in der Mittelachse tiefer, im Unterschied zu den Plasmageneratoren mit Bogenentladung, bei denen die Plasmatemperatur von der Mittelachse nach außen zu stetig abnimmt.

Die Strömungsgeschwindigkeit des aus dem induktiven Plasmagenerator austretenden Plasmastrahles ist i.a. sehr gering. Im Bereich der Mittelachse kann sich aufgrund thermischer und elektrodynamischer Kraftwirkungen sogar eine Rückströmung ausbilden.

Da der induktive Plasmagenerator keine Elektroden besitzt, wird der Plasmastrahl nicht durch Abbrandprodukte verunreinigt. Daher werden solche Plasmabrenner hauptsächlich für Verfahren mit hohen Reinheitsanforderungen verwendet, z.B. zur Herstellung keramischer Sinterpulver, zum tiegellosen Zonenziehen usw.

11.2 Einwirkung des Plasmastrahls auf das Erwärmungsgut

Literatur: [17]

Wo der Plasmastrahl mit dem Erwärmungsgut in Kontakt kommt, erfolgt eine intensive Wärmeübertragung mit Leistungsdichten bis etwa 10^7 W/m^2. Für die Mechanismen dieser Wärmeübertragung ist die Dreierstoß – Rekombination (s. Abschn. 11.1.1) besonders wichtig, wobei den Atomen bzw. Molekülen des Erwärmungsgutes hier direkt die Funktion des energieaufnehmenden dritten Teilchens zukommt.

Die Energieabgabe durch Strahlung erreicht dagegen nur Höchstwerte von etwa 10^6 W/m^2 und spielt daher für die Energieübertragung auf das Erwärmungsgut in den meisten Fällen eine untergeordnete Rolle. Eine Ausnahme ist bei der Energieübertragung auf feinkörniges oder flüssiges Reaktionsgut gegeben, das z.B. bei plasmachemischen Prozessen – meist mit Hilfe eines Trägergases – in den Plasmastrahl eingeblasen wird und dort von diesem Energie hauptsächlich durch Strahlung aufnimmt.

Wird mit übertragenem oder teilübertragenem Lichtbogen gearbeitet, so wird durch den Elektronenstrom ein zusätzlicher Leistungsanteil auf das Erwärmungsgut übertragen, der bis zu einem Viertel der insgesamt umgesetzten Leistung ausmachen kann. Am größten ist dieser Posten bei vollübertragenem Gleichstromlichtbogen, da dann der gesamte Elektronenstrom durch den Anodenfall nochmals beschleunigt wird, bevor er auf das Erwärmungsgut trifft. An solchen anodischen Lichtbogenfußpunkten können Stromdichten bis 10^{11} A/m^2 auftreten und dabei Leistungsdichten bis etwa 10^{13} W/m^2 übertragen werden.

Das Plasma kann seinen Energieinhalt nicht vollständig an das Erwärmungsgut übertragen. Zwischen 1 und 5 % werden auf dem Weg vom Austritt aus dem Plasmagenerator bis zum Erreichen des Erwärmungsgutes abgestrahlt. Das vom Erwärmungsgut abströmende Gas besitzt noch einen Rest von etwa 10 bis 40 % des Energieinhaltes des erzeugten Plasmas. Dieser Anteil ist ebenfalls als Verlust anzusehen.

Neben der Energieübertragung kann das Plasma auch noch andere Funktionen übernehmen. In dem vom Plasmastrahl erfüllten Raum wird die Umgebungsluft verdrängt, wobei der Plasmastrahl eine gewisse Streuung erfährt. Dadurch kann sich an der Erwärmungsstelle eine Gaswolke bilden, die als Schutzgas wirkt (z.B. beim Plasmaschweißen oder im Plasmaschmelzofen). Bei entsprechend hoher Geschwindigkeit des auftreffenden Gasstroms können aufgeschmolzene Tropfen des Werkstücks von der Bearbeitungsstelle weggeblasen werden (z.B. beim Plasmaschneiden). Das Plasmagas besitzt aufgrund seines Anregungszustandes eine hohe chemische Reaktionsbereitschaft. Diese kann sich in unerwünschter Weise auswirken (z.B. verstärkte Bildung von Stickoxiden), sie kann aber auch zur Herstellung bestimmter chemischer Verbindungen in der Plasmachemie genutzt werden.

11.3 Anwendung

11.3.1 Plasmagasofen

Literatur: [47; 61]

Der Plasmagasofen wird in Deutschland seit mehr als 50 Jahren zur großtechnischen Erzeugung von Acetylen (C_2H_2) durch Spaltung gasförmiger Kohlenwasserstoffe eingesetzt.

In seiner heute gebräuchlichen Form (*Bild 11.5*) besteht der Ofen aus zwei wassergekühlten Stahlrohren von 15 bzw. 10 cm Durchmesser, die als Kathode

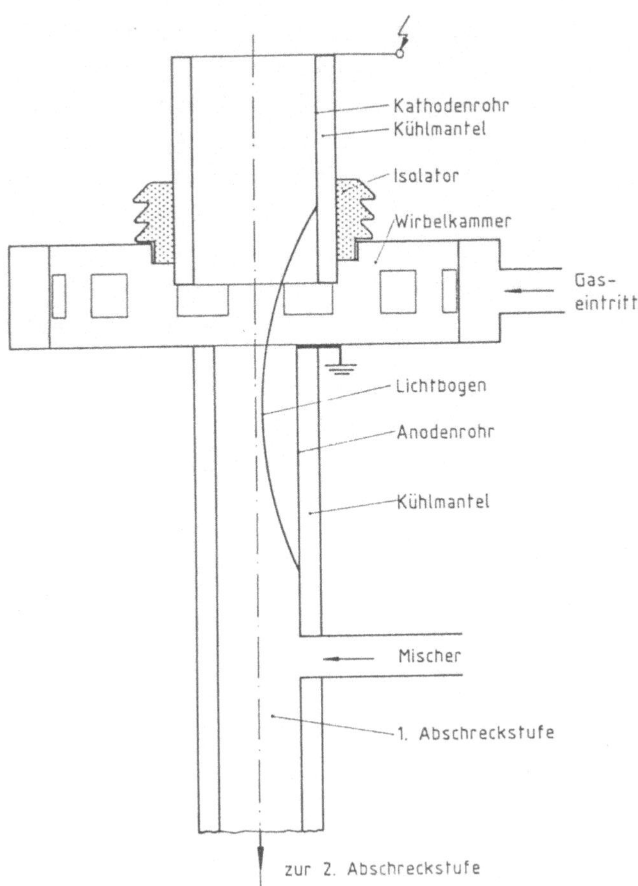

Bild 11.5 Plasmagasofen (schematisch, nicht maßstäblich)

und Anode längs einer gemeinsamen, senkrechten Mittelachse angeordnet sind. Die Gesamthöhe beträgt etwa 3 m. Das obere Rohr, die Kathode, ist nach oben hin abgeschlossen und liegt auf einem Gleichspannungspotential von 6...8 kV. Die übrigen, von der Kathode durch einen Isolator getrennten Teile des Ofens sind geerdet. Zwischen Kathode und Anode brennt auf einer Länge von normalerweise rd. 1 m der Lichtbogen mit einer Stromstärke von 1,2 kA.

Zwischen dem unteren Ende des Kathodenrohres und dem oberen Ende des Anodenrohres befindet sich eine Wirbelkammer, in der das umzusetzende Gas tangential eingeblasen wird. Von dort strömt es wirbelartig entlang des Lichtbogens durch das Anodenrohr nach unten. Durch diese Art der Gasführung wird der Lichtbogen in die Länge gezogen, zentriert und stabilisiert. Außerdem erreicht man damit eine schnelle Rotation der Lichtbogenfußpunkte.

Die Temperaturen in Inneren des Anodenrohres reichen von etwa 1000 °C nahe der Rohrwand bis etwa 10000 °C in der Mittelachse. Entsprechend den temperaturabhängigen Gleichgewichtskonzentrationen und Reaktionskinetiken im C – H – System läuft eine Vielzahl von Reaktionen mit örtlich unterschiedlicher Intensität ab. Durch entsprechende Auslegung des Ofens und Führung der Prozeßparameter erreicht man, daß ein möglichst großer Anteil an C_2H_2 entsteht. Damit ein anschließender Zerfall dieses Hauptproduktes in Ruß und Wasserstoff soweit wie möglich vermieden wird, muß das Gas beim Austritt aus dem Ofen innerhalb weniger ms abgeschreckt werden. Diese Abschreckung wird in zwei Stufen durchgeführt. In der ersten Stufe wird kaltes Propan (C_3H_8) eingedüst, das durch die plötzliche Erwärmung gespalten wird und so die Ausbeute von Ethylen (C_2H_4) als zweitem Hauptprodukt des Prozesses erhöht. Danach wird das Gasgemisch mit Wasser auf eine Austrittstemperatur von etwa 200 °C abgeschreckt.

Als primärer Einsatzstoff wird normalerweise Erdgas (rd. 1,8 kg je kg C_2H_2) verwendet. Für diesen Fall entstehen je kg C_2H_2 an weiteren Produkten:

C_2H_4:	0,4 kg
H_2:	0,3 "
Ruß:	0,4 "
Aromaten:	0,1 "
Schweröle:	0,1 "

An elektrischer Energie werden je kg C_2H_2 ca. 9,5 kWh verbraucht, wovon etwa die Hälfte als Bildungsenthalpie endothermer Reaktionen genutzt wird. Knapp 15 % der verbrauchten Energie werden mit dem Kühlwasser der Kathoden – und Anodenkühlung abgeführt. Der Rest wird zum großen Teil bei der Abschreckung des Produktgases zur Dampferzeugung genutzt.

Durch neu entwickelte Varianten des Plasmagasofens ist die Palette möglicher Einsatzstoffe auf CO_2 und Wasserdampf ausgedehnt worden. Außerdem wurde es z.B. möglich, in der ersten Abschreckstufe statt Propan Ölrückstände oder Kohle einzudüsen und für chemische Reaktionen zu nutzen.

In Erprobung ist die Anwendung des Plasmagasofens zur Herstellung von Gasgemischen, die hauptsächlich aus CO und H_2 bestehen. Durch ein solches Verfahren des "*Plasma – Reforming*" können z.B. Reduktionsgase für die Direktreduktion zur Gewinnung von Eisen und anderen Metallen erzeugt werden.

Interessant erscheint auch eine Gaserhitzung mittels Plasmagenerator zur verlustarmen Energieversorgung von Hochtemperaturprozessen. Der hohe spezifische Enthalpiegehalt heißer Plasmagase macht eine Energieübertragung z.B. bei einer Prozeßtemperatur von 1500 °C mit einem Wirkungsgrad von über 80 % möglich. Das ist mehr als das Dreifache des bei Einsatz von Brennstoff erreichbaren feuerungstechnischen Wirkungsgrades, so daß auch bei Erzeugung des Stromes für den Plasmagenerator in thermischen Kraftwerken der Aufwand an Primärenergie vom Betrag her nicht höher ist. Als besonderer Vorteil kommt dazu, daß durch entsprechende Wahl des Plasmagases leicht eine sauerstoff- oder kohlenstofffreie Atmosphäre für den Prozeß gewährleistet werden kann.

11.3.2 Plasmaschmelzen

Literatur: [57; 62]

Der Plasmastrahl kann zum Primärschmelzen bzw. Umschmelzen von elektrisch leitenden oder auch nichtleitenden Materialien angewendet werden. Das wichtigste Einsatzgebiet ist das Primärschmelzen von Edelstahl aus Schrott.

Die bisher gebauten Plasmaschmelzöfen sind meist mit mehreren Plasmageneratoren mit übertragenem Gleichstromlichtbogen ausgerüstet, die seitlich durch die Ofenwand geführt sind (*Bild 11.6*). Der größte Ofen dieser Bauart mit einem Fassungsvermögen von 45 t besitzt vier Plasmageneratoren mit einer elektrischen Leistung von je 7 MW bei einer maximalen Stromstärke von 10 kA. Die nahezu waagerechte Strahlführung ist wegen der gegenseitigen Anziehung der Gleichstromlichtbögen notwendig, sie besitzt außerdem den

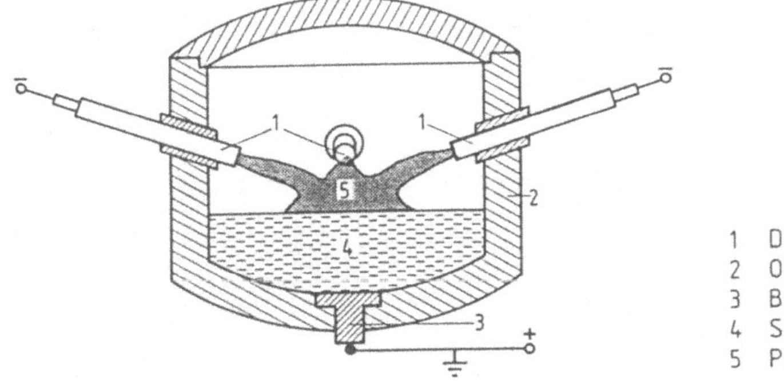

Bild 11.6 Plasmaschmelzofen mit mehreren Gleichstrom - Plasmabrennern

Vorteil einer besonders intensiven Energieübertragung auf die Schmelze infolge der schrägen Anströmung. Nachteilig ist jedoch, daß das Einschmelzen einer Charge von außen nach innen verläuft, was einen erhöhten Verschleiß der feuerfesten Ofenauskleidung mit sich bringt. Darüber hinaus stellt die bei Gleichstrom als Anode erforderliche Bodenelektrode ein technisches Problem dar.

Um diese Nachteile zu vermeiden, ist in den letzten Jahren der Drehstrom-Plasmaofen entwickelt worden. Drei Wechselstrom-Plasmabrenner mit übertragenem Lichtbogen sind von oben her durch den Ofendeckel geführt und fast senkrecht nach unten gerichtet, mit leichter Neigung gegen die Mittelachse zu. Infolge der gegenseitigen Abstoßung der drei Wechselstrom-Plasmastrahlen treffen diese senkrecht auf der Schmelzoberfläche auf, wobei die Fußpunkte ein gleichseitiges Dreieck bilden. Durch diese Anordnung ähnelt der Ofen in seiner Form dem Drehstrom-Lichtbogenofen. Jedoch sind die Bogenlängen beim Plasmaofen viel größer, sie betragen in der Einschmelzphase bis zu 70 cm und werden danach durch Absenken der Plasmabrenner gegen die Badoberfläche zu auf etwa 20 cm verkürzt. Beim Einschmelzen brennt jeder der drei Plasmastrahlen einen tiefen Krater in den Schrott, der Einschmelzvorgang verläuft von innen nach außen, so daß die Ofenwandung bis zum Ende der Einschmelzphase durch eine Schrottschicht vor hoher thermischer Belastung geschützt ist.

Das Plasma wird als schlanker gebündelter Strahl geführt und kühlt sich daher auf seinem Weg zur Oberfläche des Schmelzbades nur wenig ab. Durch diese Maßnahme kann der Wechselstromlichtbogen thermisch so stabilisiert werden, daß die Wiederzündung nach jedem Nulldurchgang des Stromes auch ohne Gleichstrom-Hilfsbogen gewährleistet ist. Ein wesentlicher Vorteil gegenüber dem Drehstrom-Lichtbogenofen liegt in der elektrischen Stabilität aufgrund der langen Plasmabögen. Diese können auch über stückigem und kaltem Schrott nicht abreißen, auch treten praktisch keine Oszillationen des Effektivwertes der Bogenspannung und damit keine Netzrückwirkungen in Form von Flicker auf. Zudem zeichnet sich der Ofen durch vergleichsweise sehr geringe Geräuschentwicklung aus.

Im spezifischen Energieverbrauch je Tonne erschmolzenen Stahls unterscheidet sich der Drehstrom-Plasmaofen nicht wesentlich von einem Drehstrom-Lichtbogenofen entsprechender Größe und Ausführung.

Durch die Verwendung von Argon als Arbeitsgas ist die Ofenatmosphäre weitgehend inert. Aus diesem Grund ist der Abbrand an Eisen und Legierungsbestandteilen im Plasmaofen deutlich geringer als im Lichtbogenofen. Vor allem bei hochlegierten Umschmelzchargen mit einem hohen Anteil teurer Legierungsbestandteile ergibt sich daraus eine beträchtliche Kostenersparnis.

Die Kosten für das verbrauchte Argon (etwa zwischen 4 und 6 m^3 je Tonne Stahl) liegen unter heutigen Preisverhältnissen etwa bei einem Drittel dessen, was beim Drehstrom - Lichtbogenofen üblicherweise für die Graphitelektroden aufgewendet werden muß; eine Aufkohlung der Schmelze findet nicht statt.

Insgesamt stellt sich somit die Konkurrenzsituation zum Drehstrom - Lichtbogenofen für den Drehstrom - Plasmaofen günstig dar. Aussichtsreich erscheint auch die Plasmabeheizung des flüssigen Stahls nach dem Abstich für pfannenmetallurgische Behandlung oder zum Warmhalten beim Stranggießen.

11.3.3 Plasmaschweißen

Literatur: [17]

Für die Schmelzschweißverfahren auf der Basis der Plasmastrahlerwärmung zum Fügen metallischer Werkstoffe mit oder ohne Zusatzmaterial gibt *Tafel 11.1* die Hauptarten an, die sich in der Dicke der zu verbindenden Teile und in der Schweißleistung unterscheiden.

Es werden Plasmageneratoren mit übertragenem Lichtbogen verwendet. Das Arbeitsgas ist in der Regel Argon. Der aus der Düse des Generators austretende Plasmastrahl ist in einem Schutzgasmantel (meist ebenfalls Argon) eingehüllt, der durch eine Ringdüse erzeugt wird und die Schweißstelle von der umgebenden Atmosphäre abschirmt.

Tafel 11.1 Hauptarten des Plasma - Verbindungsschweißens

	Materialdicke mm	Plasmaleistung kW
Mikroschweißen	0,01...2	0,003...1
Dünnblechschweißen	0,8...3	3...10
Stichloch - Schweißen	3...20	3...25

Beim Stumpfschweißen von über 3 mm dicken Materialien werden Gasdurchsatz und Entladungsstrom des Plasmagenerators gerade so groß gewählt, daß die Schmelze an der Strahlauftreffstelle bei Leistungsdichten bis zu $5 \cdot 10^9$ W/m^2 zur Seite gedrängt wird und ein durchgehendes *"Stichloch"* von 1 bis 3 m Durchmesser entsteht. Durch eine drallbehaftete Führung des Plasmastrahls wird eine gute Durchmischung der Schmelze erreicht. Durch die Weiterbewegung des Plasmagenerators läuft die Schmelze hinter dem Stichloch wieder zusammen und bildet beim Erkalten eine kelchförmige, sehr homogene Schweißnaht, deren Breite zwischen der bei den Konkurrenzverfahren WIG – und Elektronenstrahlschweißen liegt.

Für Materialdicken über 20 mm ist das Plasma – WIG – Schweißen entwickelt worden. Hierbei handelt es sich um ein Kombinationsverfahren mit zwei auf die Schweißstelle mündenden Lichtbögen, die von einer nichtabschmelzenden W – Kathode sowie von einem abschmelzenden Schweißdraht ausgehen.

Das Plasmaverbindungsschweißen bietet gegenüber den konkurrierenden Arten des Lichtbogenschweißens in erster Linie die Vorteile einer etwa doppelt so hohen Schweißgeschwindigkeit und einer kleineren Wärmeeinflußzone. Von Nachteil ist neben den höheren Anlagen – und Betriebskosten (Argonverbrauch!) die größere und aufwendigere Brennerausführung, die u.U. Platzprobleme an der Schweißstelle schafft, sowie die höhere Anforderung an die Maßgenauigkeit im Bereich des Schweißstoßes (Die Fugenbreite darf maximal 5 % der Blechdicke betragen). Aus diesen Gründen eignet sich das Plasmaverbindungsschweißen in erster Linie für Einsatzbereiche, in denen es auf hohe Produktivität und/oder besonders hohe Qualität der Schweißverbindung ankommt.

Des weiteren kann die Plasmastrahlerwärmung auch zum Auftragschweißen angewendet werden. Das Verfahren dient zur Beschichtung und Reparatur von Verschleißteilen z.B. an Baumaschinen. Um eine möglichst große Auftragbreite (bis 45 mm) auf der Oberfläche des Grundwerkstoffes zu erreichen, wird mit breiten Düsen (Durchmesser 4...8 mm) gearbeitet und außerdem der Plasmagenerator in einer Pendelbewegung geführt. Das Auftragmetall wird in Form von Pasten, Drähten oder Pulvern in das Schmelzbad eingebracht. In einem Zug können Schichten bis etwa 10 mm Dicke aufgetragen werden.

11.3.4 Plasmaschneiden

Literatur: [17]

Das Schneiden ist das am meisten eingeführte und verbreitete Anwendungsgebiet der Plasmastrahlerwärmung.

In der Hauptsache werden Plasmageneratoren mit übertragenem Lichtbogen zum Schneiden von Stahl und Nichteisenmetallen eingesetzt, seltener Plasmageneratoren mit nichtübertragenem Lichtbogen für Gewebe, Kunststoff- und Metallfolien. Neben der hohen Temperatur des Plasmastrahls wird auch sein Druck auf das zu schneidende Material sowie seine Schutzgaswirkung ausgenützt.

Der plasmaerzeugende Lichtbogenstrom liegt im Bereich zwischen 5 und 1000 A. Mit den verwendeten Bogenspannungen zwischen 100 und 250 V ergibt sich daraus ein Leistungsbereich zwischen etwa 1 und 200 kW. Damit können Metalle in einem Dickenbereich zwischen 0,5 und 200 mm geschnitten werden. Die Breite der Schnittfuge entspricht etwa dem Durchmesser des Plasmastrahls und liegt zwischen 1 und 15 mm.

Für einen Plasmagenerator mit konstant eingestelltem Lichtbogenstrom von 240 A und gegebener Düsenweite ist in *Bild 11.7* der Bereich möglicher Schneidgeschwindigkeiten in Abhängigkeit von der Dicke des zu trennenden Materials (St 38) dargestellt. Die maximale Schneidgeschwindigkeit ist dann erreicht, wenn der senkrecht auftreffende Plasmastrahl an der Bearbeitungsstelle um 70 °C umgelenkt wird, also noch in einem Mindestwinkel von 20 °C zur rückseitigen Werkstückoberfläche austritt.

Die maximal mögliche Schneidgeschwindigkeit wird für grobe Trennschnitte angewendet, bei denen es nicht auf Schnittqualität, sondern auf jeweils geringstmöglichen Energieverbrauch ankommt. Hierbei sind nämlich sowohl die Verluste in Form des Energieinhalts im abströmenden Plasma als auch die Verluste infolge Wärmeableitung ins Werkstückinnere minimal. Der letztgenannte Verlustposten ist beispielsweise bei $d_m = 5$ mm und $v_s \approx 120$ mm/s (rechtes Ende der Grenzkurve für $v_{s,max}$) vernachlässigbar klein. Daraus ergibt sich der bestmögliche Wirkungsgrad, der beim Plasma-Schneiden etwa zwischen 40 und 50 % beträgt (als Quotient der zum Schmelzen genutzten Leistung zur Gleichstrom-Lichtbogenleistung im Plasmagenerator). Am linken Ende der Grenzkurve für $v_{s,max}$ liegt der Wirkungsgrad demgegenüber noch ungefähr beim halben Wert, was hauptsächlich auf das starke Anwachsen der

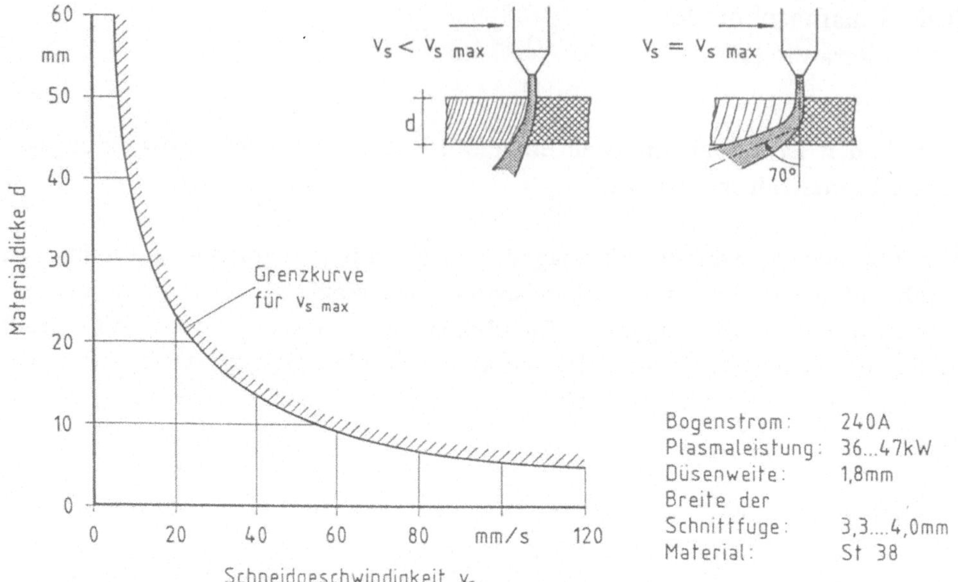

Bild 11.7 Zusammenhang zwischen Materialdicke und Schneidgeschwindigkeit beim Plasmaschneiden

Wärmeableitungsverluste sowohl mit der Materialdicke als auch mit dem Rückgang der Schneidgeschwindigkeit zurückzuführen ist.

Für die Schnittqualität sind folgende Parameter maßgebend: Schnittfugenbreite, Riefigkeit der Schnittfläche, Konuswinkel des Fugenquerschnitts und Bartbildung an den unteren Schnittkanten. Eine möglichst hohe Schnittqualität ist erreichbar durch kleine Plasmaleistung bei möglichst dünnem Plasmastrahl und Zurücknahme der Schneidgeschwindigkeit ($v_s < v_{s,max}$). Auch die Zusammensetzung des Arbeitsgases (meist eine Mischung aus Ar und H_2) sowie der durchgesetzte Gasmengenstrom sind hierfür von Bedeutung.

Gegenüber den hauptsächlichen Konkurrenzverfahren des mechanischen Sägens und des Acetylen – Brennschneidens zeichnet sich das Plasmaschneiden durch höhere Schneidgeschwindigkeiten bei gleicher oder besserer Schnittqualität aus. Trotz hoher Investitionskosten erweist sich deshalb das Plasmaschneiden in einer Vielzahl von Anwendungen als wirtschaftlich.

11.3.5 Plasmaspritzen

Literatur: [56; 95]

Das Plasmaspritzen stellt die meistverbreitete Anwendung von Plasmageneratoren mit nichtübertragenem Lichtbogen dar. Die Leistungen reichen von 10 bis 100 kW. Es dient zum Beschichten von Teilen, die dadurch gegen mechanische, chemische und thermische Beanspruchung geschützt werden.

Der pulverförmige Spritzwerkstoff wird durch einen Fördergasstrom in den aus der Generatordüse ausgetretenem Plasmastrahl (meist Argon) eingeblasen. Durch die sehr hohe Plasmatemperatur von $15...20 \cdot 10^3$ K werden die einzelnen, 10...100 μm großen Teilchen des Spritzwerkstoffes während des Transportes zur Werkstückoberfläche geschmolzen und teilweise verdampft. Außerdem werden die Teilchen bis auf Geschwindigkeiten zwischen 100 und 500 m/s beschleunigt. Beim Auftreffen auf der Werkstückoberfläche werden die verschiedenen Stufen der Phasenrückumwandlung und Abkühlung sehr rasch duchlaufen. Dadurch verkrallt sich der Spritzwerkstoff mechanisch mit den Unebenheiten der Werkstückoberfläche, die vor dem Beschichten zu reinigen und ggfs. aufzurauhen ist. Aufgrund von Eigenspannungen in der Spritzschicht nimmt die Haftfestigkeit mit zunehmender Schichtdicke ab. Um gute Haftfestigkeitswerte von 50...100 N/mm^2 für metallische bzw. 30...40 N/mm^2 für keramische Beschichtungen zu erreichen, ist die Schichtdicke in der Regel auf Werte zwischen 0,2 und 0,5 mm, je nach Spritzwerkstoff, begrenzt.

Als Spritzwerkstoffe eignen sich Stoffe, die in geeigneter Körnung herstellbar sind und sich ohne Zersetzung schmelzen und überhitzen lassen. Verwendet werden in der Hauptsache zwei Gruppen:

- Metallische Hartstoffe, das sind Carbide, Nitride, Boride und Silicide der hochschmelzenden IVa, Va und VIa – Übergangsmetalle, wie W, Mo und Ti.
- Nichtmetallische Hartstoffe, das sind in erster Linie oxidkeramische Stoffe wie Al_2O_3, Cr_2O_3, TiO_2 und ZrO_2.

Für Spezialanwendungen gibt es daneben verschiedene Kombinationsmöglichkeiten aus Metallen, metallischen und nichtmetallischen Hartstoffen.

Die Variante des *Vakuumplasmaspritzens* wird in Fällen angewendet, in denen an eine Beschichtung besonders hohe Anforderungen hinsichtlich Dichte, Reinheit und Oxidfreiheit gestellt werden. Die Teilchen des Spritzwerkstoffes treffen dabei mit noch höherer Geschwindigkeit auf der Werkstückoberfläche auf. Außerdem entfallen unerwünschte Wechselwirkungen mit der umgebenden Atmosphäre. Diese Technik wird hauptsächlich zum Beschichten von Gasturbinenschaufeln mit MCrAlY – Legierungen eingesetzt, um einen zuverlässigen Schutz vor Heißgaskorrosion zu erreichen.

12 Elektronenstrahlerwärmung

Bei der Elektronenstrahlerwärmung werden an der Glühkathode einer Elektronenstrahlkanone freie Elektronen erzeugt und über eine Hochspannungsstrecke beschleunigt.

Der so entstandene Elektronenstrahl läßt sich unter der Einwirkung elektrischer oder magnetischer Felder fokussieren bzw. aufweiten und lenken. Sowohl für die Erzeugung des Elektronenstroms als auch für seine hinreichend ungehinderte Hinführung zu dem zu erwärmenden Gut ist ein Hochvakuum (10^{-2} bis 10^{-4} Pa) Voraussetzung, da sonst sowohl die Energieverluste als auch die nicht mehr korrigierbare Strahlstreuung infolge Wechselwirkung zwischen Elektronen und Gasmolekülen übermäßig ansteigen.

12.1 Einwirkung des Elektronenstrahls auf das Erwärmungsgut

Literatur: [17]

Ein Elektronenstrahl der Stromstärke I transportiert eine Leistung

$$P = U_B I . \tag{12.1}$$

Nach dem Durchlaufen der Beschleunigungsspannung U_B hat das einzelne Strahlelektron mit der Elementarladung $e = 1{,}602 \cdot 10^{-19}$ C eine kinetische Energie

$$E_{kin} = e U_B . \tag{12.2}$$

Im praktischen Anwendungsfall liegt dieser Wert – je nach der verwendeten Beschleunigungsspannung – zwischen 10 und 150 keV.

Trifft das Strahlelektron auf die Oberfläche fester oder flüssiger Stoffe, so kollidiert es in rascher Folge mit einer Vielzahl einzelner Stoffteilchen. Betroffen sind hiervon in der Hauptsache äußere Hüllelektronen, sowie bei Metallen auch Valenzelektronen. Bei diesen elastischen Zusammenstößen wird die kinetische Energie des Strahlelektrons schrittweise abgebaut und damit seine Geschwindigkeit verringert. Aufgrund außermittiger Stöße verändert sich dabei auch die Richtung seines Geschwindigkeitsvektors.

Der Elektronenstrahl besitzt somit eine gewisse *Reichweite des Eindringens* unter die Oberfläche des beaufschlagten Stoffes. Die Reichweite δ hängt ab von der kinetischen Energie der auftreffenden Elektronen (und damit gemäß Gl. (12.2) von der Beschleunigungsspannung U_B), von der Dichte ϱ des Stoffes sowie vom Einfallswinkel des Elektronenstrahls. Bei senkrecht auftreffendem Elektronenstrahl gilt näherungsweise:

$$\delta\,[\mu\mathrm{m}] \approx 66{,}7 \cdot 10^{-3}\,\frac{(U_B\,[\mathrm{kV}])^{5/3}}{\varrho\,[\mathrm{kg/dm^3}]}\,. \tag{12.3}$$

Diese Reichweite ist in Abhängigkeit von der Beschleunigungsspannung in *Bild 12.1* für Stahl und Aluminium dargestellt. Die Wärmeerzeugung durch thermische Absorption findet in einem der Reichweite entsprechenden Tiefenbereich statt. Ihre örtliche Leistungsintensität ist dabei nicht gleichmäßig, sondern gehorcht näherungsweise folgender Beziehung:

$$\frac{p(x)}{\bar{p}} \approx \frac{4}{3} - 3\left(\frac{x}{\delta} - \frac{1}{3}\right)^2 . \tag{12.4}$$

Hierbei ist $p(x)$ die örtliche Leistungsintensität in Abhängigkeit von der Tiefe x unter der Oberfläche, wobei $0 \leqq x \leqq \delta$ ist. $\bar{p}$ ist die über diesen Bereich gemittelte Leistungsintensität. Wie *Bild 12.2* zeigt, besitzt die Leistungsintensität in einer Tiefe $x = \delta/3$ ein Maximum.

Je schräger der Elektronenstrahl auf die Oberfläche auftrifft, desto kleiner wird der Tiefenbereich, bis in den die Elektronen vordringen können. Auch die Verteilung der Leistungsintensität verändert sich gegenüber dem Fall des senkrechten Auftreffens.

Ein Teil der Strahlelektronen wird durch die Stöße im Material soweit umgelenkt, daß er über die Oberfläche wieder austritt. Die Höhe dieses rückgestreuten Elektronenstroms steigt mit der Element - Ordnungszahl des bestrahlten Materials sowie mit der Abweichung der Einstrahlrichtung von der Normalen an. Bei senkrechter Einstrahlung auf Stahl werden auf diese Weise rd. 32 %

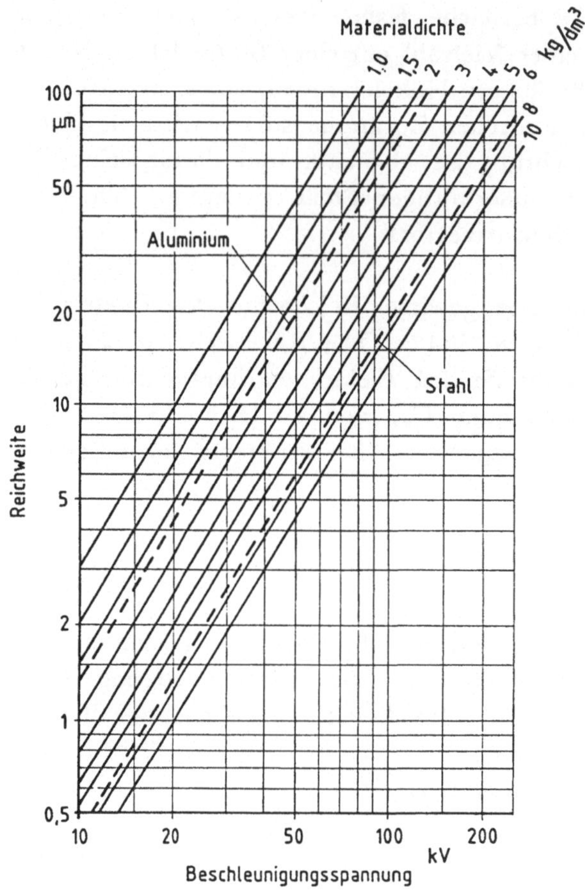

Bild 12.1 Reichweite des Elektronenstrahls

der auftreffenden Elektronen wieder rückgestreut (*Rückstreukoeffizient* $R = 0{,}32$). Die Verteilung der Austrittsgeschwindigkeit der rückgestreuten Elektronen und damit ihres Inhaltes kinetischer Energie reicht in einem kontinuierlichen Spektrum von nahezu Null bis in die Nähe des Wertes der auftreffenden Strahlelektronen. Das Verhältnis der mit den rückgestreuten Elektronen ausgetragenen Leistung zur Strahlleistung bewegt sich etwa zwischen 70 und 80 % des jeweiligen Wertes für den Rückstreukoeffizienten. So gehen im Falle der senkrecht bestrahlten Stahloberfläche rd. 25 % der Strahlleistung durch Rückstreuung verloren.

Durch *sekundäre Emission* treten ebenfalls Elektronen über die Oberfläche aus. Bei Metallen ist ihre Zahl im Vergleich zur Anzahl der eingestrahlten Elektro-

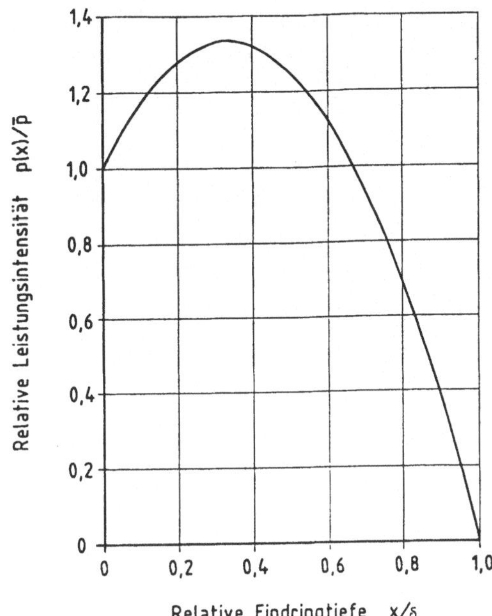

Bild 12.2 Wärmeerzeugung des eindringenden Elektronenstrahls

nen sehr klein, bei Halbleitern und elektrisch isolierenden Stoffen kann der sekundär emittierte Elektronenstrom in der gleichen Größenordnung liegen wie der Strahlstrom. Da jedoch die kinetische Energie der sekundär emittierten Elektronen auf 50 eV begrenzt ist, bleibt der Anteil der so abgegebenen Leistung vernachlässigbar klein.

Bei sehr hohen Temperaturen kann auch eine *thermische Emission* von Elektronen auftreten, deren Energieinhalt jedoch unter 1 eV liegt. Der Leistungsanteil ist ebenfalls vernachlässigbar.

Des weiteren entstehen durch die Einwirkung des Elektronenstrahls zwei Arten von Röntgenstrahlung:

- Die in sehr geringem Umfang auftretende *charakteristische Röntgenstrahlung* wird durch Ionisation innerer Elektronenschalen der getroffenen Atome hervorgerufen. Die diskreten Quantenenergien entsprechen den Bindungsenergien der betreffenden Elektronen und liegen für Eisenwerkstoffe bei maximal ca. 7 keV.
- Die *Bremsstrahlung* entsteht durch direkte Umwandlung kinetischer Energie in elektromagnetische Strahlung beim Durchgang eines Elektrons durch ein

einzelnes Atom. Die Quantenenergie dieser Bremsstrahlung reicht daher bis zum jeweiligen Wert von E_{kin} nach Gl. (12.2). Die Bremsstrahlung ist also umso härter, je höher die angewendete Beschleunigungsspannung ist. Die abgestrahlte Leistung ist proportional zur Beschleunigungsspannung und zur Element - Ordnungszahl des beaufschlagten Materials. Wird Stahl mit Elektronen von 150 keV Energie bestrahlt, so werden etwa 0,4 % der Strahlleistung in Röntgenbremsstrahlung umgewandelt. Sowohl die Härte der Röntgenbremsstrahlung als auch ihr Leistungsanteil erfordern bei Verwendung von Beschleunigungsspannungen oberhalb 60 kV einen beträchtlichen sicherheitstechnischen Aufwand, da dann die kritischen Teile der Anlage mit Bleiblech abgeschirmt sein müssen.

12.2 Elektronenstrahlkanone

Literatur: [17; 86]

Die Einrichtung zur Erzeugung, Formierung und Führung eines Elektronenstrahls wird üblicherweise als Elektronenstrahlkanone bezeichnet. Der Aufbau einer typischen Elektronenstrahlkanone ist in *Bild 12.3* schematisch dargestellt [41].

Der Austritt der Elektronen aus der Kathode erfolgt in erster Linie durch thermische Emission. Dazu wird die meist aus Wolfram bestehende Kathode elektrisch beheizt. Bei Temperaturen zwischen 2300 und 2700 °C liegt die Emissionsstromdichte zwischen 1 und 10 A/cm^2. Entsprechend der gewünschten Strahlstromstärke (bis zu 40 A) ist somit eine gewisse Emissionsfläche der meist bolzen - oder blockförmigen Kathode erforderlich. Die Kathode unterliegt einer starken Abnutzung, hauptsächlich infolge Materialzerstäubung durch Auftreffen beschleunigter Ionen. Deshalb muß sie nach Betriebsdauern zwischen etwa 30 bis 500 h (je nach Bauform und Größe) ausgewechselt werden. An der Kathode liegt eine negative Gleichspannung an, die als Beschleunigungsspannung wirkt und je nach Bauart der Kanone und Anforderungen an den Elektronenstrahl meist zwischen 10 und 150 kV beträgt.

Die Anode liegt auf Gehäusepotential, durch ihre Bohrung tritt der Strahl beschleunigter Elektronen in den feldfreien Raum ein.

Zwischen Kathode und Anode liegt eine Steuerelektrode (in seltenen Fällen mehrere). Die Steuerelektrode ist so ausgebildet, daß ein elektrischer Feldver-

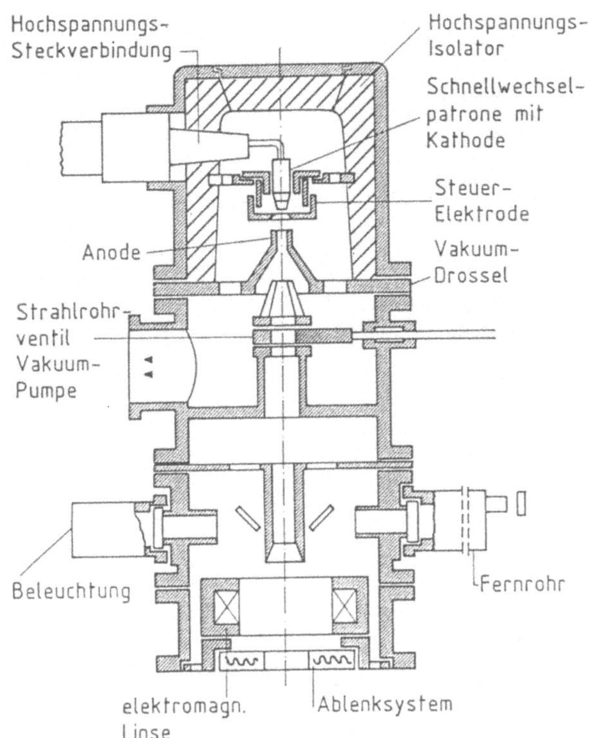

Bild 12.3 Aufbau einer Elektronenstrahlkanone (schematisch)

lauf mit fokussierender oder gegebenenfalls dispergierender Wirkung auf den Elektronenstrahl entsteht. Durch Verändern des Potentials gegenüber dem Kathodenpotential (negative Steuerspannung zwischen 300 und 3000 V) kann der Strahlstrom stufenlos eingestellt werden.

Ist eine Elektronenstrahlkanone auf hohe Leistungsdichte bei möglichst scharfer Fokussierung des Elektronenstrahls ausgelegt, z.B. für das Elektronenstrahlschweißen oder das Elektronenstrahlbohren, so besitzt sie üblicherweise eine besonders hohe Beschleunigungsspannung und eine besonders kleine Emissionsfläche der Kathode. Damit wird die Wirkung folgender, die erreichbare Fokussierung begrenzender Einflüsse minimiert:

- Die an einem beliebigen Punkt der Kathode thermisch emittierten Elektronen besitzen nicht alle die gleiche Austrittsrichtung und -geschwindigkeit. Wie *Bild 12.4* schematisch aufzeigt, ergibt sich daraus ein kleinster Brennfleckdurchmesser d_T.

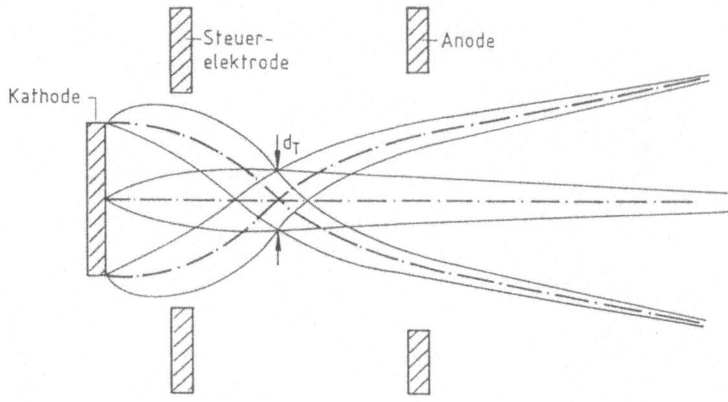

Bild 12.4 Unschärfe des Elektronenstrahls bedingt durch thermische Emission

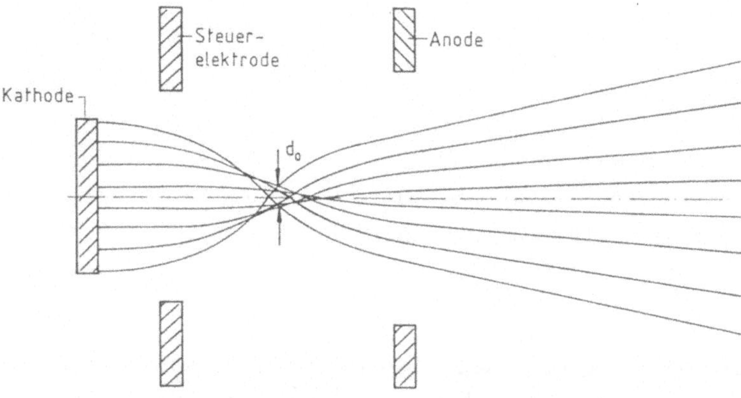

Bild 12.5 Unschärfe des Elektronenstrahls bedingt durch sphärische Aberration

- Da sich bei einer Anordnung wie in *Bild 12.5* achsennah emittierte Strahlen in einer etwas größeren Entfernung von der Kathode kreuzen als achsenfern emittierte (*Sphärische Aberration*), entsteht ein Öffnungsfehler. Es ergibt sich ein minimaler Strahldurchmesser d_O in der *Ebene der kleinsten Verwirrung*.
- Die Eigenraumladung des Elektronenstrahls übt auf die Elektronen eine elektrostatische Kraftwirkung aus, die radial nach außen gerichtet ist. Je höher die Stromdichte des Elektronenstrahls, desto stärker ist die hieraus sich ergebende Zerstreuungswirkung.

Der tatsächliche Brennfleck ergibt sich aus der Überlagerung dieser Einflüsse.

Die Systeme zur Strahlführung bestehen aus fokussierenden und ablenkenden elektronenoptischen Elementen. Magnetische Linsen, das sind eisengekapselte Spulen mit Polschuhen, dienen der Abbildung des Brennflecks auf den Prozeßort. Die Strahlablenkung wird meist durch magnetische Zweipolelemente realisiert. Bei besonders hohen Anforderungen an die Exaktheit des Elektronenstrahls finden magnetische Vielpolelemente zur Korrektur des Astigmatismus sowie eisenfreie Zusatzlinsen zur dynamischen Korrektur schneller Brennfleckänderungen Anwendung.

Der Wirkungsgrad einer Elektronenstrahlkanone als Verhältnis der Strahlleistung zur insgesamt verbrauchten elektrischen Leistung (für Beschleunigungsspannung, Steuerspannung und Kathodenheizung) liegt i.a. bei etwa 90 %.

12.3 Anwendung

Die Elektronenstrahlerwärmung wird in der Hauptsache zum Schmelzen, Vergüten, Schweißen und Bohren eingesetzt [86]. Einige charakteristische Daten für diese Anwendungszwecke sind in *Tafel 12.1* zusammengestellt. Die angegebenen Werte für Brennfleckdurchmesser und Leistungsdichte beziehen sich auf die Stelle, an der Elektronenstrahl auf das zu erwärmende Gut auftrifft.

Tafel 12.1 Charakteristische Daten der Elektronenstrahlerwärmung in verschiedenen Anwendungsbereichen

Anwendung	Beschleunigungsspannung kV	Strahlleistung kW	Brennfleckdurchmesser mm	Leistungsdichte W/m²
Schmelzen	15...40	10...1200	10...50	$10^7...10^8$
Vergüten	10...40	0,2...200	3...30	$10^7...10^{10}$
Schweißen	15...175	0,1...100	0,1...5	$10^9...10^{11}$
Bohren, Perforieren	20...150	0,01...1	0,005...0,1	$10^9...10^{13}$

12.3.1 Elektronenstrahlschmelzen

Das Elektronenstrahlschmelzen ist eine Vakuum - Umschmelztechnologie zur Erzeugung hochreiner metallischer Werkstoffe bzw. zum Block - oder Formgießen hochschmelzender, evtl. reaktiver Materialien.

Der grundsätzliche Aufbau einer Elektronenstrahl - Umschmelzanlage ist aus *Bild 12.6* ersichtlich [17]. Ein Teil der von der Elektronenstrahlkanone abgegebenen Leistung erhitzt die Spitze des Abschmelzstabes, so daß Material abtropft und in das Schmelzbad fällt, das durch Energiezufuhr aus dem Elektronenstrahl bis an den Rand des wassergekühlten Kristallisators flüssig gehalten wird. Damit wird eine glatte Oberfläche des erschmolzenen Blockes erreicht. Um eine gleichbleibende Höhe des Schmelzbades im Kristallisator zu gewährleisten, muß der erschmolzene Block kontinuierlich abgesenkt werden.

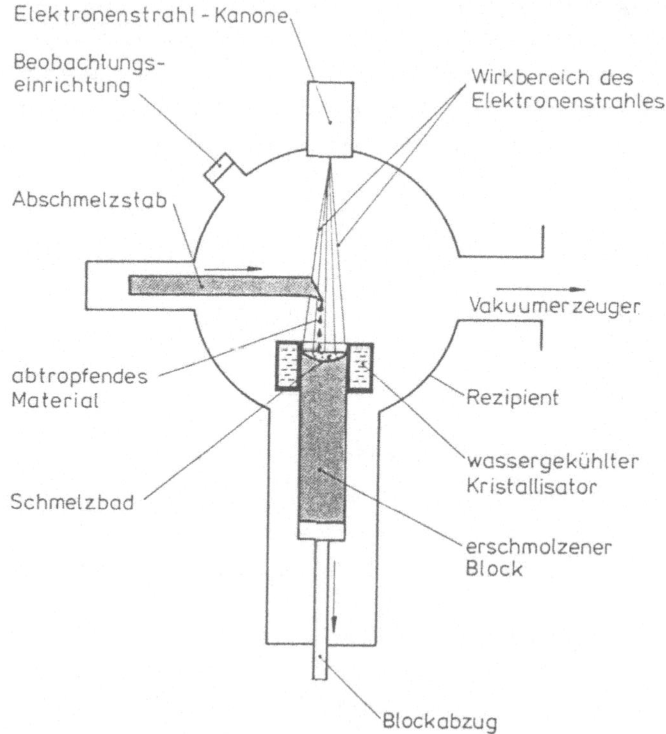

Bild 12.6 Elektronenstrahl - Schmelzofen (schematisch)

Das stabförmig eingesetzte Umschmelzmaterial kann aus Gußkörpern, gepreßten und gesinterten Pulvern oder gepreßten Schrottstücken bestehen. Es kann auch Material in anderer Form, z.B. stückig, schmelzflüssig oder als Granulat eingesetzt werden. Außer dem Stranggießen von Blöcken können auch Formgußteile hergestellt werden. Wird die herabtropfende Schmelze an schnell rotierenden Prallflächen verspritzt, so entsteht ein feinkörniges Metallpulver.

Da der Brennfleck des Elektronenstrahls normalerweise klein ist im Vergleich zu den Abmessungen von Abschmelzgut und Schmelzbad, muß der Elektronenstrahl nach einem genauen Ablenkprogramm in schneller Folge "wedeln", um eine definierte Einstellung der Leistungszufuhr auf Abschmelzmaterial und Schmelzbad zu erreichen. Dies ist für die Qualität des erschmolzenen Materials ebenso bedeutsam wie Art und Verlauf der Kristallisation. Zudem ergibt sich durch das Verweilen der Schmelze unter einem Vakuum zwischen 0,01 und 10 Pa eine sehr wirksame Reinigung von flüchtigen Bestandteilen.

Angewendet wird das Elektronenstrahlschmelzen zum Erschmelzen hochreiner Spezialstähle für die Herstellung von Schneid- und Stanzwerkzeugen, zur Erzeugung großer Stahlblöcke für Turbinenrotoren und zur Herstellung von Halbzeug aus Metallen wie Ti, Zr, Ta, V, Hf, W bzw. Legierungen davon.

12.3.2 Elektronenstrahlvergüten

Literatur: [17]

Hier lassen sich die Verfahren zusammenfassen, die auf eine Verbesserung der Oberflächeneigenschaften von Metallen durch Bedampfen, Aufschmelzen oder Härten mittels Elektronenstrahlerwärmung abzielen.

Das *Bedampfen* im Vakuum dient zum Aufbringen hochreiner Schichten auf ein Trägermaterial für Zwecke des Verschleißschutzes, der Reibungsminderung oder des Korrosionsschutzes. Der von einer Elektronenstrahlkanone erzeugte Elektronenstrahl wird mit Hilfe eines magnetischen Querfeldes auf das in einem Tiegel befindliche Verdampfungsgut gelenkt (*Bild 12.7*), wo er mit einer Leistungsdichte von $10^7...10^8$ W/m^2) auftrifft. Durch die starke Erwärmung an der Oberfläche entsteht ein Dampfstrom, der auf dem zu beschichtenden Substrat zu einem sehr feinen Überzug kondensiert.

Beim *Aufschmelzen* wird das zu behandelnde Werkstück durch den über die Oberfläche hinwegstreichenden Elektronenstrahl (Leistungsdichte $10^9...10^{10}$ W/m^2) bis zu einer Tiefe von 0,1...10 mm geschmolzen. Die anschlie-

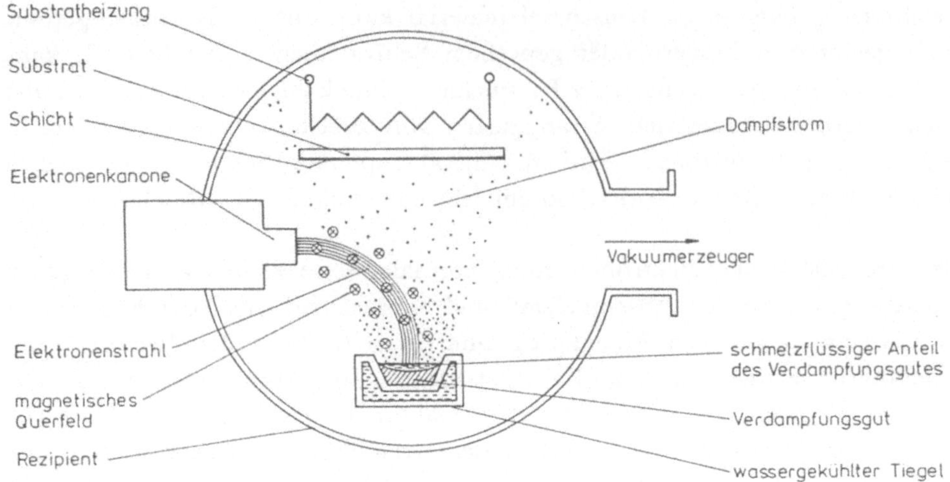

Bild 12.7 Schema einer Bedampfungsanlage mit Elektronenstrahl

ßende Wiedererstarrung geht sehr rasch vor sich. Es können auch zusätzliche Legierungsbestandteile eingebracht werden, indem ein Draht oder eine Folie aus dem entsprechenden Material auf die Oberfläche gelegt wird (*Einschmelzlegieren*). Dabei wird der Zusatzwerkstoff so in den Grundwerkstoff eingebaut, daß sich die veredelte Schicht nicht mehr ablösen kann.

Das *Härten* ist vom Arbeitsprinzip her ähnlich. Der Elektronenstrahl hat hier eine geringere Leistungsdichte ($10^8...10^9$ W/m^2) und wandert noch rascher über die Oberfläche (lokale Einwirkdauer 1...100 ms), so daß ein Aufschmelzen vermieden wird. Durch die extrem schnelle Abkühlung der erwärmten Oberfläche infolge Wärmeableitung nach innen werden härtesteigernde Gefügeumwandlungen in sehr dünnen Randschichten erreicht (Härtetiefen 0,01...1 mm).

12.3.3 Elektronenstrahlschweißen

Literatur: [40]

Das Elektronenstrahlschweißen zählt zu den Schmelzschweißverfahren für das Fügen metallischer Werkstoffe mit oder ohne Zusatzmaterial.

Charakteristisch für das Elektronenstrahlschweißen ist der sog. *Tiefschweißeffekt* (*Bild 12.8*). Bei einer Leistungsdichte von etwa 10^9 bis 10^{11} W/m^2 dringt der Elektronenstrahl unter Bildung einer metalldampferfüllten Kapillare, die

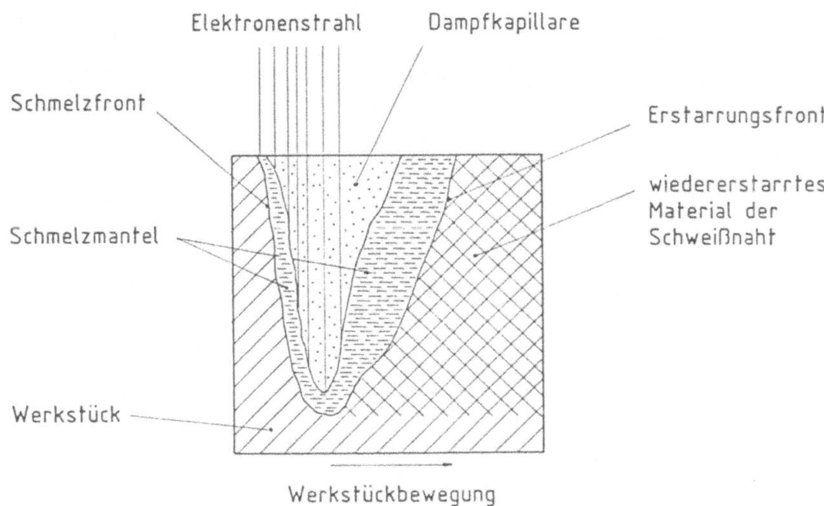

Bild 12.8 Eindringen des Elektronenstrahls in ein Werkstück aufgrund des Tiefschweißeffektes

ihrerseits von einem Mantel schmelzflüssigen Metalls umgeben ist, tief in das Werkstück ein. Durch die Relativbewegung zwischen Elektronenstrahl und Werkstück treibt der Elektronenstrahl eine Schmelzfront vor sich her. Hier wird ständig Werkstoff aufgeschmolzen und unter der Wirkung von Dampfdruck und Oberflächenspannung tangential um die Dampfkapillare herum in den rückwärtigen Teil des Schmelzmantels transportiert, wo er unter Bildung der Schweißverbindung an der Erstarrungsfront wieder in den festen Zustand übergeht. Die auftretenden Strömungen führen zur intensiven Durchmischung der Schmelze.

Die mit dem Elektronenstrahl erzielbare Schweißtiefe hängt in erster Linie von der Strahlleistung und der Schweißgeschwindigkeit ab. In *Bild 12.9* sind die Zusammenhänge zwischen diesen Größen für das Einschweißen (d.h. einseitiges Schweißen mit Nahtwurzel innerhalb der Materialdicke) bei niedrig legiertem Stahl wiedergegeben [3].

Bei einem Elektronenstrahl gegebener Leistung gibt es einen technisch möglichen Bereich für die Schweißgeschwindigkeit und damit auch für die Schweißtiefe. Die obere Begrenzung für die Schweißgeschwindigkeit ist dadurch gegeben, daß man aufgrund der begrenzten Erstarrungs- und Abkühlgeschwindigkeiten keine geschlossene Schweißnaht mehr erhält. Da bei höheren Strahlleistungen auch die Strahlbreite größer ist, wird die kritische Grenze schon bei

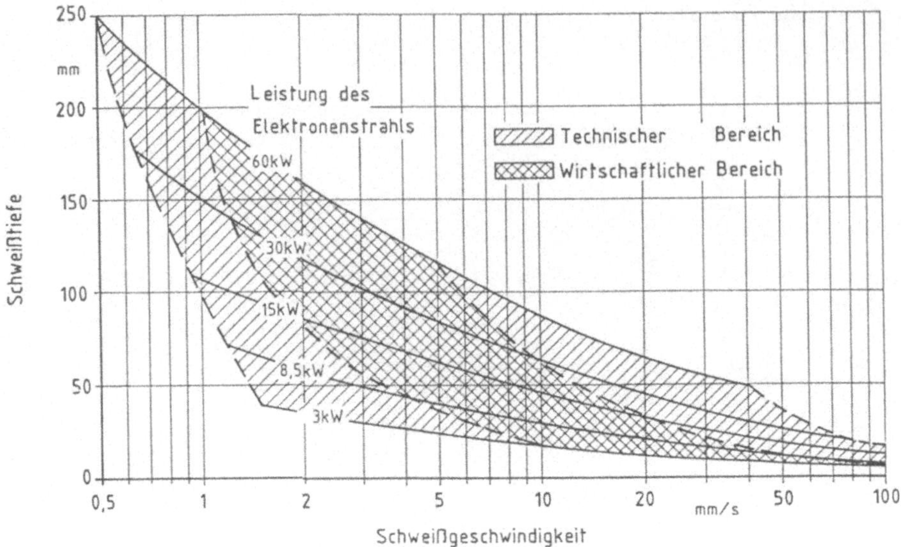

Bild 12.9 Parameter beim Elektronenstrahlschweißen von Stahl

kleineren Schweißgeschwindigkeiten erreicht als mit einem Elektronenstrahl geringerer Leistung.

Geht man mit der Schweißgeschwindigkeit immer weiter zurück, so erhöht sich bei gleichbleibender Leistung des Elektronenstrahls die Schweißtiefe bis zu einem bestimmten Grenzwert. Wird dieser erreicht, so fällt der Schmelzmantel aufgrund seines hydrostatischen Druckes in sich zusammen. Es entsteht ein Schmelzsumpf, so daß der Tiefschweißeffekt nicht mehr aufrechterhalten wird.

Die maximal erreichbaren Schweißtiefen von mehr als 200 mm liegen etwa beim Zwanzigfachen dessen, was mit anderen Schmelzschweißverfahren möglich ist. Auch hinsichtlich der erreichbaren Verhältnisse von Tiefe:Breite der Schweißnaht (bei großen Schweißtiefen bis 50:1) ist das Elektronenstrahlschweißen konkurrenzlos. Die im Vergleich zu anderen Verfahren sehr hohen Schweißgeschwindigkeiten ermöglichen eine hohe Produktivität. Da die Schmelzflanken nahezu parallel und die Wärmeeinflußzonen sehr klein sind, bleiben so geschweißte Verbindungen praktisch schrumpfungs- und verzugsfrei, so daß sich ein Nacharbeiten erübrigt.

Zudem lassen sich mit dem Elektronenstrahl eine Reihe verschiedener Metalle auch untereinander verschweißen. Dadurch eröffnen sich neue Perspektiven für materialsparendes Konstruieren, bei gleichzeitiger Auswahl optimaler Werkstoffe.

Die verwendete Elektronenstrahlkanone ist entweder fest an einer Vakuumkammer (Inhalt wenige Liter bis etwa 100 m^3) oder in dieser beweglich angeordnet. Für Schweißarbeiten an sehr großen Werkstücken, die nicht mehr in eine Vakuumkammer eingebracht werden können, wird mittels geeigneter Evakuierungs- und Abdichteinrichtungen ein "mobiles Vakuum" am Schweißort hergestellt.

12.3.4 Elektronenstrahlbohren

Literatur [59]

Die Elektronenstrahlerwärmung eignet sich als thermisch abtragendes Bearbeitungsverfahren auch zum Bohren.

Hierbei wird ebenfalls der in Abschn. 12.3.3 beschriebene Tiefschweißeffekt benutzt. Durch das Auftreffen des Elektronenstrahls mit hoher Leistungsdichte auf das Werkstück entsteht sehr rasch eine dünne Dampfkapillare, die von einem Schmelzfilm umgeben ist. Während beim Schweißen sich die Kapillare infolge der Oberflächenspannung wieder schließt, sobald der Elektronenstrahl abgeschaltet oder weitergeführt wird und somit das geschmolzene bzw. verdampfte Material im wesentlichen in der Fuge bleibt, muß beim Bohren dieses Material entfernt werden. Dies wird durch folgende Maßnahmen erreicht:

- Die Elektronenstrahlkanone muß den Elektronenstrahl besonders scharf bündeln, wobei der Fokus und damit die Zone größten Dampfdrucks unterhalb der Oberfläche eingestellt wird.
- Der Elektronenstrahl muß sehr kurz gepulst werden, um das durch Wärmeleitung entstehende Schmelzvolumen klein zu halten.
- Die Unterseite des zu durchbohrenden Werkstücks wird mit einem Hilfsmaterial auf Zinkbasis unterlegt, das die Restenergie des Elektronenstrahls absorbiert und dabei einen so hohen Dampfdruck erzeugt, daß das an der Lochwand haftende schmelzflüssige Material mit dem aus dem Bohrkanal austretenden Dampfstrom mitgerissen wird.

Da der Abtragvorgang thermisch erfolgt, spielt die Härte des zu bohrenden Materials keine Rolle. Geeignet zum Elektronenstrahlbohren sind fast alle metallischen und auch einige nichtmetallische Werkstoffe. Je ms Impulsdauer des Elektronenstrahls nimmt die Bohrtiefe in Stahl um etwa 1 mm zu. Die größten mit einem Einzelimpuls erzielbaren Bohrtiefen liegen bei 8 mm

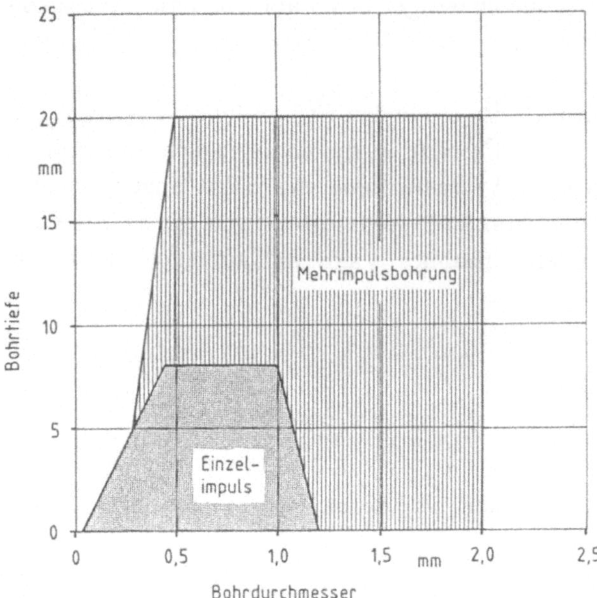

Bild 12.10 Bohrdurchmesser und Bohrtiefen beim Elektronenstrahlbohren in Stahl

(*Bild 12.10*). Lochdurchmesser bis 1 mm lassen sich durch Wahl der Strahlleistung bzw. des Strahlstromes einstellen. Die kleinsten erreichbaren Lochdurchmesser betragen etwa 1/15 bis 1/18 der Bohrtiefe. Leitet man mehrere aufeinanderfolgende Strahlimpulse (mit kurzen Zwischenintervallen) in dieselbe Bohrung ein, so lassen sich Löcher bis 20 mm Tiefe und etwa 2 mm Durchmesser bohren. Das maximale Verhältnis Tiefe:Durchmesser einer Bohrung kann dabei bis auf Werte von 30...40 erhöht werden.

Die Längsschnittform der Bohrung kann zwischen zylindrisch und konisch variiert werden. Durch entsprechende Neigung der Elektronenstrahlrichtung zur Werkstückoberfläche können Schrägbohrungen bis zu einem Neigungswinkel von etwa 70° zur Normalen ausgeführt werden.

Durch den sehr raschen Ablauf des Bohrvorganges und die trägheitslose Strahlsteuerung lassen sich Bohrfrequenzen erzielen, die bei kleinen Bohrdurchmessern und -tiefen bis zu mehreren kHz reichen. Dadurch ist das Elektronenstrahlbohren besonders für *Perforationen* interessant, bei denen in ein Werkstück viele kleine Bohrungen einzubringen sind. Hierbei wird das Werkstück, z.T. unter Einsatz mehrachsiger Manipulatoren, unter der Strahlachse hinwegbewegt. Zur Koordinierung von Werkstückbewegung, Pulsauslösung und gegebenenfalls Strahlnachführung dient ein CNC - System. Damit ist das Perforieren im *fliegenden Verfahren*, also ohne Stop der Werkstückbewegung, möglich.

Der bis heute wichtigste Anwendungsbereich des Elektronenstrahlperforierens ist der Bau von Triebwerksteilen (Brennkammergehäuse, Turbinenschaufeln). In wachsendem Umfang hält das Verfahren auch Einzug in andere Bereiche, wie z.B. bei der Herstellung von Glasfaser - Spinntöpfen, in der Sieb - und Filtertechnik usw.

13 Laserstrahlerwärmung

13.1 Das Laserprinzip

Nach der Vorstellung des BOHRschen Atommodells besteht jedes Atom aus einem elektrisch positiv geladenen Kern und den Elektronen, die den Kern umkreisen. Jedes dieser gebundenen Elektronen besitzt dabei einen genau festgelegten Energieinhalt, der im wesentlichen durch den mittleren Radius seiner Umlaufbahn bestimmt ist: Je größer der Radius, desto höher der Energieinhalt. Die möglichen Umlaufbahnen, die ein Elektron stationär einnehmen kann, sind nicht beliebig sondern liegen aufgrund der Bedingung fest, daß das Elektron bei seinem periodischen Umlauf keine elektromagnetische Strahlung aussenden darf, da sonst sein Energieinhalt abnehmen würde und seine Umlaufbahn nicht mehr stationär wäre (I. BOHRsches Postulat).

Die Elektronen bewegen sich also auf ganz bestimmten *Schalen* um den Atomkern. Dabei gilt für jedes Atom der Grundsatz, daß die Gesamtheit seiner Elektronen einen möglichst energiearmen Zustand anstrebt. Das heißt, daß die Elektronen bevorzugt die innersten Schalen besetzen, soweit deren Fassungsvermögen geht. Der energieärmste Zustand, der auf diese Weise zu erreichen ist, heißt *Grundzustand* des Atoms, sein Energieniveau wird mit E_0 bezeichnet.

Auch wenn ein Stoff im Zustand des thermodynamischen Gleichgewichts ist, so bedeutet das nicht, daß sich alle seine Atome zu jedem Zeitpunkt im Grundzustand befinden würden. Je Zeiteinheit wird nämlich im statistischen Mittel eine bestimmte Anzahl von Atomen *angeregt*. Das bedeutet, daß ein Elektron von dem Schalenplatz, den es im Grundzustand besetzt hält, auf einen noch freien Platz auf einer weiter außen liegenden Schale springt. Dabei erhöht sich sein Energieinhalt, und somit auch das Energieniveau des angeregten Atoms, um einen Betrag ΔE, indem ein entsprechender Betrag elektromagnetischer Strahlungsenergie absorbiert wird. Nach dem II. BOHRschen Postulat muß die Frequenz dieser absorbierten Strahlung die Bedingung erfüllen:

$$f = \frac{\Delta E}{h}, \tag{13.1}$$

wobei $h = 6{,}626 \cdot 10^{-34}$ J s das PLANCKsche Wirkungsquantum ist.

Nach einer gewissen statistischen Verweildauer im angeregten Zustand springt das betreffende Elektron ohne äußere Einwirkung wieder an seinen angestammten Schalenplatz zurück, d.h. das Atom geht wieder in den Grundzustand über. Entsprechend dem Rückgang des Energieniveaus wird ein Energiequant ΔE als elektromagnetischer Wellenzug emittiert, dessen Frequenz wiederum nach Gl. (13.1) festliegt.

Für jedes Atom gibt es eine Vielzahl möglicher Anregungszustände, da ja jedes Elektron die Möglichkeit hat, von seinem angestammten Platz aus auf irgendeine der vielen freien, weiter außen liegenden Schalen zu springen. Je energiereicher ein Anregungszustand ist, desto geringer ist die Zahl N an Atomen, die sich im statistischen Mittel gleichzeitig in diesem Zustand befinden. Die *Besetzungszahl* für einen Anregungungszustand i ist

$$N_i = N_0 \exp\left(-\frac{\Delta E_i}{k\,T}\right). \tag{13.2}$$

Hierbei ist:
$\Delta E_i = E_i - E_0$: die zum Anregungszustand i gehörige Erhöhung des Energieniveaus gegenüber dem Grundzustand,
$k = 1{,}381 \cdot 10^{-23}$ J/K: die BOLTZMANN – Konstante und
T: die thermodynamische (d.h. absolute) Temperatur.

Neben der geschilderten Art der *spontanen Emission* gibt es noch eine andere Möglichkeit, wie der Anregungszustand eines Atoms beendet werden kann: die sog. *stimulierte Emission*. Hierbei wird der Rücksprung des im angeregten Zustand befindlichen Elektrons auf einen freien energieärmeren Schalenplatz durch das Auftreffen von stimulierender elektromagnetischer Strahlung veranlaßt. Deren Frequenz muß nach Gl. (13.1) genau zu der Energiemenge passen, die beim Rücksprung in Form eines Strahlungsquants emittiert wird. Von der Energie der stimulierenden Strahlung wird bei diesem Vorgang nichts absorbiert. Vielmehr wird die stimulierende Strahlung durch das emittierte Strahlungsquant *kohärent* verstärkt, da beide elektromagnetischen Wellenzüge hinsichtlich Frequenz und Phasenlage übereinstimmen.

Im Zustand des thermodynamischen Gleichgewichts und bei den Strahlungsfrequenzen im sichtbaren und infraroten Bereich bis hinauf zu Wellenlängen von ungefähr 15 μm, kommen die spontanen Emissionen um mindestens eine Größenordnung häufiger vor als die stimulierten Emissionen. Von den jeweils im angeregten Zustand befindlichen Atomen wird also nur ein sehr kleiner Teil durch stimulierte Emission in den energieärmeren Zustand rückgeführt. Das bedeutet aber, daß die kohärente Verstärkung eines Wellenzuges durch stimulierte Emission viel seltener vorkommt als seine Schwächung durch Absorptionsvorgänge. Unter diesen Bedingungen können sich also keine nennenswert verstärkten kohärenten Wellenzüge bilden.

Damit dies der Fall ist, also der *LASER – Effekt* (Abkürzung für "*L*ight *A*mplification by *S*timulated *E*mission of *R*adiation") eintritt, muß gewährleistet sein, daß die Häufigkeit der stimulierten Emissionen die der Absorptionsvorgänge übersteigt. Da diese Häufigkeiten proportional zu den Besetzungszahlen der betreffenden Energieniveaus sind, muß das obere Energieniveau stärker besetzt sein als das untere (*Besetzungsinversion*). Um diese Überbesetzung des oberen Energieniveaus zu erreichen und aufrechtzuerhalten, muß von außen her elektromagnetische Energie mit der gemäß Gl. (13.1) passenden Frequenz zugeführt werden (*optisches Pumpen*). Eine andere Möglichkeit besteht in der Stoßanregung mittels Gasentladung. Die *Pumpenergie* speist die Energie des kohärenten Laserstrahls und deckt darüber hinaus die auftretenden Verluste.

Das Lasermaterial muß eine hinreichend große Durchlässigkeit für die Strahlung der betreffenden Frequenzen besitzen. Für energietechnische Anwendungen geeignet sind durchsichtige Kristalle als Trägermaterial, die mit der laser – aktiven Substanz dotiert sind (*Festkörperlaser*), sowie Gase geeigneter Zusammensetzung (*Gaslaser*).

Um die Kohärenz der durch die vielen stimulierten Emissionsvorgänge erzeugten Strahlung zu erreichen und damit Auslöschungseffekte der elektromagnetischen Strahlung infolge von Phasenunterschieden zu vermeiden, muß sich die elektromagnetische Schwingung im Laser als stehende Welle ausbilden. Nur dann ist (näherungsweise) gewährleistet, daß an jeder Stelle und zu jedem Zeitpunkt die Stimulationen phasenrichtige, d.h. die Grundwelle verstärkende Emissionen hervorrufen. Zu diesem Zweck ist das Lasermaterial in langgestreckter Anordnung zwischen zwei Spiegeln angeordnet, von denen der eine teildurchlässig ist, um die Strahlung auszukoppeln. Die beiden Spiegel bilden ein Resonatorsystem, in dem eine bestimmte Anzahl von Eigenschwingungen als stehende *t*ransversal – *e*lektro*m*agnetische Wellen innerhalb einer gewissen Bandbreite von Wellenlängen möglich ist. Diese Eigenschwingungen werden als *TEM – Moden* bezeichnet. Je nachdem, ob die Laufachse der Welle zur

Resonatorachse parallel ist oder nicht, spricht man von *axialen* bzw. *nichtaxialen* Moden.

Die meisten Laser oszillieren gleichzeitig mit einer Vielzahl von Moden, deren Wellenlängen nah beieinanderliegen, aber nicht identisch sind. In diesem Fall ist der Laserstrahl also nicht streng monochromatisch und damit auch nicht kohärent. Das liegt zum einen an der natürlichen Linienbreite, die auch bei monochromatischer Strahlung aufgrund der Quantisierung der einzelnen Wellenzüge auftritt, zum anderen an der Linienverbreiterung der Strahlung aufgrund des DOPPLEReffekts, der durch die Wärmebewegung der strahlenden Atome verursacht wird.

Die durch den halbdurchlässigen Spiegel des Lasers austretende Strahlung weitet sich aufgrund der FRAUNHOFERschen Beugung auf. Diese Strahldivergenz ist umso größer
- je größer die Wellenlänge der Strahlung und
- je größer die Anzahl abgestrahlter Moden ist.

Von der Größe der Strahldivergenz hängt der minimale, durch geeignete Linsensysteme erreichbare Fokusdurchmesser ab. Dieser liegt etwa beim 10...50 – fachen der Wellenlänge des Laserstrahls.

Außer dem kontinuierlichen Betrieb eines Lasers gibt es auch verschiedene Möglichkeiten, eine pulsartige Ausgangsleistung zu realisieren:
- durch entsprechenden *Pulsbetrieb* der zugeführten Pumpleistung,
- durch *Gütemodulation* des Resonatorsystems bei kontinuierlich zugeführter Pumpleistung (*Q – switch – Betrieb*),
- durch *Modenkopplung*, d.h. zeitlich gezielte Überlagerung vieler Moden zur Erzeugung extrem kurzer Pulse (bis 10^{-12} s).

Die während eines Pulses erreichbare Ausgangsleistung kann die kontinuierliche Ausgangsleistung um mehrere Größenordnungen übersteigen.

13.2 Laserbauarten und ihre Eigenschaften

Literatur: [14; 53]

Für den Einsatz als Werkzeug zur thermischen Bearbeitung sind folgende Eigenschaften des Laserstrahls von besonderer Bedeutung:

Tafel 13.1 Daten von Lasern für thermische Materialbearbeitung

Bauart	Wellenlänge µm	Max.Leistung W kont./Imp.	Pulsdauer s	Max.Pulsfrequenz kHz	Wirkungsgrad %
Festkörperlaser:					
Nd-YAG	1,064	$10^3/10^6$	$10^{-4}...10^{-2}$	0,3	0,1...4
Rubin	0,694	$10^2/10^5$	$10^{-4}...10^{-2}$	0,1	0,1...1
Gaslaser:					
CO_2	10,6	$10^4/10^4$	$10^{-4}...10^{+1}$	2,5 (15)	5...10
Excimer	0,19...0,35	$-/10^7$	$10^{-8}...10^{-7}$	0,5	1...5

- hohe Leistung,
- sehr eng begrenztes Spektrum (quasi - monochromatisch),
- Fokusdurchmesser unter 0,1 mm erreichbar,
- höchste überhaupt realisierbare Leistungsdichten (im kontinuierlichen Betrieb bis etwa $10^{11}...10^{12}$ W/m^2, während kurzer Pulse wesentlich mehr),
- Erzeugung sehr kurzer Strahlblitze mit hoher Wiederholfrequenz.

Einige charakteristische Daten sind für die verschiedenen Laser - Bauarten in *Tafel 13.1* zusammengestellt. Mit Ausnahme der Angaben über die Wellenlängen handelt es sich dabei um Anhaltswerte, die heute mit kommerziellen Anlagen realisierbar sind.

Hauptsächlich verwendet werden für die Laserstrahlerwärmung der CO_2 - Laser und der Nd - YAG - Laser. Der Excimer - Laser ist wegen der hohen Pulsleistung bei sehr kurzer Pulszeit und aufgrund seiner kurzwelligen Strahlung interessant.

13.2.1 Nd - YAG - Laser

Beim Neodym - Laser handelt es sich um einen 4 - Niveau - Festkörperlaser. Die laseraktive Substanz wird von Nd^{3+} - Ionen gebildet, die mit einer Dotierung zwischen 0,5 und 3,5 % in ein Trägermaterial eingebaut sind. Meist findet hierfür ein stabförmiger Einkristall aus *Y*ttrium - *A*luminium - *G*ranat (YAG) Verwendung.

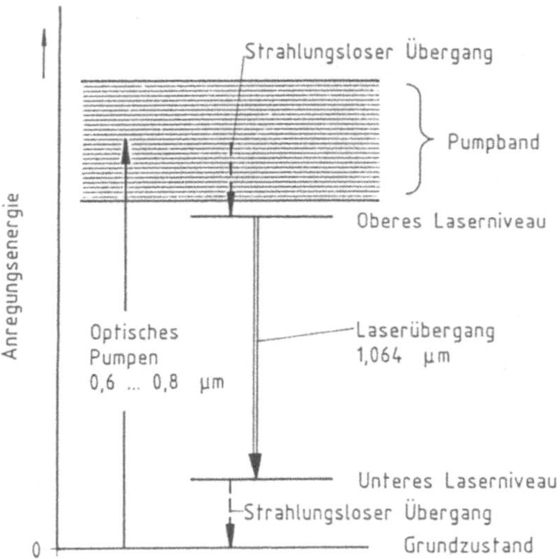

Bild 13.1 Energieniveaus beim Nd - YAG - Laser

Das Schema der Energieniveaus zeigt *Bild 13.1*. Durch optisches Pumpen mit Licht im Wellenlängenbereich zwischen 0,6 und 0,8 μm werden Nd - Ionen vom Grundzustand auf ein "Pumpband" angeregt, das aus einer Vielzahl diskreter Energieniveaus in einem Bereich von etwa 1,5...2,1 eV besteht. Diese Anregungszustände sind sehr wenig stabil, deshalb gehen praktisch alle angeregten Ionen sehr rasch auf das obere Laserniveau über. Die dabei freiwerdende Energie tritt nicht als Strahlung auf, sondern wird direkt vom Gitter des Trägermaterials aufgenommen und in Wärmeschwingung umgesetzt.

Beim Laser - Übergang zwischen den beiden Laserniveaus wird die infrarote Laserstrahlung mit einer Wellenlänge von 1,064 μm und einer Spektralbreite von etwa 10^{-4} μm erzeugt.

Das untere Laserniveau ist beim *4 - Niveau - Laser* nicht identisch mit dem Grundzustand, im Gegensatz zum *3 - Niveau - Laser* (z.B. Rubin - Laser). Das hat den Vorteil, daß für das obere Laserniveau keine Besetzungsinversion zum Grundzustand geschaffen und aufrechterhalten werden muß, sondern nur zu einem sehr wenig stabilen Zwischenniveau. Die Verweildauer der Nd - Ionen auf diesem unteren Laserniveau ist sehr gering. Der Übergang auf das Grundniveau erfolgt wiederum strahlungslos.

Zum Einbringen der Pumpenergie im verlangten Spektralbereich eignen sich Xenonblitzlampen für den Impulsbetrieb; für den kontinuierlichen Betrieb werden Halogenlampen (Leistung bis 1 kW) bzw. Kryptonbogenlampen (Leistung bis 6 kW) verwendet. Verschiedene gebräuchliche Anordnungen von Laserstab, Lampen und Reflektormantel sind aus *Bild 13.2* ersichtlich. Heute setzen sich zunehmend die Anordnungen mit elliptischem Reflektorquerschnitt durch, bei denen sowohl die stabförmige(n) Lampe(n) als auch der Laserstab im Brennpunkt sitzen. Damit wird ein hoher Übertragungswirkungsgrad des Lichtstroms bei gleichmäßiger Ausleuchtung des Laserstabes erreicht.

Das Energieflußbild eines Nd-YAG-Lasers mit Kryptonbogenlampe und einfachelliptischem Reflektorquerschnitt zeigt *Bild 13.3*. Die Verlustwärme der Lampe, des Reflektors sowie des eigentlichen Laserstabs muß durch intensive Wasserkühlung aller drei Komponenten abgeführt werden.

a) Spiralförmige Lampe mit kreisrundem Reflektorquerschnitt

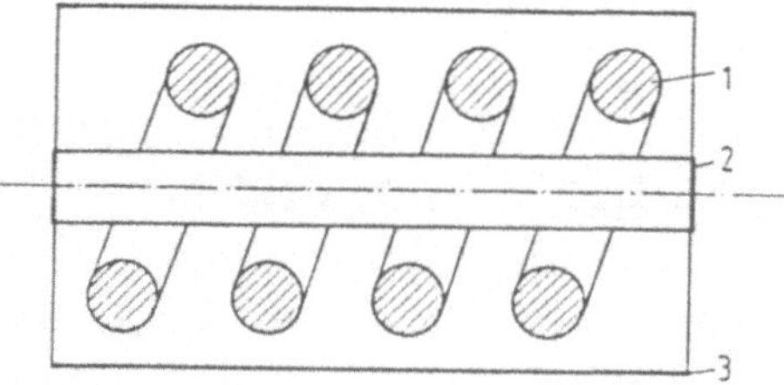

b) 1 Stablampe mit elliptischem Reflektorquerschnitt

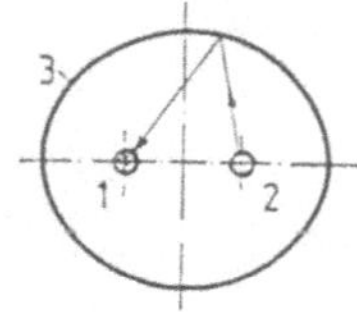

c) 2 Stablampen mit doppelelliptischem Reflektorquerschnitt

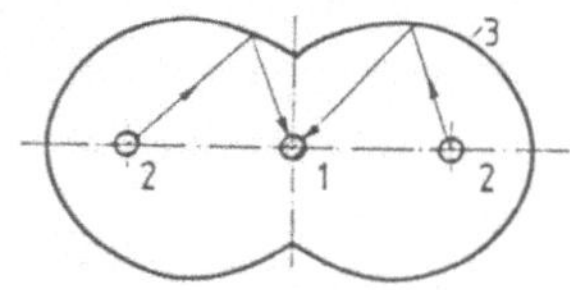

1 Lampe
2 Laserstab
3 Reflektor

Bild 13.2 Lampenanordnungen beim Nd-YAG-Laser

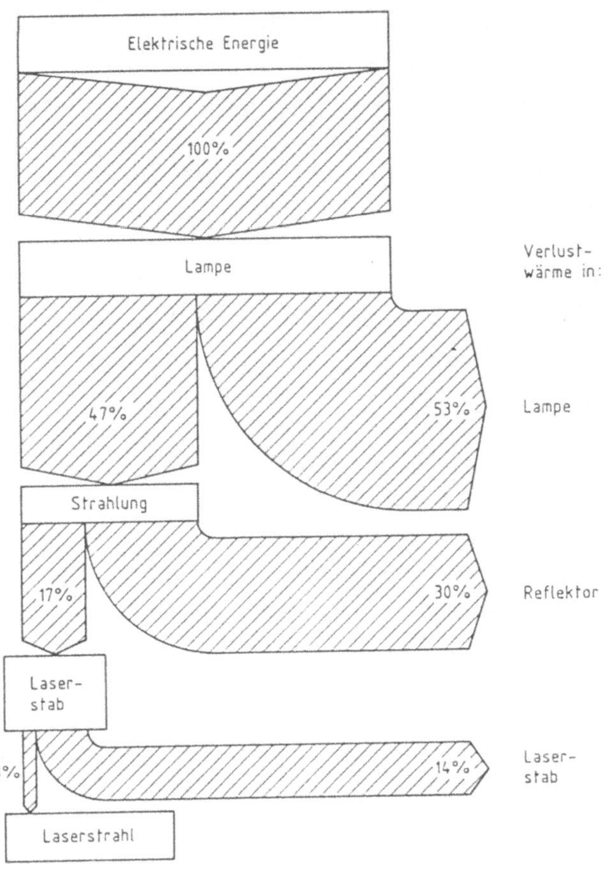

Bild 13.3 Energiebilanz eines Nd - YAG - Lasers

Werden keine speziellen Anforderungen an die Strahlqualität (Beschränkung auf axiale Moden) oder an die Betriebsweise (Gütemodulation) gestellt, so sind die Laserstabenden geschliffen und verspiegelt (meist durch Aufdampfen dielektrischer Mehrfachschichten). Der teildurchlässige Auskoppelspiegel weist für Dauerstrichbetrieb einen Transmissionsgrad von 1 bis 10 % auf. Für den Pulsbetrieb muß der Transmissionsgrad zwischen 10 und 50 % liegen.

Der austretende Laserstrahl besitzt einen Durchmesser zwischen 1 und 6 mm und eine Divergenz zwischen 1 und 18 mrad. Damit läßt sich ein minimaler Fokusdurchmesser zwischen etwa 10 und 100 μm erreichen.

13.2.2 CO_2 – Laser

Der CO_2 – Laser ist der meistverwendete Gaslaser. Das laseraktive Medium ist CO_2, das Arbeitsgas besteht jedoch aus einer Mischung von CO_2, N_2 und He mit einem Partialdruckverhältnis von etwa 5:15:80. Der Systemdruck liegt in der Regel zwischen 20 und 200 mbar.

Eine typische Energiebilanz für ein CO_2 – Lasersystem ist in *Bild 13.4* dargestellt. Von der insgesamt dem Netz entnommenen elektrischen Energie werden knapp 2/3 für die Erzeugung der Pumpenergie benötigt, der Rest ist für Zusatzverbraucher (in erster Linie zur Gasförderung und – kühlung) aufzuwenden.

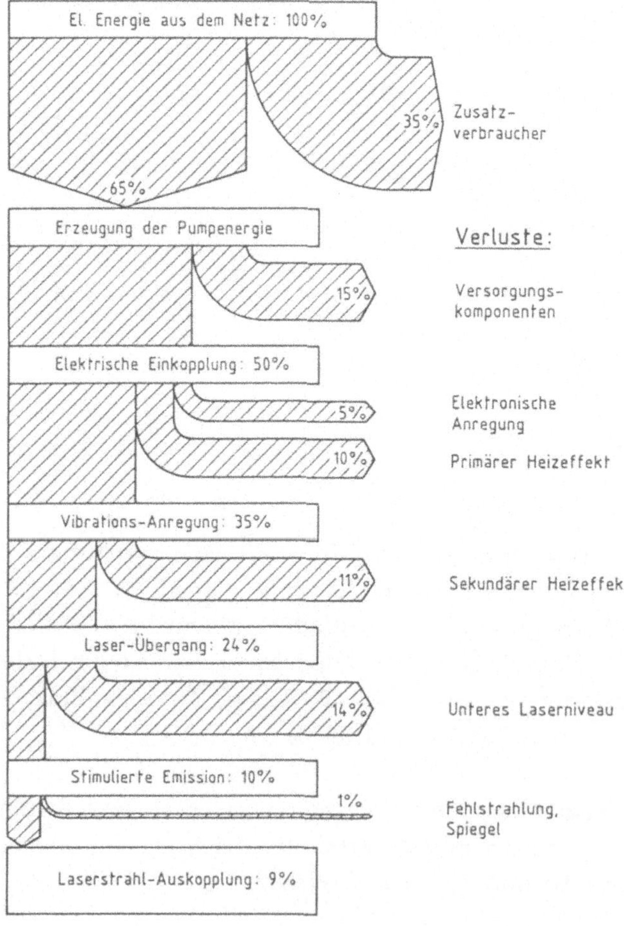

Bild 13.4 Energieflüsse eines CO_2 – Lasersystems

Die Pumpenergie wird ins Gas in den meisten Fällen durch eine Gleichstrom – Glimmentladung eingekoppelt. Dies erfordert verlustbehaftete Versorgungskomponenten, wie den Hochspannungstransformator für Versorgungsspannungen bis über 20 kV und OHMsche Vorwiderstände zur Stromstabilisierung im Gleichstromkreis.

Durch die Glimmentladung zwischen Kathode und Anode wird im Arbeitsgas ein Strom von Elektronen erzeugt. Deren kinetische Energie ruft im wesentlichen drei unterschiedliche Wirkungen hervor:

- Elektronische Anregung von Gasmolekülen. Bei der Rückkehr in den Grundzustand emittieren die so angeregten Gasmoleküle Strahlung, wie sie als Leuchterscheinung für die Glimmentladung typisch ist.
- Erhöhung der translatorischen Wärmebewegung der Gasmoleküle durch elastischen Stoß (*Primärer Heizeffekt*).
- *Vibrationsanregung* von Gasmolekülen durch unelastischen Stoß. Diese Anregungszustände sind dadurch gekennzeichnet, daß die elastisch aneinander gebundenen Atome eines Gasmoleküls in Schwingungen versetzt werden, ohne daß die Lage des Molekülschwerpunkts dadurch beeinflußt wird. Die Eigenfrequenz der Vibrationsschwingung ist bestimmend für die zugehörige Anregungsenergie. Diese liegt um 1 bis 2 Größenordnungen unter den Anregungsenergien von Elektronen beim Wechseln von Schalenplätzen.

Von der Vibrationsanregung sind sowohl N_2 – als auch CO_2 – Moleküle betroffen. *Bild 13.5* zeigt die relevanten Vibrationsmoden dieser Schwingungen und ihre Anregungsenergie, also ihren zusätzlichen Energieinhalt gegenüber dem Grundzustand.

Der größte Teil der insgesamt in Vibrationsschwingungen überführten Energie bewirkt zunächst eine Anregung von N_2 – Molekülen. Von dort erfolgt ein resonanter Energietransfer an CO_2 – Moleküle, die dadurch in asymmetrische Dehnungsschwingung (Vibrationsquantenzahl *001*) versetzt werden. Das energieabgebende N_2 – Molekül kehrt durch diese Stoßdeaktivierung wieder in den Grundzustand zurück.

Nicht die gesamte Vibrationsenergie im Lasergas ist für den eigentlichen Laserübergang verfügbar. Ein Teil der auf dem oberen Laserniveau angeregten CO_2 – Moleküle wird – hauptsächlich auf dem Umweg über den Biegeschwingungszustand *030* – schrittweise deaktiviert, wobei die abgegebene Energie jeweils die translatorische Wärmebewegung der Gasmoleküle verstärkt (*Sekundärer Heizeffekt*). Eine gewisse Rate anderer Anregungszustände des CO_2 – wie z.B. die Biegeschwingung *010* – trägt hierzu ebenfalls bei.

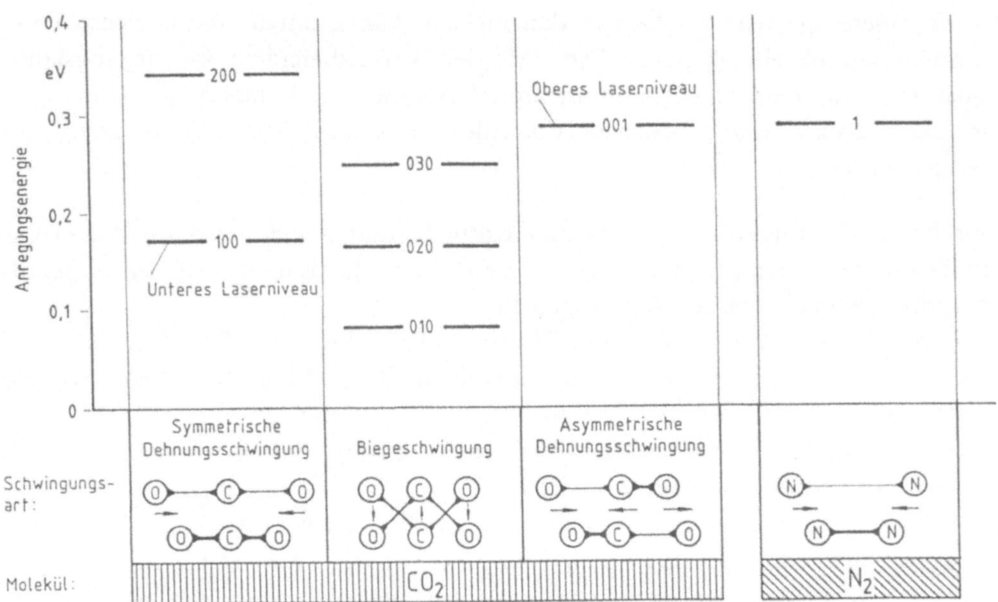

Bild 13.5 Energieniveaus beim CO_2 – Laser (vereinfacht)

Der *Laserübergang* vollzieht sich zwischen der asymmetrischen (*001*) und der symmetrischen (*100*) Dehnungsschwingung als oberes bzw. unteres Laserniveau. Knapp 42 % der Anregungsenergie des oberen Laserniveaus wird durch stimulierte Emission als Strahlungsquant einer Wellenlänge von 10,6 μm frei. Dieser Prozentsatz ist als der *quantentheoretische Wirkungsgrad* des CO_2 – Lasers anzusehen. Der Rest verbleibt zunächst im betreffenden CO_2 – Molekül als Energieinhalt des unteren Laserniveaus.

Dieser Anregungszustand *100* ist allerdings sehr kurzlebig. Er geht rasch in die Biegeschwingung *020* über. Diese relaxiert anschließend in den Grundzustand und bewirkt dabei eine weitere Aufheizung des Lasergases [45].

Von der gesamten, durch stimulierte Emission erzeugten Strahlung ist ein Teil inkohärent zu den resonanten Schwingungsmoden und damit als Fehlstrahlung anzusehen, ein weiterer Teil wird in den verwendeten Spiegeln absorbiert und in Wärme umgewandelt.

Unter Berücksichtigung all dieser Energieflüsse eines typischen CO_2 – Lasersystems werden in dem in *Bild 13.4* wiedergegebenen Fall rd. 9 % der aus dem Netz entnommenen elektrischen Energie in Form des Laserstrahls ausgekoppelt.

Beim CO_2 - Laser sind sehr günstige Voraussetzungen gegeben für eine hohe Besetzungsinversion zwischen oberem und unterem Laserniveau und damit für eine hohe Leistungsintensität der Laserstrahlerzeugung, bezogen auf das laseraktive Gasvolumen. Das ist hauptsächlich auf zwei Faktoren zurückzuführen:

- Durch die lange Lebensdauer (etwa 0,1 s) des metastabilen Vibrationszustandes der angeregten N_2 - Moleküle wirken diese als Pumpenergiespeicher, aus dem das obere Laserniveau laufend gespeist wird.
- Die mittlere Lebensdauer des oberen Laserniveaus liegt etwa um den Faktor 10^6 über der des unteren Laserniveaus. Für dessen rasche Entleerung spielt auch das Vorhandensein der He - Atome eine wichtige Rolle.

Allerdings ist die Anregungsenergie des unteren Laserniveaus so gering, daß auch eine thermische Besetzung möglich ist, indem ein Gasmolekül aus seiner thermischen Bewegung durch unelastischen Stoß die entsprechende Anregungsenergie auf ein CO_2 - Molekül überträgt. Je höher die Gastemperatur ist, umso stärker tritt dieser Effekt auf und verringert so die mögliche Besetzungsinversion. Um eine hohe Besetzungsinversion zu erreichen, muß also das Lasergas durch Kühlung auf möglichst niedriger Temperatur gehalten werden [52].

Die meistverbreitete Bauart des *axial durchströmten* CO_2 - Lasers ist in *Bild 13.6* schematisch dargestellt. Das Lasergas muß mit einer gewissen Min-

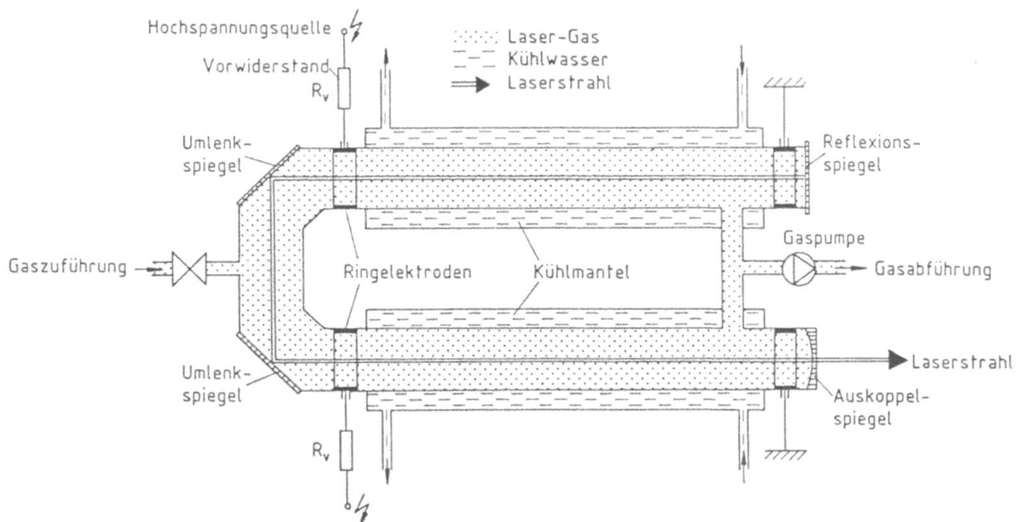

Bild 13.6 Axial durchströmter, einfach gefalteter CO_2 - Laser mit axialer Glimmentladung und Mantelkühler

destrate ausgetauscht werden, um die bei der Glimmentladung entstehenden Reaktionsprodukte wie CO abzuführen, da diese sonst die Lasermechanismen behindern. Beschränkt sich der Gasaustausch auf diese Mindestrate, so handelt es sich um einen Laser mit *langsamer Gasströmung*, mit typischen Strömungsgeschwindigkeiten zwischen 0,1 und 1 m/s. Die Verlustwärme wird hierbei im wesentlichen durch eine äußere Mantelkühlung abgeführt. Da diese Art der Kühlung nicht sehr wirksam ist, ist die längenspezifische Laserleistung auf Werte um etwa 80 W je m Länge der Gassäule beschränkt. Für die maximal mit diesem Typ erreichbaren Laserleistungen von etwa 1 kW muß die Gassäule also eine Länge von über 12 m aufweisen. Hierzu wird das Entladungsrohr mehrfach gefaltet und der Laserstrahl mit Hilfe von Spiegeln umgelenkt.

Um höhere Laserleistungen zu erreichen, wird der axial durchströmte CO_2 - Laser für *schnelle Gasströmung* mit Geschwindigkeiten im Bereich von 100...500 m/s ausgelegt. Das Lasergas wird dabei im Kreislauf über einen externen Kühler geführt, die Mantelkühlung wird meist zusätzlich beibehalten. Durch diese Art der Kühlung lassen sich längenspezifische Laserleistungen bis etwa 1 kW/m und Gesamtleistungen von rd. 5 kW realisieren.

Eine weitere Erhöhung der Laserleistung ist nur über eine Verkürzung der Verweilzeit der Gaspartikeln im laseraktiven Volumen möglich. Hier stößt die

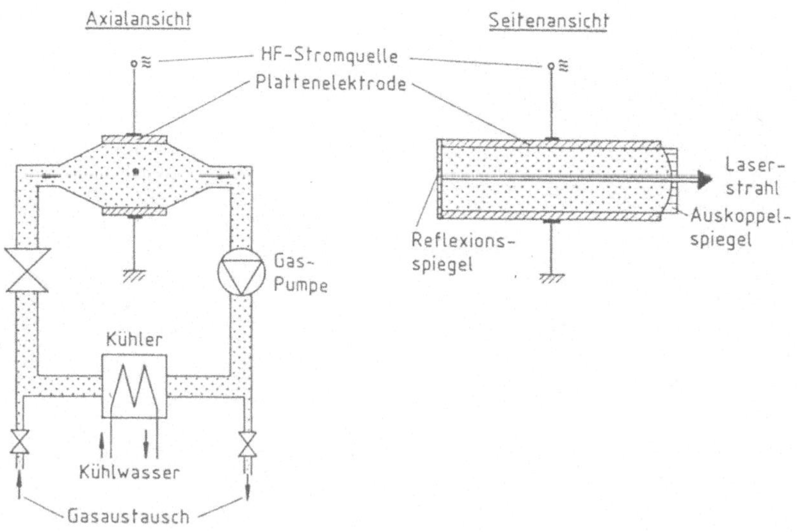

Bild 13.7 Transversal durchströmter CO_2 - Laser mit transversaler HF - Anregung und externem Kühler

axial durchströmte Bauart an ihre Grenzen. Für Höchstleistungslaser geht man daher auf eine *transversale Durchströmung* der Laserstrecke über, wie in *Bild 13.7* skizziert ist. Mit Hilfe spezieller Spiegelanordnungen kann die Resonanzstrecke des Laserstrahls in ein- und demselben Gasvolumen mehrfach hin und her geführt werden. Bei relativ geringen Strömungsgeschwindigkeiten bis etwa 50 m/s erreicht man längenspezifische Laserleistungen bis 10 kW/m und Gesamtleistungen bis etwa 20 kW im kontinuierlichen Betrieb. Aufgrund seines großen Querschnitts besitzt der transversal durchströmte CO_2 - Laser üblicherweise einen etwas geringeren Wirkungsgrad und außerdem eine geminderte Strahlqualität gegenüber den axial durchströmten, schlank gebauten Systemen.

Speziell in den hohen Leistungsbereichen wirft die Einbringung der Pumpenergie mittels Glimmentladung erhebliche Probleme auf. Die Entladung ist stets über den Querschnitt inhomogen und neigt zu thermischen Instabilitäten aufgrund lokaler Störungen hinsichtlich Dichte und Ionisationsgrad des Plasmas. Um die daraus u.U. resultierende Zündung einer Bogenentladung zuverlässig zu vermeiden, muß die volumenspezifische Intensität der eingebrachten Pumpleistung auf Werte um etwa 15 W je cm^3 laseraktives Volumen beschränkt bleiben.

Dieser Wert kann auf das Doppelte und möglicherweise darüber hinaus erhöht werden, wenn die Pumpleistung über ein hochfrequentes elektrisches Wechselfeld in das Lasergas eingebracht wird. Der Mechanismus einer solchen *HF - Anregung* besteht im wesentlichen aus der dielektrischen Erwärmung des Lasergases. Dabei wird ein großer Teil der Pumpenergie ohne den Umweg über Elektronenstöße direkt in Vibrationsenergie der Gasmoleküle übertragen. Realisiert wird die HF - Anregung durch ein quer zum Laserstrahl gerichtetes Kondensatorfeld zwischen großflächigen Plattenelektroden. Diese werden an einen HF - Generator mit einer Arbeitsfrequenz von 13,56 MHz angeschlossen. Zusätzlich zu dem Hauptvorteil der wesentlich homogeneren und stabileren Energieeinkopplung in das Lasergas sind mit der HF - Anregung noch weitere Vorteile verbunden. So ist die äußere Anordnung der Kondensatorplatten konstruktiv einfacher zu verwirklichen als die innere Anbringung der Elektroden für die Glimmentladung. Durch das Fehlen des metallischen Kontaktes zwischen Elektroden und Lasergas werden Verunreinigungen des Gases und der Spiegel weitgehend vermieden. Für die HF - Anregung sind um eine Größenordnung geringere Arbeitsspannungen erforderlich. Durch Tastung der HF - Leistung ist ein Pulsbetrieb des Lasers mit Frequenzen bis etwa 10 kHz möglich. Die Technik der HF - Anregung eignet sich auch für die Bauart des axial durchströmten Lasers [87; 106].

Die Resonatorstrecke wird von je einem vollreflektierenden und einem teilreflektierenden Spiegel abgeschlossen. Der vollreflektierende Spiegel ist als goldbeschichteter, von der Rückseite her wassergekühlter Metallspiegel ausgeführt (Reflexionsgrad 98 bis 99,6 %), als Material für den teildurchlässigen Auskoppelspiegel (Transmissionsgrad zwischen 10 und 40 %) wird ZnSe, Ba_3As_2 oder Ge verwendet.

Der Durchmesser des durch den Auskoppelspiegel austretenden Laserstrahls liegt in der Regel zwischen 5 und 25 mm, bei einer Strahldivergenz im Bereich von 1,5 bis 10 mrad. Eine Fokussierung auf Brennflecke von 0,1 bis 1 mm Durchmesser ist möglich.

Der CO_2 – Laser eignet sich sowohl für Dauerstrich – (cw –)betrieb als auch für Pulsbetrieb (gepulste Zufuhr der Anregungsleistung) sowie für gütemodulierten (Q – switch –) Betrieb. Die letztgenannte Betriebsart ermöglicht besonders kurze Strahlblitze ($>10^{-6}$ s), jedoch begrenzen die erforderlichen elektrooptischen Schalter die mittlere Leistung auf etwa 20 W.

13.2.3 Excimerlaser

Unter *Excimeren* versteht man chemische Verbindungen, die nur existieren, solange ein Atom des Moleküls im angeregten Zustand ist. Die lichtstärksten Lasermedien dieser Art sind einige Edelgashalogenide, die bei der Rückkehr aus dem angeregten Zustand UV – Strahlung folgender Wellenlängen emittieren:

ArF^*: 193 nm
KrF^*: 248 nm
$XeCl^*$: 308 nm
XeF^*: 351 nm

Im Grundzustand zerfallen die Moleküle sofort (Lebensdauer etwa 10^{-12} s), so daß das untere Laserniveau praktisch unbesetzt ist – eine ideale Bedingung für die Schaffung einer hohen Besetzungsinversion. Allerdings ist auch die Lebensdauer der angeregten Moleküle sehr gering: Durch spontane Emissionen sowie durch Stoßdeaktivierung entleert sich das obere Laserniveau auch ohne stimulierte Emission in einem Zeitbereich von etwa 10^{-8} s.

Aus diesem Grund kann im Excimerlaser ein Laserstrahl immer nur über sehr kurze Pulsdauern erzeugt werden. Vor jedem Puls wird die Pumpenergie durch eine elektrische Hochspannungsentladung in das Lasergas eingebracht, das aus einer Mischung der aktiven Edelgas- und Halogenkomponenten sowie zu etwa 90 % aus einem leichten Puffergas wie He oder Ne besteht. Dadurch wird sehr rasch eine so hohe Anzahl an Excimermolekülen erzeugt, daß sich aufgrund der hohen Teilchendichte eine genügend große Zahl an stimulierten Emissionsvorgängen ereignet und sich so ein technisch nutzbarer Laserstrahlimpuls mit einem Energieinhalt bis etwa 1 J und einer Pulsleistung von etwa 10^7 W ergibt.

13.3 Einwirkung des Laserstrahls auf das Erwärmungsgut

Literatur: [6; 85]

Der Laserstrahl wird durch ein optisches System je nach Anforderung fokussiert und an die zu erwärmende Stelle des Werkstücks geführt. Entsprechend dem Absorptionsgrad (*Bild 13.8*) wird ein Teil der Photonen-Energie vom Werkstück absorbiert, d.h. über Resonanzanregung in Gitterschwingungen und damit in Wärme umgewandelt, der Rest wird reflektiert und ist damit für die

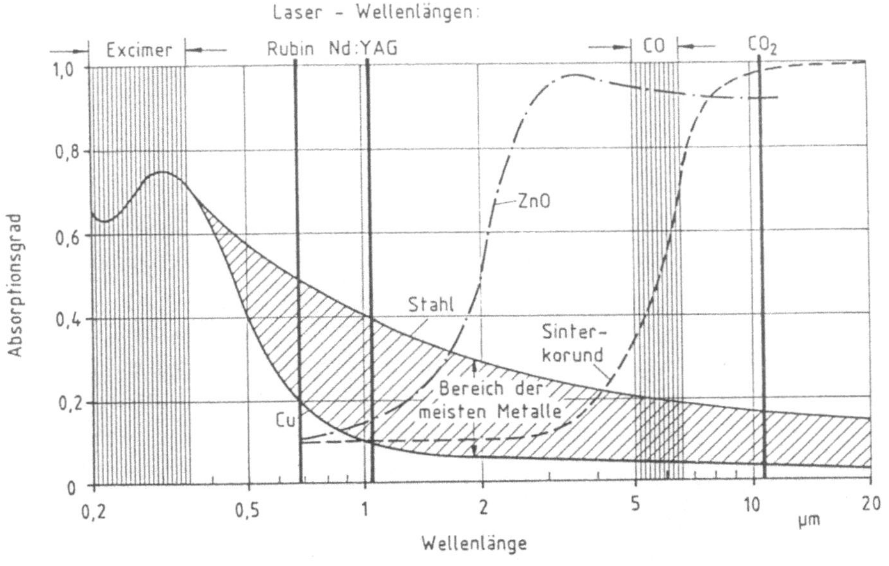

Bild 13.8 Spektraler Absorptionsgrad einiger Stoffe bei Laserstrahlerwärmung

gewünschte Erwärmung nicht nutzbar. Die Wärmeentwicklung findet in einer sehr dünnen Schicht statt, die durch die Eindringtiefe der Photonen (je nach Material etwa 0,01...0,1 μm) bestimmt ist. Der Absorptionsgrad ist außer von der Wellenlänge der Strahlung und den Materialeigenschaften (Art des Werkstoffes, Oberflächenrauhigkeit, Temperatur) auch noch vom Strahleinfallswinkel und von der umgebenden Atmosphäre abhängig.

Metalle besitzen im Wellenlängenbereich der gebräuchlichen Laser ein geringes Absorptionsvermögen. Es kann erhöht werden, indem die Metalloberfläche aufgerauht oder mit einem besser absorbierenden Material beschichtet wird. Eine andere Möglichkeit ist die Nutzung des Effektes der *anomalen Absorption*: Oberhalb einer kritischen Leistungsdichte des Laserstrahls – sie ist abhängig von der Wellenlänge, den Strahlparametern und der Werkstoffart und liegt etwa im Bereich von $10^{10}...10^{13}$ W/m^2 – steigt der Absorptionsgrad praktisch sprunghaft auf den Wert Eins. Dieser Effekt erklärt sich daraus, daß der zunächst durch "normale Absorption" entstandene Metalldampf über die Energieaufnahme freier Elektronen lawinenartig ionisiert wird. In dem so erhaltenen Plasma wird die Energie des Laserstrahls über *inverse Bremsstrahlung* praktisch vollständig in Wärme umgewandelt. Diese wird zum größten Teil an das Werkstück abgegeben, solange ein direkter Kontakt zwischen Plasmawolke und Werkstückoberfläche besteht. Liegt die Leistungsdichte des Laserstrahls um ein Mehrfaches über dem kritischen Wert, so kommt es zum Abheben der Plasmawolke, wodurch sich der Wärmeübergang auf das Werkstück drastisch verringert. Im Extremfall wird das Plasma in einer Detonationswelle von der Einwirkstelle weggeschleudert. Dabei treten kurzzeitig Rückstoßdrücke von einigen 100 bar auf, die zu einer lokalen Zerstörung der Werkstückoberfläche führen können.

Besteht die Bearbeitungsaufgabe in einer Aufschmelzung des Werkstücks ohne Materialabtrag – wie z.B. beim Laserschweißen – so ist eine Leistungsdichte des Laserstrahls anzustreben, bei welcher das Plasma als Energiewandler auf der Oberfläche stationär erhalten bleibt. In diesem Fall muß die vom Plasma absorbierte Leistung im zeitlichen Mittel im Gleichgewicht stehen mit der durch Wärmeleitung ins Werkstückinnere abtransportierten Leistung. Die Wärmeabstrahlung an die Umgebung kann in der Regel vernachlässigt werden.

Ist die Bearbeitungsaufgabe mit einem Materialabtrag verbunden – wie z.B. beim Laserbohren oder Laserschneiden – so ist der größte Teil des abzutragenden Materialvolumens in einen Plasmazustand zu überführen, bei dem die kinetische Energie der Teilchen für einen hinreichend schnellen Abtransport sorgt, ohne daß es zum Detonationseffekt kommt. Die Einhaltung der jeweils optimalen Leistungsdichte des Laserstrahls ist durch den Effekt der optischen Rückkopplung erschwert. Solange ein Teil der Laserstrahlung von der Werkstoffoberfläche aus in den Laser zurückreflektiert wird, bildet das Werkstück mit dem Laser ein System gekoppelter Resonatoren. Hinsichtlich Modenstruktur und Leistungsdichteverteilung ergeben sich dadurch u.U. beträchtliche Abweichungen im Vergleich zum eigentlichen Laserresonator. Insbesondere kommen instationäre Leistungsdichtespitzen vor, die kurzzeitig um das Hundertfache überhöht sein können.

Die Leistungsdichte ist ein wesentliches Charakteristikum für die Wirkung eines Laserstrahls gegebener Wellenlänge auf die Bearbeitungsstelle einer Werkstückoberfläche. Ein weiterer wichtiger Parameter ist die Einwirkdauer des Laserstrahls an der Bearbeitungsstelle. Sie ergibt sich bei Pulsbetrieb des Lasers aus der Pulsdauer, bei kontinuierlichem Betrieb aus der Wandergeschwindigkeit des Laserstrahls und seinen Brennfleckabmessungen. Wie *Bild 13.9* zeigt, sind je nach Anwendung sehr unterschiedliche Kombinationen der beiden Wirkungsparameter Leistungsdichte und Einwirkdauer erforderlich. Deren Produkt ist die je Oberflächeneinheit aufgebrachte Wirkenergie.

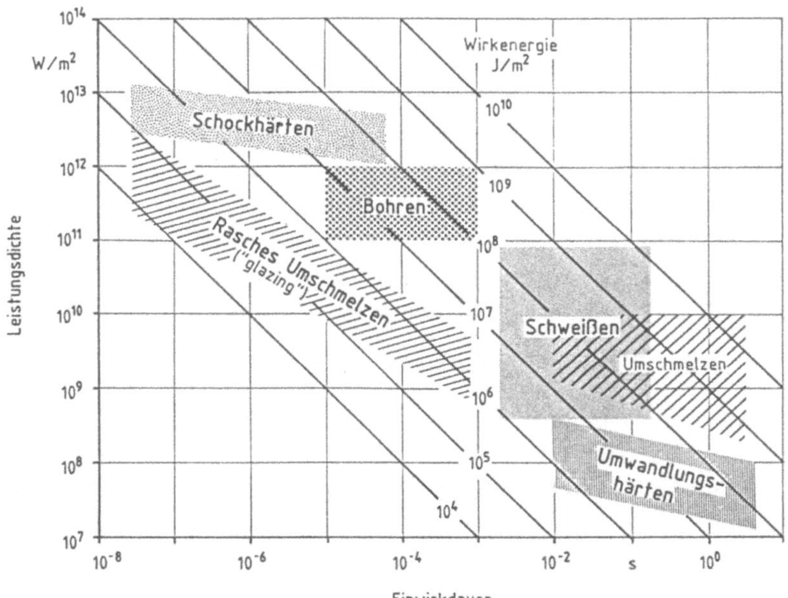

Bild 13.9 Wirkungsparameter bei der Laserstrahlerwärmung

13.4 Anwendung

Laserstrahlen werden bereits in vielen Bereichen z.B. des Maschinenbaus zur thermischen Materialbearbeitung eingesetzt [1; 101]. Im Vordergrund stehen die Laseranwendungen für das Schneiden, Schweißen und Bohren. An Bedeutung gewinnen die verschiedenen Arten der thermischen Oberflächenbehandlung mittels Laser.

Für die Beurteilung der Einsatzmöglichkeiten und Grenzen der Laseranwendung spielt neben den verfahrenstechnischen Kriterien die Wirtschaftlichkeit im Vergleich zu konkurrierenden Technologien eine wichtige Rolle. Kostenvorteile für den Laser ergeben sich vor allem bei größerer Sortenvielfalt und geringen Losgrößen, da dann die Flexibilität des Lasers im Zusammenspiel mit CNC – gesteuerter Werkstückhandhabung zum Tragen kommt. Voraussetzung hierbei ist allerdings immer eine hohe Auslastung der teuren Anlage.

13.4.1 Laserschneiden

Das Laserschneiden ist ein Trennverfahren, das auf dem thermischen Abtragen von Stoffteilchen bei Leistungsdichten im Brennfleck oberhalb von $5 \cdot 10^{10}$ W/m^2 beruht [23].

Den prinzipiellen Aufbau und die Funktionsweise einer Laserschneideinrichtung zeigt *Bild 13.10*. Der Abstand der Düse zum Werkstück beträgt etwa 0,5 bis 1 mm und muß sehr genau konstant gehalten werden, was hohe Anforderungen an Sensor und Nachführeinrichtung stellt. Je nach der Art des Prozesses, dem das zu entfernende Fugenmaterial unterworfen wird, unterscheidet man zwischen dem Sublimationsschneiden, dem Schmelzschneiden und dem Brennschneiden.

Das *Sublimationsschneiden* wird außer für Metalle vorwiegend für Werkstoffe ohne ausgeprägte schmelzflüssige Phase, wie Holz, Papier, Keramik oder Kunststoffe angewendet. Die Schnittbreite ist aufgrund der besonders hohen Leistungsdichte des fokussierten Laserstrahls sehr dünn. An der Erosionsfront verdampft das Schneidmaterial und wird mit dem inerten Schneidgas zusammen nach unten ausgeworfen. Die entstandenen Schnittflächen sind weitestgehend grat- und riefenfrei.

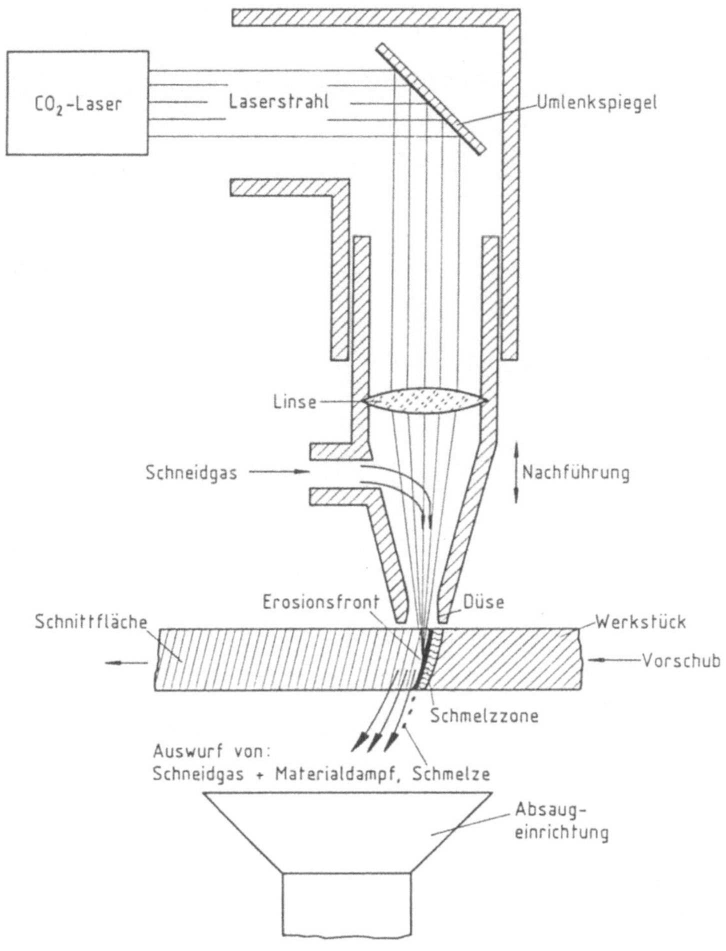

Bild 13.10 Laserschneiden (schematisch)

Das *Schmelzschneiden* wird für Metalle und Glas angewendet. Die Verdampfungsrate ist hier sehr gering, das abzutragende Material wird im wesentlichen in schmelzflüssiger Phase mit dem inerten Schneidgas ausgetrieben. Im Vergleich zum Sublimationsschneiden sind mit gleicher Laserleistung höhere Schnittdicken und/oder größere Schneidgeschwindigkeiten erreichbar, wie *Bild 13.11* zeigt. Bei gleicher Schnittdicke und Schneidgeschwindigkeit sind kleinere Laserleistungen erforderlich als beim Sublimationsschneiden. Nachteilig gegenüber dem Sublimationsschneiden ist das Entstehen von Schnittriefen aufgrund der Schmelzdynamik, die breitere Schnittfuge sowie die größere Wärmeeindringzone.

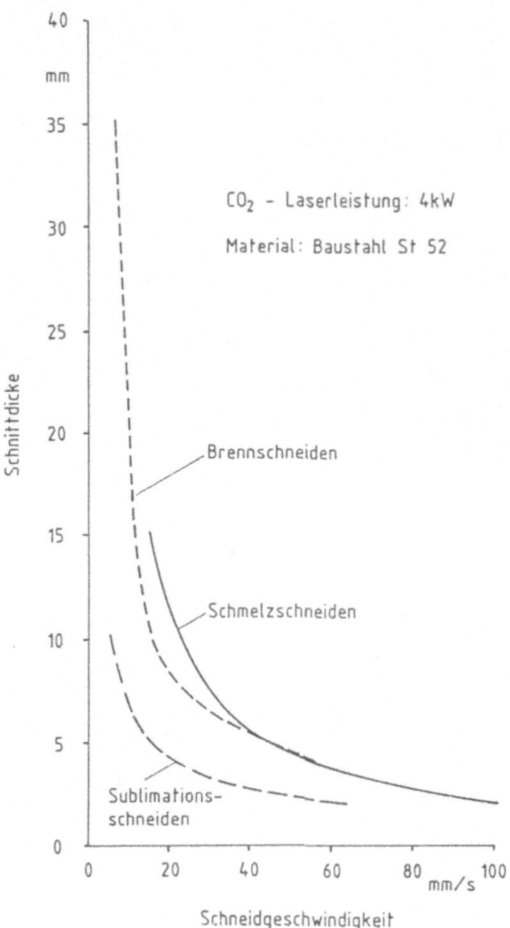

Bild 13.11 Zusammenhang zwischen Schnittdicke und Schneidgeschwindigkeit beim Laserschneiden

Das *Brennschneiden* von Metallen erfolgt wie beim autogenen Brennschneiden mit Hilfe von O_2 als Schneidgas, wodurch ein Teil des abzutragenden Metalls in einer exothermen Oxidationsreaktion verbrannt wird. Infolge der zusätzlich eingetragenen Laserenergie liegen die Temperaturen in der Schnittfuge beim Laserbrennschneiden deutlich höher. Das ermöglicht zum einen auch das Schneiden hochlegierter Stähle, deren Oxide eine besonders hohe Schmelztemperatur besitzen, zum anderen übertreffen beim Schneiden dünner Bleche (≦5 mm) die Schneidgeschwindigkeiten beim Laserbrennschneiden diejenigen beim autogenen Brennschneiden bis zum Zehnfachen. Im Vergleich zu den vorgenannten Arten des Laserschneidens sind besonders große Schnittdicken realisierbar. Andererseits sind Schnittriefen, Schnittfugenbreite und Wärmeeindringzone hier am größten.

Angewendet wird das Laserschneiden, meist unter Einsatz des CO_2-Lasers, für Formschnitte aller Art, in erster Linie in Automobilbau, Klimatechnik und Apparatebau.

13.4.2 Laserschweißen

Das Schweißen mittels Laserstrahlerwärmung wird in den unterschiedlichsten Bereichen von Feinwerktechnik und Maschinenbau angewendet [3; 7].

Für das Punktschweißen mit Pulsenergien von 1 bis 20 J bei Impulszeiten von 1 bis 10 ms kommt in erster Linie der Nd-YAG-Laser zum Einsatz. Je Puls wird ein Fleck von 0,1 bis 2 mm Durchmesser bis zu einer Tiefe von 1 mm aufgeschmolzen. Die maximal zulässige Fügestellenentfernung z.B. beim T-Stoß (*Bild 13.12*) beträgt 0,05 mm. Bei Kreuz- oder Überlappstoß darf das vom Laserstrahl getroffene Teil höchstens 0,5 mm stark sein und muß spaltfrei auf dem Unterteil aufliegen. Das Laserpunktschweißen wird zur Verbindung von draht- oder blechförmigen Kleinteilen in der Feinwerktechnik angewendet.

Überlappende Punktschweißungen bestehen in einer engen Aneinanderreihung einzelner Schweißpunkte, wobei jedoch beim Einsetzen jedes neuen Laserimpulses die Schmelze des vorhergehenden Punktes bereits wieder erstarrt ist. Auf diese Weise lassen sich für feinwerktechnische Zwecke "Quasi-Schweißnähte" mit minimaler Wärmeeinbringung realisieren.

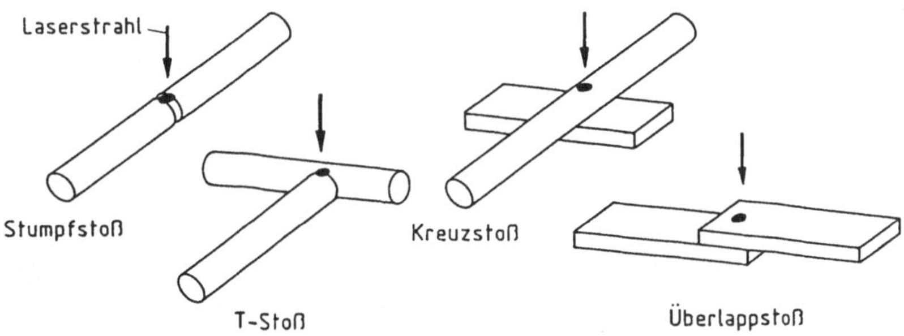

Bild 13.12 Anordnung der Teile beim Feinwerk-Punktschweißen

Für Nahtschweißungen ist in erster Linie der CO_2 - Hochleistungslaser im Dauerstrichbetrieb geeignet. Die erreichbare Schweißgeschwindigkeit richtet sich nach der Tiefe der Schweißnaht und der verfügbaren Laserleistung. Im Dünnblechbereich unter 1 mm Blechstärke sind Schweißgeschwindigkeiten von mehreren hundert mm/s möglich. Für Schweißtiefen oberhalb etwa 1 mm wird der *Tiefschweißeffekt* genutzt, der ähnlich wie beim Elektronenstrahl - Schweißen (s. Abschn. 12.3.3) eine sehr schlanke Schweißnaht mit außerordentlich schmaler Wärmeeinflußzone ergibt. Für das Tiefschweißen wird der Laserstrahl auf etwa 1/3 der Gesamtschweißtiefe fokussiert. Die Leistungsdichte im Brennpunkt liegt zwischen 10^{10} und 10^{11} W/m^2.

Die Leistung des Laserstrahls ist bestimmend für die maximal mögliche Schweißtiefe. Mit 1 kW Laserleistung lassen sich 3 bis 4 mm dicke Stahlquerschnitte schweißen. Die größten, mit den heute verfügbaren CO_2 - Laserleistungen bis ca. 15 kW realisierten Schweißtiefen liegen für Stahlblech bei 12 mm. Für die Zukunft rechnet man mit Schweißtiefen bis zu 30 mm bei einer Laserleistung von 30 kW.

Beim Stumpfnahtschweißen mit dem Laser ist kein Zusatzmaterial erforderlich, wenn die Breite des Luftspaltes zwischen den zu verschweißenden Teilen weniger als 10 % der Nahttiefe beträgt. Örtlich auftretende größere Luftspalte infolge Werkstücktoleranzen müssen dann jedoch durch gezielte Defokussierung des Laserstrahls bei gleichzeitiger Reduzierung der Schweißgeschwindigkeit ausgeglichen werden. Die wegen der geringen Nahtbreite notwendige genaue Positionierung der zu verschweißenden Teile stellt hohe Anforderungen an die Einspann - und Bewegungseinrichtungen.

Im Falle von Überlappschweißungen kann die notwendige Breite der Materialüberlappung vor allem bei der Fertigung von Massenteilen einen erheblichen Kostenfaktor darstellen. Da bei Einsatz des Lasers wesentlich schlankere Schweißnähte realisierbar sind als mit herkömmlichen Schweißverfahren, läßt sich die Überlappung deutlich reduzieren.

Der Laser eröffnet teilweise auch neue Möglichkeiten für Schweißverbindungen, die mit herkömmlichen Schweißverfahren nicht oder nur unter Inkaufnahme von technischen oder qualitativen Nachteilen möglich sind. Beispiele hierfür sind:

- Das durch den Laser ermöglichte Stumpfschweißen beschichteter Bleche z.B. in der Dosenfertigung erlaubt eine Reduzierung der Wandstärken bei gleicher Steifigkeit, da die geschweißten Teile nachträglich profiliert werden können.

- Schweißungen in thermisch kritischen Bereichen sind möglich, ohne daß ein nennenswerter Materialverzug entsteht.
- Der Laserstrahl kann an Stellen herangeführt werden, die für herkömmliche Schweißverfahren unzugänglich sind.

Das Laserschweißen ist eine stark expandierende Anwendung, die zunehmend in viele Bereiche des Maschinen- und Automobilbaus vordringt. Gegenüber der Elektronenstrahltechnik hat der Laser den großen Vorteil, daß seine Strahlführung kein Vakuum erfordert. Daher ist zu erwarten, daß sich längerfristig das Laserschweißen im Bereich von Schweißtiefen bis etwa 30 mm durchsetzt.

13.4.3 Laserbohren

Das Laserbohren ist durch besonders hohe Leistungsdichten (10^{12} W/m^2 und darüber) bei sehr kurzer Einwirkdauer (im μs-Bereich) gekennzeichnet. Dadurch bildet sich nur eine sehr dünne Schmelzschicht aus.

Beim Einzelimpulsverfahren (auch *Perforationsverfahren* genannt) wird jede Bohrung durch einen einzelnen Laserimpuls hergestellt. Die maximalen Bohrdurchmesser liegen bei 0,25 mm, die größten Bohrtiefen bei 2 mm.

Beim Mehrfachimpuls- oder *Perkussionsverfahren* wird jede Bohrung schrittweise durch mehrere Laserimpulse vorangetrieben. Hiermit können Bohrungstiefen bis etwa 10 mm bei Durchmessern bis 1 mm erzielt werden. Durch Anwendung einer Vielzahl von Einzelimpulsen geringer Pulsenergie können besonders enge Bohrungstoleranzen eingehalten werden.

Zum Laserbohren werden hauptsächlich gepulste Nd-YAG-Laser, neuerdings auch Excimerlaser eingesetzt. Mit den letztgenannten lassen sich kleinste Bohrungsdurchmesser bis zu 1 μm realisieren.

Beispiele für die Anwendung des Laserbohrens sind:
- Bohrung von Ziehsteindiamanten für die Drahtherstellung.
- Feinstbohrungen z.B. in Uhrensteinen und chirurgischen Nadeln,
- Perforation von Papierfiltern,
- Kühlbohrungen in Turbinenschaufeln.

13.4.4 Oberflächenbehandlung mit Laser

Ähnlich wie beim Elektronenstrahlvergüten (s. Abschn. 12.3.2) gibt es auch für den Laser mehrere Verfahrensmöglichkeiten, die auf der Erwärmung einer Werkstückoberfläche beruhen mit dem Ziel, die physikalischen, chemischen oder auch die optischen Eigenschaften zu beeinflussen [24; 105].

Beim *Umwandlungshärten* wird mit Leistungsdichten gearbeitet, die etwa eine Größenordnung unter denen beim Elektronenstrahl - Härten liegen, dafür sind die Einwirkdauern etwa um den Faktor 10 größer. Daraus resultieren generell größere Härtetiefen, deren untere Grenze etwa bei 1 mm liegt. Um den reflektierten Anteil der Laserstrahlung auf etwa 20 bis 40 % zu verringern, wird vor der Bestrahlung eine absorbierende Schicht (z.B. kolloidaler Graphit) aufgesprüht. Die Härtebehandlung kann auf genau festlegbare Zonen mit einer Mindestfläche von 1 mm^2 beschränkt werden. Eine Einschränkung des Verfahrens liegt darin, daß großflächige Bereiche nicht ohne weiteres homogen gehärtet werden können. Ergeben sich beim Abfahren nebeneinanderliegender Bahnen Spurüberlappungen, so kann dort durch Anlaßeffekte ein Härteabfall eintreten.

Verfahren, bei denen die Oberfläche in einer dünnen Schicht aufgeschmolzen wird, benötigen keine zusätzliche absorbierende Beschichtung. Durch entsprechende Wahl von Leistungsdichte (bis etwa 10^{10} W/m^2) und Einwirkdauer (in der Regel 10 ms bis einige s) lassen sich die Aufschmelztiefe und die Oberflächentemperatur des Schmelzbades steuern. Nichtmetallische Einschlüsse werden dabei im Schmelzbad aufgelöst. Bei der nachfolgenden raschen Erstarrung entstehen je nach Werkstoff übersättigte Lösungen, metastabile Phasen, feinkristalline oder – bei Einwirkdauern von weniger als 1 ms – sogar amorphe Strukturen, die zu einer Erhöhung der Härte und/oder einer verbesserten Korrosionsbeständigkeit führen.

Im Zuge des Aufschmelzens können auch zusätzliche Stoffe in festem, flüssigem oder gasförmigem Zustand aufgebracht werden. Beim *Oberflächenbeschichten* wird der Grundwerkstoff nur soweit aufgeschmolzen, daß eine metallurgische Verbindung zum ebenfalls schmelzflüssigen Schichtwerkstoff hergestellt wird. Dagegen kommt es beim *Oberflächenlegieren* auf eine möglichst gute Durchmischung der aufgebrachten Legierungsbestandteile mit der aufgeschmolzenen Schicht des Grundwerkstoffes an.

Der Laser kann auch dazu verwendet werden, dünne Oberflächenschichten durch Verdampfen zu entfernen. Hierdurch lassen sich z.B. Beschriftungen oder Markierungen auf lackierten oder eloxierten Metalloberflächen herstellen, aber auch Dekormuster auf Keramik- oder Glasteilen. In der Elektroindustrie läßt sich das Abisolieren von Drähten für Lötverbindungen mit dem Laser sehr rasch präzise bewerkstelligen.

Literaturverzeichnis

[1] AICHELE, G.: Schutzgasschweißen von Stahl. Merkbl. 474, Hrsg. Berat. – stelle f. Stahlverwend., Düsseldorf 1982.

[2] ALF, F.; MÜLLER, H. H.: Örtliches Entspannen von Schweißnähten durch induktive Wärmebehandlung. Merkbl. 238, Hrsg. Berat. – stelle f. Stahlverwend., Düsseldorf 1969.

[3] ANDERL, P.: Laser – und Elektronenstrahlschweißen. In: DVS – Ber. 115. Düsseldorf: Dt. Verl. f. Schweißtech. 1988.

[4] BALLNAT, H.: Energetische Untersuchungen an Mikrowellengeräten. München, Tech. Univ., Dipl. – arb., 1985.

[5] BECKER, L. R.: Induktiv beheizte Erwärmungsanlagen. Ind. – Anz. 54/55, 6.7.1984.

[6] BEYER, E.; WISSENBACH, K.; HERZIGER, G.: Werkstoffbearbeitung mit Laserstrahlung. Teil 4: Absorption von CO_2 – Laserstrahlung während der Bearbeitung. Feinw. – tech. u. Meßtech. 92 (1984) 3, S. 141/43.

[7] BEYER, E. et al.: Werkstoffbearbeitung mit Laserstrahlung. Teil 6: Schweißen mit Hochleistungslaser. Feinw. – tech. u. Meßtech. 93 (1985) 1, S. 31/34.

[8] BÖSTERLING, W.; HEISING, O.: Thyristoren noch fortschrittlich? Elektrotech. Z. 108 (1987) 19, S. 906/12.

[9] BOSSHARD, E.; FRANKE, A.: Minimierung des spezifischen Energieverbrauchs bei der Primäraluminiumerzeugung. Bericht A3, 16. Metall. Semin. "Energieeinsparung in Metallhüttenwerken", 21. bis 23. März 1985 in Kassel.

[10] BRETTHAUER, K.; FARSCHTSCHI, A. A.: Ursachen der Netzrückwirkungen von Lichtbogenöfen. Elektrowärme int. 38 (1980) B4, S. 186/89.

[11] BRITISH NATIONAL COMMITTEE FOR ELECTROHEAT (Hrsg.), London 1983. Dielectric heating for industrial processes.

[12] BROWN BOVERI & CIE, Gesch. – bereich Ind. – öfen (Hrsg): Tag. – ber. 10. BBC – Stampfmassentag. 11./12. Mai 1982 Dortmund.

[13] BRUNKLAUS, J. H.: Industrieofenbau. Essen: Vulkan – Verlag 1969.

[14] BRUNNER, W.; JUNGE, K.: Lasertechnik – Eine Einführung. Heidelberg: Hüthig 1987.

[15] BÜHLER, K.; HABERT, D.: Technische und wirtschaftliche Vorteile des neuen BBC – Gleichstrom – Lichtbogenofens. BBC – Mitt. (1984) 6/7 S. 288/93.

[16] BULTEN – KANTHAL AB (Hrsg.): Das Kanthal – Handbuch. Hallstahammar, Schweden, 1978.

[17] CONRAD, H.; KRAMPITZ, R.: Elektrotechnologie. Berlin: VEB Verl. Tech. 1983.

[18] DAVIES, J.; SIMPSON, P.: Induction Heating Handbook. London: McGraw - Hill 1979.

[19] DECKER, E.: Einsatz des Wirbelschichtverfahrens zum Wärmebehandeln von Metallteilen. In: Innovationen bei Energieanwendungstechniken. VDI - Ber. 591. Düsseldorf: VDI - Verl. 1986.

[20] DECKER, E.: Elektrische Widerstandserwärmung. In: Industrielle Elektroprozeßwärme (Fachtag. der RWE - Anwend. - tech. in Nürnberg, 1985). Hrsg. RWE AG, Essen.

[21] DECKER, E.: Energiebilanzen industrieller Prozeßwärmeverfahren. Elektr. - wirtsch. 82 (1983) 17/18, S. 660/67.

[22] DECKER, E.; DICKOPP, A.: Primärenergieverbrauch konkurrierender industrieller Verfahren. Elektrowärme int. 38 (1980) B6, S. 280/85.

[23] DECKER, I.; RUGE, J.: Fertigungstechnische Gesichtspunkte des Laserschneidens. In: DVS - Ber. 99. Düsseldorf: Dt. Verl. f. Schweißtech. 1985.

[24] DEKUMBIS, R.: Oberflächenbehandlung von Werkstoffen mit CO_2 - Hochleistungslasern. Tech. Rdsch. Sulzer (1986) 3, S. 24/28.

[25] DIENST, H.: Produktionsschweißverfahren für die Serienfertigung (Teil 2). Betr. - tech. 10/83, S. 25/27.

[26] ELOMAT - Schwingkreis - Umrichter für induktive Erwärmung von 150 - 10 000 Hz. 12 - seitig. Prospekt der Fa. AEG - ELOTHERM, Remscheid.

[27] ESSMANN, H.; GRÜNBERG. D.: Der Gleichstrom - Lichtbogenofen, ein neuartiges Schmelzaggregat. Stahl u. Eisen 103 (1983) 3, S. 133/37.

[28] FASHOLZ, J.: Induktive Erwärmung - Physikalische Grundlagen und technische Anwendungen. Hrsg. RWE AG, Abt. Anwend. - tech. 3. Aufl. Heidelberg: Energie - Verlag 1984.

[29] FINZI, A.; WEIER, H.: Mittelfrequenz - Umformer. BBC - S.Dr., o.J.

[30] FLEISCHER, H. - J.: Stand und Metallurgie des ESU - Verfahrens. Stahl u. Eisen 104 (1984) 15, S.727/35.

[31] FORSCHUNGSSTELLE FÜR ENERGIEWIRTSCHAFT: Elektrowärme in der Industrie. Berat. - unterl. München, 1986.

[32] GEDACK, G.; GÜNTHER, H.: Modul - und Fasertechnik. Elektrowärme int. 42 (1984) B3, S. 124/27.

[33] GEFAHRT, J.: Hochfrequenzerhitzung im Holz. Stuttgart: Holz - Zentralblatt - Verl. 1962.

[34] GINSBERG, H.; WILKENING, S.: Beitrag zur thermodynamischen und energetischen Betrachtung der Schmelzfluß - Reduktionselektrolyse des Aluminiums. Met. 18 (1964) 5, S.429/37 und 9, S. 908/18.

[35] GRASSMANN, H. Ch.: Gußkerntrocknung mit Hochfrequenzöfen. Siemens - S. Dr. Ber. Int. Elektrowärmekongr. 1959 Stresa.

[36] GRASSMANN, H. Ch.: Hochfrequenz - Trocknung in der Textilindustrie. Chem. - fasern 17 (1967) 9, S. 721/26.

[37] GRASSMANN, H. Ch.: Hochfrequenztrocknung in der Papier - und Textilindustrie. In: RWE - Information Prozeßtechnik: Industrielle Elektroprozeßwärme. Fachtag. RWE - Anwend. - tech., Nürnberg, 27. - 29.11.1985.

[38] GRÜNBERG, D.; REICHE, W.: Netzrückwirkungen von Lichtbogenöfen und ihre Kompensation. Brown Boveri Tech. (1986) 8, S. 471/80.

[39] HEGEWALDT, F.: Erwärmung im direkten Stromdurchgang. Elektrowärme int. 34 (1976) B4, S. 202/09.

[40] HILLER, W.; STEIGERWALD, K. H.: Der Elektronenstrahl als thermisches Werkzeug im industriellen Einsatz. Trennen u. fügen, H. 8/1981, Hrsg. Messer Griesheim GmbH.

[41] HILLER, W.; STEIGERWALD, K. H.: Elektronenstrahl - Schweißmaschinen, gegenwärtiger Stand und zukünftige Entwicklung. S. - Dr. 17/81 aus "Therm. fügen 1977". Hrsg. Messer Griesheim GmbH.

[42] HOLM, K. et al.: Brown - Boveri erweitert Industrie - Trioden - Sortiment. Brown Boveri Tech. (1986) 11, S. 669/74.

[43] HOLZGRUBER, W.; PLÖCKINGER, E.: Metallurgische und verfahrenstechnische Grundlagen des Elektroschlacke - Umschmelzens von Stahl. Stahl u. Eisen 88 (1968) 12, S. 638/48.

[44] HUPACH, H.; SZINCSAK, T.: Mittelfrequenzumformer. Elektrotech. Z. B 15 (1963) 23, S. 657/65.

[45] JACOBY, H.: Berechnung der Leistungsdaten eines quergeströmten CO_2 - Lasers mit Hochfrequenzanregung. Forschungsber., Hrsg. Dt. Forsch. - u. Vers. - anst. f. Luft - u. Raumfahrt. DFVLR - FB 83 - 06.

[46] KEGEL, K.: Vom Bernstein zum Plasma - Ein Jahrhundert Lichtbogenöfen. Energ. - wirtsch. Tagesfragen 35 (1983) 3, S. 168/72.

[47] KERKER, L.: Herstellung von Reduktionsgas oder Synthesegas mit Lichtbogenplasmaverfahren. Elektrowärme int. 45 (1987) B 3/4, S. 155/61.

[48] KILLING, R.: Unterpulverschweißen. Merkbl. 374, Hrsg. Berat. - stelle f. Stahlverwend., Düsseldorf 1981.

[49] KRÖLL, K.: Trockner und Trocknungsverfahren. Berlin: Springer 1978.

[50] KÜPFMÜLLER, K.: Einführung in die theoretische Elektrotechnik. Berlin: Springer 1965.

[51] LAUSTER, F.: Elektrowärmetechnik. Stuttgart: Teubner 1963.

[52] LOOSEN, P.: Hochleistungs - CO_2 - Laser mit axialer Gasströmung zum Einsatz in der Materialbearbeitung. Darmstadt, Tech. Hochsch., Diss., 1985.

[53] LOOSEN, P.; TREUSCH, H. G.; HERZIGER, G.: Lasersysteme für die Materialbearbeitung. Feinw. - tech. u. Meßtech. 93 (1985) 5, S. 222/33.

[54] LUEGER Lexikon der Technik: Fertigungstechnik und Arbeitsmaschinen. Stuttgart: Dt. Verl. - Anst. 1967.

[55] LUEGER Lexikon der Technik: Hüttentechnik. Stuttgart: Dt. Verl. - Anst. 1963.

[56] LUGSCHEIDER, E.; WEBER, Th.: Stand und Entwicklungstendenzen beim Plasmaspritzen. Elektrowärme int. 45 (1987) B 3/4, S. 190/95.

[57] LUGSCHEIDER, W.: Plasmaschmelzen und Schmelzmetallurgie in Plasmaöfen. Elektrowärme int. 45 (1987) B 3/4, S. 165/74.

[58] MATTHES, H. - G.: Der statische Frequenz - Umrichter zum Einsatz in der industriellen Elektrowärme. Elektrowärme int. 35 (1977) B3, S. 159/66.

[59] MEYER, E.: Heutiger Stand des Elektronenstrahlbohrens. In: DVS - Ber. 63. Düsseldorf: Dt. Verl. f. Schweißtech. 1980.

[60] MÜLLER, H. H.: Induktive Wärmebehandlung von Schweißnähten im Rohrleitungs -, Behälter - und Reaktorbau. Ber. 201 vom 7. Int. Elektrowärmekongr. in Warschau, Sept. 1972.

[61] MÜLLER, R.: Großtechnische Anwendungen von Lichtbogenplasmaverfahren in der Chemie. Elektrowärme int. 45 (1987) B 3/4, S. 146/54.

[62] NEUSCHÜTZ, D. et al.: Die Drehstrom - Plasmatechnik zum Schrottschmelzen und zum Beheizen von flüssigem Stahl. Elektrowärme int. 45 (1987) B2, S. 76/81.

[63] PAWLEK, F.: Metallhüttenkunde. Berlin: de Gruyter 1983.

[64] PFENDER, E.: Grundlagen der Plasmatechnik. Elektrowärme int. 45 (1987) B 3/4, S. 130/35.

[65] PHILIPPOW, E. (Hrsg.): Taschenbuch Elektrotechnik, Bd. 6: Systeme der Elektroenergietechnik. München: Hanser 1982.

[66] PIRANI, M.: Elektrothermie. Berlin: Springer 1960.

[67] PLÖCKINGER, E.; ETTERICH, O.: Elektrostahlerzeugung. 3. Aufl. Düsseldorf: Verl. Stahleisen 1979.

[68] POLLOCK, C.: Bolzenschweißen im Bauwesen. Merkbl. 459, Hrsg. Berat. - stelle f. Stahlverwend., Düsseldorf 1984.

[69] PÜSCHNER, H.: Wärme durch Mikrowellen. Eindhoven: Philips Tech. Bibl. 1964.

[70] PUSCHNER, P.: Entwicklungstendenzen bei elektronischen Schweißstromquellen. Schweißen u. Schneiden 38 (1986) 2, S. 61/66.

[71] REINKE, F. et al.: Induktives Randschichthärten von Stahlteilen. Merkbl. 236, Hrsg. Berat. - stelle f. Stahlverwend., Düsseldorf 1975.

[72] REITLER, W.; RUDOLPH, M.: Einsatz von elektrischem Strom für die konduktive Erwärmung von Nahrungsmitteln. Elektrowärme int. 44 (1986) B6, S. 275/79.

[73] RUDOLPH, M.: Einfluß der Betriebsweise von wärmetechnischen Anlagen auf den Energiebedarf. In: Struktur und Tendenzen in der industriellen Energiebedarfsdeckung. Schr. - r. d. Forsch. - stelle f. Energ. - wirtsch. Bd. 17. Berlin: Springer 1985, S. 75 - 86.

[74] RUDOLPH, M.; SCHAEFER, H.: Industrielle Elektroprozeßwärme - Energiewirtschaftliche, fertigungstechnische und wirtschaftliche Aspekte. Wärme 92 (1986) 3, S. 73/78.

[75] RUMMEL, Th.: Unterschlacke - Umschmelzen von Stahl. In: Die industrielle Elektrowärme und ihre energiewirtschaftliche Bedeutung. Elektrotech. Kolloq. am Inst. f. Elektrotech.,Tech. Univ. Clausthal, 11.6.1982.

[76] RUTSCHER, A.: Plasmatechnik - Grundlagen und Anwendungen. München: Hanser 1984.

[77] RWE - Information Prozeßtechnik: Elektroprozeßwärmeverfahren in der Industrie. Hrsg. RWE AG, Abt. Anwend. - tech., Essen 1985.

[78] RWE - Information Prozeßtechnik: Induktives Schmelzen und Warmhalten von Gußeisen. Hrsg. RWE AG, Abt. Anwend. - tech., Essen 1987.

[79] RWE - Information Prozeßtechnik: Infrarotstrahlung für industrielle Trocknungs- und Erwärmungsprozesse. Hrsg. RWE AG, Abt. Anwend. - tech., Essen, 1987.

[80] RWE - Verfahrensinformation: Die Infraroterwärmung in der Textil- und Lederindustrie. Hrsg. RWE AG, Abt. Anwend. - tech., Essen, 1987.

[81] RWE - Verfahrensinformation: Elektrothermische Reduktion. Hrsg. RWE AG, Abt. Anwend. - tech., Essen 1985.

[82] RWE - Verfahrensinformation: Induktives Erwärmen zum Warmformen von Stahl. Hrsg. RWE AG, Abt. Anwend. - tech., Essen 1979.

[83] RWE - Verfahrensinformation: Konduktives Erwärmen zum Warmformen von Stahl. Hrsg. RWE AG, Abt. Anwend. - tech., Essen 1979.

[84] RWE - Verfahrensinformation: Metallische Elektrolyse. Hrsg. RWE AG, Abt. Anwend. - tech., Essen 1985.

[85] SCHELLHORN, M.; NOWACK, R.: Optische Untersuchungen zur Wechselwirkung Laserstrahl/Werkstück. In [87], S. 46/50.

[86] SCHILLER, S.; HEISIG, U.; PANZER, S.: Elektronenstrahltechnologie. Stuttgart: Wiss. Verl. - ges. 1977.

[87] SCHOCK, W.: Elektrische Anregungstechniken für Hochleistungslaser. In: Ber. LASER - Kolloq. 85, S. 13/18. DVFLR - Inst. f. tech. Phys., Stuttgart 1985.

[88] SCHÖNFELDER, G.: Elektrische Lichtbogenöfen und ihr Einsatz in der eisenschaffenden Industrie. Elektrowärme int. 41 (1983) B5, S. 214/21.

[89] SCHÜRING, K.: Der Einsatz statisch gewandelter Frequenzen beim induktiven Schmelzen. In: Ber. V. Int. Junker - Ofentag. Lammersdorf 10./11. Mai 1973.

[90] SCHULZ, O.; HAUSNER, H.: Plasmasynthese keramischer Sinterpulver für Hochleistungskeramik. Elektrowärme int. 45 (1987) B 3/4, S. 174/78.

[91] SCHWEITZER, R.; HÖRMANN, A.: Das Abbrenn - Stumpfschweißen von Schienen. Merkbl. 258, 3. Aufl. 1981. Hrsg. Berat. - stelle f. Stahlverwend., Düsseldorf.

[92] SOMMER, P.: Wärmebehandlung von metallischen Werkstoffen im Wirbelbett - Ofen. Fachber. Hüttenprax. Met. - weiterverarb. 19 (1981) 9, S. 670/75.

[93] SOMMER, P.: Wärmebehandlungen in Wirbelschichtöfen. Drahtwelt 69 (1983) 1, S. 16/19.

[94] SORG, A.: Untersuchung der Energiebilanz von Wannenöfen zur Glasherstellung. München, Tech. Univ., Dipl. - arb. 1985.

[95] STEFFENS, H. - D.; BUSSE, K. - H.: Geräte und Einrichtungen zur Beschichtung von technischen Oberflächen durch Plasmaspritzen. Elektrowärme int. 45 (1987) B 3/4, S. 183/89.

[96] STEINER, R.: Trocknen textiler Wickelkörper durch Hochfrequenz - Erwärmung. Melliand Textilber. 63 (1982), S. 667/72.

[97] THELIN, C.: Induktionserwärmungs- und Warmschneidanlage mit Wärmerückgewinnung zur Bearbeitung von Schmiederohlingen. Elektrowärme int. 41 (1983) B2, S. 92/97.

[98] TRIER, W.: Glasschmelzöfen. Berlin: Springer 1984.

[99] UNION INTERNATIONALE d'ELECTROTHERMIE (Hrsg.): Elektrowärme - Theorie und Praxis. Essen: Girardet 1974.

[100] VALVO Untern. - Bereich Bauelemente (Hrsg.): Hochfrequenz - Industrie - Generatoren. Ausg. Okt. 1975, Hamburg.

[101] VDI (Veranst.): Materialbearbeitung mit CO_2 - Hochleistungslasern. (Int. Workshop, Düsseldorf 1984). VDI - Ber. 535. Düsseldorf: VDI - Verl. 1984.

[102] WALDE, H.: Elektrische Stoffumsetzungen in Chemie und Metallurgie in energiewirtschaftlicher Sicht. Düsseldorf: Klepzig, o.J.

[103] WILD, K.: Magnetisch bewegter Lichtbogen verbindet kostengünstig dünnwandige Stahlhohlprofile. Masch. - markt, Würzburg, 88 (1982) 74, S. 1501/04.

[104] WILHELMI, H.; SCHWALL, H.: Apparate zur Erzeugung von Hochtemperatur - Plasmen. Elektrowärme int. 45 (1987) B 3/4, S. 135/45.

[105] WISSENBACH, K.; BAKOWSKY, L.; HERZIGER, G.: Werkstoffbearbeitung mit Laserstrahlung. Teil 2: Umwandlungshärten. Feinw. - tech. u. Meßtech. 91 (1983) 7, S. 327/31.

[106] WOLLERMANN - WINDGASSE, R.: Hochfrequenz - angeregte CO_2 - Laser für die industrielle Fertigung. Laser - Mag. 4/85 v. 29.11.1985.

Sachverzeichnis

FfE – Schriftenreihe der Forschungsstelle für Energiewirtschaft
Aus den Arbeiten der Forschungsstelle für Energiewirtschaft, München und des Lehrstuhls für Energiewirtschaft und Kraftwerkstechnik der Technischen Universität München
Wissenschaftliche Redaktion: H. Schaefer

Band 18

Zentrale und dezentrale Energieversorgung

VDI/VDE/GFPE-Tagung in Schliersee am 7./8. Mai 1987

Herausgeber: **VDI/VDE/GFE**

1987. VI, 238 Seiten. Broschiert DM 68,–.
ISBN 3-540-17911-9

In zunehmendem Maße sind Vorstellungen über die Gestaltung der Energieversorgung in der Bundesrepublik, wie sie besonders in der Diskussion um „zentrale“ oder „dezentrale“ Technik zum Ausdruck kommen, heute von gesellschaftspolitischem und weltanschaulichem Denken beeinflußt. Technische und selbst ökonomische Sachverhalte und Argumente treten demgegenüber stark in den Hintergrund; vielfach wird sorgar der Eindruck erweckt, als seien sie für die Beurteilung dezentraler Technik nicht von Bedeutung. Die Tagung hat zum Ziel, sich vor allem mit den Techniken und Systemen der „dezentralen“ Energieversorgung auseinanderzusetzen und aufzuzeigen, wo und wie sie sinnvoll eingesetzt werden können, welchen Einschränkungen ihre Anwendung und ihr Beitrag zur Energieversorgung unterliegt. Dadurch soll deutlich werden, daß die Denkweise „zentral oder dezentral“ in die Irre führt, daß vielmehr nur die richtige und sinnvolle Nutzung aller Versorgungstechniken eine optimale Energiebedarfsdeckung gewährleistet.
Besonderes Gewicht wird auf die Darstellung von Erfahrungen aus der praktischen Erprobung gelegt, da viele Vor- und Nachteile neuer technischer Systeme sich erst hieraus offenbaren.

Springer-Verlag Berlin
Heidelberg New York London
Paris Tokyo Hong Kong

FfE – Schriftenreihe der Forschungsstelle für Energiewirtschaft

Aus den Arbeiten der Forschungsstelle für Energiewirtschaft, München und des Lehrstuhls für Energiewirtschaft und Kraftwerkstechnik der Technischen Universität München

Wissenschaftliche Redaktion: H. Schaefer

Band 17

Struktur und Tendenzen in der industriellen Energiebedarfsdeckung

VDI/VDE/GFPE-Tagung in Schliersee am 6./7. Mai 1985

Herausgeber: **VDI/VDE/GFPE** (Federführung: FfE, München)

1985. VI, 170 Seiten. Broschiert DM 62,–. ISBN 3-540-15420-5

Band 15

VDI · VDE · FfE · IfE · Socialdata

Einfluß des Verbraucherverhaltens auf den Energiebedarf privater Haushalte

Vorträge der Tagung in München am 16. Oktober 1981

1982. V, 136 Seiten. Broschiert DM 54,–. ISBN 3-540-11288-X

Band 14

Praktische Energiebedarfsforschung

Basis realistischer Energiestrategien

VDI/VDE/GFPE-Tagung in Schliersee am 7./8. Mai 1981

1981. VI, 163 Seiten. Broschiert DM 48,–. ISBN 3-540-10971-4

Band 13

Der Leistungsbedarf und seine Deckung

Analysen und Strategien

VDI/VDE/GFPE-Tagung in Schliersee am 16./17. Mai 1979

1979. 87 Abbildungen. VI, 169 Seiten. Broschiert DM 48,–.
ISBN 3-540-09427-X

Springer-Verlag Berlin
Heidelberg New York London
Paris Tokyo Hong Kong